高职高专计算机任务驱动模式教材

计算机组装维护与服务规范

孙加军　贾如春　张　帅　主　编
金志雄　周青政　副主编

清华大学出版社
北京

内 容 简 介

本书采用项目任务驱动模式，从计算机的硬件结构入手，详细讲解最新计算机硬件基础知识、计算机硬件组装与维护方法、计算机软件基础知识、计算机软件维护与维修方法、计算机典型故障检修方法、笔记本电脑维护与维修方法、工程师服务规范等几大主题，并讲述硬件的选购和安装、BIOS参数设置、系统的安装、设备驱动程序的安装和设置，包括主板、CPU、内存、显卡、外设、机箱、电源等的组成及工作原理与基本性能参数以及笔记本电脑的分类、结构、升级。全书内容新颖，图文并茂，书中特别对当前计算机最新的硬件技术、数据恢复原理和数据恢复技术、最新的产品和技术进行了详细介绍，面向实践与应用。

本书可作为高职高专院校计算机及相关专业的教材，也可作为计算机维修人员和广大计算机爱好者的参考用书，还可作为社会培训班的教材。

图书在版编目(CIP)数据

计算机组装维护与服务规范/孙加军，贾如春，张帅主编. —北京：清华大学出版社，2017
(高职高专计算机任务驱动模式教材)
ISBN 978-7-302-47744-0

Ⅰ. ①计…　Ⅱ. ①孙…　②贾…　③张…　Ⅲ. ①电子计算机－组装－高等职业教育－教材　②计算机维护－高等职业教育－教材　Ⅳ. ①TP30

中国版本图书馆CIP数据核字(2017)第166168号

责任编辑：张龙卿
封面设计：徐日强
责任校对：袁　芳
责任印制：沈　露

出版发行：清华大学出版社
　网　　址：http://www.tup.com.cn，http://www.wqbook.com
　地　　址：北京清华大学学研大厦A座　　**邮　　编**：100084
　社 总 机：010-62770175　　**邮　　购**：010-62786544
　投稿与读者服务：010-62776969，c-service@tup.tsinghua.edu.cn
　质量反馈：010-62772015，zhiliang@tup.tsinghua.edu.cn
　课件下载：http://www.tup.com.cn，010-62770175-4278
印 装 者：北京鑫海金澳胶印有限公司
经　　销：全国新华书店
开　　本：185mm×260mm　　**印　张**：22.5　　**字　　数**：540千字
版　　次：2017年9月第1版　　**印　　次**：2017年9月第1次印刷
印　　数：1～2000
定　　价：49.00元

产品编号：073764-01

前言

本书力图通过与实际工作密切结合的综合案例，加入联想集团的阳光服务规范，不仅可以提高学生的计算机操作能力，更着重培养学生的信息素养，以及培养学生分析问题、解决问题的能力和计算机思维能力。

本书的特点如下。

（1）本书采用任务驱动、案例引导的写作方式，从工作过程出发、从项目出发，以现代办公应用为主线，通过“提出问题”“分析问题”“解决问题”“总结提高”四部分内容展开。突破以知识点的层次递进为理论体系的传统模式，将职业工作过程系统化，全书以工作过程为基础，按照工作工程来组织和讲解知识，培养学生的职业技能和职业素养。

（2）本书根据高职高专学生的学习特点，通过将案例适当拆分、知识点科学分类来介绍。考虑到因学生基础参差不齐而给教师授课带来的困扰，本书在写作过程中将内容划分为多个任务，每一个任务又划分为多个子任务。以“做”为中心，“教”和“学”都围绕“做”展开，在学中做，做中学，从而完成知识学习、技能训练，实现高职学生职业素养的教学目标。

（3）本书体例采用项目、任务形式。每一个项目分解成若干个任务。教学内容从易到难、由简单到复杂，循序渐进地学习。学生能够通过项目学习，完成相关知识的学习和技能的训练。本书每一个项目都基于企业工作过程，具有典型性和实用性。

（4）本书采用项目任务式，增加了学习的趣味性、可操作性，使学生能够学以致用，并保证学生能够顺利完成每个项目中的任务。本书的讲解通俗易懂，让学生易学、乐学，在宽松的环境中理解知识、掌握技能。

（5）全书紧跟行业技能发展。计算机技术发展很快，本书着重于当前主流知识技能和新技术的讲解，与行业联系密切，使所有内容紧跟行业技术的发展。

本书符合高职学生的认知规律，有助于实现有效教学，可提高教学的效率及效果。本书打破传统的学科体系结构，将各知识点与操作技能恰当地融入各个项目的任务中，突出了现代职业产教融合的特征。

本书由多年负责联想学院计算机组装与维护课程的企业工程师、任课教师共同编写，四川信息职业技术学院孙加军、贾如春以及川北幼儿师范高等专科学校张帅任主编，并负责本书的规划及统稿；四川长江职业学院金志雄、四川华新现代职业学院周青政任副主编。另外，四川长江职业学院李鑫、成都工业职业技术学院常映红、巴中职业技术学院孙丹、德州职业技术学院王春莲也一起参与了本书的编写。

本书可作为高职高专院校计算机及相关专业的教材，也可作为计算机维修人员和广大计算机爱好者的参考用书，还可作为社会培训班的教材。

由于计算机硬件技术发展迅猛，所以书中有不足和疏漏之处在所难免，敬请广大读者批评、指正，以便再版时修订，在此表示衷心的感谢。

编　者

2017 年 4 月

目录

项目1　初识计算机

任务1.1　认识计算机的历史

学习目标

当前，计算机已经成为人们学习、工作、生产、生活中不可或缺的工具之一。它在给人们带来诸多便利的同时，也在深刻影响着社会的发展与变革。在深入学习计算机的组装和维护技术之前，有必要知晓计算机的发展历史、应用领域、分类和发展趋势。本任务的学习目的，就是为了让同学们了解这些基本知识，为后续学习奠定扎实的基础。

任务目标

- 了解计算机的发展历程。
- 了解计算机的应用领域。
- 了解计算机的主要分类。
- 掌握计算机的发展趋势。

任务描述

从20世纪40年代至今，从第一代电子管计算机到最新的生物计算机、光子计算机、量子计算机等，计算机技术的发展历程虽然只有70多年，但其飞速发展的速度和广泛应用的广度深刻地影响着人们的生产生活甚至是思维方式，计算机已经成为人类文明史上一项重大的发明。为了更好地掌握和运用计算机组装和维护方面的基础知识和基本技能，有必要对其发展历程、应用领域、主要分类、发展趋势等有一个大致的了解。下面开始介绍计算机的这些基础知识。

相关知识

1.1.1　计算机的发展历程

在计算机出现之前，为了实现计算，人类使用了很多辅助工具，经历了从简单到复杂、从低级到高级的不同阶段。从“结绳记事”中的绳结到算筹、算盘、计算尺、机械计算器等，人类从未停止对计算工具的研制和改进。1889年，美国科学家赫尔曼·何乐礼研制出以电力为基础的电动制表机，用于存储计算资料。1930年，美国科学家范内瓦·布什制造出世界上首台模拟电子计算机。20世纪40年代，近代科学技术的发展对计算精度和速度提出了更高的要求，传统的计算方式已经无法满足应用的需要，随着计算理论、电子学、自动控制技术等的发展，电子计算机应运而生。

阿塔纳索夫—贝瑞计算机(Atanasoff-Berry Computer)是公认的世界上第一台电子计算机。它由爱荷华州立大学的约翰·文森特·阿塔纳索夫(John Vincent Atanasoff)和他的研究生克利福特·贝瑞(Clifford Berry)在1937年设计而成，仅能用于求解线性方程组，不可编程，并在1942年成功进行了测试。

1946年2月14日，由美国军方定制的世界上第一台通用计算机ENIAC(Electronic Numerical and Calculator，电子数字积分器和计算机)(中文名：埃尼阿克)在美国宾夕法尼亚大学诞生，如图1-1所示。

图1-1　世界上第一台通用计算机ENIAC

ENIAC是美国奥伯丁武器试验场为了满足计算弹道需要而研制成的。这台计算器长30.48m、宽6m、高2.4m，占地面积约170m²，有30个操作台，重达30t，耗电量150kW，造价48万美元。它包含了17 468只真空管(电子管)，7200只晶体二极管，1500个中转，70 000个电阻器，10 000个电容器，1500个继电器，6000多个开关，计算速度是每秒5000次加法或400次乘法，是使用继电器运转的机电式计算机的1000倍、手工计算的20万倍。

从第一台电子计算机诞生至今，根据其所用电子器件的不同，通常将计算机的发展划分为如下几个阶段。

1. 第一代：电子管计算机(1937—1954年)

硬件方面，采用真空电子管作为逻辑器件，用汞延迟线、阴极射线示波管静电存储器或磁鼓、磁芯作为主存储器，用纸带、卡片、磁带作为外部存储器。软件方面，采用机器指令或符号指令来编写程序，只能使用机器语言和汇编语言。其特点是，计算机体积庞大、功耗大、可靠性差、价格昂贵、用法复杂、设备造价高，因此主要用于军事和复杂的科学计算领域。

2. 第二代：晶体管计算机(1954—1964年)

1954年，美国贝尔实验室研制成功第一台使用晶体管线路的计算机，起名“催迪克”(TRADIC)，装有800只晶体管。1955年，美国在阿塔拉斯洲际导弹上装备了以晶体管为主要器件的小型计算机。1958年，美国的IBM公司制成了第一台全部使用晶体管的计算机RCA 501型。1959年，IBM公司又生产出全部晶体管化的电子计算机IBM 7090。1961年，世界上最大的晶体管电子计算机ATLAS诞生。1964年，中国制成了第一台全晶体管电子计算机441-B型。1958—1964年，晶体管电子计算机经历了大范围的发展过程。晶体管在计算机中的应用标志着计算机的发展进入第二个阶段。内部存储器以快速的磁芯存储器为主，外部存储器以磁鼓和磁盘为主。计算速度从每秒几千次提高到几十万次，主存储器的存储量从几千字节提高到10万字节以上。出现了各种各样的高级语言和编译程序，还出现了以批处理为主的操作系统。计算机的体积大大缩小，耗电减少，以科学计算和各种事务处理为主，并开始用于工业控制。

3. 第三代：中小规模集成电路计算机(1964—1971年)

20世纪60年代中期，随着半导体工艺的发展，成功制造了集成电路。中小规模集成电路成为计算机的主要部件，半导体存储器逐步取代磁芯存储器，磁盘成为主要的外部存储器。计算机的体积进一步变小，功耗更低，而运算速度更快，运算精度、存储容量及可靠性进一步提高。软件方面出现了分时操作系统以及结构化、规模化的程序设计方法，有了标准化的程序设计语言和人机会话式的Basic语言，其应用领域也进一步扩大。其特点是速度更快(一般为每秒数百万次至数千万次)，而且可靠性有了显著提高，价格进一步下降，产品走向了通用化、系列化和标准化等。计算机不仅用于科学计算，还开始进入文字处理和图形图像处理领域，用于企业管理、自动控制、辅助设计和辅助制造等。

4. 第四代：大规模和超大规模集成电路计算机(1971—)

大规模集成电路(LSI)可以在一个芯片上容纳几百个元器件。到了20世纪80年代，超大规模集成电路(VLSI)在一个芯片上容纳了几十万个元器件，后来的甚大规模集成电路(ULSI)上将数量扩充到百万级，可以在硬币大小的芯片上容纳如此数量的元器件，使得计算机的体积和价格不断下降。随着大规模集成电路的成功制作并用于计算机硬件的生产过程，计算机的体积进一步缩小，功能和可靠性进一步提高。集成更高的大容量半导体存储器作为内存储器，发展了并行技术和多机系统，出现了精简指令集计算机(RISC)，计算机外围设备变得多样化、系列化，软件系统进一步工程化、理论化，程序设计开始变得自动化，出现了软件固化程序和面向对象编程语言。

1971年世界上第一台微处理器在美国硅谷诞生，开创了微型计算机的新时代。微处理器的出现更是标志着微型计算机的问世。计算机的应用领域从科学计算、事务管理、过程控制逐步走向普通家庭。计算机朝微型化和巨型化两个方向发展，我国继1983年研制成功每秒运算一亿次的银河Ⅰ型巨型机以后，又于1993年研制成功每秒运算十亿次的银河Ⅱ型通用并行巨型计算机。这一时期还产生了新一代的程序设计语言以及数据库管理系统和网络软件等。

5. 第五代：人工智能计算机

第五代计算机指具有人工智能的新一代计算机。它具有推理、联想、判断、决策、学习等功能。计算机的发展将在什么时候进入第五代？什么是第五代计算机？对于这样的问题，并没有一个明确统一的说法。1981年10月，日本首先向世界宣告开始研制第五代计算机，并于1982年4月制订为期10年的“第五代计算机技术开发计划”，总投资为1000亿日元，已顺利完成第五代计算机第一阶段规定的任务。不过，到今天还没有哪一台计算机被宣称是第五代计算机。

第五代计算机基本结构通常由问题求解与推理、知识库管理和智能化人机接口三个基本子系统组成。当前第五代计算机的研究领域大体包括人工智能、系统结构、软件工程和支援设备以及对社会的影响等。其特点是具有模拟——数字混合的机能，本身具有学习机理，能模仿人的视神经电路网工作，称为“视感控器”或“空间电路计算机”。IBM发表声明称，该公司已经研制出一款能够模拟人脑神经元、突触功能以及其他脑功能的微芯片，从而完成计算功能,这是模拟人脑芯片领域所取得的又一大进展。第五代计算机是为适应未来社会信息化的要求而提出的,与前四代计算机有着本质的区别,是计算机发展史上的一次重要变革。

1.1.2 计算机的应用领域

计算机出现之初主要用于数值计算。随着技术的发展,它的应用范围不断扩大,如今,计算机已经广泛用于数据处理、辅助技术、过程控制、人工智能、网络应用、多媒体技术等领域。

1. 科学计算

科学计算也称数值计算,是指利用计算机来完成科学研究和工程技术中的数学问题的计算。在现代科学技术工作中,科学计算问题通常是大量而又复杂的。利用计算机的高运算速度、大容量存储和连续运算能力,可以实现人工无法完成的各种复杂运算问题。例如建筑设计中的力学运算、人造卫星轨道计算、火箭和宇宙飞船的研究设计、天气预报等。

2. 数据处理

数据处理也称信息处理,是对各种数据进行收集、存储、整理、分类、统计、加工、利用、传播等一系列活动的统称。据统计,80%以上的计算机主要用于数据处理,这类工作量大面宽,决定了计算机应用的主导方向。从电子数据处理(Electronic Data Processing, EDP)、管理信息系统(Management Information System,MIS),到决策支持系统(Decision Support System,DSS),应用非常广泛,如办公自动化、会计电算化、人事管理、进销存管理、财务管理、图书档案管理、电影电视动画设计等。如今,数据处理不仅关系到日常事务处理,还被应用于企事业计算机辅助管理和决策领域,成为现代化管理的基础,极大地提高了工作效率和管理水平。

3. 辅助技术

计算机辅助技术包括计算机辅助设计(Computer Aided Design,CAD)、计算机辅助制造(Computer Aided Manufacturing,CAM)、计算机辅助教学(Computer Aided Instruction,CAI)等。

计算机辅助设计是利用计算机系统辅助设计人员进行工程或产品设计,以实现最佳设计效果的一种技术,它已广泛地应用于机械、电子、纺织、服装、化工、建筑、汽车、船舶和航空等领域。设计人员可以在计算机的帮助下绘制各种类型的工程图纸,并在显示器上看到动态的三维立体图后,直接修改设计图稿,极大地提高了绘图的质量和效率。

计算机辅助制造是指利用计算机来进行生产设备的管理、控制和操作的过程。例如,在产品的制造过程中,用计算机控制机器的运行、处理生产过程中所需的数据、控制和处理材料的流动以及对产品进行检测等。可有效地提高产品质量、降低成本、缩短生产周期、提高生产率和改善劳动条件。20世纪50年代出现的数控机床便是利用CAM技术,实现专业计算机和机床相结合的产物。将CAD和CAM技术集成,实现设计生产自动化,这种技术被称为计算机集成制造系统(CIMS)。它的实现将真正做到无人化工厂(或车间)。

计算机辅助教学是指利用计算机系统使用课件来进行教学,以对话方式与学生讨论教学内容、安排教学进程、进行教学训练的方法与技术。课件可以用制作工具或高级语言来开发制作,它将教学内容、教学方法以及教学过程存储于计算机内,它能引导学生循序渐进地学习，使学生轻松自如地从课件中学到所需要的知识。教师和学生可以利用CAI系统进行新型的教与学。

4. 过程控制

过程控制也称为实时控制，是指用计算机作为控制部件对单台设备或整个生产过程进行控制。其基本原理为：将实时采集的数据送入计算机内与控制模型进行比较，然后再由计算机反馈信息去调节及控制整个生产过程，使之按最优化方案进行。用计算机进行控制，可以大大提高自动化水平，减轻劳动强度，增强控制的准确性，提高劳动生产率。过程控制被广泛地应用于机械、冶金、电力、石油化工、纺织、医药等领域，同时在国防和航天领域也发挥着重要的作用，如无人机、导弹、人造卫星和宇宙飞船的控制。例如，在汽车工业方面，利用计算机控制机床、控制整个装配流水线，不仅可以实现精度要求高、形状复杂的零件加工自动化，而且可以使整个车间或工厂实现自动化。

5. 人工智能

人工智能（Artificial Intelligence，AI）是指利用计算机模拟人类的某些智力行为，使计算机具备识别语言、文字、图形，以及学习、推理的能力。人工智能是一门综合的交叉学科。机器人是人工智能的典型例子。

6. 网络应用

计算机网络是计算机技术与现代通信技术相结合的产物。它通过通信设备将地理位置不同的多台计算机互连，实现信息传递和资源共享。如今，随着计算机网络的不断发展壮大，不仅解决了一个单位、一个地区、一个国家中计算机与计算机之间的通信和各种软、硬件资源的共享，也大大促进了国际的信息文化交流和商业贸易往来。计算机网络已广泛地应用于金融、贸易、通信、文化、体育、教育、办公、娱乐等领域，使得人类社会信息化程度日益提高，给人类的生产、生活的各个方面都提供了便利。

7. 多媒体技术

多媒体技术是指通过计算机对文字、数据、图形、图像、动画、声音等多种媒体信息进行综合处理和管理，使用户可以通过多种感官与计算机进行实时交互的技术，又称为计算机多媒体技术。多媒体技术的发展拓宽了计算机的使用领域，使计算机由办公室、实验室中的专用品变成了信息社会的普通工具，广泛应用于工业生产管理、学校教育、公共信息咨询、商业广告、军事指挥与训练，甚至家庭生活与娱乐等领域。

1.1.3 计算机的主要分类

计算机的种类很多，而且分类的方法也很多。有些分类方法是在专业人员中使用的，例如用I代表“指令流”，用D代表“数据流”，用S表示“单”，用M表示“多”，于是就可以把系统分成：SISD、SIMD、MISD、MIMD共四种。1989年11月美国电气和电子工程学会（IEEE）根据当时计算机的性能及发展趋势，将计算机分为巨型机、小巨型机、主机、小型机、个人计算机、工作站6大类。

1. 巨型机

巨型机又称超级计算机。它是所有计算机类型中价格最贵、功能最强的一类计算机。

巨型机的浮点运算速度已达每秒千万亿次。巨型机目前多用在国家高科技领域和国防尖端技术中，代表了一个国家的科技水平。生产巨型机的公司有美国的Cray公司、TMC公司，日本的富士通公司、日立公司等。我国的巨型机主要包括“银河”“曙光”和“天河”等系列。其中，“银河Ⅰ”于1983年推出，是我国第一台每秒钟运算达1亿次以上的计算机；“天河二号”于2013年推出，它以每秒33.86千万亿次的运算速度成为全球最快的巨型机，如图1-2所示。

图1-2 中国“天河号”超级计算机

2. 小巨型机

小巨型机又称桌上型超级计算机。它是20世纪80年代出现的机种，使巨型机缩小成个人机的大小，或者使个人机具有超级计算机的性能。它在技术上则采用高性能的微处理器组成并行多处理器系统，使巨型机小型化。典型产品有美国Convex公司的C-1、C-2、C-3等；Alliant公司的FX系列等。我国在1989年11月17日推出了第一台小巨型电子计算机NS1000，由北京信通集团和北京大学计算机系合作研制，如图1-3所示。

3. 主机

主机又称大型主机，它包括通常所说的大、中型计算机。这是在微型机出现之前最主要的计算模式，即把大型主机放在计算中心的玻璃机房中，用户要上机就必须去计算中心的终端上工作。大型主机经历了批处理阶段、分时处理阶段，进入了分散处理与集中管理的阶段。IBM公司一直在大型主机市场处于霸主地位，DEC、富士通、日立、NEC也生产大型主机。不过随着微机与网络的迅速发展，大型主机正在走下坡路。许多计算中心的大型机正在被高档微机群取代。图1-4所示为IBM公司生产的大型主机。

图1-3 小巨型电子计算机NS1000

图1-4 IBM的大型主机

4. 小型机

小型机是指性能和价格介于PC服务器和大型主机之间的一种高性能64位计算机。由于大型主机价格昂贵，操作复杂，只有大企业、大单位才能买得起。在集成电路推动下，

20 世纪 60 年代 DEC 公司推出一系列小型机，如 PDP-11 系列、VAX-11 系列，HP 公司有 1000、3000 系列等。通常小型机用于部门计算，同样它也受到高档微机的挑战。在中国，小型机习惯上用来指安装 UNIX 系统的服务器，如 IBM 生产的 Power 595 小型机。

5. 个人计算机

个人计算机或称微型机，简称 PC，它是 20 世纪 70 年代出现的计算机机种。根据所使用的微处理器芯片的不同而分为若干类型。如使用 Intel 芯片的 386、486 以及奔腾等 IBM PC 及其兼容机；使用 IBM-Apple-Motorola 联合研制的 PowerPC 芯片的机器，如苹果公司的 Macintosh 已有使用这种芯片的机器；DEC 公司推出使用它自己的 Alpha 芯片的机器。个人计算机以设计先进、软件丰富、功能齐全、价格便宜等优势而拥有广大用户，因而大大推动了计算机的普及和应用。日常使用的个人计算机包括台式机、笔记本电脑等。

6. 工作站

工作站是一种高档微型机系统。它具有较高的运算速度，具有大型机或小型机的多任务、多用户能力，且兼有微型机的操作便利和良好的人机界面。工作站最突出的特点是具有很强的图形交互能力，因此在工程领域特别是计算机辅助设计领域得到了广泛应用，如 HP 公司的 Z800 图形工作站，如图 1-5 所示。

图 1-5　HP 公司的 Z800 图形工作站

1.1.4　计算机的发展趋势

基于集成电路的计算机短期内还不会退出历史舞台，但一些新型计算机正在不断地加紧研究，如超导计算机、纳米计算机、光计算机、DNA 计算机和量子计算机等。目前推出的一种新的超级计算机采用世界上速度最快的微处理器之一，并通过一种创新的水冷系统进行冷却。IBM 公司 2001 年 8 月 27 日宣布，他们的科学家已经制造出世界上最小的计算机逻辑电路，也就是一个由单分子碳组成的双晶体管器件。这一成果将使未来的计算机芯片变得更小、传输速度更快、耗电量更少。

在未来社会中，计算机、网络、通信技术将会三位一体化。新世纪的计算机将把人从重复、枯燥的信息处理中解脱出来，从而改变了工作、生活和学习的方式，给人类和社会拓展了更大的生存和发展空间。

1. 能识别自然语言的计算机

未来的计算机将在模式识别、语言处理、句式分析和语义分析的综合处理能力上获得重大突破，它可以识别孤立单词、连续单词、连续语言和特定或非特定对象的自然语言(包括口语)。今后，人类将越来越多地同机器对话，人们将向个人计算机"口授"信件，同洗衣机"讨论"保护衣物的程序，或者用语言"制服"不听话的录音机。键盘和鼠标的时代将渐渐结束。

2. 高速超导计算机

高速超导计算机的耗电仅为半导体器件计算机的几千分之一，它执行一条指令只需十亿分之一秒，比半导体元件快几十倍。以目前的技术制造出的超导计算机的集成电路芯片只有 3～5mm^2 大小。

3. 激光计算机

激光计算机是利用激光作为载体进行信息处理的计算机,又叫光脑。其运算速度将比普通的电子计算机至少快1000倍。它依靠激光束进入由反射镜和透镜组成的阵列中来对信息进行处理。与电子计算机的相似之处是,激光计算机也要靠一系列逻辑操作来处理和解决问题。光束在一般条件下具有互不干扰的特性,这使得激光计算机能够在极小的空间内开辟很多平行的信息通道。一块截面等于1角硬币大小的棱镜,其通过能力超过全球现有全部电缆的许多倍。

4. 分子计算机

分子计算机正处于酝酿阶段。美国HP公司和加州大学于1999年7月16日宣布,已成功地研制出分子计算机中的逻辑门电路,其线宽只有几个原子直径之和,分子计算机的运算速度是目前计算机的1000亿倍,最终将取代硅芯片计算机。

5. 量子计算机

量子力学证明,个体光子通常不相互作用,但是当它们与光学谐振腔(Optical Resonant Cavity)内的原子聚在一起时,它们相互之间会产生强烈的影响。光子的这种特性可用来发展量子力学效应的信息处理器件——光学量子逻辑门,进而制造出量子计算机。量子计算机利用原子的多重自旋进行,可以在量子位上进行0和1之间的计算。在理论方面,量子计算机的性能能够超过任何可以想象的标准计算机。

6. DNA计算机

DNA(脱氧核糖核酸)能够携带生物体的大量基因物质。数学家、生物学家、化学家以及计算机专家从中得到启迪,正在合作研究并制造未来的液体DNA计算机。这种DNA计算机的工作原理是以瞬间发生的化学反应为基础,通过和酶的相互作用,将发生过程进行分子编码,把二进制数翻译成遗传密码的片段,每一个片段就是DNA分子中双螺旋的一个链,然后对问题以新的DNA编码形式加以解答。

思考练习

一、思考题

1. 不同阶段的计算机有什么特点?
2. 请列举出你所见过的计算机类型。
3. 谈一谈计算机未来的发展趋势。

二、实践题

利用互联网搜索并了解计算机的发展历程及各个阶段的关键技术。

任务1.2 了解计算机原理

学习目标

在本任务中,要深入了解并掌握冯·诺依曼的设计思想、体系结构和主要特点,弄清计算机中是如何表示和存储数据的，弄清现实生活中各种字符是如何输入计算机、如何存储、如何在显示器上显示等基本原理。

任务目标

- 了解冯·诺依曼对计算机发展的贡献。
- 了解冯·诺依曼体系结构及主要特点。
- 了解计算机中数据的存储单位。
- 了解计算机中的字符编码。
- 了解计算机软硬件系统理论构成。

任务描述

计算机在人们的生产生活中扮演着如此重要的角色，那么它的基本结构是怎样的？是如何运行的呢？它是如何表示和存储数据的？又是如何实现人机交互、数据处理和数据显示的呢？这些知识对于理解计算机系统工作原理，深入学习后续知识和技术非常有帮助。在本任务中，将弄清这些问题。

相关知识

1.2.1 冯·诺依曼设计思想

说到计算机的发展，就不能不提到美籍匈牙利数学家冯·诺依曼。从 20 世纪初，物理学和电子学科学家们就在争论要制造可以进行数值计算的机器应该采用什么样的结构。人们被十进制这个人类习惯的计数方法所困扰，所以，那时研制模拟计算机的呼声更为响亮和有力。20 世纪 30 年代中期，冯·诺依曼大胆地提出：抛弃十进制，采用二进制作为数字计算机的数制基础。他提出并实现了“存储程序”的概念，通过预先编制计算程序，然后由计算机来按照人们事前制定的计算顺序来执行数值计算工作。

人们把冯·诺依曼的这个理论称为冯·诺依曼体系结构。从 EDVAC 到当前最先进的计算机都采用的是冯诺依曼体系结构。他在 1946 年提出了关于计算机组成和工作方式的基本设想。到现在为止，尽管计算机制造技术已经发生了极大的变化，但是就其体系结构而言，仍然是根据他的设计思想制造的。所以冯·诺依曼是当之无愧的数字计算机之父。

1. 冯·诺依曼体系结构

冯·诺依曼体系结构有如下特点：①必须有一个存储器；②必须有一个控制器；③必须有一个运算器，用于完成算术运算和逻辑运算；④必须有输入设备和输出设备，用于进行人机通信；⑤程序和数据统一存储并在程序控制下自动工作，如图 1-6 所示。

2. 计算机五大基本组成部件

根据冯·诺依曼体系结构，一台计算机必须具有五大基本组成部件。①输入数据和程序的输入设备；②记忆程序和数据的存储器；③完成数据加工处理的运算器；④控制程序

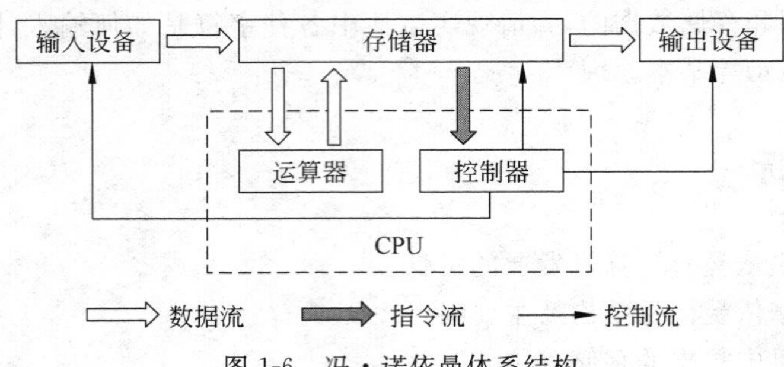

图 1-6 冯·诺依曼体系结构

执行的控制器；⑤输出处理结果的输出设备。

3. 计算机的五大核心功能

根据冯·诺依曼体系结构构成的计算机，必须具有如下功能。①能够把需要的程序和数据送至计算机中；②具有长期记忆程序、数据、中间结果及最终运算结果的能力；③能够完成各种算术、逻辑运算和数据传输等数据加工处理的能力；④能够按照要求将处理结果输出给用户。

1.2.2 计算机中的数据表示

1. 计算机中数据的表示方法

数据是计算机处理的对象。这里的数据含义非常广泛，包括数字、文字、声音、图形、图像和视频等多种形式。计算机内部一律使用二进制来表示、存储和处理数据。二进制包括0和1两个数码，计数规则是逢二进一。

2. 计算机中数据的存储单位

为了能有效地表示和存储不同形式的数据，人们使用了下列不同的数据单位。

位(bit)：音译为比特，用b表示，是计算机中存储数据的最小单位。1个二进制数表示1位。

字节(byte)：1个字节等于8个二进制位，用B表示。字节是数据处理和存储的基本单位，1个英文字母占1个字节，1个汉字占2个字节。

此外，计算机中还使用KB、MB、GB、TB来表示存储设备的容量和文件的大小，它们之间的换算关系是：

1KB＝1024B　　1MB＝1024KB　　1GB＝1024MB　　1TB＝1024GB

3. 计算机中的字符编码

字符是计算机中使用最多的信息形式之一。在计算机内部需要为每个字符指定一个统一的二进制编码。字符编码是由相关机构规定，用二进制数表示文字和符号的方法和标准。

(1) ASCII码(美国标准信息交换码)。该编码是被国际标准化组织采纳的西文字符编码，是国际上通用的信息交换标准代码。

ASCII码用7位二进制数表示1个字符，共有128种不同组合，可以表示128个不同的字符。可表示数码0～9、26个大写英文字母、26个小写英文字母、各种运算符号、标点符号和控制字符。

(2) 汉字编码。为了让计算机能存储和处理汉字，就需要汉字编码。这些编码包括输入码、国家标准代码、机内码和字形码。

① 输入码，也叫汉字外码。是用键盘将汉字输入计算机中的编码方式。目前常用的输入码有拼音码、五笔字型码、自然码、表形码、区位码等。大家经常使用的输入码有拼音码和五笔字型码。常用的输入法有搜狗拼音输入法、智能 ABC 等。

② 国家标准代码。我国国家标准局于 1981 年 5 月颁布了《信息交换用汉字编码字符集——基本集》，代码为 GB 2312—1980，即国家标准代码（简称国标码），共对 6763 个汉字和 682 个图形字符进行了编码。编码规则是：汉字用 2 个字节表示，每个字节用 7 位，最高位统一设为 0。

③ 机内码。国标码因为会与 ASCII 发生冲突，无法直接在计算机内部使用，必须对其进行某种变换。变换的方式是将每个字节的第 8 位由 0 变成 1，后 7 位保持不变。经过变换的国标码就是机内码。

④ 字形码。字形码是汉字的输出码。为了打印、输出汉字，必须采用图形方式，无论汉字的笔画多少，每个汉字都可以写在同样的方块中。通常用 16×16 的点阵来显示汉字。

1.2.3 计算机软硬件系统的理论构成

个人计算机系统可以分为两大组成部分：硬件系统和软件系统。硬件系统是指组成计算机的主要部件，包括主机和外部设备。主机又包括主板、CPU、存储器、显卡、声卡、光驱等；外部设备包括鼠标、键盘、显示器、打印机等各种输入/输出设备和 U 盘、光盘、移动硬盘等存储设备，如图 1-7 所示。

计算机的硬件和软件相辅相成、缺一不可。没有硬件作为载体，软件就无处安装；而没有软件驱动和支持，计算机硬件系统就是一台不能完成任何工作的无用机器。计算机软硬件系统的理论构成如图 1-7 所示。

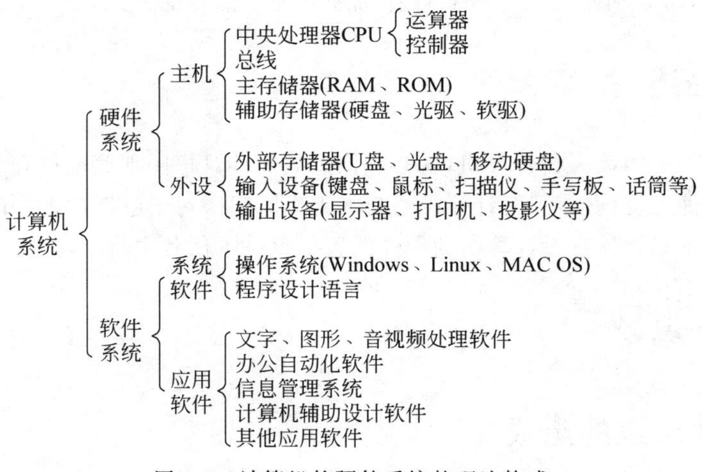

图 1-7 计算机软硬件系统的理论构成

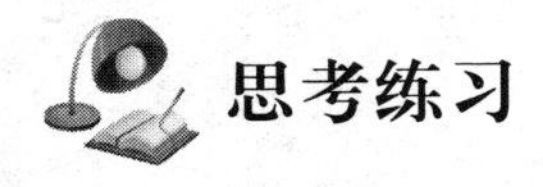

思考练习

一、思考题

1. 冯·诺依曼体系结构由哪几个部分构成？

2. 中英文字符在计算机中如何表示?

3. 请列举你所见过的操作系统类型。

4. 请列举你常使用的计算机软件。

二、实践题

在互联网上搜索相关冯·诺依曼体系结构的知识。

任务1.3 掌握计算机系统的组成

学习目标

在本任务中,将学习计算机基本结构中究竟包括哪些软硬件部分,弄清计算机的硬件系统和软件系统的具体构成,了解计算机的工作原理。对于已经配置好的一台计算机,要学会使用命令或工具软件查看计算机的硬件配置信息。

任务目标

- 了解计算机的硬件系统及其构成。
- 了解计算机的软件系统及其构成。
- 了解计算机的基本工作原理。
- 掌握使用命令和工具软件查看计算机硬件配置信息的方法。

任务描述

如果要自己动手组装一台计算机,就必须熟悉组成计算机的那些硬件和软件,弄清计算机的硬件系统和软件系统构成,了解计算机的基本工作原理。对于已经配置好的一台计算机,要学会使用命令或工具软件查看计算机的硬件配置信息。本任务中将学习这些知识和技术。

相关知识

1.3.1 硬件系统的组成

1. 主机

主机是计算机硬件系统的核心。在主机的内部包含主板、CPU、存储器、显卡、声卡、光驱等部件,它们共同决定了计算机的性能。

(1) 主板

主板也叫母板,是一块印制电路板,是计算机中其他组件的载体,在各组件中起着协调工作的作用,如图1-8所示。主板主要有CPU插槽、总线及总线扩展槽(内存插槽、显卡插槽和 PCI 插槽)、输入/输出接口、缓存、电池及各种集成电路。

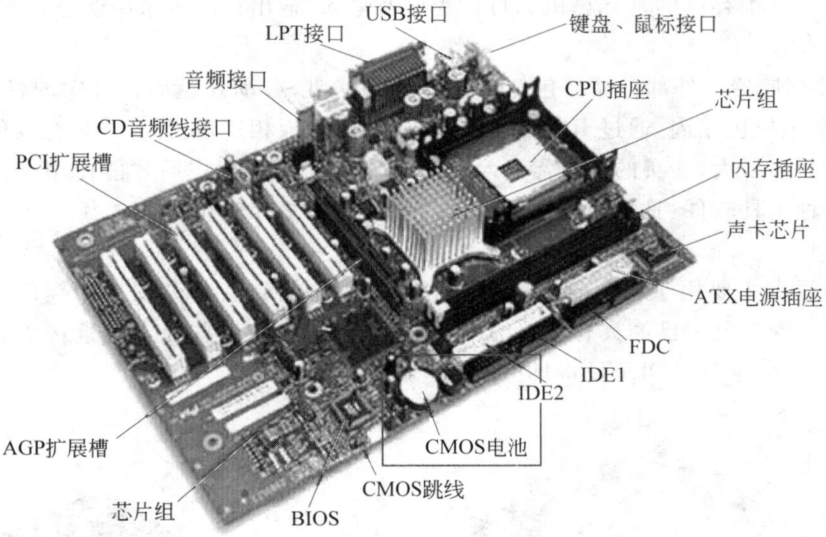

USB接口
LPT接口
键盘、鼠标接口
音频接口
CPU插座
芯片组
CD音频线接口
PCI扩展槽
内存插座
声卡芯片
ATX电源插座
FDC
IDE1
IDE2
AGP扩展槽
CMOS电池
CMOS跳线
芯片组
BIOS

图 1-8　主板结构图

(2) CPU

CPU 也叫中央处理器,由控制器和运算器组成,是计算机的数据运算和处理核心。CPU 的运算速度取决于主频、核心数量和高速缓存容量。图 1-9 所示为 Intel 酷睿 i7 处理器。

(3) 存储器

存储器是计算机中用来存储指令和数据的部件,分为内部存储器(主存储器)和外部存储器(辅助存储器)。内部存储器是 CPU 直接读取数据的地方,程序和数据必须先调入内部存储器才能由 CPU 处理。内部存储器存取数据的速度快,但容量小。外部存储器容量大,数据在其中可以长久保存,但存取数据的速度慢。

① 内部存储器。根据其作用的不同分为随机存取存储器(RAM)和只读存储器(ROM)。通常说的内存就是随机存取存储器(见图 1-10),它的特点是可读可写,主要用于临时存储程序和数据。关机后其中的信息会自动消失。

图 1-9　Intel 酷睿 i7 处理器

图 1-10　随机存取存储器(内存条)

只读存储器的特点是只能读取信息，不能写入信息。它通常是主板厂商固定在主板上的一块芯片。其中存储的是计算机的自检程序及输入/输出程序等系统服务程序，这些信息可以永久保存。

② 外部存储器。外部存储器包括硬盘、光盘、U 盘、移动硬盘等。其中硬盘（见图 1-11 所示）固定在主机机箱内，通过 IDE 或 SATA 接口与主板相连，是计算机最主要的外部存储器。由于硬盘容量大，新买的硬盘需要对其进行分区和格式化之后才能使用。计算机的操作系统和各种工具软件、日常使用的各种文件和资料都是存储在硬盘之中。

(4) 显卡

早期的显卡主要用于将 CPU 处理过的输出信息转换成字符、图形和颜色等传递到显示器上显示。现在显卡已经具有独立的图形处理能力，也有一些显卡是直接集成到主板上的。图 1-12 所示为 NVIDIA Quadro M2000 显卡。

图 1-11　硬盘

图 1-12　NVIDIA Quadro M2000 显卡

(5) 声卡

声卡是录制和播放声音的设备，插在 PCI 插槽上，也有一些声卡是直接集成到主板上的。图 1-13 所示为 Sound Blaster Audigy 5 声卡。

(6) 光驱

光驱又称光盘驱动器，用来读取或写入光盘数据。光驱一般固定在主机箱内，并通过主板的 IDE 或 SATA 接口与主板连接。图 1-14 所示为先锋 BDR-S07XLB 光驱。

图 1-13　声卡

图 1-14　先锋 BDR-S07XLB 光驱

2. 外部设备

外部设备主要包括各种输入/输出设备和各种外部存储器。

(1) 显示器

显示器是计算机最重要的输出设备。目前最常用的显示器主要有两大类,一是阴极射线管显示器CRT,其特点是色彩丰富;二是液晶显示器LCD,其特点是机身薄、省电、无辐射、画面柔和。显示器通过15PIN D形接头,接受R(红)、G(绿)、B(蓝)信号和场同步信号来达到显示的目的。显示器要兼容多种显示模式、行频的频带宽,如常见的SVGA显示器的行频可从31.5~38kHz,而且显示器要根据不同显示自动调整行频、场频、显示图面的幅度、亮度等参数。

(2) 键盘

键盘属于计算机硬件的一部分,它是给计算机输入指令和操作计算机的主要设备之一,中文汉字、英文字母、数字符号以及标点符号就是通过键盘输入计算机的。键盘的款式有很多种,通常使用的有101键、105键和108键等键盘。无论是哪一种键盘,它的功能和键位排列都基本分为功能键区、打字键区、编辑键区、数字键盘(也称小键盘)和指示灯区五个区域。

(3) 鼠标

鼠标是Windows的基本控制输入设备,比键盘更易用。这是由于Windows具有的图形特性需要用鼠标指定并在屏幕上移动单击决定的。

(4) 手写笔(手绘板)

手写输入设备的出现为输入汉字提供了方便,用户不需要再学习其他的输入法就可以很轻松地输入汉字。同时,它还兼有键盘、鼠标和写字笔的功能,可以代替键盘和鼠标输入文字、命令和作图。

(5) 扫描仪

在实际工作中可能有大量的图纸、照片和各种各样的图表,需要输入计算机里进行处理,但是图片、照片等资料也不能直接靠键盘和鼠标输入。因此,扫描仪就是处理这些工作所必需的,它通过专用的扫描程序将各种图片、图纸、文字输入计算机,并在屏幕上显示出来。就可以使用一些图形图像处理软件,对图片等资料进行各种编辑及后期加工处理。

(6) 打印机

在日常工作中往往需要把在计算机里做好的文档和图片打印出来,这就需要依靠打印机,一般情况下针式打印机、喷墨打印机和激光打印机最为常用。

针式打印机由于速度慢,精度低,已逐步被淘汰出家用打印机市场。但针打耗材成本低,能多层套打的特点,使其在银行、证券等领域有着不可替代的地位。激光打印机具有高质量、高速度、低噪声、易管理等特点,已占据了办公领域的绝大部分市场。与前两者相比,喷墨打印机也是市场上的主流。

(7) 移动硬盘

移动硬盘是以硬盘为存储介质且便于携带的存储器。它将微型硬盘封装在硬盘盒内,其数据的读写模式与标准硬盘是相同的。移动硬盘分为2.5英寸(用于笔记本电脑)和3.5英寸(用于台式机)两种。2.5英寸移动硬盘的硬盘盒内一般没有外置电源,3.5英寸移动硬盘的硬盘盒内一般都自带外置电源和散热风扇。

(8) U 盘

U 盘是采用 USB 接口和闪存(Flash Memory)技术结合的一种移动存储器,也称为闪盘。它具有体积小、重量轻、工作无噪声、无须外接电源以及支持即插即用和热插拔等优点,是一种理想的便携式存储器。U 盘的存储容量通常为 4GB、8GB、16GB(甚至更大),可满足不同的需求。它读写速度比磁盘快,重复擦写次数多,且保持数据时间长,不仅适合存储一般的程序和数据,而且可以模拟光驱和硬盘来启动操作系统。

(9) 存储卡

存储卡(Memory Card)是一种固态存储器,通常为长方形或正方形。它一般是以闪存作为存储介质,也称为快闪存储卡。存储卡能提供可重复读写,无须外部电源的储存形式。存储卡的类型很多,如 CF 卡(标准存储卡)、MMC 卡(多媒体卡)、SD 卡(安全数码卡)等。存储卡具有体积小巧、携带方便、使用简单等优点,但需要借用读卡器才能读写存储卡中的数据信息。

(10) 固态硬盘

固态硬盘(Solid State Disk,SSD)也称作电子硬盘或固态电子盘,是由控制单元和固态存储单元(主要是 NAND 闪盘)组成的硬盘。简单地说,就是用固态电子存储芯片阵列而制成的硬盘。图 1-15 为Crucial 英睿达 M4 系列固态硬盘。

图 1-15　Crucial 英睿达 M4 系列固态硬盘

1.3.2　软件系统的概述

软件系统(Software Systems)是指由系统软件、支撑软件和应用软件组成的计算机软件系统,它是计算机系统中由软件组成的部分。软件是指为计算机运行工作服务的各种程序、数据及相关资料。

1. 系统软件

操作系统是管理软硬件资源、控制程序执行,改善人机界面,合理组织计算机工作流程和为用户使用计算机提供良好运行环境的一种系统软件。操作系统是位于硬件层之上,所有软件层之下的一个必不可少的、最基本又是最重要的一种系统软件。它对计算机系统的全部软、硬件和数据资源进行统一控制、调度和管理。

从用户的角度看,它是用户与计算机硬件系统的接口;从资源管理的角度看,它是计算机系统资源的管理者。其主要作用及目的就是提高系统资源的利用率,提供友好的用户界面,创造良好的工作环境,从而使用户能够灵活、方便地使用计算机,使整个计算机系统能高效地运行。操作系统的任务是管理好计算机的全部软硬件资源,提高计算机的利用率;担任用户与计算机之间的接口,使用户通过操作系统提供的命令或菜单方便地使用计算机。

2. 应用软件

应用软件(Application Software)是和系统软件相对应的,是用户可以使用的各种程序设计语言,以及用各种程序设计语言编制的应用程序的集合,分为应用软件包和用户程序。应用软件包是利用计算机解决某类问题而设计的程序的集合,供多用户使用。

应用软件是为满足用户不同领域、不同问题的应用需求而提供的那部分软件。它可以拓宽计算机系统的应用领域，放大硬件的功能。

1.3.3　计算机的工作原理

计算机的基本原理是存储程序和程序控制。预先要把指挥计算机如何进行操作的指令序列(称为程序)和原始数据通过输入设备输送到计算机内存储器中。每一条指令中明确规定了计算机从哪个地址取数，进行什么操作，然后送到什么地址去等步骤。

计算机在运行时，先从内存中取出第一条指令，通过控制器的译码，按指令的要求，从存储器中取出数据进行指定的运算和逻辑操作等加工，然后再按地址把结果送到内存中去。接下来，再取出第二条指令，在控制器的指挥下完成规定操作。依次进行下去。直至遇到停止指令。

程序与数据一样存储，按程序编排的顺序，一步一步地取出指令，自动地完成指令规定的操作，是计算机最基本的工作原理。这一原理最初是由冯·诺依曼于 1945 年提出来的，故称为冯·诺依曼原理。

1.3.4　检测计算机硬件信息

在选购计算机的时候要看配置，肯定不能商家说是什么配置就相信，知道自己计算机的硬件配置信息，有利于以后硬件的更换，这是计算机初学者需要掌握的一点。下面就来介绍怎么查看计算机的配置信息。

1. 命令方式

(1) 单击 Windows 桌面左下角的“开始”按钮，找到“运行”命令并单击，在打开的“运行”对话框中输入 dxdiag，如图 1-16 所示。或者直接在 Windows 窗口底部出现的输入框中输入 dxdiag，如图 1-17 所示，进入 DirectX 诊断工具界面，如图 1-18 所示。

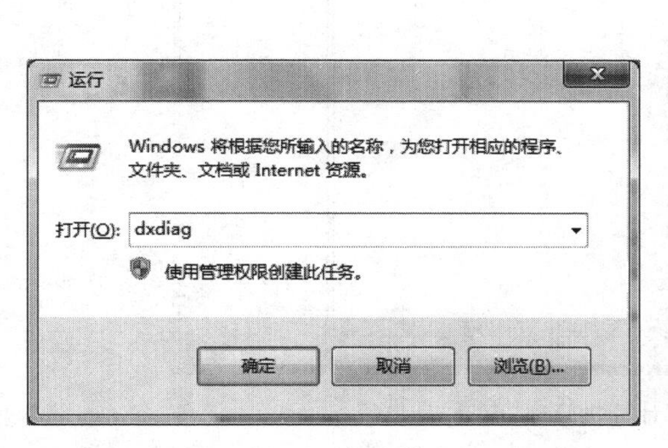

图 1-16　在“运行”对话框中输入 dxdiag 命令

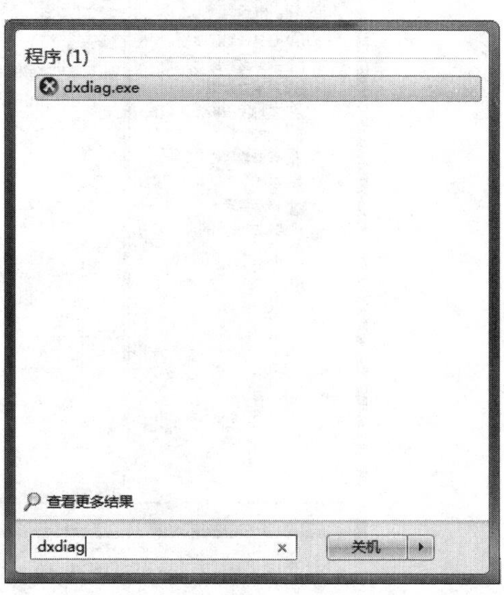

图 1-17　在输入框中输入 dxdiag 命令

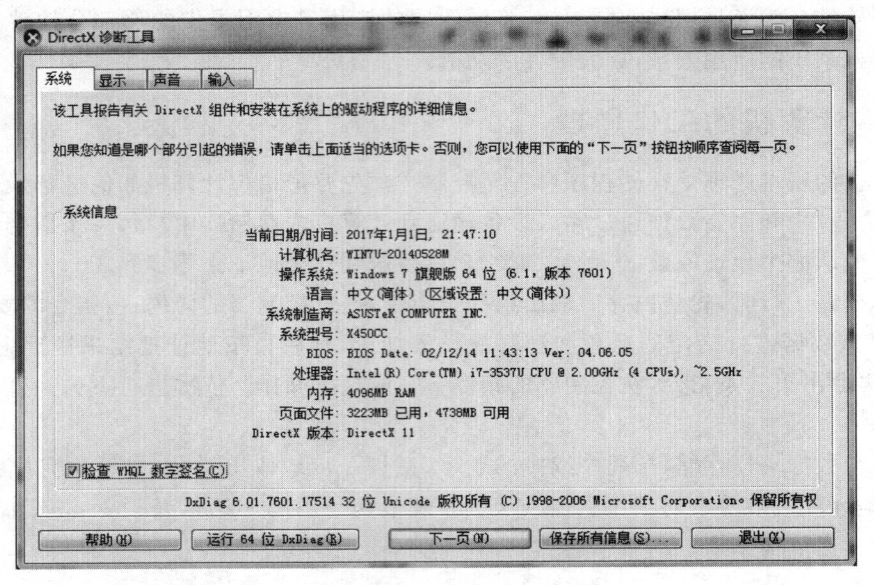

图 1-18　DirectX 诊断工具界面

(2) 在图 1-18 中，可以查看系统、显示以及声音的硬件配置情况。

2. 系统方式

(1) 除前面介绍的命令方式之外，还可以右击计算机，从弹出的快捷菜单中选择“管理”，打开如图 1-19 所示的“计算机管理”窗口。

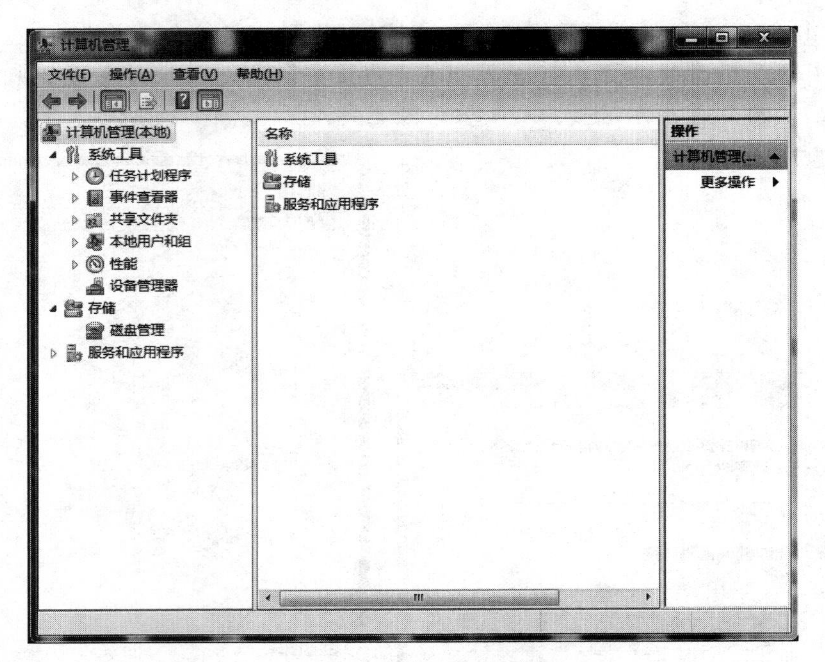

图 1-19　“计算机管理”窗口

(2) 然后在左侧窗格中单击“设备管理器”，右侧窗格中就会显示本机的硬件配置情况，如图 1-20 所示。

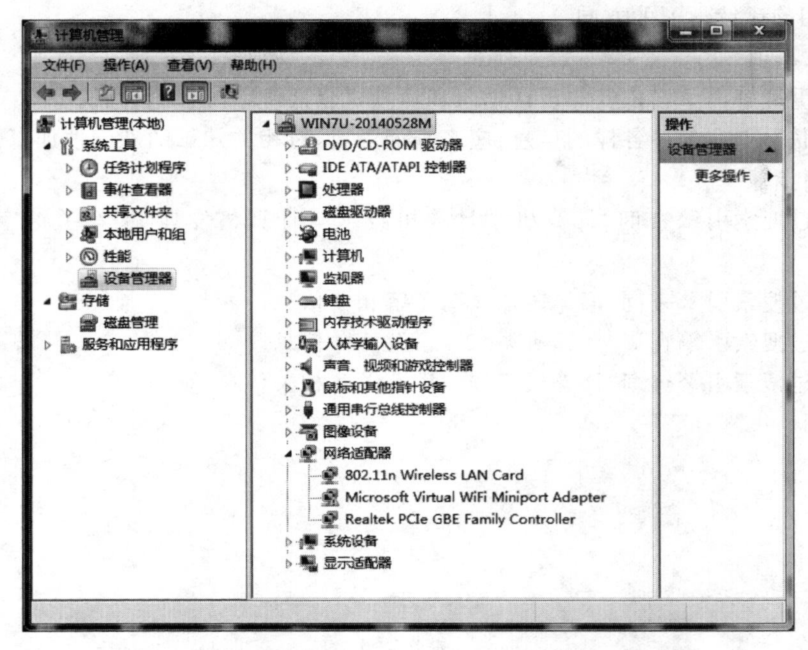

图 1-20 选择“设备管理器”并显示本机的硬件配置情况

3. 工具软件方式

除以上两种方式以外，还可以通过 Speccy、EVEREST 等工具软件来查看计算机的硬件配置信息。可以在各大软件下载网站上非常方便地找到这些小软件，下载、安装并运行，然后即可进行硬件信息检测。

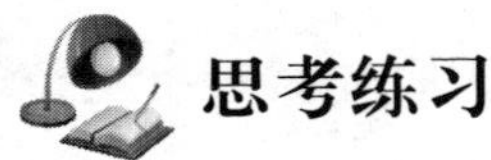

思考练习

一、思考题

1. 请说出一台计算机包含哪些必备的硬件。
2. 请列举你知道的主板、硬盘、内存、显卡品牌。
3. 请列举你常用的应用软件及其主要功能。

二、实践题

下载安装 Speccy 或 EVEREST 工具软件，查看自己计算机的配置信息。

综合实训 通过互联网了解计算机的发展历程及技术发展趋势

1. 实训目的

通过了解计算机的发展历程、应用领域等知识，建立关于计算机的基础知识体系，为后续的学习奠定基础；通过了解计算机的工作原理、主流技术和发展趋势，激发学习计算机知识的兴趣，明确后续学习的方向。

2. 注意事项

(1) 着重理解冯·诺依曼的设计思想和计算机软硬件系统理论构成。

(2) 互联网上有各种各样的信息，应多查询资料，对相关知识的准确性加以甄别。

3. 实训步骤

(1) 通过搜索引擎查询“计算机”“计算机技术”“计算机发展史”等关键字，了解相关信息。

(2) 通过搜索引擎查询“冯·诺依曼”，了解相关信息。

(3) 通过搜索引擎查询“计算机系统”，了解相关信息。

(4) 通过搜索引擎查询“计算机工作原理”，了解相关信息。

项目 2 选购计算机硬件

任务 2.1 认识及选购中央处理器 CPU

学习目标

在项目 1 的学习中，大家已经具备了一定的计算机相关基础知识。如今，计算机技术日新月异，计算机硬件产品更是种类繁多、型号各异、更新换代频繁。在实际应用中，如果需要购买一台计算机，应该如何选购计算机硬件配置呢？如何才能实现较高的性价比呢？通过本任务的学习，可以对计算机的主流硬件有一个清晰的认知，熟悉其产品系列、性能指标，并掌握选购的原则和方法。

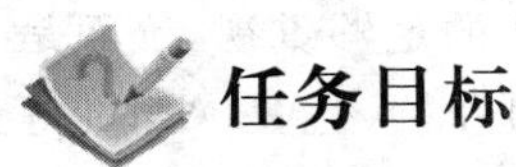

任务目标

- 了解 CPU 的产品系列。
- 了解 CPU 的性能指标。
- 主流 CPU 品牌型号介绍。
- 掌握选购 CPU 的原则和方法。

任务描述

CPU(中央处理器)是计算机系统的核心部件之一，CPU 的选择对计算机系统的性能有着直接的影响。那么目前 CPU 主流的产品系列有哪些？它们的性能指标如何？有哪些品牌型号？如何根据自己的应用需求选择合适的 CPU 呢？接下来学习 CPU 的基础知识。

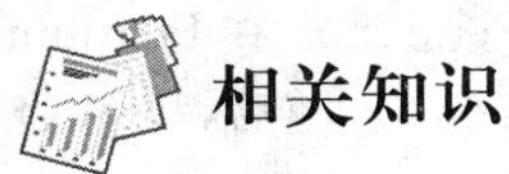

相关知识

2.1.1 CPU 发展历程

1. CPU 的诞生与发展

1971 年，世界上第一块微处理器 4004 在 Intel 公司诞生了。当然，比起现在的 CPU，

4004显得很可怜，它只有2300个晶体管，功能相当有限，而且速度很慢，但它的出现具有划时代的意义。

1978年，Intel公司首次生产出16位的微处理器命名为i8086，同时还生产出与之相配合的数字协处理器i8087。这两种芯片使用相互兼容的指令集，即X86指令集。同年，Intel还推出了具有16位数据通道、内存寻址能力为1MB、最大运行速度为8MHz的8086，并根据外设的需求推出了外部总线为8位的8088，从而有了IBM的XT机。随后，Intel又推出了80186和80188，并在其中集成了更多的功能。

1979年，Intel公司成功推出了第一块用于个人计算机的8088芯片。它仍旧是属于16位微处理器，内含29 000个晶体管，时钟频率为4.77MHz，地址总线为20位，寻址范围仅仅是1MB内存。

1981年，8088芯片首次用于IBM PC机中，开创了全新的微机时代。

1982年，Intel推出80286芯片，它比8086和8088都有了飞跃的发展，虽然它仍旧是16位结构，但在CPU的内部集成了13.4万个晶体管，时钟频率由最初的6MHz逐步提高到20MHz。其内部和外部数据总线皆为16位，地址总线24位，可寻址16MB内存。IBM则采用80286推出了AT机并在当时引起了轰动，进而使得以后的PC不得不一直兼容于PC XT/AT。

1985年，Intel推出了80386芯片，它X86系列中的第一种32位微处理器，而且制造工艺也有了很大的进步。80386内部内含27.5万个晶体管，时钟频率从12.5MHz发展到33MHz。80386的内部和外部数据总线都是32位，地址总线也是32位，可寻址高达4GB内存，可以使用Windows操作系统了。但80386芯片并没有引起IBM的足够重视，反而是Compaq率先采用了它。可以说，这是PC厂商正式走"兼容"道路的开始，也是AMD等CPU生产厂家走"兼容"道路的开始，直到今天的P4和K7依然主要是32位的CPU。

1989年，Intel推出80486芯片，它的特殊意义在于这块芯片首次突破了100万个晶体管的界限，集成了120万个晶体管。80486是将80386和数字协处理器80387以及一个8KB的高速缓存集成在一个芯片内，并且在80x86系列中首次采用了RISC(精简指令集)技术，可以在一个时钟周期内执行一条指令。它还采用了突发总线(Burst)方式，大大提高了与内存的数据交换速度。

2. 技术突破

随着AMD、Cyrix等陆续推出了80486的兼容CPU，于是人们只知有386和486之分而不知有Intel和非Intel之分。鉴于这种情况，Intel没有将486的后一代产品称为586，而是使用了注册商标Pentium，Pentium一经推出即大受欢迎，正如其中文名"奔腾"一样，其速度全面超越了486。尽管有浮点运算错误的干扰，但对手的5x86更像是一个超级486，就算是后来的AMD K5也因为推出较晚和浮点运算不够强劲而大败于Pentium。在Pentium家族中，早期的50MHz、60MHz为P5，而75～200MHz的产品则为P54C。随后，Intel将MMX技术应用到Pentium中，这一代产品从133～233MHz，即P55C。其中的Pentium 166 MMX的产品被玩家们亲切地称为"黑金刚"，从此"超频"二字经常被提及。其实在P55C之前，Intel早就推出了Pentium Pro，但是当时微软的Windows 95尚未推出，彻底抛弃了16位代码的Pentium Pro在运行DOS时甚至可以用惨不忍睹来形容，因而Pentium Pro只能在高端的32位运算中一展风采。但正是Pentium Pro奠定了P6架构，甚至可以说“Pentium Ⅱ = Pentium Pro+MMX”。

进入 21 世纪以来，CPU 进入了更高速发展的时代，以往可望而不可即的 1GHz 大关被轻松突破了。在市场分布方面，仍然是 Intel 跟 AMD 公司两雄争霸，它们分别推出了 Pentium 4，Tualatin 核心 Pentium Ⅲ和 Celeron，Tunderbird 核心 Athlon、Athlon XP 和 Duron 等处理器，竞争日益激烈。

2.1.2 CPU 产品系列

早期的 CPU 系列型号并没有明显的高低端之分，例如 Intel 面向主流桌面市场的 Pentium 和 Pentium MMX 以及面向高端服务器生产的 Pentium Pro；AMD 面向主流桌面市场的 K5、K6、K6-2 和 K6-Ⅲ以及面向移动市场的 K6-2＋和 K6-Ⅲ＋等。图 2-1 所示为 Intel Pentium CPU，图 2-2 所示为 AMD K6 CPU。

图 2-1 Intel Pentium CPU

图 2-2 AMD K6 CPU

随着 CPU 技术和 IT 市场的发展，Intel 和 AMD 两大 CPU 生产厂商出于细分市场的目的，都不约而同地将自己旗下的 CPU 产品细分为高、低端，从而以性能高低来细分市场。而高、低端 CPU 系列型号之间的区别无非就是二级缓存容量（低端产品一般都只具有高端产品的 1/4）、外频、前端总线频率、支持的指令集以及支持的特殊技术等几个重要方面。基本上可以认为低端 CPU 产品就是高端 CPU 产品的缩水版。例如，Intel 方面的 Celeron 系列除了最初的产品没有二级缓存之外，就始终只具有 128KB 的二级缓存和 66MHz 以及 100MHz 的外频，比同时代的 Pentium Ⅱ/Ⅲ/4 系列都要差得多，而 AMD 方面的 Duron 也始终只具有 64KB 的二级缓存，外频也始终比同时代的 Athlon 和 Athlon XP 要低一个数量级。

CPU 系列划分为高、低端之后，两大 CPU 厂商分别都推出了自己的一系列产品。在桌面平台方面，有 Intel 面向主流桌面市场的 Pentium Ⅱ、Pentium Ⅲ和 Pentium 4，现在是 i7，以及面向低端桌面市场的 Celeron 系列（包括俗称的 Ⅰ/Ⅱ/Ⅲ/Ⅳ代），现在是 i3；而 AMD 方面则有面向主流桌面市场 Athlon、Athlon XP，现在是 Athlon 2 代以及面向低端桌面市场的 Duron 和 Sempron，现在是 Sempron 2 代等。在移动平台方面，Intel 则有面向高端移动市场的 Mobile Pentium Ⅱ、Mobile Pentium Ⅲ、Mobile Pentium 4-M、Mobile Pentium 4 和 Pentium M 以及面向低端移动市场的 Mobile Celeron 和 Celeron M；AMD 方面也有面向高端移动市场的 Mobile Athlon 4、Mobile Athlon XP-M 和 Mobile Athlon 64 以及面向低端移动市场的 Mobile Duron 和 Mobile Sempron 等。

威盛电子股份有限公司(VIA Technologies,Inc.,VIA),自从收购了 Cyrix 之后,VIA 开始涉足 X86 CPU 设计领域,先后推出了多款处理器,虽然性能无法与第一名和第二名的 Intel 和 AMD 抗衡,但是其特长在于低功耗,因此得以在某些特殊领域的市场上站住脚跟。此外,威盛电子出品的 CPU 有一个与众不同的特色,就是硬件整合了数据加密/解密的功能。

1. Intel 产品系列

(1) Tualatin

Tualatin 也就是大名鼎鼎的“图拉丁”核心,是 Intel 在 Socket 370 架构上的最后一种 CPU 核心,采用 0.13μm 制造工艺,封装方式采用 FC-PGA2 和 PPGA,核心电压也降低到了 1.5V 左右,主频范围为 1～1.4GHz,外频分别为 100MHz(赛扬)和 133MHz(Pentium Ⅲ),二级缓存分别为 512KB(Pentium Ⅲ-S)和 256KB(Pentium Ⅲ 和赛扬),这是最强的 Socket 370 核心,其性能甚至超过了早期低频的 Pentium 4 系列 CPU。

(2) Willamette

Willamette 是早期的 Pentium 4 和 P4 赛扬采用的核心,最初采用 Socket 423 接口,后来改用 Socket 478 接口(赛扬只有 1.7GHz 和 1.8GHz 两种,都是 Socket 478 接口),采用 0.18μm 制造工艺,前端总线频率为 400MHz,主频范围为 1.3～2.0GHz(Socket 423)和 1.6～2.0GHz(Socket 478),二级缓存分别为 256KB(Pentium 4)和 128KB(赛扬)。注意,另外还有些型号的 Socket 423 接口的 Pentium 4 居然没有二级缓存!它们的核心电压为 1.75V 左右,封装方式采用 Socket 423 的 PPGA INT2、PPGA INT3、OOI 423-pin、PPGA FC-PGA2 和 Socket 478 的 PPGA FC-PGA2 以及赛扬采用的 PPGA 等。Willamette 核心制造工艺落后,发热量大,性能低下,已经被淘汰,而被 Northwood 核心所取代。

(3) Northwood

Northwood 是 Pentium 4 和赛扬所采用的核心,其与 Willamette 核心最大的改进是采用了 0.13μm 制造工艺,并都采用 Socket 478 接口,核心电压为 1.5V 左右,二级缓存分别为 128KB(赛扬)和 512KB(Pentium 4),前端总线频率分别为 400/533/800MHz(赛扬都只有 400MHz),主频范围分别为 2.0～2.8GHz(赛扬)、1.6～2.6GHz(400MHz FSB Pentium 4)、2.26～3.06GHz(533MHz FSB Pentium 4)和 2.4～3.4GHz(800MHz FSB Pentium 4),并且 3.06GHz Pentium 4 和所有的 800MHz Pentium 4 都支持超线程技术(Hyper-Threading Technology),封装方式采用 PPGA FC-PGA2 和 PPGA。按照 Intel 的规划,Northwood 核心会很快被 Prescott 核心所取代。

(4) Prescott

Pentium 4×××(如 Pentium 4530)和 Celeron D 采用该核心,还有少量主频在 2.8GHz 以上的 CPU 采用该核心。其与 Northwood 最大的区别是采用了 0.09μm 制造工艺和更多的流水线结构,初期采用 Socket 478 接口,目前生产的产品全部转到 LGA 775 接口,核心电压为 1.25～1.525V,前端总线频率为 533MHz(不支持超线程技术)和 800MHz(支持超线程技术),最高有 1066MHz 的 Pentium 4 至尊版。与 Northwood 相比,其 L1 数据缓存从 8KB 增加到 16KB,而 L2 缓存则从 512KB 增加到 1MB 或 2MB,封装方式采用 PPGA,Prescott 核心已经取代 Northwood 核心成为市场的主流产品。

（5）Intel双核心处理器

Intel推出的双核心处理器有Pentium D和Pentium Extreme Edition，同时推出945/955芯片组来支持新推出的双核心处理器，采用90nm工艺生产的这两款新推出的双核心处理器使用的是没有针脚的LGA 775接口，但处理器底部的贴片电容数目有所增加，排列方式也有所不同。

桌面平台所用的核心代号为Smithfield的处理器已经正式命名为Pentium D处理器，除了放弃阿拉伯数字而改用英文字母来表示这次双核心处理器的世代交替外，D的字母也更容易让人联想起Dual-Core双核心的含义。

Intel的双核心构架更像是一个双CPU平台，Pentium D处理器继续沿用Prescott架构及90nm生产技术生产。Pentium D内核实际上由两个独立的Prescott核心组成，每个核心拥有独立的1MB L2缓存及执行单元，两个核心加起来一共拥有2MB的L2缓存，但由于处理器中的两个核心都拥有独立的缓存，因此必须保证每个二级缓存当中的信息完全一致，否则就会出现运算错误。

为了解决这一问题，Intel将两个核心之间的协调工作交给了外部的MCH（北桥）芯片，虽然缓存之间的数据传输与存储并不巨大，但由于需要通过外部的MCH芯片进行协调处理，毫无疑问会使处理器整体的处理速度有一定的延迟，从而影响到处理器整体性能的发挥。

尽管均产自Intel，但Pentium D和Pentium Extreme Edition两款双核心处理器名字上的差别也预示着这两款处理器在规格上不尽相同，它们之间最大的不同就是对于超线程（Hyper-Threading）技术的支持。Pentium D不能支持超线程技术，而Pentium Extreme Edition则没有这方面的限制。在打开超线程技术的情况下，双核心Pentium Extreme Edition处理器能够模拟出另外两个逻辑处理器，可以被系统认成四核心系统。

2. AMD产品系列

（1）Athlon XP

Athlon XP有4种不同的核心类型，但有共同之处：均采用Socket A接口而且都采用PR标称值标注。

（2）Palomino

Palomino是最早的Athlon XP的核心，采用0.18μm制造工艺，核心电压为1.75V左右，二级缓存为256KB，封装方式采用OPGA，前端总线频率为266MHz。

（3）Thoroughbred

Thoroughbred是第一种采用0.13μm制造工艺的Athlon XP核心，又分为Thoroughbred-A和Thoroughbred-B两种版本，核心电压为1.65～1.75V，二级缓存为256KB，封装方式采用OPGA，前端总线频率为266MHz和333MHz。

（4）Thorton

Thorton采用0.13μm制造工艺，核心电压为1.65V左右，二级缓存为256KB，封装方式采用OPGA，前端总线频率为333MHz。可以看作屏蔽了一半二级缓存的Barton。

（5）Barton

Barton采用0.13μm制造工艺，核心电压为1.65V左右，二级缓存为512KB，封装方式采用OPGA，前端总线频率为333MHz和400MHz。

(6) 新 Duron(AppleBred)

AppleBred 采用 0.13μm 制造工艺,核心电压为 1.5V 左右,二级缓存为 64KB,封装方式采用 OPGA,前端总线频率为 266MHz。没有采用 PR 标称值标注而以实际频率标注,有 1.4GHz、1.6GHz 和 1.8GHz 三种。

(7) Athlon 64 系列 CPU

① Clawhammer。Clawhammer 采用 0.13μm 制造工艺,核心电压为 1.5V 左右,二级缓存为 1MB,封装方式采用 mPGA,采用 Hyper Transport 总线,内置 1 个 128bit 的内存控制器。采用 Socket 754、Socket 940 和 Socket 939 接口。

② Newcastle。Newcastle 与 Clawhammer 的最主要区别就是二级缓存降为 512KB(这也是 AMD 为了市场需要和加快推广 64 位 CPU 而采取的相对低价政策的结果),其他性能基本相同。

(8) AMD 双核心处理器

AMD 推出的双核心处理器分别是双核心的 Opteron 系列和全新的 Athlon 64 X2 系列处理器。其中 Athlon 64 X2 是用以抗衡 Pentium D 和 Pentium Extreme Edition 的桌面双核心处理器系列。

AMD 推出的 Athlon 64 X2 是由两个 Athlon 64 处理器上采用的 Venice 核心组合而成,每个核心拥有独立的 512KB(1MB) L2 缓存及执行单元。除了多出一个核芯之外,从架构上相对于目前的 Athlon 64 并没有任何重大的改变。

与 Intel 双核心处理器不同的是,Athlon 64 X2 的两个内核并不需要经过 MCH 进行相互之间的协调。AMD 在 Athlon 64 X2 双核心处理器的内部提供了一个称为 System Request Queue(系统请求队列)的技术,在工作的时候每一个核心都将其请求放在 SRQ 中,当获得资源之后,请求将会被送往相应的执行核心,也就是说所有的处理过程都在 CPU 核心范围之内完成,并不需要借助外部设备。

虽然与 Intel 相比,AMD 并不用担心 Prescott 核心这样的功耗和发热大户,但是同样需要为双核心处理器考虑降低功耗的方式。为此 AMD 并没有采用降低主频的办法,而是在其使用 90nm 工艺生产的 Athlon 64 X2 处理器中采用了所谓的 Dual Stress Liner 应变硅技术,与 SOI 技术配合使用,能够生产出性能更高、耗电更低的晶体管。

2.1.3 CPU 的性能指标

从雏形出现到发展壮大,由于制造技术改进,CPU 的集成度越来越高,内部的晶体管数达到几百万个。虽然从最初的 CPU 发展到现在其晶体管数增加了几十倍,但是 CPU 的内部结构仍然可分为控制单元、逻辑单元和存储单元三大部分。CPU 的性能大致上反映出了它所配置的那部微机的性能,因此 CPU 的性能指标十分重要。而 CPU 性能主要取决于其主频和工作效率。

1. 主频

主频也叫时钟频率,单位是 MHz(或 GHz),用来表示 CPU 的运算、处理数据的速度。CPU 的主频=外频×倍频系数。很多人认为主频就决定着 CPU 的运行速度,这不仅是片面的,而且对于服务器来讲,这个认识也出现了偏差。至今,没有一条确定的公式能够实现主频和实际的运算速度两者之间的数值关系,即使是两大处理器厂家 Intel 和 AMD,在这点上也存在着很大的争议,从产品发展趋势可以看出Intel很注重加强自身主频的发展。像其他的处理器厂家,有人曾经拿过一块1GHz的全美达处理器来做比较,运行效率相当于2GHz的Intel处理器。

因此,CPU的主频与CPU实际的运算能力是没有直接关系的,主频表示在CPU内数字脉冲信号振荡的速度。在Intel的处理器产品中,也可以看到这样的例子:1GHz的Itanium芯片能够表现得差不多跟2.66GHz至强(Xeon)/Opteron一样快,或是1.5GHz的Itanium 2跟4GHz的Xeon/Opteron几乎一样快。CPU的运算速度还要看CPU的流水线、总线等各方面的性能指标。

2. 外频

外频是CPU的基准频率,单位是MHz。CPU的外频决定着整块主板的运行速度。通俗地说,在台式机中,所说的超频,都是超CPU的外频(当然一般情况下,CPU的倍频都是被锁住的),这一点应该是很容易理解的。但对于服务器CPU来讲,超频是绝对不允许的。前面说到CPU决定着主板的运行速度,两者是同步运行的,如果把服务器CPU超频了,改变了外频,会产生异步运行(台式机很多主板都支持异步运行),这样会造成整个服务器系统的不稳定。

3. 前端总线(FSB)频率

前端总线(FSB)频率(即总线频率)会直接影响CPU与内存直接进行数据交换的速度。有一个公式可以计算,即:数据带宽=(总线频率×数据位宽)/8。数据传输最大带宽取决于所有同时传输数据的宽度和传输频率。比如,现在的支持64位的至强Nocona,前端总线是800MHz,按照公式,它的数据传输最大带宽是6.4GB/s。

外频与前端总线(FSB)频率的区别:前端总线的速度指的是数据传输的速度,外频是CPU与主板之间同步运行的速度。也就是说,100MHz外频特指数字脉冲信号在每秒钟振荡一亿次;而100MHz前端总线指的是每秒钟CPU可接受的数据传输量是100MHz×64bit=6400Mbit/s=800MB/s(1B=8bit)。

4. CPU的位和字长

位:在数字电路和计算机技术中采用二进制,代码只有0和1,其中无论是0或是1,在CPU中都是一“位”。

字长:计算机技术中对CPU在单位时间内(同一时间)能一次处理的二进制数的位数叫字长。所以能处理字长为8位数据的CPU通常就叫作8位的CPU。同理32位的CPU就能在单位时间内处理字长为32位的二进制数据。

字节和字长的区别:由于常用的英文字符用8位二进制就可以表示,所以通常就将8位称为1个字节。字长的长度是不固定的,对于不同的CPU,字长的长度也不一样。8位的CPU一次只能处理1个字节,而32位的CPU一次就能处理4个字节,同理64位的CPU一次可以处理8个字节。

5. 倍频系数

倍频系数是指CPU主频与外频之间的相对比例关系。在相同的外频下,倍频越高则CPU的频率也越高。但实际上,在相同外频的前提下,高倍频的CPU本身意义并不大。这是因为CPU与系统之间的数据传输速度是有限的，一味追求高倍频而得到高主频的CPU就会出现明显的“瓶颈”效应，即CPU从系统中得到数据的极限速度不能够满足CPU运算的速度。一般除了作为工程样板的Intel的CPU以外，都是锁了倍频的，少量的如Intel酷睿2核心的奔腾双核E6500K和一些至尊版的CPU不锁倍频。而AMD之前都没有锁倍频，现在AMD推出了黑盒版CPU(即不锁倍频版本，用户可以自由调节倍频，调节倍频的超频方式比调节外频稳定得多)。

2.1.4 主流CPU介绍

市场中80%的笔记本电脑都采用了英特尔处理器，它们可以从低到高分为四大系列：赛扬双核、奔腾双核、酷睿2双核(T系列)、酷睿2双核(P系列)。由于它们采用了相同的内核架构：酷睿微架构，因此其性能高低主要由核心频率来决定，其次才是二级缓存和前端总线。

事实上，今天的处理器性能突飞猛进，而普通用户的需求却和三五年前没有太大变化，即上网下载软件或资料、看电影、听音乐、玩简单的小游戏。因此根据测试经验，赛扬双核T1600的性能就基本够用了，而45nm的奔腾双核T4200完全可以满足绝大多数用户的需求。

不过有一种情况例外，那就是P系列处理器。P系列的各项参数都和45nm的T系列几乎相同，仅仅是TDP功耗从35W降至25W，因此在性能没有损失的前提下，发热量更小，电池续航时间更长。所以只要预算充裕，建议尽量选择P系列处理器，比如性价比最好的酷睿2 P7350和P7450。

目前部分消费者对小巧又便宜的上网本表现出浓厚的兴趣，这里要提示一下：上网本仅适合作为笔记本电脑和台式机的补充工具，只能运行最基本的程序，比如上网、播放PPT、看简单的电影等，在运行Office 2007、Photoshop等大型程序时就会变得十分缓慢，比如，Atom N270的性能还不足赛扬双核的一半。此外需要注意的是，上网本的屏幕和键盘尺寸过于狭小，这也会严重影响用户的操作感受。

另外，如果说Atom是目前最便宜的Intel处理器，那么最贵的就是拥有“小型封装＋超低电压”这两项技术的SU系列处理器，比如酷睿2双核SU9400等，它们大多应用于那些昂贵的超轻薄笔记本电脑中，比如ThinkPad X301、东芝R600等。它们最大的优点是极其省电，但价格也比较高。

思考练习

一、思考题

1. Intel和AMD的CPU常见型号都有哪些？

2. 请列举你所知道的CPU型号。

二、实践题

利用互联网搜索了解最新的CPU信息，选择适合你工作、学习、生活需要的CPU产品。

任务 2.2　认识及选购内存

学习目标

在本任务中，将要学习内存相关的基础知识，弄清内存的发展过程、存储器的分类和作用、内存的性能指标、内存条的基本结构等知识，并能根据自己的工作学习生活需要选择合适的内存产品。

任务目标

- 了解内存的发展情况。
- 了解存储器的分类和作用。
- 了解内存的性能指标。
- 了解内存条的基本结构。
- 了解双通道/三通道/四通道的含义。
- 掌握内存的选购原则和方法。

任务描述

通过前面的学习，大家已经对 CPU 的知识和选购方法有一定的了解，那么为了实现最好的性价比，满足实际需要，应该如何选择内存产品呢？本任务中，将学习到相关知识和方法。

相关知识

2.2.1　内存发展概述

内存是计算机中重要的部件之一，它是与 CPU 进行沟通的桥梁。计算机中所有程序的运行都是在内存中进行的，因此内存的性能对计算机的影响非常大。接下来，了解一下内存的发展历程，对比一下内存各阶段之间的区别。

1. DDR 内存

DDR(Double Data Rate)双倍速内存。严格地说，DDR 应该叫 DDR SDRAM，人们习惯称为 DDR，部分初学者也常看到 DDR SDRAM，就认为是 SDRAM。DDR SDRAM 是 Double Data Rate SDRAM 的缩写，是双倍速率同步动态随机存取存储器的意思。DDR 内存是在 SDRAM 内存基础上发展而来的，仍然沿用 SDRAM 生产体系，因此对于内存厂商而言，只需对制造普通 SDRAM 的设备稍加改进，即可实现 DDR 内存的生产，可有效地降低成本。

SDRAM 在一个时钟周期内只传输一次数据，它是在时钟的上升期进行数据传输；而 DDR 内存则是一个时钟周期内传输两次数据，它能够在时钟的上升期和下降期各传输一次数据，因此称为双倍速率同步动态随机存取存储器。DDR 内存可以在与 SDRAM 相同的总线频率下达到更高的数据传输率。

与 SDRAM 相比，DDR 运用了更先进的同步电路，使指定地址、数据的输送和输出主要步骤既独立执行，又保持与 CPU 完全同步；DDR 使用了 DLL(Delay Locked Loop，延时锁定回路，用于提供一个数据滤波信号)技术，当数据有效时，存储控制器可使用这个数据滤波信号来精确定位数据，每 16 次输出一次，并重新同步来自不同存储器模块的数据。DDR 本质上不需要提高时钟频率就能加倍提高 SDRAM 的速度，它允许在时钟脉冲的上升沿和下降沿读出数据，因而其速度是标准 SDRAM 的两倍。

从外形体积上 DDR 与 SDRAM 相比差别并不大，它们具有同样的尺寸和同样的针脚距离。但 DDR 针脚为 184 个，比 SDRAM 多出了 16 个针脚，主要包含了新的控制、时钟、电源和接地等信号。DDR 内存采用的是支持 2.5V 电压的 SSTL2 标准，而不是 SDRAM 使用的 3.3V 电压的 LVTTL 标准。

DDR 内存的频率可以用工作频率和等效频率两种方式表示，工作频率是内存颗粒实际的工作频率，但是由于 DDR 内存可以在脉冲的上升和下降沿都传输数据，因此传输数据的等效频率是工作频率的两倍。

2. DDR2 内存

DDR2/DDRⅡ(Double Data Rate 2)SDRAM 是由 JEDEC(电子设备工程联合委员会)进行开发的新生代内存技术标准，它与上一代 DDR 内存技术标准最大的不同就是，虽然同是采用了在时钟的上升/下降延同时进行数据传输的基本方式，但 DDR2 内存拥有两倍于上一代 DDR 的内存预读取能力(即 4bit 数据读预取)。换句话说，DDR2 内存每个时钟能够以 4 倍外部总线的速度读/写数据，并且能够以内部控制总线 4 倍的速度运行。

此外，由于 DDR2 标准规定所有 DDR2 内存均采用 FBGA 封装形式，而不同于目前广泛应用的 TSOP/TSOP-Ⅱ封装形式。FBGA 封装可以提供更加良好的电气性能与散热性，为 DDR2 内存的稳定工作与未来频率的发展提供了坚实的基础。回想起 DDR 的发展历程，从第一代应用到个人计算机的 DDR200 经过 DDR266、DDR333 到今天的双通道 DDR400 技术，第一代 DDR 的发展也走到了技术的极限，已经很难通过常规办法提高内存的工作速度；随着 Intel 最新处理器技术的发展，前端总线对内存带宽的要求越来越高，拥有更高、更稳定运行频率的 DDR2 内存将是大势所趋。

3. DDR2 与 DDR 的区别

在同等核心频率下，DDR2 的实际工作频率是 DDR 的两倍。这得益于 DDR2 内存拥有两倍于标准 DDR 内存的 4bit 预读取能力。换句话说，虽然 DDR2 和 DDR 一样，都采用了在时钟的上升延和下降延同时进行数据传输的基本方式，但 DDR2 拥有两倍于 DDR 的预读取系统命令数据的能力。也就是说，在同样 100MHz 的工作频率下，DDR 的实际频率为 200MHz，而 DDR2 则可以达到 400MHz。

这样也就出现了另一个问题：在同等工作频率的 DDR 和 DDR2 内存中，后者的内存延时要慢于前者。举例来说，DDR200 和 DDR2-400 具有相同的延迟，而后者具有高一倍的带宽。实际上，DDR2-400 和 DDR400 具有相同的带宽，它们都是 3.2GB/s，但是 DDR400 的核心工作频率是200MHz，而DDR2-400的核心工作频率是100MHz，也就是说DDR2-400的延迟要高于DDR400。

2.2.2　存储器的分类与作用

1. 按照存储器的介质分类

按照存储器的介质分类，存储器可以分为以下类型。

(1) 半导体存储器：由半导体组成的存储器称为半导体存储器，半导体的存储器体积小，功率低，存取时间短。但是电源消失时，所存储的数据也会丢失，是一种易失性存储器。

(2) 磁材料存储器：由磁材料做成的存储器称为磁性存储器，在金属或塑料上涂抹一层磁性材料，用来存放数据，其特点是非易失，即断电后数据不消失，但存取速度比较慢。

(3) 光盘存储器：光盘存储器使用激光在磁光材料上进行读取，其特点是非易失性，耐用性好，记录密度高。现在大多用在计算机系统中作为外部存储器。

2. 按照存储器的数据存取方式分类

按照存储器的数据存取方式分类，存储器可以分为以下类型。

(1) 随机存取存储器(Random Access Memory，RAM)：RAM是一种可读、可写的存储器，它的任何一个存储单元的内容都可以随机存取，而且存取的时间与物理位置无关。

(2) 只读存储器(Read Only Memory，ROM)：ROM是一种只能写入一次原始信息，写入之后，只能对内部的数据进行读出，而不能随意重新写入新的数据去改变原始信息。

(3) 串行访问数据存储器：在对存储器的存储单元进行读写操作时，必须要按照存储单元的物理位置先后寻找地址。这种存储器在存取数据时，需要按照存储器的存储单元的位置显示进行存取。

3. 按照存储器在计算机系统中的作用分类

按照存储器在计算机系统中的作用分类，存储器可以分为以下类别。

(1) 主存储器(主存)：通常指内存，它是可以直接与CPU交换数据的存储器，其特点是速度快、容量小、价格高。主存采用半导体材料制作，所以是易失性存储器。

(2) 辅助存储器(辅存)：即通常所说的外存，用来存放当前没有使用的程序和数据，它不能直接与CPU交换数据，需要加载到主存。其特点是速度慢、容量大、价格便宜。辅存属于非易失性存储器。

(3) 缓冲存储器(缓存)：主要用到两个速度不同的部件之间，即CPU与主存之间，起到缓存的作用。

4. 按照存储器的层次分类

存储器的层次按照它的3个指标即速度、容量、每位价格进行划分，分别是：

寄存器→缓存→主存→辅存(磁盘→光盘)

越是左侧的存储器，其容量越小，速度越快，每位价格越高；越是右侧的存储器，容量越大，速度越慢，每位价格越低。

(1) 寄存器是CPU中的一个存储器，CPU实际上是拿寄存器中的数进行运算和控制，它的速度最快，价格最高。

(2) 缓存的作用主要是用来解决CPU与主存速度不匹配的问题，因为CPU速度要快于主存，而缓存也快于主存，因此只有将CPU近期要使用的数据调入缓存中，CPU再直接从缓存中获取数据，才能提升数据的访问速度，降低 CPU 的负荷。主存与缓存的数据调动是由硬件自己完成的。

（3）辅存主要用来解决存储系统的容量问题。辅存比主存速度低，并且不能被 CPU 直接访问，但它的容量大，当 CPU 需要运行程序时，将辅存的数据调入主存，CPU 再来访问。主存和辅存之间的数据调动由硬件和操作系统共同完成。

2.2.3 内存的构成和性能指标

主存储器是能由 CPU 直接编写程序访问的存储器，它存放需要执行的程序与需要处理的数据，只能临时存放数据，不能长久保存数据。

1. 内存的构成

（1）存储体（MPS）：由存储单元组成（每个单元包含若干个存储元件，每个元件可存一位二进制数）且每个单元有一个编号，称为存储单元地址（地址），通常一个存储单元由 8 个存储元件组成。

（2）地址寄存器（MAR）：由若干个触发器组成，用来存放访问寄存器的地址，且地址寄存器长度与寄存器容量相匹配。

（3）地址译码器：由于存储器系统是由许多存储单元构成的，每个存储单元一般存放 8 位二进制信息，为了加以区分，必须首先为这些存储单元编号，即分配给这些存储单元不同的地址。地址译码器的作用就是用来接收 CPU 送来的地址信号并对它进行译码，选择与此地址码相对应的存储单元，以便对该单元进行读/写操作。

（4）数据寄存器（MDR）：数据寄存器由若干个触发器组成，用来存放存储单元中读出的数据，或暂时存放从数据总线传输来的即将写入存储单元的数据。数据存储器的宽度应与存储单元长度相匹配。

2. 主要技术指标

（1）存储容量：一般指存储体所包含的存储单元数量（N）。

（2）存取时间（TA）：指存储器从接受命令到读出/写入数据并稳定在数据寄存器（MDP）输出端所用的时间。

（3）存储周期（TMC）：两次独立的存取操作之间所需的最短时间，通常 TMC 比 TA 长。

（4）存取速率：单位时间内主存与外部（如 CPU）之间交换信息的总位数。

（5）可靠性：用平均故障间隔时间 MTBF 来描述，即两次故障之间的平均时间间隔。

2.2.4 内存条的结构

内存也叫主存，通常分为只读存储器（ROM）、随机存取存储器（RAM）和高速缓存存储器（Cache）。平常所指的内存条其实就是 RAM，其主要的作用是存放各种输入、输出数据和中间计算结果，以及与外部存储器交换信息时做缓冲之用。其主要结构如图 2-3 所示。

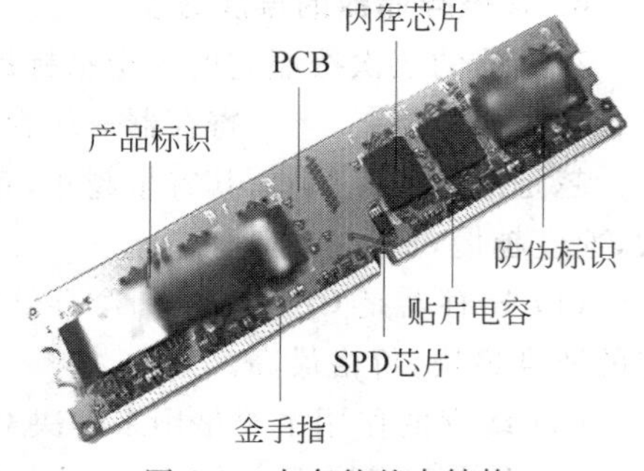

图 2-3 内存的基本结构

1. PCB

内存条的 PCB(印制电路板)多数都是绿色的。如今的电路板设计都很精密,所以都采用了多层设计,例如 4 层或 6 层等,所以 PCB 实际上是分层的,其内部也有金属的布线。理论上 6 层 PCB 比 4 层 PCB 的电气性能要好,性能也比较稳定,所以名牌内存多采用 6 层 PCB 制造。因为 PCB 制造严密,所以从肉眼上较难分辨 PCB 是 4 层或 6 层,只能借助一些印在 PCB 上的符号或标识来判断。

2. 金手指

黄色的接触点是内存与主板内存槽接触的部分,数据就是靠它们来传输的,通常称为金手指。金手指是铜质导线,使用时间长了就可能有氧化的现象,会影响内存的正常工作,易发生无法开机的故障,所以可以隔一年左右时间用橡皮清理一下金手指上的氧化物。

3. 内存芯片

内存的芯片就是内存的灵魂所在,内存的性能、速度、容量都是由内存芯片决定的。

4. 贴片电容

PCB 上必不可少的电子元件就是电容和电阻,这是为了提高电气性能的需要。电容采用贴片式电容,因为内存条的体积较小,不可能使用直立式电容,但这种贴片式电容性能也很好,它为提高内存条的稳定性发挥了很大的作用。电阻也是采用贴片式设计,一般较好的内存条电阻的分布整齐合理。

5. SPD 芯片

SPD 是一个八脚的小芯片,它实际上是一个 EEPROM 可擦写存储器,它的容量有 256B,可以写入一点信息,该信息中就可以包括内存的标准工作状态、速度、响应时间等,以协调计算机系统更好地工作。从 PC100 时代开始,PC100 标准中就规定了符合 PC100 标准的内存条必须安装 SPD,而且主板也可以从 SPD 中读取到内存的信息,并按 SPD 的规定来使内存获得最佳的工作环境。

2.2.5 双通道/三通道/四通道内存

1. 双通道

双通道就是在北桥(又称为 MCH)芯片级里设计两个内存控制器,这两个内存控制器可相互独立工作,每个控制器控制一个内存通道。在这两个内存通 CPU 可分别寻址、读取数据,从而使内存的带宽增加一倍,数据存取速度也相应增加一倍(理论上)。

目前流行的双通道内存构架是由两个 64bit DDR 内存控制器构筑而成的,其带宽可达 128bit。因为双通道体系的两个内存控制器是独立的、具备互补性的智能内存控制器,因此二者能实现彼此间零等待时间,同时运作。两个内存控制器的这种互补"天性"可让有效等待时间缩减 50%,从而使内存的带宽翻倍。虽然这项新规格主要是芯片组与主机板端的变化,然而双通道存在的目的,也是为了解决内存频宽的问题,使主机板在即使只使用 DDR400 内存的情况下,频宽也可以达到 6.4GB/s。双通道是一种主板芯片组(Athlon 64 集成于 CPU 中)所采用的新技术,与内存本身无关,任何 DDR 内存都可工作在支持双通道技术的主板上。

2. 三通道

随着 Intel Core i7 平台的发布，三通道内存技术应运而生。与双通道内存技术类似，三通道内存技术的出现主要是为了提升内存与处理器之间的通信带宽。前端总线频率大多为800MHz，因此其前端总线带宽为 800MHz × 64bit ÷ 8 = 6.4GB/s。如系统使用单通道DDR400 内存，由于单通道内存位宽只有 64bit，因此其内存总线带宽只有 400MHz × 64bit ÷ 8 = 3.2GB/s，显然前端总线有近一半的带宽被浪费。三通道内存将内存总线位宽扩大到了 64bit × 3 = 192bit，同时采用 DDR3 内存，因此其内存总线带宽达到了 1066MHz × 192bit ÷ 8 = 25.5GB/s，内存带宽得到巨大的提升。

3. 四通道

四通道所指的就是主板的内存槽支持 4 条内存，如图 2-4 所示，有 4 条 Dimm 槽。目前一般的主板均设计有四通道内存，单条内存为8GB，可扩展到 32GB。这需要主板支持四通道技术，比如 X79 和 X99 这些高端主板。主板芯片组有 4 个内存控制器，每个可独立控制 1 条内存独立工作，提升了数据读取的速度和带宽。一般需要内存条兼容性较好，另外是 4 条内存而不是 8 条。四通道计算机内存最早随着在 2010 年 5 月全新的 AMD Socket G34 插槽和皓龙 6100 系列（代号 Magny-Cours，45nm）所发布。

图 2-4　四通道内存

四通道内存后来由 2011 年 11 月发布的英特尔X79 芯片组所使用，被 LGA 2011 封装的 SandyBridge 微架构的 Corei 7 处理器所支持。它的前身是 LGA 1366 封装 CPU 所使用的英特尔 X58 芯片组的三通道内存。

2.2.6　内存选购指南

关于内存条的选购，一般来说有如下一些原则和方法。

（1）首先要知道，计算机的主板是什么型号。因为内存要安装在主板上，可以打开鲁大师软件，复制主板信息，这里就不介绍了。

（2）打开百度，进入“中关村在线”，搜索到主板网页，然后选择一款主板并查看其参数选项，可以看到主板更详细的信息，如显卡是否集成，可以装什么类型的 CPU。找到内存规格选项，里面内容是主板支持的内存参数。

（3）了解计算机主板。查阅计算机主板最高支持多大的内存，了解计算机拥有几个内存条插槽。

（4）要注意台式计算机内存条（见图 2-5）与笔记本电脑内存条（见图 2-6）的插槽不同，内存条的金手指排列也不同。

（5）大部分 32 位总线的计算机所支持的内存容量最多不超过 4GB，所以，如果要安装4GB 以上的内存，请将系统更换为总线为 64 位的。

更多信息可以参考如下网址。

http://jingyan.baidu.com/article/d3b74d64d2f0721f77e6098c.html

http://jingyan.baidu.com/article/ed15cb1b6e6d6a1be3698137.html

图 2-5　台式计算机内存条

图 2-6　笔记本电脑内存条

思考练习

一、思考题

1. 什么是 DDR？什么是 DDR2？

2. 请说出一根内存条有哪些基本结构。

3. 内存的选择是越大越好吗？为什么？

二、实践题

在互联网上搜索内存产品相关的信息，了解最新资料。

任务 2.3　了解及选购主板

学习目标

在本任务中，将学习计算机主板相关的基础知识，认识主板的基本结构、功能，了解主流的主板产品以及选购主板的原则和方法。

任务目标

- 了解主板的插槽和接口。
- 了解主板芯片组。
- 了解主板的组成结构。
- 了解主流主板产品。
- 掌握选购主板的原则和方法。

任务描述

如果曾打开过一部台式计算机的机箱，应该看到了一个大型的集成电路板，上面有各种各样的插槽和接口，这就是主板，也是一台计算机的重要部件，其他各种部件如CPU、内存等，都是通过相应的插槽和接口连接到主板上的。在本任务中将介绍主板的基础知识。

相关知识

2.3.1 主板的插槽和接口

图 2-7 所示的各个编号所指的位置，就是主板上的各种插槽，它们的名称和作用介绍如下。

① 4pin 电源插座：电源上的 4 口插头插在这里。

② CPU 插座：CPU 装在这里，CPU 上边还有个散热风扇。

③ 内存插槽：内存条插在这里。这里有 2 个插槽，有的主板有 4 个。

④ 24pin 电源插座：电源上的 24 口插头插在这里，一般是"20 口插头＋4 口插头"合一块(线在一块)。

⑤ PCI-E X16 插槽：这里是插显卡的插槽。

⑥ SATA 端口：这里是 4 个接硬盘、光驱 SATA 数据线的端口。

⑦ PCI-E X1 插槽：这里是插 PCI-E X1 接口的声卡、网卡等卡的插槽。

⑧ 主板电池插槽：给主板供电的电池就插在这里。

图 2-7 主板

⑨ 主机前面板开关、指示灯插座：开机、重启、开机指示灯、硬盘指示灯线都插在这个地方。

⑩ CPU 风扇电源插座：这里插 CPU 散热电风扇的供电插头。

除上述插槽外，主板上还有如下一些常用插槽和接口。

- PCI 插槽：插其他外接设备。
- SATA 接口：包括 SATA 2.0 和 SATA 3.0 接口，用来接硬盘。
- USB 接口：包括 USB 2.0 和 USB 3.0 接口，接其他 USB 接口。
- HDMI 接口：是数字化视频/音频接口技术，接外设音频设备。
- DVI 接口：传输数字信号和模拟信号。
- VGA 接口：计算机采用 VGA 标准输出数据的专用接口，一般用来接显示屏。
- 键鼠通用接口：外接鼠标和键盘。
- 网络接口：插网线。
- 音频接口：插外接音响。

2.3.2 主板芯片组

主板芯片组(Chipset)是主板的核心组成部分,可以比作CPU与周边设备沟通的桥梁。在计算机界称设计芯片组的厂家为Core Logic,Core的中文意思是核心或中心,单纯从字面的意义就足以看出其重要性。对于主板而言,芯片组几乎决定了这块主板的功能,进而影响到整个计算机系统性能的发挥,因此可以说芯片组是主板的灵魂。芯片组性能的优劣,决定了主板性能的好坏与级别的高低。目前CPU的型号与种类繁多、功能不一,如果芯片组不能与CPU良好地协同工作,将严重地影响计算机的整体性能,甚至导致计算机不能正常工作。

1. 分类

现在的芯片组是由过去286时代的所谓超大规模集成电路——门阵列控制芯片演变而来的,可按用途、芯片数量、整合程度的高低来分类。

(1) 按用途分类

按用途分类可分为服务器、工作站、台式机、笔记本电脑等类型。

(2) 按芯片数量分类

按芯片数量分类可分为单芯片芯片组,标准的南、北桥芯片组(其中北桥芯片起着主导性的作用,也称为主桥)和多芯片芯片组(主要用于高档服务器、工作站)。

(3) 按整合程度的高低分类

按整合程度的高低分类分为整合型芯片组和非整合型芯片组等。

2. 作用功能

主板芯片组几乎决定着主板的全部功能。

(1) 北桥芯片

北桥芯片提供对CPU类型和主频的支持,系统高速缓存的支持,主板的系统总线频率、内存管理(内存类型、容量和性能)、显卡插槽、ISA/PCI/AGP插槽、ECC纠错等支持。

(2) 南桥芯片

南桥芯片提供了对I/O的支持,对KBC(键盘控制器)、RTC(实时时钟控制器)、USB(通用串行总线)、Ultra DMA/33(66)EIDE数据传输方式和ACPI(高级能源管理)等的支持。决定扩展槽的种类与数量、扩展接口的类型和数量(如USB 2.0/1.1、IEEE 1394、串口、并口、笔记本电脑的VGA输出接口)等。

(3) 高度集成的芯片组

高度集成的芯片组大大地提高了系统芯片的可靠性,减少了故障,降低了生产成本。例如有些纳入3D加速显示(集成显示芯片)、AC'97声音解码等功能的芯片组还决定着计算机系统的显示性能和音频播放性能等。

3. 芯片组的识别

以Intel 440BX芯片组为例,它的北桥芯片是Intel 82443BX,通常在主板上靠近CPU插槽的位置,由于芯片的发热量较高,在这块芯片上装有散热片。南桥芯片在靠近ISA和

PCI 槽的位置，芯片的名称为 Intel 82371EB。其他芯片组的排列位置基本相同。

(1) 台式机的芯片组要求

台式机芯片组要求有强大的性能，良好的兼容性、互换性和扩展性，对性价比要求也最高，同时还要考虑用户在一定时间内的可升级性、可扩展性。

(2) 笔记本电脑的芯片组要求

在早期的笔记本电脑设计中并没有单独的笔记本电脑芯片组，均采用与台式机相同的芯片组。随着技术的发展，笔记本电脑专用 CPU 的出现，就有了与之配套的笔记本电脑专用芯片组。笔记本电脑芯片组要求较低的能耗，良好的稳定性，综合性能和扩展能力在三种类型的芯片组中是最低的。

(3) 服务器/工作站的芯片组要求

服务器/工作站芯片组的综合性能和稳定性在三种类型的芯片组中最高，部分产品甚至要求全年满负荷工作，在支持的内存容量方面也是三者中最高的，能支持高达十几甚至几十 GB 的内存容量，而且其对数据传输速度和数据安全性要求最高，所以其存储设备也多采用 SCSI 接口而非 IDE 接口，同时大多采用 RAID 方式来提高性能和保证数据的安全性。

2.3.3 主流主板介绍

1. 华硕主板

华硕主板上标有 ASUS 字样，是目前市场上一款主流的主板，总体性能较好，如图 2-8 所示。

图 2-8 华硕主板

2. 精英主板

精英主板上标有 ECS 字样，这是市场上比较前端的主板，如图 2-9 所示。

3. 技嘉主板

技嘉主板上标有 GIGABYTE 字样，性能比较稳定，是市场上很火的一款主板，如图 2-10 所示。

图 2-9　精英主板

图 2-10　技嘉主板

4. 微星主板

微星主板上标有 MSI 字样，性能较好，性价比较高，如图 2-11 所示。

图 2-11　微星主板

更多关于主板的资料可以关注如下网址及“中关村在线”排行榜了解。

http：//ks. pconline. com. cn/product. shtml? q=%D6%F7%B0%E5&scope=

2.3.4　选购主板

一般在选购主板之前，人们多数已经确定了计算机的档次，也可以说确定了所使用的 CPU。当然，选购主板和选购 CPU 一样，都需要确定是使用 Intel 系列还是 AMD 系列。因为各自的插槽不一样。一般来说，选购主板可以从如下几个方面进行考虑。

1. 品牌

目前市场上的品牌主板厂商主要有华硕、微星、技嘉等几家。这几家的主板在做工、稳定性、抗干扰性上都处于同类产品的前列，并且售后服务也很完善。人们大多会选择口碑较好的主流品牌。

2. 做工

除此之外，在选购主板时还需要仔细观察做工，如看主板的印制电路板厚度，查看印制电路板边缘是否光滑。再检查主板上的各个焊点是否饱满、有光泽，排列是否十分整洁。然后，查看主板布局结构是否合理。另外，还需要确认主板中电容的质量。主板上常见的电容有铝电解电容，陶瓷贴片电容等。铝电解电容是最常见的电容，一般在 CPU 和内存槽附近比较多，铝电解电容的体积大、容量大。陶瓷贴片电容比较小，外观呈黑色贴片状、耐热性好、损耗低，但容量小，一般适用于高频电路，在主板和显卡上被大量采用。

3. 保险丝

主要是指看主板的 I/O 接口附近是否有足够数量的保险丝。保险丝的作用是当外部设备如键盘、鼠标、显示器等错误地进行热插拔或外界电流突然增大如遇到雷击时，能自动熔断，以保护主板。而如果没有保险丝，则很容易造成主板烧毁。

从外观上来看，主板上常见的保险丝为绿色或灰色扁平状，类似于贴片电容。一般来说，一款合格的主板在键盘、鼠标、USB 接口附近都会有这样的保险丝，而高档主板在 SATA 硬盘接口附近也会有这样的保险丝。

4. 细节

对于一款优秀的主板来说，使用是否方便也很重要，而这一点主要看主板的细节。首先，要看电源插口的位置。一般来说，主板的电源插口大多在内存插槽附近的边缘位置。这样设计的最大好处是用户可以方便地整理电源线。而部分主板则将电源插槽设计在主板的 I/O 接口附近。这样，主板的电源线要经过 CPU 散热器上方才能插上，不仅不方便，并且粗粗的一把电源线也会影响到机箱内风道的形成，进而影响机箱内的整体散热情况。

5. 规格

在家用的情况下，主板大小基本不影响整机性能的体验，除非显卡散热片太大，才需要考虑用大板。现在主流的 B85 还有部分 H81、H87 刷新 BIOS 过后搭配带 K 的 CPU 可以超频，而不是一定要 Z87、Z97 才可以，当然对供电有一定要求。

更多关于主板选购方法及资料可访问如下网址。

http://mb.yesky.com/218/75087718.shtml

思考练习

一、思考题

1. 请列举主板上有哪些插槽和接口。

2. 请列举你听说过的主板品牌。

二、实践题

在互联网上搜索主板产品相关的信息，了解最新资料。

任务 2.4 了解及选购机箱和电源

学习目标

计算机的 CPU、内存和主板都是固定在机箱之中的。同时，这些设备要正常工作，就离不开电源。在本任务中，将学习计算机机箱和电源相关的基础知识，认识机箱的分类、机箱的结构、电源的发展过程，以及如何选购机箱和电源的知识。

任务目标

- 了解计算机机箱的分类。
- 了解计算机机箱的结构。
- 了解计算机电源的发展过程。
- 掌握计算机机箱和电源的选购方法。

任务描述

在之前的任务中，已经对计算机的三个重要部件 CPU、内存、主板的基本知识有了一定的了解，但要真正完成一台计算机的装配，或者说购买一台计算机，还有一个重要的部件需要选购，那就是机箱和电源。选择一款性能稳定、安全可靠的机箱和电源，会避免许多使用问题出现。接下来，就介绍机箱和电源的一些基础知识。

相关知识

2.4.1 机箱的分类

1. 按结构分类

机箱从结构上可以分为 AT、ATX、Micro ATX、NLX、WTX(也称 Flex-ATX)等。AT 机箱的全称是 BaByAT，主要应用于只能支持 AT 主板的早期机器中，现在已被淘汰。ATX 机箱是目前最常见的机箱，支持现在绝大部分类型的主板。Micro ATX 机箱是在 ATX 机箱的基础之上建立的，主要目的是为了进一步地节省桌面空间，因而比 ATX 机箱体积要小一些。各个类型的机箱只能安装其支持的类型主板，一般是不能混用的。另外，机箱中的电源也有所差别，所以在选购时尤其需要注意。NLX、WTX 机箱目前比较少见。

2. 按样式分类

ATX 机箱从样式上可分为立式和卧式两种，各有利弊。立式机箱内部空间相对较大，而且由于热空气上升冷空气下降的原理，立式机箱的电源在上方，其散热较卧式机箱好，添加各种配件时也较为方便。但是立式机箱体积较大，不适合在较为狭窄的环境里使用。卧式机箱无论是在散热还是易用性方面都不如立式机箱，但是它可以放在显示器下面，能够节省不少桌面空间，以前多被商用计算机所采用。

在目前的市场上，一般能见到的都是立式机箱，卧式机箱基本已经被淘汰。另外，主板类型及尺寸大小的演变也对机箱提出了新要求。从尺寸较小的 Micro ATX 到标准 ATX 主板，与之搭配的机箱也有所不同。为标准 ATX 主板设计的机箱能够兼容 Micro ATX 结构的主板，反之几乎不可能。某些用户在选择机箱时执意要购买 Micro ATX 机箱来安装标准 ATX 结构的主板，他们的理由很简单——体积小巧、易于摆放，或许还能加上外观漂亮的因素在里边。但是，他们根本没有意识到 Micro ATX 结构机箱的不足之处，比如扩展能力差、内部空间小导致的散热能力差等问题。ATX 结构的机箱也有高矮、大小及类型之分。针对某些公司推出的双处理器主板或集成 RAID 功能的大尺寸主板，机箱厂商为其设计了尺寸(主要是机箱的长度)更大的机箱来满足用户的需求。而对此未加考虑的机箱产品就不能正常安装这类大尺寸主板。

2.4.2 常见的立式机箱

立式机箱从尺寸上分，可分为超薄、半高、3/4 高和全高几种，不同之处主要在于三英寸以及五英寸驱动器架的数量。超薄机箱多数仅有一到两个五英寸驱动架和一个三英寸驱动器架，扩展性极差，不建议普通的家庭用户购买。半高机箱有两个、3/4 高机箱有三个、全高机箱有四个五英寸驱动器架。当然，购买时最好结合自己的实际需要，不要一味地追求驱动器架多的机箱。一般口碑较好的是 3/4 高立式机箱，它的体积适合，散热性好，可扩充性也能适合用户需求。

1. ITX 机箱

优点：体积较小。

缺点：硬件性能局限性强，主机成本较大。

ITX 主板的规格为 17cm×17cm，体积较小，而 ITX 机箱顾名思义就是一款只支持 ITX 主板板型的机箱，因而体积也变小。为了打造出 ITX 机箱“娇小玲珑的身躯”，当然电源也要讲究，如今 ITX 机箱内的电源往往选择使用 SFX 等小型电源或者直接采用外置电源适配器来完成机箱内部的供电需求，而且这类电源的功率往往较小。市面上的 ATX 电源由于体积庞大而很少用于 ITX 机箱。

2. Mini 机箱

优点：外观好看，体积较 ATX 机箱小。

缺点：风道相对不好，不支持 ATX 以上板型。

以前，人们习惯把主机放在桌下，但随着这几年机箱行业对外观的看重，推出一些能够放上桌面的机箱，而用这类机箱组装成的主机一般统称为 HTPC。HTPC 也分为两类：一类是前者所说的因体积小占优势的 ITX 主机；另一类就是拥有较强兼容性的桌面 Mini PC，而桌面 Mini PC 所用到的机箱就是这部分所说的主角——桌面 Mini 机箱。

3. 中塔/ATX 机箱

优点：可支持 ATX 以下板型和中高端显卡。

缺点：体积较大，扩展性能较全塔机箱要差一些。

中塔机箱这个名字看似十分“高大上”，而 ATX 机箱这个名字却显得相当普通，其实中塔机箱也就是 ATX 机箱。由于如今的主板类型以 M-ATX 和 ATX 两种主板板型最为流行，所以能完美兼容的中塔机箱也顺理成章地成为机箱里的主流。中塔机箱产品品种较多，其价格也普遍不高。

4. 全塔机箱

优点：拥有最强大的内部空间，扩展能力出色。

缺点：体积庞大，价格不低。

全塔机箱与中塔机箱两者并没有十分明确的界限。有人说全塔机箱很大，但有些中塔机箱也同样很高很大，究竟怎么区分呢？全塔机箱必然是拥有比中塔机箱更好的扩展性能，考虑到板卡是 DIY 玩家的主要考虑对象，最终认为拥有 8 条以上 PCI 槽位或支持 E-ATX 板型的机箱才能称得上是全塔机箱。

5. 非主流机箱

优点：外观独特。

缺点：价格普遍偏高。

有些机箱依靠外形奇特作为最主要的卖点，它们的结构并不属于主流。例如九州风神的三位一体机箱、迎广 Frame 系列机箱等，此类机箱会给人以不同程度的视觉新鲜感。

更多关于机箱的资料请关注如下网址。

http：//diy. pconline. com. cn/707/7077665. html

2.4.3 电源的发展

从图 2-12 所示的时间轴可以看到，电源的发展历程远比想象中的要短，除了从 AT 时代进化到 ATX 时代之外，并没有实现大的转变(BTX 电源兼容了 ATX 技术，其工作原理与内部结构基本相同)。甚至连简单的开关机，除了从 AT 时代不能实现软开机到 ATX 时代可以实现软开机、网络唤醒之外，也没有让人眼前一亮的技术出现。

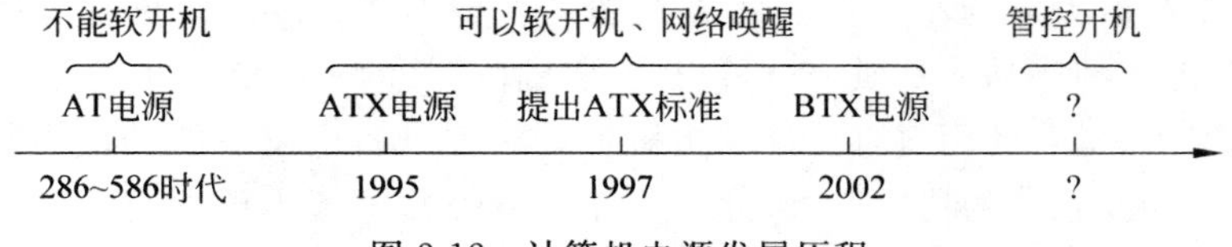

图 2-12 计算机电源发展历程

也就是说，开机依然要用最原始的方法：按下机箱上的 Power 键。作为行业领导品牌，大水牛在产品创新方面勇为人先，推出了智控电源产品，不但支持遥控开机，还完美兼容任何无线遥控设备(包括支持红外功能的手机、平板电脑等)，以及 10m 以上无障碍接收。接收器底部具备磁性，可以轻松吸附在机箱上面。除此之外，还具备 2A 大电流快速充电功能，实用性大增。可以说，大水牛智控电源的推出，让电源从原始时代，一举跃进到了智能时代。智控电源将会成为行业的标准以及另一个发展契机。

更多关于计算机电源的资料请访问如下网址。

http：//power. it168. com/a2014/0813/1656/000001656006. shtml

2.4.4 选购机箱及电源

一般选择PC机箱时，外观是首选因素，然而选择服务器机箱时，实用性就排在了更加重要的地位，一般来说主要从以下几个方面进行考虑。

1. 散热性

4U或者塔式服务器所使用的CPU至少为两个或更多，而且加上内部多采用SCSI磁盘阵列的形式，因而使得服务器内部发热量很大，所以良好的散热性是一款优秀服务器机箱的必备条件。散热性能主要表现在三个方面：一是电风扇的数量和位置；二是散热通道的合理性；三是机箱材料的选材。一般来说，品牌服务器机箱比如超微都可以很好地做到这一点，采用大口径的电风扇直接针对CPU、内存及磁盘进行散热，形成从前方吸风到后方排风（塔式为下进上出，前进后出）的良好散热通道，形成良好的热循环系统，及时带走机箱内的大量热量，保证服务器的稳定运行。而采用导热能力较强的优质铝合金或者钢材料制作的机箱外壳，也可以有效地改善散热环境。

2. 冗余性

4U或者塔式的服务器一般处在骨干网络上，常年24h运行是必然的情况，因此其冗余性方面的设计也非常值得关注。一是散热系统的冗余性，此类服务器机箱一般必须配备专门的冗余电风扇，当个别电风扇因为故障停转的时候，冗余电风扇会立刻接替工作；二是电源的冗余性，当主电源因为故障失效或者电压不稳时，冗余电源可以接替工作继续为系统供电；三是存储介质的冗余性，要求机箱有较多的热插拔硬盘位，可以方便地对服务器进行热维护。

3. 设计精良

设计精良的服务器机箱会提供方便的LED显示灯以供维护者及时了解机器的情况，前置USB口之类的小设计也会极大地方便使用者。同时，更有机箱提供了前置冗余电源的设计，使得电源维护也更为便利。

4. 用料足

用料永远是衡量大厂与小厂产品的最直观的表现方式。以超微机箱为例，同样是4U或者塔式机箱，超微的产品从重量上就可以达到杂牌产品的三四倍。在机柜中间线缆密布、设备繁多的情况下，机箱的用料直接涉及主机屏蔽其他设备电磁干扰的能力。因为服务器机箱的好坏直接涉及系统的稳定性，因此一些知名服务器主板大厂也会生产专业的服务器机箱，以保证最终服务器产品的稳定性。

总之，把握了以上一些选购的原则，加上大厂品质的保证，一款优秀的机箱电源必将成为性能强大的服务器系统最安全放心的“家”。

思考练习

一、思考题

1. 请列举机箱的分类。
2. 请列举你听说过的机箱品牌。
3. 请说出机箱和电源的关系。

二、实践题

在互联网上搜索计算机机箱和电源产品相关的信息，了解最新资料。

综合实训　通过互联网了解当前计算机的主流配置信息及价格

1. 实训目的

假如你要购买一台计算机，请通过在互联网上查阅相关信息，了解当前主流的计算机型号、配置信息及价格情况。

2. 注意事项

(1) 互联网上的信息非常丰富，请先寻找到比较全面的计算机硬件信息网站。

(2) 结合需求，选择合适的计算机硬件配置。

3. 实训步骤

(1) 找到权威的计算机硬件信息网站。

(2) 查阅当前主流的计算机配置和价格信息。

(3) 结合使用需求，选择适合的一款计算机。

项目3　了解计算机的外部设备

任务3.1　认识及选购显卡、声卡与显示器

学习目标

计算机外部设备简称“外设”，是计算机系统中输入、输出设备（包括外存储器）的统称。对数据和信息起着传输、转送和存储的作用，是计算机系统中的重要组成部分。外围设备涉及主机以外的任何设备，是附属的或辅助的与计算机连接起来的设备并且能扩充计算机系统。今天将要学习的外部设备也叫人机交互设备。通过本任务的学习，使大家掌握常见的外部设备的作用以及基本性能指标和选购技巧。

任务目标

- 了解显卡的结构以及性能指标。
- 了解声卡的发展以及组成结构。
- 了解声卡的工作原理以及技术指标。
- 了解显示器。
- 掌握显卡、声卡、显示器的选购方法。

任务描述

在学习完前面项目的主机系统之后，要顺利地工作、学习，必须选择适合的外部设备，包括显卡、声卡、显示器等常见外设。在众多的显卡、声卡、显示器的品种当中，应该怎样来了解并选择呢？

相关知识

3.1.1　显卡的结构

1. 显卡的概念

显卡（Videocard，Graphicscard）全称为显示接口卡，又称显示适配器，是计算机最基本

的配置，也是最重要的配件之一，它是连接主机与显示器的接口卡，其作用是控制显示器的显示方式。显卡作为计算机主机里的一个重要组成部分，是计算机进行数模信号转换的设备，承担输出显示图形的任务。显卡的作用是在CPU的控制下，进行数字信号与模拟信号的转换，将主机送来的显示数据转换为视频和同步信号再送给显示器，最后由显示器输出各种各样的图像。同时显卡还有图像处理能力，可协助CPU工作，提高整体的运行速度。

2. 显卡的分类

随着市场用户需求和显卡的发展，显卡分为集成显卡、独立显卡、核心显卡。

(1) 集成显卡

集成显卡是将显示芯片、显存及其相关电路都做在主板上，与主板融为一体；集成显卡的显示芯片大部分都集成在主板的北桥芯片中；一些主板集成的显卡也在主板上单独安装了显存，但其容量较小，集成显卡的显示效果与处理性能相对较弱，不能对显卡进行硬件升级。

集成显卡的优点：功耗低、发热量小，不用花费额外的资金购买显卡。

集成显卡的缺点：不能换新显卡，如果必须换，就只能和主板、CPU一起一次性地更换。

(2) 独立显卡

独立显卡是指将显示芯片、显存及其相关电路单独做在一块电路板上，自成一体而作为一块独立的板卡存在，它需占用主板的扩展插槽(ISA、PCI、AGP或PCI-E)。

独立显卡的优点：单独安装有显示芯片和显存，一般不占用系统CPU和内存，在技术上也较先进，拥有更好的显示效果和性能，容易进行显卡的硬件升级。

独立显卡的缺点：系统功耗有所加大，发热量也较大，需额外花费资金购买显卡。

(3) 核芯显卡

核芯显卡是Intel产品新一代图形处理核心，Intel凭借其在处理器制程上的先进工艺以及新的架构设计，将图形核心与处理核心整合在同一块基板上，构成一颗完整的处理器。智能处理器架构这种设计上的整合大大缩减了处理核心、图形核心、内存及内存控制器间的数据周转时间，有效提升处理效能并大幅降低芯片组整体功耗，有助于缩小了核心组件的尺寸，为笔记本电脑、一体机等产品的设计提供了更大选择空间。

核芯显卡的优点：低功耗、高性能，进一步缩减了系统平台的能耗。

核芯显卡的缺点：配置核芯显卡的CPU通常价格不高，同时低端核显难以胜任大型游戏。

注意：核芯显卡和传统意义上的集成显卡并不相同。

3. 显卡的结构

显卡是计算机系统必备的装置，它负责将CPU送来的影像资料处理成显示器可以识别的格式，再送到显示屏上形成影像。它是从计算机获取信息的最重要的渠道。因此显卡及显示器是计算机最重要的部分之一。显卡的基本结构如下。

(1) GPU(Graphics Processing Unit)：图形处理器，又称视觉处理器、显示芯片，是一种专门在个人计算机、工作站、游戏机和一些移动设备上完成图像运算工作的微处理器。它是显卡的“心脏”，与主板上的CPU类似。常见的生产显示芯片的厂商有Intel、AMD、NVidia、VIA(S3)、SIS、Matrox、3Dlabs，如图3-1所示。

图 3-1 GPU

(2) GPU 电风扇：GPU 会产生大量热量，所以它的上方通常安装有散热器或电风扇，如图 3-2 所示。

图 3-2 GPU 电风扇

(3) 显存：也叫作帧缓存，其主要功能就是暂时将储存显示芯片要处理的数据和处理完毕的数据。显存是显卡非常重要的组成部分，显示芯片处理完数据后会将数据保存到显存中，然后由 RAMDAC(数模转换器)从显存中读取出数据并将数字信号转换为模拟信号，最后由屏幕显示出来。图形核心的性能越强，需要的显存也就越多，因此，一般来说显存是越大越好，如图 3-3 所示。

图 3-3 显存

(4) 显卡 BIOS：显卡 BIOS 就是显卡的"基本输入/输出系统"。显卡 BIOS 主要用于存放显示芯片与驱动程序之间的控制程序，另外还存有显卡的型号、规格、生产厂家及出厂时间等信息。打开计算机时，通过显示 BIOS 内的一段控制程序，可以将这些信息反馈到屏幕上。早期显示 BIOS 是固化在 ROM 中的，不可以修改，而现在的多数显卡则采用了大容量的 EPROM，即所谓的 FLASH BIOS，可以通过专用的程序进行改写或升级。可以说显卡 BIOS 是显卡的"神经中枢"，如图 3-4 所示。

(5) 显卡 PCB 板：显卡的印制电路板是电子元器件连接的提供者。采用电路板的主要优点是大大减少了布线和装配的差错，提高了自动化水平和生产效率。其功能类似于计算机的主板，如图 3-5 所示。

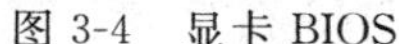
图 3-4　显卡 BIOS

图 3-5　显卡的印制电路板

(6) 显卡接口：显卡接口是指计算机的独立型显卡硬件的连接位置，显卡接口可分四种，一种是信号输入/输出接口，一种是总线接口，一种是可升级接口，一种是电源接口。例如信号输入/输出接口有 VGA 接口等，总线接口有 PCI Express 2.0 16X 接口等。显卡是主机与显示器的桥梁，当显卡将显示信号处理完毕之后，必然要有相应的接口将信号传送给显示器，显卡信号输入/输出接口担负着显卡输出的任务，显卡常见的接口包括 VGA 接口、DVI 接口、S-Video 接口、HDMI 接口等，如图 3-6 所示。

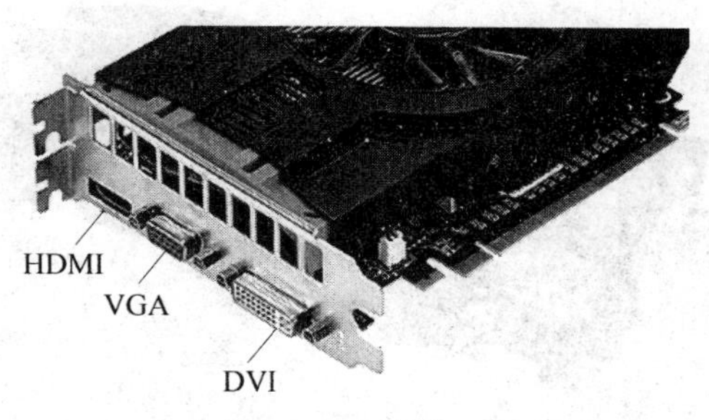

图 3-6　显卡接口

3.1.2　显卡的性能指标

3.1.3　显卡的选购及主流产品介绍

1. 显卡的选购

显卡是计算机的一个关键配件，好的显卡可以提升主机的性能，但是并不是显卡越贵就越适合。选购显卡是有大学问的，如果心仪某款显卡产品，可以在购买前看看该产品的相关评测文章。

在购买显卡之前首先要对计算机主机进行定位，如果将显卡只用在上网、文字处理、看电影方面，集成显卡就可以满足要求了，不需要再花钱单独配置显卡，并且现在核心显卡的 3D 性能已经可以满足很多用户的需求。其次不要过多地纠结显卡的品牌，品牌只代表这块显卡的做工和用料，并不代表显卡的性能。下面给大家介绍在选购独立显卡的时候所用的一些技巧。

(1) 显存位宽：显存位宽是显存在一个时钟周期内所能传送数据的位数，位数越大则瞬间所能传输的数据量越大，这是显存的重要参数之一。

(2) 显存类型：显卡类型是显卡使用的存储器的类型，主要类型有DDR1、DDR2、DDR3、DDR4、DDR5，数字越大频率越高，性能越好，传输数据的速度也越快。

(3) 显存容量：显存容量是显卡上显存的容量数，这是选择显卡的关键参数之一。显存容量决定着显存临时存储数据的多少，显卡显存容量有1024MB、2048MB等几种，主流的是2GB、4GB的产品。

(4) 核心频率：显卡的核心频率是指显示核心的工作频率，其工作频率在一定程度上可以反映出显示核心的性能，但显卡的性能是由核心频率、显存、像素管线、像素填充率等多方面的情况所决定的，因此在显示核心不同的情况下，核心频率高并不代表此显卡性能强劲。

2. 显卡的主流产品介绍

从最初简单的显示功能到如今疯狂的3D速度，显卡的面貌可以说发生了巨大的变化。无论是速度、画质，还是接口类型、视频功能，显卡在这10年里的革新甚至已经可以超越CPU。下面给大家介绍一下近几年主流的显卡。

(1) 影驰 GeForce GTX 750Ti 显卡

影驰GTX 750Ti标准的系列显卡产品是GEFORCE系列显卡中的代表之作，它更新了中端显卡的产品阵容，如图3-7所示。

图 3-7　影驰 GeForce GTX 750Ti 显卡

主要参数如下。

- 显卡类型：主流级
- 显卡芯片：GeForce GTX 750Ti
- 核心频率：1110/1189MHz
- 显存频率：5400MHz
- 显存容量：2048MB
- 显存位宽：128bit
- 电源接口：6pin
- 供电模式：3+1相

GTX 750Ti产品定位与千元市场，影驰这款价格在同类产品中比较有优势，做工品质更让人放心。这对千元市场的显卡格局将会产生一定影响。这对主流用户来说，他们的选择将会更加多样化：追求性价比的用户可以选择该产品。

(2) 微星 GeForce GTX 1060 GAMING 显卡

微星GeForce GTX 1060 GAMING是一款采用NVIDIA最新PASCAL架构GP106

核心打造的面向主流游戏玩家的超值的显卡产品，GeForce GTX 1060 上市之初直接导致京东的各 AIC(Add-in-Cards，主要指 NVIDIA 核心合作伙伴)生产的 GTX 1060 在一天之内便全部售空，可见用户们对 GeForce GTX 1060 十分认可，如图 3-8 所示。

图 3-8 微星 GeForce GTX 1060 GAMING 显卡

主要参数如下。

- 显卡类型：主流级
- 显卡芯片：GeForce GTX 1060
- 核心频率：1506/1847MHz
- 显存频率：8008MHz
- 显存容量：6144MB
- 显存位宽：192bit
- 电源接口：6pin＋6pin
- 供电模式：6＋2 相

微星 GTX 1060 GAMING 显卡为玩家提供 3×DP＋HDMI＋DVI 的全接口组合，在保证兼容目前市面上大部分显示器的同时，也能够满足需要多屏幕输出玩家的需求。

(3) 七彩虹 iGame 1060 烈焰战神 X-6 显卡

七彩虹 iGame 1060 烈焰战神 X-6 显卡的外观设计相当时尚，三风扇散热让显卡性能提升不少，大有追赶发烧级显卡的趋势；另外七彩虹 iGame 1060 烈焰战神 X-6 显卡的功耗较低；散热电风扇比较静音，在满载时噪声为 60dB 左右，属于静音级别，基本上听不到电风扇的声音；在性能方面，这款显卡基本上可以完美支持一些大型 3D 单机以及绝大部分网络游戏；配备一键超频功能，让玩家能够更随心地玩，如图 3-9 所示。

图 3-9 七彩虹 iGame 1060 烈焰战神 X-6 显卡

主要参数如下。

- 显卡类型：主流级
- 显卡芯片：GeForce GTX 1060
- 核心频率：1506/1847MHz
- 显存频率：8008MHz
- 显存容量：3072MB
- 显存位宽：192bit
- 电源接口：6pin＋6pin
- 供电模式：6＋2 相

（4）七彩虹 iGame 1050Ti 烈焰战神 U 显卡

七彩虹 iGame 1050Ti 烈焰战神 U-4GD5 显卡采用全新设计的 BALZE DUO 散热器，导流罩在保持优秀的风道引导的基础上，将外观进行了一次大突破，这次 iGame 1050Ti 烈焰战神 U 显卡是以圆幂定理作为设计理念进行的黄金比例设计，整体外形十分圆润，加上新研制出的双刃电风扇，对比上一代产品加强了风量以及风压，更容易吹透散热片，如图 3-10 所示。

图 3-10　七彩虹 iGame 1050Ti 烈焰战神 U 显卡

主要参数如下。

- 显卡类型：主流级
- 显卡芯片：GeForce GTX 1050Ti
- 核心频率：1290/1493MHz
- 显存频率：7000MHz
- 显存容量：4096MB
- 显存位宽：128bit
- 电源接口：6pin
- 供电模式：3＋1 相

七彩虹 iGame 1050Ti 烈焰战神 U-4GD5 显卡为玩家提供 DP＋HDMI＋DVI 的全接口组合，在保证兼容目前市面上大部分显示器的同时，也能够满足需要多屏幕输出的玩家的需求。在 DP 接口的上方有一枚一键超频按钮，当按钮弹起时，显卡的频率直接从公版频率切换至超频频率，最高可达 1493MHz，几乎为市售 GTX 1050Ti 产品中的最高频率。

(5) 影驰 GeForce GTX 1050Ti 大将显卡

影驰 GTX 1050Ti 大将显卡属于影驰“将”系列，定位于中端显卡，主打性价比。显卡采用双电风扇散热的布局，显卡散热器整体为蓝黑色，在两个大直径电风扇中有两条蓝色的装饰条，看起来还是比较绚丽的，如图 3-11 所示。

主要参数如下。

- 显卡类型：主流级
- 显卡芯片：GeForce GTX 1050Ti
- 核心频率：1354/1468MHz
- 显存频率：7000MHz
- 显存容量：4096MB
- 显存位宽：128bit
- 电源接口：6pin
- 供电模式：3+1 相

影驰 GeForce GTX 1050Ti 大将显卡搭载了 NVIDIA 全新 Pascal 架构 GP107-400 核心，拥有 768 个 CUDA 核心流处理器，基础频率为 1354MHz，提升频率为 1468MHz。该卡采用 4GB GDDR5 显存颗粒，位宽为 128bit，显存频率为 7GHz，能够通玩市面上绝大部分网游。

(6) 技嘉 G～N 1060G1 GAMING-6GD 显卡

技嘉 G～N 1060G1 GAMING-6GD 显卡非常实用，其性价比高、核心频率为 1594/1847MHz、显存频率为 8008MHz 等，是同级别显卡中的佼佼者；做工非常细致，变换颜色的信号灯也很漂亮；双电风扇的设计既实用又高效，Windows 7 下运行 360 浏览器、网游双开、YY 语音、QQ、鲁大师等，显卡运行非常安静，温度控制得很好，如图 3-12 所示。

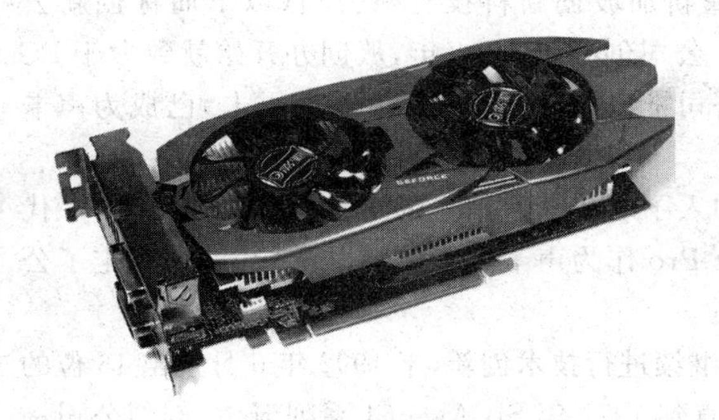

图 3-11 影驰 GeForce GTX 1050Ti 大将显卡

图 3-12 技嘉 G～N 1060G1 GAMING-6GD 显卡

主要参数如下。

- 显卡类型：主流级
- 显卡芯片：GeForce GTX 1060
- 核心频率：1594/1847MHz
- 显存频率：8008MHz
- 显存容量：6144MB
- 显存位宽：192bit

- 电源接口：8pin
- 供电模式：6+1 相

3.1.4 声卡的发展

声卡(Sound Card)也叫音频卡(我国香港、台湾地区称之为声效卡)：声卡是多媒体技术中最基本的组成部分，是实现声波/数字信号相互转换的一种硬件。其基本功能是把来自话筒、磁带、光盘的原始声音信号加以转换，输出到耳机、扬声器、扩音机、录音机等音响设备，或通过音乐设备数字接口(MIDI)使乐器发出美妙的声音，如图 3-13 所示。

图 3-13 声卡

作为多媒体计算机最重要的组成部分之一的声卡，它的发展历史相对其他硬件来说并不是很长，但在竞争激烈的硬件行业，其发展过程十分丰富有趣。

声卡的流行是随着 20 世纪 90 年代多媒体计算机才开始普及的。但是最早的“声卡”问世的时间在 1984 年，当时英国的 ADLIB 公司开始生产一种产品，能够提供简单的音乐效果，虽然它无法处理音频信号，可以把它当作“音乐卡”，但在当时无疑是一种质的突破，因此 ADLIB 公司成了目前公认的声卡之父。

初期的 ADLIB 音乐卡是带有试验性质的，技术还不够成熟，成本也很高，加之当时的计算机处理速度无法应付大规模的多媒体处理，因此这种音乐卡并没有流行起来。

真正把声卡带入个人计算机领域的，当属新加坡创新科技有限公司(以下简称创新公司)，公司的发展历史与 ADLIB 相比并不短。公司创办于 1981 年，从创办开始就致力于 PC 语音多媒体技术。到了 1989 年 11 月，创新公司推出的 Sound Blaster(声霸卡)已成为声卡发展史上革命性的一款产品。

随后创新公司推出 Sound Blaster Pro，加入了对立体声信号的支持，此时出台了第一代多媒体技术标准——MPC1，把 Sound Blaster Pro 作为声卡设备的标准配置，从而确定了公司在该领域的领导地位。

随着 Sound Blaster 声卡的发展，创新公司继续进行技术创新，于 1992 年 6 月推出 16 位的声卡、1993 年 3 月收购 E-mu Systems 公司，一直到 1997 年 SB Awe 64 系列诞生，创新公司一直是多媒体声卡行业的主角。但是与此同时，ESS、Yamaha、Crystal 等公司一起与创新公司蚕食声卡市场，促进了多媒体声卡价格的下降，使声卡越来越普及。其中的 ESS 在低端市场非常普及，而 Yamaha 则致力于 MIDI 合成技术。

随着多媒体计算机技术的发展，ISA 总线结构的声卡已经无法满足应用的需要，其数据瓶颈已成为阻碍技术进步的最大障碍。而将声卡从 ISA 转移到 PCI 插槽，其数据传输速率将由 8MB/s 提升到 133MB/s，这样性能的提高是显而易见的，同时也降低了对 CPU 的占用率，因此促成了 PCI 声卡的诞生。

但是 PCI 声卡真正吸引用户眼球的时间是在 1997 年年底至 1998 年年底，美国头号多媒体板卡大厂帝盟联合 ESS、Aureal 两大芯片巨头，推出 M80、S70 和 MX200 三款产品，成为当时行业最优秀的产品之一。

3.1.5 声卡的类型

声卡发展至今天，主要分为板卡式、集成式和外置式三种接口类型，以适用不同用户的需求，三种类型的产品各有优缺点。

1. 板卡式声卡

板卡式产品是现今市场上的中坚力量，产品涵盖低、中、高各个档次，售价从几十元至上千元不等。早期的板卡式产品多为ISA接口，由于此接口总线带宽较低、功能单一、占用系统资源过多，它们拥有更好的性能及兼容性，支持即插即用，安装使用都很方便，如图3-14所示。

图3-14 板卡式声卡

2. 集成式声卡

虽然板卡式产品的兼容性、易用性及性能都能满足市场需求，但为了追求更为廉价与简便的产品，集成式声卡出现了。此类产品集成在主板上，具有不占用PCI接口、成本更为低廉、兼容性更好等优势，能够满足普通用户的绝大多数音频需求。集成式声卡大致可分为软声卡和硬声卡，软声卡仅集成了一块信号采集编码的Audio CODEC芯片，声音部分的数据处理运算由CPU来完成，因此对CPU的占有率相对较高。硬声卡的设计与PCI式声卡相同，只是将两块芯片集成在主板上，如图3-15所示。

3. 外置式声卡

外置式声卡是创新公司独家推出的一个新产品，它通过USB接口与PC连接，具有使用方便、便于移动等优势。但这类产品主要应用于特殊环境，如连接笔记本电脑实现更好的音质等，以及用于MAYA EX、MAYA 5.1 USB等，如图3-16所示。

图3-15 集成式声卡

图3-16 外置式声卡

3.1.6 声卡的组成结构

声卡是将话筒或线性输入的声音信号经过模/数转换变成数字音频信号进行数据处理，然后再经过数/模转换变成模拟信号，送往混音器中放大，最后通过输出的信号来驱动扬声器发声。下面对声卡的各个组成部分进行介绍。

1. 数字信号处理芯片

数字信号处理芯片可以完成各种信号的记录和播放任务，还可以完成许多处理工作，如音频压缩与解压缩运算、改变采样频率、解释 MIDI 指令或符号以及控制和协调直接存储器访问(DMA)工作。

2. A/D 和 D/A 转换器

声音原本以模拟波形的形式出现，必须转换成数字形式才能在计算机中使用。为实现这种转换，声音卡含有把模拟信号转成数字信号的 A/D 转换器，使数据可存入磁盘中。为了把声音输出信号送给喇叭或其他设备播出，声卡必须使用 D/A 转换器，把计算机中以数字形式表示的声音转变成模拟信号播出。

3. 总线接口芯片

总线接口芯片在声卡与系统总线之间传输命令与数据。

4. 音乐合成器

音乐合成器负责将数字音频波形数据或 MIDI 消息合成为声音。

5. 混音器

混音器可以将不同途径，如话筒或线路输入、CD 输入的声音信号进行混合。此外，混音器还为用户提供软件控制音量的功能。

声卡由各种电子器件和连接器组成。电子器件用来完成各种特定的功能。连接器一般有插座和圆形插孔两种，用来连接输入/输出信号。

3.1.7 声卡的工作原理

声卡从话筒中获取声音模拟信号，通过模数转换器(ADC)，将声波振幅信号采样转换成一串数字信号，存储到计算机中。重放时，这些数字信号送到数模转换器(DAC)，以同样的采样速度还原为模拟波形，放大后送到扬声器发声，这一技术称为脉冲编码调制技术(PCM)。

3.1.8 声卡的技术指标

(1) 采样率：指的是对原始声音波形进行样本采集的频繁程度。采样率越高，记录下的声音信号与原始信号之间的差异就越小。采样率的单位是 kHz。

(2) 采样精度值：指对声音进行“模拟—数字”变换时，对音量进行度量的精确程度。采样精度越高，声音听起来就越细腻，“数码化”的味道就越不明显。专业声卡支持的采样精度通常包括 16/18/20/24bit。此外，使用高的采样率与采样精度录制音频，量化噪声将会降至最低水平。

(3) 失真度：失真度是表征处理后信号与原始波形之间的差异情况，为百分比值。其值越小，说明声卡越能真实地记录或再现音乐作品的原貌。

(4) 信噪比：信噪比指有效信号与背底噪声的比值，用百分比表示。其值越高，则说明因设备本身原因造成的噪声越小。

3.1.9 声卡的选购

声卡在计算机的组成中并不是不可或缺。它的诞生开辟了计算机音频技术的先河，也成就了后来的多媒体计算机。作为多媒体计算机的象征，声卡的发展是非常迅速的，如今的国内声卡市场可以说是精彩纷呈，竞争激烈，各声卡生产商根据自己的产品特点实施不同的市场营销策略，提供不同定位的产品，这给广大的计算机用户提供了更多的选择。那么怎样才能买到一块既符合自己的要求又不花冤枉钱的声卡呢？

(1) 接口：由于PCI声卡比ISA声卡的数据传输速率高出十几倍，因而受到许多消费者的欢迎。除此之外，PCI声卡有着较低的CPU占用率和较高的信噪比。

(2) 按需选购：声卡市场的产品很多，不同品牌的声卡在性能和价格上的差异也十分巨大，所以在购买之前要思考一下自己打算用声卡来做什么，要求有多高。如果只是普通的应用，如听听CD、看看影碟、玩一些简单的游戏等，所有的声卡都足以胜任，那么选购一款一般的廉价声卡就可以了；如果是用来玩大型的3D游戏，就一定要选购带3D音效功能的声卡。如果对声卡的要求较高，如音乐发烧友或个人音乐工作室等，这些用户对声卡都有特殊要求，如信噪比高不高、失真度大不大等，甚至连输入/输出接口是否镀金都有要求，这时当然只有高端产品才能满足其要求了。

(3) 考虑到价格因素：一般而言，普通声卡的价格为100～200元。中高档声卡的价格差别就很大，从几百元到上千元不等。除了主芯片的差别以外，还和品牌有关，这就要根据预算和各品牌的优特点来综合考虑了。

(4) 了解声卡所使用的音效芯片：与显卡的显示芯片一样，在决定一块声卡性能的诸多因素中，音频处理芯片所起的作用是决定性的。所以，当用户大致确定了要选购声卡的范围后，一定要了解一下有关产品所采用的音频处理芯片，它是决定一块声卡性能和功能的关键。

(5) 注意兼容性问题：声卡与其他配件发生冲突的现象较为常见，在选购之前先了解自己机器的配置，以尽可能避免不兼容情况的发生。

3.1.10　显示器

1. 显示器的概念

显示器通常也被称为监视器，属于计算机的输入/输出设备，如图3-17所示，它是人与计算机交流的主要渠道。显示器是一种将一定的电子文件通过特定的传输设备显示到屏幕上再反射到人眼的显示工具。显示器的更新速度比较慢，价格变动幅度也不像CPU、内存和硬盘那样大。由于在购机预算中，显示器占有较大的比例，所以挑选一台好的显示器是非常重要的。

图3-17　显示器

2. 常见种类

从早期的黑白世界到彩色世界，显示器走过了漫长而艰辛的历程，随着显示器技术的不断发展，显示器的分类也越来越细致。

(1) CRT显示器：是一种使用阴极射线管(Cathode Ray Tube)的显示器，阴极射线管主要由五部分组成：电子枪(Electron Gun)、偏转线圈(Deflection Coils)、荫罩(Shadow Mask)、荧光粉层(Phosphor)及玻璃外壳，如图3-18所示。它是应用最广泛的显示器之一，CRT纯平显示器具有可视角度大、无坏点、色彩还原度高、色度均匀、可调节的多分辨率模式、响应时间极短等LCD显示器难以超过的优点。按照不同的标准,CRT显示器可划分为不同的类型。

(2) LCD显示器:LCD显示器即液晶显示器,其优点是机身薄,占地小,辐射小,给人一种健康产品的形象,如图3-19所示。但液晶显示屏不一定保护眼睛,需要根据人们使用计算机的习惯来定。

图3-18 CRT显示器

图3-19 LCD显示器

(3) LED显示屏:LED就是Light Emitting Diode,即发光二极管的英文缩写,如图3-20所示。LED显示屏是一种通过控制半导体发光二极管的显示方式,用来显示文字、图形、图像、动画、行情、视频、录像信号等各种信息的显示屏幕。

(4) 3D显示器:3D显示器一直被公认为是显示技术发展的终极梦想,多年来有许多企业和研究机构从事这方面的研究,如图3-21所示。

图3-20 LED显示屏

图3-21 3D显示器

(5) 等离子显示器:PDP(Plasma Display Panel,等离子显示器)是采用了近几年来高速发展的等离子平面屏幕技术的新一代显示设备,如图3-22所示。

图3-22 等离子显示器

等离子显示器的发展趋势如下。

① 等离子主流显示尺寸增大。

② 等离子显示器快速发展。

③ 消费环保意识的增强。在注重显示效果的同时,还在意其他的安全认证。

思考练习

1. 什么是显卡?
2. 什么是声卡?
3. 请说明一下声卡和显卡的使用场所。
4. 请列举学习及生活中见过的显示器类型。

任务3.2 了解计算机外存储器

学习目标

计算机外存储器是指除计算机内存及CPU缓存以外的存储器,此类存储器一般断电后仍然能保存数据。常见的外存储器有硬盘、软盘、光盘、U盘等。而硬盘是外存储器中最重要的一个硬件,计算机中的操作系统以及常用文件都是存储在硬盘中,硬盘能长期保存信息,并且不依赖于电来保存信息,而是由机械部件带动。通过本任务的学习,使大家掌握常见的外存储器的功能、硬盘的发展以及基本性能指标和选购技巧。

任务目标

- 了解常见的外存储器。
- 了解硬盘的发展及结构。
- 了解硬盘的性能指标及参数指标。
- 了解什么是固态硬盘。
- 掌握硬盘的选购方法。

任务描述

在学习完前面项目的主机系统之后,要顺利工作、学习,必须选择合适的硬盘等常见外部存储器。在众多的常见的外存储器中,应该怎样来了解并选择它呢?

相关知识

3.2.1 硬盘的发展

硬盘是计算机主要的存储媒介之一，由一个或者多个铝制或者玻璃制的碟片组成。这些碟片外覆盖有铁磁性材料，如图 3-23 所示。绝大多数硬盘都是固定硬盘，被永久性地密封固定在硬盘驱动器中。

图 3-23　硬盘

硬盘的发展历程如下。

1956 年 9 月，IBM 的一个工程小组向世界展示了第一台磁盘存储系统 IBM 350 RAMAC(Random Access Method of Accounting and Control)，这套系统的总容量只有 5MB，共使用了 50 个直径为 24 英寸的磁盘。

1973 年，IBM 公司制造出第一台采用"温彻斯特"技术的硬盘 IBM 3340，采用 14 英寸盘片。从此硬盘技术的发展有了正确的结构基础。其核心内容是：密封、固定并高速旋转的镀磁盘片，磁头沿盘片径向运动，磁头悬浮在高速转动的盘片上方，而不与盘片直接接触。

1991 年，IBM 推出了 MR 磁头，这种磁头采取磁感应写入、磁阻读取的方式，并由此诞生了 3.5 英寸的硬盘，容量首次达到了 1GB。20 世纪 90 年代后期 GMR 磁头出现，磁盘的存储容量进一步提高。

1999 年 9 月 7 日，Maxtor 推出首块单碟容量高达 10.2GB 的 ATA 硬盘，从而使硬盘的容量引入了一个新的发展阶段。

2000 年 2 月 23 日，希捷发布了转速高达 15 000rpm 的 Cheetah X15 系列硬盘，其平均寻道时间仅 3.9ms，它也是有始以来转速最高的硬盘。

2005 年，日立环储和希捷都宣布了将开始大量采用磁盘垂直写入技术来更充分地利用存储空间。

2007 年 1 月，日立公司率先发布了业界首款 TB 容量 PC 硬盘产品 Deskstar 7K1000，首次使 PC 的存储容量跨入 1TB 大关。

2007 年，新型混合硬盘和固态硬盘出现。

2007 年 11 月，Maxtor 硬盘出厂的预先格式化的硬盘，被发现已植入会盗取在线游戏的账户与密码的木马。

2009 年 3 月，西部数据推出四碟装 2TB 硬盘，将传统硬盘的总容量推上了一个新的高度。

2009 年希捷存储新技术，推出 2.5TB 硬盘。

日立 2010 年推出 5TB 硬盘，等同半个人脑的存储量。

3.2.2 硬盘的结构

1. 硬盘的外部结构

在硬盘的正面都贴有硬盘的标签，标签上一般都标注着与硬盘相关的信息，例如产品型号、产地、出厂日期、产品序列号等。在硬盘的一端有电源接口插座、主从设置跳线器和数据线接口插座，而硬盘的背面则是控制电路板。

2. 物理结构

硬盘主要由盘片、主轴、读写磁头和传动手臂、传动轴、磁道、扇区、柱面等部件组成。

(1) 盘片：盘片是硬盘的存储数据的载体，现在的硬盘多采用金属薄膜材料。影响盘片多少的最大因素是单片容量，如图3-24所示。

(2) 主轴：主轴的作用是带动盘片转动，以方便读写磁头来读写数据。主轴决定了硬盘的转速。现在的主轴多采用液态轴承，如图3-25所示。

图3-24 盘片

图3-25 主轴

(3) 读写磁头：其作用是读取盘片中的数据。当盘片在高速旋转时，读写磁头会按指定的方向靠近盘片来读取数据。硬盘中的磁头不止一个，一个盘片对应一个磁头，正常关机后，读写磁头会自动归位，如图3-26所示。

(4) 传动手臂：其作用是定位读写磁头。以传动轴为圆心带动前端的读写磁头在盘片旋转的垂直方向上移动，如图3-27所示。

图3-26 读写磁头

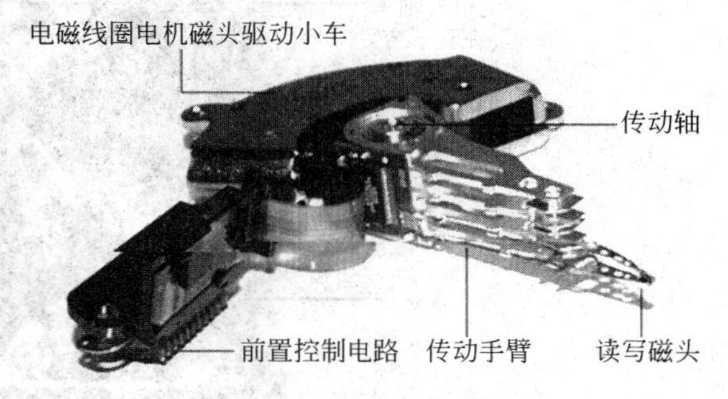

图3-27 硬盘内部硬件

(5) 传动轴：其作用是在硬盘电机的作用下，带动手臂转动。

(6) 磁道：当磁盘旋转时，磁头若保持在一个位置上，则每个磁头都会在磁盘表面滑出一个圆形轨迹，这些圆形轨迹就叫作磁道，如图3-28所示。

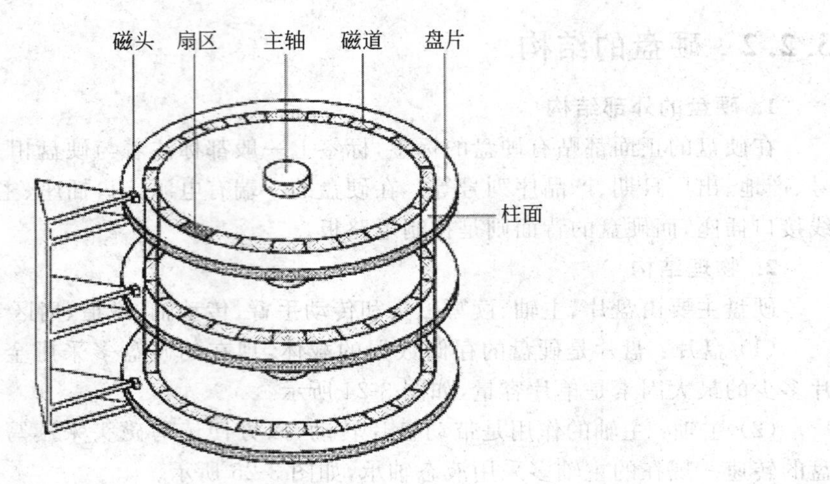

图 3-28 硬盘剖析图

(7) 扇区：磁盘上的每个磁道被等分为若干个弧段，这些弧段便是磁盘的扇区，每个扇区可以存放 512 个字节的信息，磁盘驱动器在向磁盘读取和写入数据时，要以扇区为单位。

(8) 柱面：硬盘通常由重叠的一组盘片构成，每个盘面都被划分为数目相等的磁道，并从外缘的 0 开始编号，具有相同编号的磁道形成一个圆柱，称之为磁盘的柱面。

3.2.3 硬盘的性能指标

首先，来了解一下硬盘的内部结构。硬盘在工作时，磁盘在中轴马达的带动下，高速旋转，而磁头臂在音圈马达的控制下，在磁盘上方进行径向的移动并进行寻址，如图 3-29 所示。

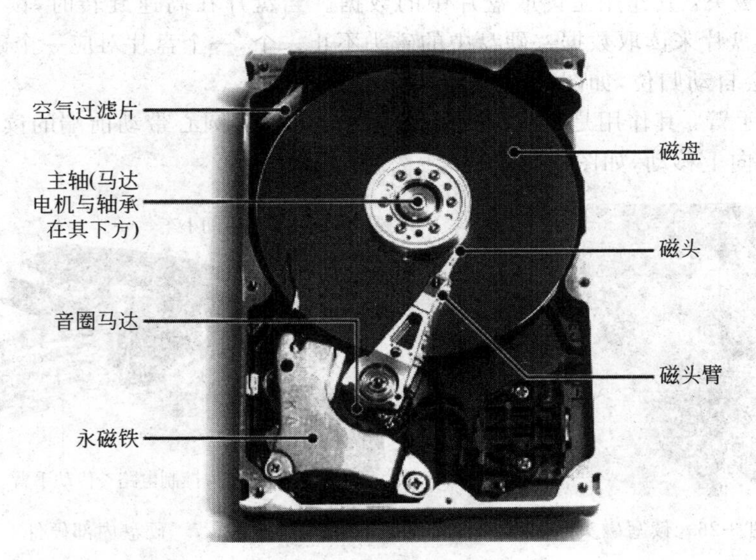

图 3-29 硬盘底部图

硬盘常见的技术指标有以下几种。

(1) 每分钟转速(Revolutions Per Minute，rpm)：代表了硬盘主轴马达(带动磁盘)的转速，比如5400rpm就代表该硬盘中的主轴转速为每分钟5400转。

(2) 平均寻道时间(Average Seek Time)：一般指读取时的寻道时间，单位为ms(毫秒)。这一指标的含义是指硬盘接到读/写指令后到磁头移到指定的磁道(应该是柱面，但对于具体磁头来说就是磁道)上方所需要的平均时间。

(3) 平均潜伏期(Average Latency)：是指当磁头移动到指定磁道后，要等多长时间指定的读/写扇区会移动到磁头下方(盘片是旋转的)，盘片转得越快，潜伏期越短。平均潜伏期是指磁盘转动半圈所用的时间。

(4) 平均访问时间(Average Access Time)：又称平均存取时间，其含义是指从读写指令发出到第一笔数据读写时所用的平均时间，包括了平均寻道时间、平均潜伏期与相关的内务操作时间(如指令处理)。

(5) 数据传输率(Data Transfer Rate，DTR)：单位为MB/s(兆字节每秒)或Mbit/s(兆位每秒)。主要分为最大与持续两个指标，根据数据交接方的不同，又分外部与内部数据传输率。内部DTR是指磁头与缓冲区之间的数据传输率，外部DTR是指缓冲区与主机(即内存)之间的数据传输率。

(6) 缓冲区容量(Buffer Size)：单位为MB。缓冲区的基本作用是平衡内部与外部的DTR。为了减少主机的等待时间，硬盘会将读取的资料先存入缓冲区，等全部读完或缓冲区填满后，再以接口速率快速向主机发送。

(7) 噪音与温度(Noise & Temperature)：这两个属于非性能指标。从2000年开始，出于市场的需要，厂商通过各种手段来降低硬盘的工作噪音，ATA-5规范第三版也加入了自动声学(噪音)管理子集(Automatic Acoustic Management，AAM)，因此目前的所有新硬盘都支持AAM功能。

3.2.4　硬盘技术参数指标

硬盘的主要性能参数包含以下几个方面。

(1) 硬盘容量：硬盘内部往往有多个叠起来的磁盘片，所以说，硬盘容量＝单碟容量×碟片数，单位为GB。硬盘容量当然是越大越好了，可以装下更多的数据。

(2) 转速：硬盘转速(Rotation Speed)对硬盘的数据传输率有直接的影响。从理论上说，转速越快越好，因为较高的转速可缩短硬盘的平均寻道时间和实际读写时间，从而提高在硬盘上的读写速度。当然在转速提高的同时，硬盘的发热量也会增加，它的稳定性就会有一定程度的降低。

(3) 缓存：一般硬盘的平均访问时间为十几毫秒，但RAM(内存)的速度要比硬盘快几百倍，所以RAM通常会花大量的时间去等待硬盘读出数据，从而也使CPU效率下降。于是，人们采用了高速缓冲存储器(又叫高速缓存)技术来解决这个矛盾。简单地说，硬盘上的缓存容量是越大越好。

(4) 平均寻道时间(Average Seek Time)：指硬盘磁头移动到数据所在磁道时所用的时间，单位为毫秒(ms)。平均访问时间越短，硬盘速度越快。

(5) 硬盘的数据传输率(Data Transfer Rate)：也称吞吐率，它表示在磁头定位后，硬盘读或写数据的速度。硬盘的数据传输率有两个指标。

- 突发数据传输率(Burst Data Transfer Rate)：也称为外部传输率(External

Transfer Rate)或接口传输率,即微机系统总线与硬盘缓冲区之间的数据传输率。突发数据传输率与硬盘接口类型和硬盘缓冲区容量大小有关。

- 持续传输率(Sustained Transfer Rate):也称为内部传输率(Internal Transfer Rate),它反映硬盘缓冲区未用时的性能。内部传输率主要依赖硬盘的转速。

(6) 控制电路板:主要集成了用于调节硬盘盘片转速的主轴调速电路、控制磁头的磁头驱动与伺服电路和读写电路以及控制与接口电路等。

3.2.5 固态硬盘

1. 固态硬盘的定义

固态硬盘(Solid State Disk 或 Solid State Drive)也称作电子硬盘或者固态电子盘,是由控制单元和固态存储单元(DRAM 或 FLASH 芯片)组成的硬盘,简单地说就是用固态电子存储芯片通过阵列的形式而构成的硬盘。其内部存储单元利用固态电子存储芯片阵列取代了传统 HDD 硬盘的磁碟组。固态硬盘的接口规范定义、功能及使用方法均与普通硬盘完全相同,在产品外形和尺寸上也完全与普通硬盘一致,包括 3.5 英寸、2.5 英寸、1.8 英寸多种类型。

2. 固态硬盘的存储介质

固态硬盘的存储介质主要分为两种。

(1) 采用闪存(FLASH 芯片)作为存储介质:采用 FLASH 芯片作为存储介质,这也是通常所说的 SSD。在基于闪存的固态硬盘中,存储单元又分为两类:SLC(Single Layer Cell,单层单元)和 MLC(Multi-Level Cell,多层单元)。它的外观可以被制作成多种模样,例如:笔记本硬盘、微硬盘、存储卡、优盘等样式。它的最大优点就是一经写入数据,就不需要外界电力来维持其记忆,因此更适于作为常规硬盘的替代品。目前市场上绝大部分固态硬盘都是基于闪存的固态硬盘,如图 3-30 所示。

图 3-30 SSD 固态硬盘

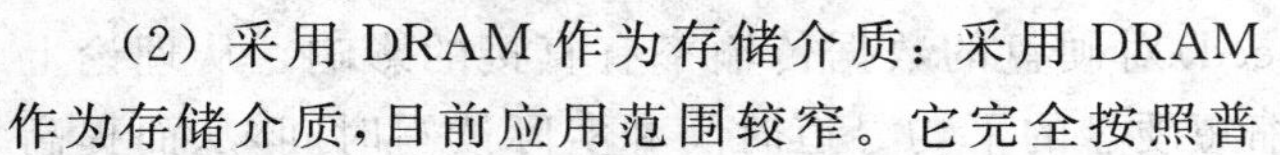

(2) 采用 DRAM 作为存储介质:采用 DRAM 作为存储介质,目前应用范围较窄。它完全按照普通硬盘的外形尺寸和接口设计,可以和绝大部分操作系统的文件系统工具兼容,而且拥有用于连接主机或者服务器的符合工业标准的 PCI 和 FC 接口。它是一种高性能的存储器,使用寿命很长。因为这类存储器需要靠外界电力维持其记忆,所以由此制成的固态硬盘还需要配合电池才能使用。因此需要独立电源来保护数据安全,如图 3-31 所示。

3. 固态硬盘应用的优缺点

(1) 固态硬盘的优点

① 数据存取速度快:这也是固态硬盘最大的优点。固态硬盘没有传统硬盘复杂的机械结构,既没有磁碟,也不存在磁头,它无须花费较长的时间寻道,读取速度更不会受到转速的限制,因此,固态硬盘的读取速度比传统硬盘更快。

② 防震抗摔:固态硬盘内部不存在任何机械部件,这样即使在高速移动甚至伴随翻转倾斜的情况下也不会影响到正常使用,而且在笔记本电脑发生意外掉落或与硬物碰撞时能

图 3-31 DRAM 固态硬盘

够将数据丢失的可能性降到最小。

③ 没有噪音，发热低：由于与传统硬盘物理结构不同，SSD 固态硬盘不存在磁头臂寻道的声音和盘片高速旋转的噪音，也没有机械马达和风扇，工作噪音值为 0 分贝。

④ 工作温度范围大：传统机械硬盘只能在 5～55℃ 范围内工作，而大多数固态硬盘的温度范围可达 −10～70℃，一些工业级固态硬盘的工作温度范围设置达到了 −4～85℃。

⑤ 重量轻：在笔记本电脑等随身移动产品上，更小的重量最有利于便携。

(2) 固态硬盘应用缺点

① 成本高：每单位容量价格是传统硬盘的 5～10 倍(基于闪存)，甚至 200～300 倍(基于 DRAM)。

② 容量低：目前固态硬盘最大容量远低于传统硬盘。一般固态硬盘的容量是 64GB、128GB、256GB 等。

③ 数据损坏后难以恢复：一旦在硬件上发生损坏，传统的磁盘或者磁带存储方式，通过数据恢复也许还能挽救一部分数据。但是固态存储，一旦芯片发生损坏，要想在芯片中找回数据几乎是不可能的。

④ 写入寿命有限：SSD 的寿命主要是闪存写入次数的限制。一般闪存写入寿命为 1 万～10 万次，特制的可达 100 万～500 万次。

⑤ 固态硬盘更易受到某些外界因素的不良影响：如断电(基于 DRAM 的固态硬盘尤甚)、磁场干扰、静电等。

4. 固态硬盘的使用建议

(1) 把固态硬盘作为系统盘：建议将操作系统和应用程序安装到 SSD 硬盘上最为合适，另外可用机械硬盘保存文件，如电影、MP3、安装程序和各种文档。

(2) 少用固态硬盘存储数据：由于固态硬盘只有在写入数据时才会减少寿命，读取数据时并不会缩减寿命。使用固态硬盘存储数据是大错特错的方案。数据的下载和存储则应该由传统硬盘来完成。

(3) 缓存文件放传统硬盘中：许多购买了固态硬盘的用户发现系统启动速度虽然快了，但是上网速度变慢了，其实与缓存文件有关。根据已有的评测数据来看，固态硬盘在写入小文件时速度就会明显降低，而上网的时候经常会在缓存文件夹中写入小文件。所以如果条件允许，应该把操作系统的虚拟内存和 IE 浏览器的临时文件夹都设置在传统机械硬盘的分区中。

(4) 选尺寸、看接口：一般来说固态硬盘只有2.5英寸和1.8英寸这两种，用户在选购时一定要根据自己计算机的情况来选择。用户在选购固态硬盘的时候，还应该考虑数据接口的问题。由于固态硬盘内部控制芯片的缘故，所以固态硬盘除了能够提供IDE接口和SATA接口之外，有些产品还能提供USB 2.0接口。消费者在选购时，应该配合主流主板产品的数据接口，尽量选择SATA接口的固态硬盘。而那些只具备USB 2.0接口的固态硬盘，则更适合作为移动硬盘使用。

目前硬盘的主轴转速基本没有太大的提高空间，主流的为7200rpm。多少年以来，装在机箱中的硬件，硬盘的发展显然要落后于其他硬件，并逐渐成为PC中的瓶颈之一，直到SSD固态硬盘的到来，才让硬盘真正进入高速发展的时代。

3.2.6 选购硬盘指南

硬盘是计算机中的重要部件之一，不仅价格昂贵，存储的信息更是无价之宝，因此，每个购买计算机的用户都希望选择一个性价比高、性能稳定的好硬盘，并且在一段时间内能够满足自己的存储需要。速度、容量、安全性一直是衡量硬盘的最主要的三大因素。更大、更快、更安全、更廉价永远是硬盘发展的方向。选购硬盘首先应该从以下几方面加以考虑。

(1) 硬盘容量。作为计算机数据存储的主要硬件，硬盘的容量是非常关键的，大多数被淘汰的硬盘都是因为容量不足，不能适应日益增长海量数据的存储，原则上说，在条件允许的情况下，硬盘的容量越大越好。

(2) 硬盘读写速度。由于硬盘的读写离不开机械运动，其速度相对于CPU、内存、显卡等的速度来说要慢得多，从著名"木桶效应"来看，可以说硬盘的性能决定了计算机的最终性能。

(3) 单碟容量。高的硬盘单碟容量至少可以带来两大好处：一是使硬盘可以拥有更大的存储容量；二是可以有效地提高硬盘的内部转输率。单碟容量提高后，碟片上的数据密度更高，单位面积上所记载的数据量也得以提高，相应地在单位时间内磁头能够存取到的数据信息也更多。

(4) 接口方式。现在常用的硬盘基本采用的都是DMA 100/133或SATA、SCSI的接口方式。常见到硬盘型号上标有N、W、SCA，就是表示接口的针数。N即窄口(Narrow)，为50针；W即宽口(Wide)，为68针；SCA即单接头(Single Connector Attachment)，为80针。其中，80针的SCSI盘一般支持热插拔。

(5) 高速缓存。高速缓存的大小对硬盘速度有较大影响，当然是越大越好，不应低于2MB。

(6) 安全性。硬盘作为存放信息的主要场所，所存放信息的价值往往要远高于其产品的价值，硬盘的稳定、可靠性就显得非常重要。

(7) 发热及噪音问题。硬盘的表面温度指硬盘工作时产生的温度使硬盘密封壳温度上升的情况。此硬盘工作表面温度较低的硬盘有更好的数据读、写稳定性。噪音对单个硬盘而言没有大的影响。不过在夜深人静的时候，不时听到从机箱里发出的一阵阵硬盘响声，如果声音太大，会弄得人心情烦躁。当然是越"安静"的硬盘越受欢迎。

(8) 硬盘厂商的质保。一般有以下几种情况，一种是散装产品，一般情况下仅提供一年的质保服务，市场中希捷、西部数据的散装产品较多。另一种是提供三年质保的产品，以日立与三星的产品为主，均为盒装产品。还有一种是提供长达五年质保服务的盒装产品，以希捷为主。需要特别注意的是：无论哪一种情况的质保，在保期内硬盘如果损坏，硬盘中的数据厂商是不提供任何服务的，所以大家平时一定要做好备份，把重要的数据刻录成盘保存。

3.2.7　硬盘选购及主流产品介绍

1. 机械硬件的主流产品介绍

(1) 希捷 Barracuda(见图 3-32)

适用类型：台式机

硬盘尺寸：3.5 英寸

硬盘容量：1000GB

单碟容量：1000GB

缓存：64MB

转速：7200rpm

接口类型：SATA 3.0

接口速率：6Gbps

(2) 西部数据(见图 3-33)

适用类型：台式机

硬盘尺寸：3.5 英寸

硬盘容量：1000GB

单碟容量：1000GB

缓存：64MB

转速：7200rpm

接口类型：SATA 3.0

接口速率：6Gbps

图 3-32　希捷 Barracuda

图 3-33　西部数据

(3) 三星 M9T(HN-M201RAD)(见图 3-34)

适用类型：笔记本电脑

硬盘尺寸：2.5 英寸

硬盘容量：2000GB

盘片数量：2 片

单碟容量：1000GB

图 3-34 三星 M9T

2. 固态硬盘主流产品介绍

(1) 三星 750 EVO SATA Ⅲ(见图 3-35)

存储容量：250GB

硬盘尺寸：2.5 英寸

接口类型：SATA 3.0(6Gbps)

缓存：256MB

读取速度：540MB/s

写入速度：520MB/s

平均无故障时间：150 万小时

(2) 英睿达 MX200 SATA(见图 3-36)

存储容量：250GB

硬盘尺寸：2.5 英寸

接口类型：SATA 3.0(6Gbps)

读取速度：555MB/s

写入速度：500MB/s

平均无故障时间：150 万小时

图 3-35 三星 750 EVO SATAⅢ

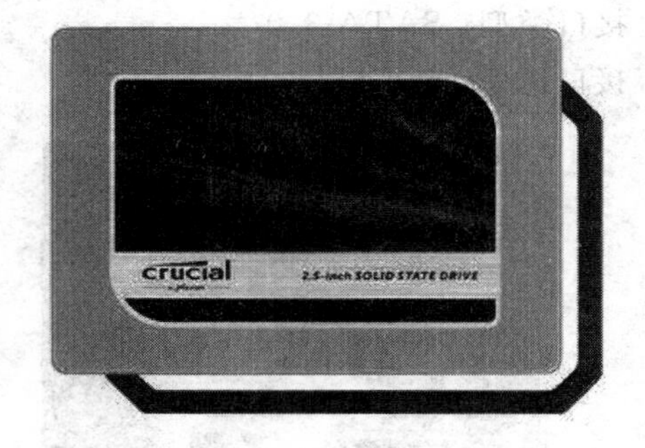

图 3-36 英睿达 MX200 SATA

(3) 影驰铁甲战将 M.2 PCI-E 2280(见图 3-37)

存储容量：240GB

硬盘尺寸：暂无数据

接口类型：M.2 PCI-E 接口(NGFF)

读取速度：2400MB/s

写入速度：1200MB/s

平均无故障时间：200 万小时

图 3-37　影驰铁甲战将 M.2 PCI-E 2280

思考练习

一、思考题

1. 什么是计算机外存储器?
2. 硬盘有哪些常见的性能指标?
3. 请列举生活、学习中看到的硬盘类型。

二、实践题

上网查询现在主流的硬盘产品。

任务 3.3　光盘驱动器

学习目标

在介绍了前面的计算机外存储器之一的硬盘之后,现在继续学习计算机外存储器中的光盘和光盘驱动器。光盘在生活中处处可见,是计算机的存储设备,而光盘驱动器是与计算机连接起来的设备,光盘和光驱也能扩充计算机系统。今天将要学习的外部设备也叫人机交互设备。通过本任务的学习,使大家掌握常见的光盘和光盘驱动器的发展和基本性能指标以及选购技巧。

任务目标

- 了解光盘的发展及分类。
- 了解光盘的组成结构。
- 了解光盘驱动器的结构。
- 掌握光盘的读取/存储技术。
- 掌握 DVD-ROM 光驱的选购方法。

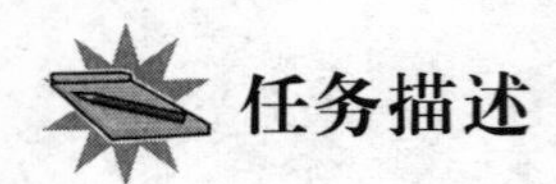

任务描述

前面学习了硬盘的基础知识，了解了计算机的外部存储器之后，张健同学要顺利地学习光盘和光盘驱动器以及光存储的知识。那么光盘具体是什么呢？从什么时候开始出现的？现在发展到什么程度了？光驱动器的主要作用又是什么？

相关知识

3.3.1 光盘的发展及分类

光盘即高密度光盘(Compact Disc)，是近代发展起来不同于完全磁性载体的光学存储介质，是用聚焦的氢离子激光束处理记录介质的方法存储和再生信息，又称为激光光盘。光盘以光信息作为存储物的载体。光盘是利用激光原理进行读、写的设备，是迅速发展的一种辅助存储器，可以存放各种文字、声音、图形、图像和动画等多媒体数字信息，如图 3-38 所示。

图 3-38　光盘

1. 光盘的发展历程

1958 年就发明光盘技术了，可是直到 1972 年，第一张视频光盘才问世。6 年后的 1978 年才开始在市场上卖光盘，那个时候的光盘是只读的。

1982 年 8 月 31 日，Sony、CBS/Sony、Philips 与 Polygram 四家公司共同举办了 CD 这个数字录音格式的发布会，并决定从秋季起开始在日本发售。

自 1985 年 Philips 和 Sony 公布了在光盘上记录计算机数据的黄皮书以来，CD-ROM 驱动器便在计算机领域得到了广泛的应用。CD-ROM 光盘不仅可交叉存储大容量的文字、声音、图形和图像等多种媒体的数字化信息，而且便于快速检索，因此 CD-ROM 驱动器已成为多媒体计算机中的标准配置之一。

信息时代的加速到来使得越来越多的数据需要保存、需要交换。由于 CD-ROM 是只读式光盘，因此用户自己无法利用 CD-ROM 对数据进行备份和交换。由 Philips 公司于 1990 年制定的 CD-R 标准(橙皮书)适时地解决了上述问题，CD-R 是英文 CD Recordable 的简称，中文简称刻录机。

为了使可擦写相变光盘与 CD-ROM 和 CD-R 兼容，1996 年 10 月，Philips、Sony、HP、Mitsubishi 和 Ricoh 五家公司共同宣布了新的可擦写 CD 标准，名为 CD-RW(CD-ReWritable)。CD-RW 标准的制定标志着工业界可以开发并向市场提供这种新产品。

CD-RW 兼容 CD-ROM 和 CD-R，CD-RW 驱动器允许用户读取 CD-ROM、CD-R 和 CD-RW 盘，刻录 CD-R 盘，擦除和重写 CD-RW 盘。由于 CD-RW 采用 CD-UDF 文件结构，因此 CD-RW 可作为一台海量软盘驱动器使用，也可在 DVD-ROM 驱动器上读取，具有更广泛的应用前景。

2. 光盘的分类

CD(Compact Disc)：CD是由liad-in(资料开始记录的位置)区域，而后是Table-of-Contents区域，这样由内及外地记录资料，在记录之后加上一个lead-out的资料轨来结束记录的标记。

CD-DA(CD-Digital Audio)：用来储存数位音效的光碟片。

CD-ROM(Compact Disc Read-Only Memory)：只读光盘机。有用于计算机数据存储的MODE1和用于压缩视频图像存储的MODE2两种类型。使CD成为通用的存储介质，并加上侦错码及更正码等位元，以确保计算机资料能够完整读取无误。

VCD(Video CD)：指全动态、全屏播放的激光影视光盘。

CD-I(Compact-Disc-Interactive)：互动式光盘。1992年实现全动态视频图像播放。

Photo-CD：相片光盘。可存放100张具有五种格式的高分辨率照片。可加上相应的解说词和背景音乐或插曲，成为有声电子图片集。

CD-R(Compact Disc-Recordable)：可记录光盘。在光盘上加一层可一次性记录的染色层，可进行刻录。

CD-RW(Compact Disc-Rewritable)：可刻录CD。在光盘上加一层可改写的染色层，通过激光可在光盘上反复多次写入数据。

SDCD(Super-Density-CD)：一种超密度光盘规范。双面提供5GB的存储量，数据压缩比不高。

MMCD(Multi-Media CD)：是由SONY、Philips等制定的多媒体光盘，单面提供了3.7GB的存储量，数据压缩比较高。

HD-CD(High-Density-CD)：高密度光盘。容量大，单面容量为4.7GB；双面容量高达9.4GB。HD-CD光盘采用MPEG-2标准。

MPEG-2：针对广播级的图像和立体声信号的压缩和解压缩。

DVD(Digital Video Disc)：高密度数字视频光盘，以MPEG-2为标准，拥有4.7GB的大容量，可储存133分钟的高分辨率全动态影视节目，包括一个杜比数字环绕声音轨道，图像和声音质量是VCD所不及的。

DVD+RW：可反复写入的DVD光盘，又叫DVD-E。容量为3.0GB，采用CAV技术来获得较高的数据传输率。

PD(Power Disk)光驱：将可写光驱和CD-ROM合二为一，有LF-1000(外置式)和LF-1004(内置式)两种类型。容量为650MB，数据传输率达5.0MB/s，采用微型激光头和精密机电伺服系统。

DVD-RAM：DVD论坛协会确立和公布的一项商务可读写DVD标准。它容量大而且价格低、速度不慢且兼容性高。

3.3.2 光盘的组成结构

根据光盘结构，光盘主要分为CD、DVD、蓝光光盘等几种类型，这几种类型的光盘在结构上有所区别，但主要结构原理是一致的。而只读的CD光盘和可记录的CD光盘在结构上没有区别，它们主要的区别在于材料的应用和某些制造工序的不同，DVD方面也是同样的道理。下面就以CD光盘为例进行讲解。

常见的CD光盘非常薄，它只有1.2mm厚，但包括了很多内容。CD光盘主要分为五层，其中包括基板、记录层、反射层、保护层、印刷层等。

(1) 基板：它是各功能性结构(如沟槽等)的载体，其使用的材料是聚碳酸酯(PC)，冲击韧性极好、使用温度范围大、尺寸稳定性好，有耐火性、无毒性的特点。光盘之所以能够随意取放，主要取决于基板的硬度。在基板方面，CD、CD-R、CD-RW之间是没有区别的。

(2) 记录层(染料层)：是烧录时刻录信号的地方，其主要的工作原理是在基板上涂抹上专用的有机染料，以供激光记录信息。目前市场上存在三大类有机染料：花菁(Cyanine)、酞菁 (Phthalocyanine) 及偶氮(AZO)。

(3) 反射层：这是光盘的第三层，它是反射光驱激光光束的区域，借反射的激光光束读取光盘片中的资料。其材料是纯度为99.99%的纯银金属。

(4) 保护层：它是用来保护光盘中的反射层及染料层，防止信号被破坏。材料为光固化丙烯酸类物质。另外现在市场使用的DVD+/-R系列还需在以上的工艺上加入胶合部分。

(5) 印刷层：印刷盘片的客户标识、容量等相关资料的地方，就是光盘的背面。其实，它不仅可以标明信息，还可以起到一定的保护光盘的作用。

3.3.3 光盘驱动器结构

光驱由机械器件、电子器件和光学器件三部分组成。其结构包括光盘头、激光器、光电检测器、光学器件和伺服控制系统等。

(1) 光盘头：这是光盘的读出系统，它发射出来的激光束照射到光盘的凹凸反光面上，被反光层反射后，经光电检测器将反射回的激光束转换为电信号，再经电子线路处理后得到信号编码，编码经译码后便得到读出的数据。光盘头得到从光盘表面反射回的激光束信号，还可判断出聚焦误差、光道跟踪误差，这些误差信号使聚焦伺服系统和径向光道跟踪伺服系统发出动作，将激光束调整到最佳位置。

(2) 激光器：由激光二极管和聚焦透镜等组成。砷化镓半导体激光器可发射出波长为780nm、输出功率为0.5mW的激光束。

(3) 光电检测器：光电检测二极管将从光盘表面反射回的激光束转换为电信号，由电信号强弱的变化，便可检测出该信号是来自光盘的凹区、凸区还是两区交界处，并得到聚焦误差、光道跟踪误差及速度误差等，从而由伺服控制系统进行实时调整。

(4) 光学器件：包括光栅、激光束分离器、放大镜等，准直透镜将激光束变成圆柱形光束。激光束分离器(半反镜)使反射回的激光束射向光电检测二极管，物镜由音圈电机带动下上下移动和沿盘片的径向微量移动，使激光束焦点始终落在光盘的光道上。

(5) 伺服控制系统：在光盘驱动器中，有三个基本伺服控制系统，即聚焦伺服系统、径向光道跟踪伺服系统和光盘转速控制系统。

3.3.4 光盘读取/存储技术

1. 光盘读取技术

(1) CLV技术：恒定线速度(Constant Linear Velocity)读取方式。在低于12倍速的光驱中使用的技术。它是为了保持数据传输率不变，而随时改变旋转光盘的速度。读取内沿数据的旋转速度比外部要快很多。

(2) CAV 技术：恒定角速度(Constant Angular Velocity)读取方式。它是用同样的速度来读取光盘上的数据。但光盘上的内沿数据比外沿数据传输速度要低，越往外越能体现光驱的速度。倍速指的是最高数据传输率。

(3) PCAV 技术：区域恒定角速度(Partial CAV)读取方式，是融合了 CLV 和 CAV 的一种新技术，它是在读取外沿数据时采用 CAV 技术，在读取内沿数据时采用 CAV 技术，从而提高整体数据传输的速度。

2. 光盘存储技术

光盘存储技术是 20 世纪 70 年代末发展起来的一项信息存储新技术，通过光学方法读写数据，涉及光盘和光盘驱动器两部分，光盘用来存储数据，光盘驱动器完成光盘数据的读取或写入。

光盘存储技术的基本原理如下：光束照射到凹凸不平的记录材料表面时，其反射光强度不同。依据这一原理，光盘被设计成了一个由多层材料叠加而成的反光圆盘，表面按照从内向外的方向以螺旋线方式设计成光道，信息在光道中以凹凸不平的方式存储，如图 3-39 所示。

3.3.5　DVD-ROM 光驱的选购

随着数字影音多媒体时代的来临，DVD-ROM 以其高存储量和无可挑剔的影音画质，受到了众多消费者的青睐和追捧，再加上厂商方面的大力推广，DVD 已经从昔日的“贵族时代”顺利过渡到今天的“标配时代”，DVD 市场也因此空前繁荣火爆，如图 3-40 所示。DVD 光驱的选购技巧成为众多消费者所关注的问题。具体如何选购，下面就来学习一下。

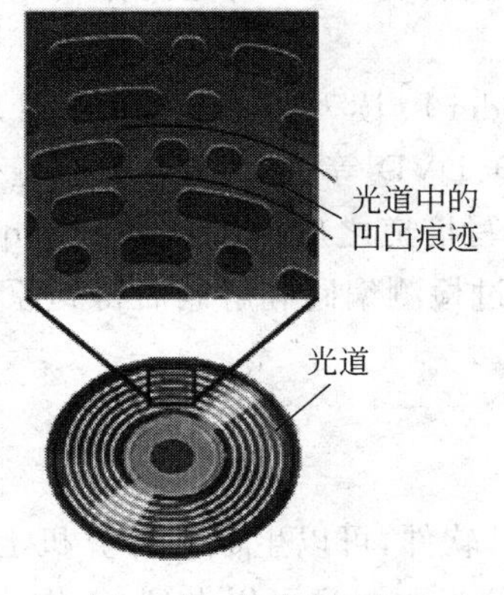

图 3-39　光盘剖析图

图 3-40　DVD-ROM 光驱

(1) 纠错能力：一直以来 DVD 光驱纠错能力都是众人所议论的焦点，甚至有人因此怀疑 DVD 光驱能否真正代替 CD-ROM。其实纠错能力一般只是早期 DVD 产品的一个弊病，随着技术的成熟，现在的 DVD 光驱通常情况下已经拥有令人满意的纠错能力。但要真正做到超强纠错也不是一件容易的事情，这就要看各大光驱生产厂商是否拥有自己的特色技术。

(2) 速度：速度是衡量一台光驱快慢的标准，目前市面上主流的 DVD 光驱基本上都是

16X。DVD光驱具有向下兼容性，除了读取DVD光盘之外，DVD光驱还肩负着读取普通CD数据碟片的重担，因此还需关注CD读取速度。

(3) 接口类型：一般情况下，DVD光驱的传输模式与CD-ROM一样，都是采用ATA 33模式，这种传输模式存在较大的弊端，在光驱读盘时CPU的占用率非常高，一旦遇上一些质量不好的碟片，CPU的使用率一下子就提升到了100%左右，这样在播放DVD或者运行其他软件时也不能应付自如，严重时甚至会引起死机。所以在选购DVD光驱时，在价格相差不大或者根本没有价格差异的情况下，尽量选用ATA 66甚至ATA 100接口的产品。

(4) 全区问题：这个是大部分购买者最先考虑的，也是购买前必问商家的问题。区位码是DVD在最初制定标准时定义的，它包含了区码的限制。无论是DVD电影光盘还是家庭影院中的DVD播放软件都必须内置区码限定。

(5) 进盘方式：DVD光驱的进盘方式目前有两种，即托盘式和吸盘式。现在大部分光驱都使用托盘式。而吸盘式光驱则在面板上开了一条窄缝，光盘放在入盘口处就会自动被吸入。

(6) 售后服务：对于售后服务，现在也是厂商公司之间激烈竞争的一个重要手段。售后时间当然是越久越好，但一般大多数品牌承诺是“三个月保换、一年保修”。

3.3.6 光存储系统

1. 光存储系统的概念

光存储系统就是光盘驱动器和光盘盘片的结合。目前正处在信息时代，信息的传递、处理和存储是信息技术的三大要素。常用的信息存储介质有纸张、缩微胶卷、磁带、磁盘（软盘和硬盘）和光盘(Optical Disk)等。其中光盘以其容量大、价格便宜、携带方便等优点而迅速成为现代存储介质的主流。在光盘上写入的信息不能抹掉，是不可逆的存储介质。

2. 光存储系统结构

光存储系统由编解码系统(Encoder & Decoder)、读写信道(Channel)、均衡器(Equalizer)和信号检测器(Detector)组成。其中，CD、DVD等光存储技术普遍使用RLL(Run Length Limited，游程长度受限)编码，在通过读写信道之后使用均衡器(Equalizer)消除ISI(Inter-Symbol Interference，码间干扰)，然后经过检测编码和解码后得到原始数据。

3.3.7 虚拟光驱与光盘刻录

1. 虚拟光驱

虚拟光驱是一种模拟CD/DVD-ROM工作的工具软件，可以生成和计算机上所安装的光驱功能一模一样的光盘镜像，一般光驱能做的事虚拟光驱一样可以做到，工作原理是先虚拟出一部或多部虚拟光驱后，将光盘上的应用软件镜像存放在硬盘上，并生成一个虚拟光驱的镜像文件，然后就可以将此镜像文件放入虚拟光驱中使用，所以当日后要启动此应用程序时，只需要单击插入光盘的图标，即可将镜像文件装入虚拟光驱中运行。

虚拟光驱的工作原理是先产生一个或多个虚拟光碟，将光碟片上的应用软件和资料压缩存放在硬盘上，并产生一个虚拟光碟图示，再告知系统可以将此压缩文档视作光碟机里的光碟来使用。

2. 光盘刻录

光盘的刻录主要靠光盘刻录机完成，刻录机是利用大功率激光将数据以“平地”或“坑洼”的形式烧写在光盘上的。

光驱可以用来刻录光盘，但是，并不是一般的光驱就可以刻录光盘，可以刻录光盘的光驱称为光盘刻录机。CD-R、CD-RW、DVD-R、DVD＋R、DVD-RW、DVD＋RW 都是光盘刻录机，可以用来刻录光盘。所以，如果要将重要资料制作成光盘，就必须买一部光盘刻录机。

光盘种类介绍如下。

CD-R：一次性的 CD 刻录盘，容量为 700MB。

CD-RW：可反复刻录的 CD 盘，容量为 700MB。

DVD-R：一次性的 DVD 刻录盘，容量为 4.7GB。

DVD＋R：一次性的 DVD 刻录盘，但越刻越快，容量为 4.7GB。

DVD-RW：可反复刻录的 DVD 盘，容量为 4.7GB。

DVD＋RW：可反复刻录的 DVD 盘，但越刻越快，容量为 4.7GB。

DVD＋R9(DL)：一次性刻录的单面双层 DVD 盘，但越刻越快，容量为 8.4GB。

DVD-RAM：可反复刻录 10 万次的 DVD 盘，相当于光盘式硬盘，容量为 4.7GB。

思考练习

一、思考题

1. 什么是光盘和光驱?
2. 请列举生活中常见的光盘类型。
3. 列举平常使用光盘的地方。

二、实践题

1. 在一台计算机上安装虚拟光驱。
2. 在计算机市场上了解 DVD-ROM 光驱的选购方法。

任务 3.4　认识及选购移动存储器

学习目标

随着计算机技术的发展，计算机的数据容量越来越大，依靠软盘传递数据的已经不能适应现在的需求。现在大多使用闪存盘(俗称 U 盘)和移动硬盘。移动存储指带有存储介质且(一般)自身具有读写介质的功能，不需要或很少需要其他装置(例如计算机)等的协助。现代的移动存储主要有移动硬盘、USB 盘和各种记忆卡。通过本任务的学习，使大家掌握常见的计算机移动存储器的作用，以及基本性能指标和选购技巧。

任务目标

- 了解移动存储器。
- 了解移动硬盘。
- 了解 U 盘。
- 了解存储卡。
- 掌握移动硬盘、U 盘、存储卡的选购方法。

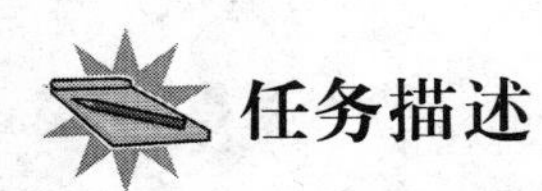

任务描述

在学习完前面的项目之后，张建同学要顺利工作、学习，必须选择适合的移动存储器包括移动硬盘、U 盘、存储卡等常见外设。那么什么是移动存储器呢？在众多的移动存储器的品种当中，应该怎样来了解它、选择它呢？

相关知识

3.4.1 移动存储器

电子信息化发展之后，数据文件的存放与纸质文件的存放方式不同，可以放在计算机的磁盘、光盘、U 盘中。移动存储指便携式的数据存储装置，指带有存储介质且(一般)自身具有读写介质的功能，不需要或很少需要其他装置(例如计算机)的协助。现代的移动存储主要有移动硬盘、U 盘和各种记忆卡。

(1) 移动硬盘：是以硬盘为存储介质的便携式的存储设备，能与计算机之间交换大容量数据，采用 USB、IEEE 1394 等传输速度较快的接口。其特点是容量大、体积小、传输速度高、可靠性也较高。

(2) U 盘：是以 USB 为接口的闪存盘的一种，无须物理驱动器的微型高容量移动存储产品，通过 USB 接口与计算机连接，实现即插即用。其特点如下：小巧且便于携带，存储容量大，价格便宜，性能可靠。

(3) SD 卡：即安全数码卡，是一种基于半导体快闪记忆器的新一代记忆设备，它被广泛地用于便携式装置上，例如数码相机、个人数码助理(PDA)和多媒体播放器等。

(4) MS 卡：即记忆棒，是一种可移除式的快闪记忆卡格式的存储设备。用在 Sony 的 PMP、PSX 系列游戏机、各种数码产品，还有笔记本电脑上，用于存储数据，相当于计算机的硬盘。其优点如下：外形小巧，具有极高的稳定性和版权保护功能。

(5) T-FLASH 卡：是一种极细小的快闪存储器卡。这种卡主要用于手机，但因它拥有体积极小的优点，随着容量的不断提升，已慢慢开始在 GPS 设备、便携式音乐播放器和一些快闪存储器盘中使用。

(6) 网络硬盘：简称网盘，是一些网络公司推出的向用户提供文件的存储、访问、备份、共享等文件管理功能的在线存储设备，使用起来十分方便。其特点如下：速度快，安全性能好，容量高，允许存储大文件。

3.4.2 移动硬盘

移动硬盘(Mobile Hard Disk)顾名思义是以硬盘为存储介质，在计算机或其他设备之间交换大容量数据，是一种强调便携性的存储产品。市场上绝大多数的移动硬盘都是以标准硬盘为基础的，如图 3-41 所示。

(1) 存储容量大：移动硬盘可以提供相当大的存储容量，是一种较具性价比的移动存储产品。市场中的移动硬盘容量有 500GB、1000GB(1TB)、1.5TB、2TB、2.5TB、3TB、3.5TB、4TB 等，最高可达 12TB。

(2) 体积小：移动硬盘(盒)的尺寸分为 1.8 英寸、2.5 英寸和 3.5 英寸三种。移动硬盘盒体积小、重量轻，便于携带，一般没有外置电源。

(3) 传输速度快：移动硬盘大多采用 USB、IEEE 1394、eSATA 接口，能提供较高的数据传输速度。USB 2.0 接口传输速率是 60MB/s，USB 3.0 接口传输速率是 625MB/s，IEEE 1394 接口传输速率是 50～100MB/s。

(4) 使用方便：主流的 PC 基本都配备了 USB 功能，主板通常可以提供 2～8 个 USB 口，一些显示器也会提供了 USB 转接器，USB 接口已成为个人计算机中的必备接口，如图 3-42 所示。

图 3-41　移动硬盘

图 3-42　设备通过 USB 接口连接到计算机

(5) 可靠性提升：数据安全一直是移动存储用户最为关心的问题，也是人们衡量该类产品性能好坏的一个重要标准。移动硬盘有速度高、容量大、轻巧便捷等优点，而更大的优点还在于其存储数据的安全可靠性。这是一种比铝、磁更为坚固耐用的盘片材质，并且具有更大的存储量和更好的可靠性，提高了数据的完整性。

3.4.3 U 盘

U 盘的全称是 USB 闪存盘，英文名为 USB FLASH Disk。U 盘连接到计算机的 USB 接口后，U 盘的资料可与计算机交换，是移动存储设备之一。U 盘最大的优点是：小巧且便于携带，存储容量大，价格便宜，性能可靠，如图 3-43 所示。

1. U 盘的组成

(1) 机芯：机芯包括如下两部分：PCB＋USB 主控芯片＋晶振＋贴片电阻、电容＋USB 接口＋贴片 LED(不是所有的 U 盘都有)＋FLASH(闪存)芯片，如图 3-44 所示。

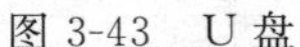

图 3-43 U 盘

图 3-44 U 盘的组成

(2) 外壳：按材料分类，有 ABS 塑料、竹木、金属、皮套、硅胶、PVC 软件等；按风格分类，有卡片、笔形、迷你、卡通、商务、仿真等；按功能分类，有加密、杀毒、防水、智能等。

(3) 对一些特殊外形的 PVC 的 U 盘，有时会专门制作特定配套的外包装。

2. U 盘的功能

U 盘的主要目的是用来存储数据资料，经过爱好者及商家们的努力，U 盘被开发出来带有更多的功能：加密 U 盘、启动 U 盘、杀毒 U 盘、测温 U 盘以及音乐 U 盘等。

(1) 加密 U 盘分为两类，第一类是硬件加密技术，这种技术一般是通过 U 盘的主控芯片进行加密，安全级别高，不容易被破解，成本较高；第二类是软件加密技术，通过外置服务端或内置软件操作，对 U 盘文件进行加密，一般采用 AES 算法，这种技术安全性较高，成本相对较低。

(2) 启动 U 盘分为两类，第一类是专门用作做系统启动用的功能性 U 盘，当计算机不能正常开启时，可利用 U 盘进入系统并进行相关操作，其功能比较单一；第二类专门是电脑城或计算机技术员用来维护计算机而专门制作的具有强大功能的 U 盘，它除了可以启动计算机外，还可以进行磁盘分区、系统杀毒、系统修复、文件备份、修改密码等。

(3) 杀毒 U 盘是一种将各种杀毒软件嵌入 U 盘中，使杀毒软件使用起来更加方便快捷。它与计算机 USB 接口相连后即会被主机识别，并不需要烦琐的安装。杀毒 U 盘从性能上分为写入式、嵌入式两种。写入式杀毒程序要装到计算机里才可以起到杀毒作用；而嵌入式杀毒程序写在 U 盘的控制芯片里，不需要安装，随时可以杀毒。

(4) 测温 U 盘分为两类，第一类的温度显示是在计算机上安装了一个软件，通过软件感应出 U 盘所获取的温度。第二类是直接将测试温度的硬件封装在 U 盘内，并直接显示在 U 盘的 LED 屏上。

(5) 音乐 U 盘是一款既有 U 盘的全部存储功能，同时还具备音乐文件的播放功能。一般的音乐 U 盘外观和普通 U 盘并无异样，不同之处在于其内置了电池，并多出一个插孔，用来接入配备的耳机，插进去后即可听取 MP3、WMA 等常见格式音乐，支持上下曲的播放选取，可设置随机播放功能。

3.4.4 存储卡

SD 卡存储卡，是用于手机、数码相机、便携式计算机、MP3 和其他数码产品上的独立存储介质，一般是卡片的形态，故统称为“存储卡”，又称为“数码存储卡”“数字存储卡”“储存卡”等。存储卡具有体积小巧、携带方便、使用简单的优点。同时，由于大多数存储卡都具有良好的兼容性，便于在不同的数码产品之间交换数据。近年来，随着数码产品的不断发展，存储卡的存储容量不断得到提升，应用也快速普及，如图3-45所示。

3.4.5　读卡器

读卡器(Card Reader)是一种读卡设备，根据卡片类型的不同，可以将其分为IC卡读卡器，包括接触式IC卡，遵循ISO 7816接口标准；非接触式IC卡读卡器，遵循ISO 14443接口标准；远距离读卡器，遵循ETC国标GB 20851接口标准。存储卡的接口也不太统一，主要类型有CF卡、SD卡、Mini-SD卡、SM卡、Memory-Stick卡等。存储卡大量应用于智能手机、照相机中。从广义上来讲，智能手机和照相机也可以成为读卡器。按存储卡的种类可分为CF卡读卡器、SM卡读卡器、PCMICA卡读卡器以及记忆棒读写器等。还有双槽读卡器，可以同时使用两种或两种以上的卡。按端口类型分可分为串行口读卡器、并行口读卡器、USB读卡器，如图3-46所示。

图3-45　存储卡

图3-46　读卡器

下面介绍读卡器的应用领域。

(1) 教育领域：身份证读卡器已经应用到各个领域中，大学也开始逐渐引进身份证读卡器，以适合当下形势的需要。

(2) 报名：对于大学而言，身份证信息的登记随处可见。学生入学信息登记、大型考试身份核验、办理证件手续等，都需要使用身份证。大学学生众多，如果每名学生的信息都采用手工登记，就花费了很大的精力和时间，往往会造成信息的错漏。

(3) 考场：只需要在考试考场的验证点配备一款身份证阅读器，考生凡是进入考场前，都需要通过这个身份证阅读器刷自身的身份证，核验无误后才允许进入。若是考生持假证，或者出现人证不一的替考现象，工作人员通过这个身份证阅读器可以有效识别出来，从而可以对考生作进一步的身份验证。若出现违反考场纪律的现象，则取消考生的考试资格。

(4) 公安局：读卡器已经应用于流动人口信息采集、交通检查点、火车检查点等方面，为民警提供了一个很好的信息平台和技术，工作效率大大提高。

(5) 医疗系统：市民在医院看病时，只需要通过身份证，就能够完成相关的信息登记，同时，相关的检查结果将会快速与之匹配，不会出现信息与当事人匹配错误的现象，可以更好地为市民提供方便的服务，同时提高了医院的工作效率。

(6) 其他领域：在其他行业如自助终端、驾校系统、会员系统等领域，都可以通过二次开发，使读卡器发挥更快捷、更方便的功能，如图 3-47 所示。

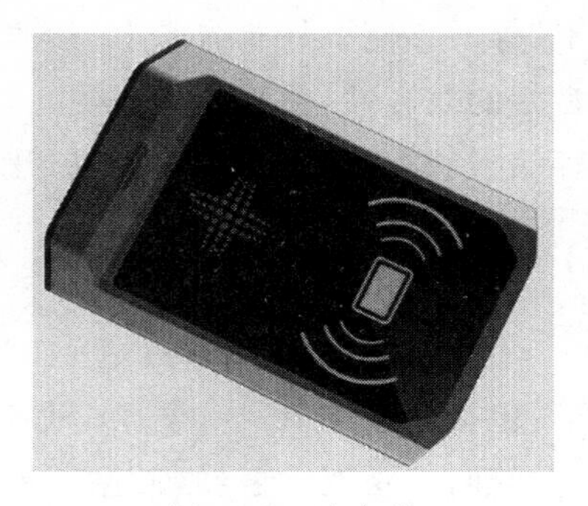

图 3-47　读卡器

思考练习

1. 什么是移动存储设备？
2. 请列举生活中、学习中常见的移动存储器。

任务 3.5　了解计算机的其他外部设备

学习目标

除了前面项目已经介绍的计算机外部设备，鼠标、键盘、话筒、扫描仪等也属于计算机系统中的输入、输出设备。用于操作设备运行的指令和数据输入的装置及计算机定位装置，是计算机系统中的重要组成部分。其他设备除了主机以外的任何设备，都是附属的或辅助的与计算机连接起来的设备并且能扩充计算机系统。通过本任务的学习，使大家掌握常见的外部设备的作用，以及基本性能指标和选购技巧。

任务目标

- 了解键盘的分类及工作原理。
- 了解鼠标的分类及工作原理、性能指标。
- 了解扫描仪。
- 掌握麦克风、摄像头的性能指标和选购方法。

任务描述

在学习完前面项目的主机系统之后，张建同学要顺利工作、学习，必须选择适合的输入/输出设备，包括键盘、鼠标、扫描仪等常见外设。在众多的品种当中，应该怎样来了解和选择它呢？

相关知识

3.5.1　键盘

键盘是用于操作设备运行的一种指令和数据输入装置，也指经过系统安排操作一台机器或设备的一组功能键(如打字机、计算机键盘)。键盘是最常用也是最主要的输入设备,通过键盘可以将英文字母、数字、标点符号等输入计算机中,从而向计算机发出命令、输入数据等。随着时间的推移,市场上渐渐地也出现了独立的具有各种快捷功能的产品单独出售,并带有专用的驱动和设定软件,在兼容机上也能实现个性化的操作,如图3-48所示。

图3-48　键盘

1. 键盘的分类

键盘的种类很多,一般可分为触点式、无触点式和镭射式(镭射激光键盘)三大类。前两种借助于金属把两个触点接通或断开以输入信号,镭射式借助于霍尔效应开关(利用磁场变化)和电容开关(利用电流和电压的变化)产生输入信号。

(1) 按编码划分:从编码的功能上,键盘又可以分成全编码键盘和非编码键盘两种。

(2) 按应用划分:可以分为台式机键盘、笔记本电脑键盘、工控机键盘、速录机键盘、双控键盘、超薄键盘、手机键盘七大类。

(3) 按码元性质划分:可以分为字母键盘和数字键盘两大类。

(4) 按工作原理划分:可分为以下类别。

① 机械(Mechanical)键盘。采用类似金属接触式开关。其工作原理是使触点导通或断开,具有工艺简单、噪音大、易维护、打字时节奏感强,长期使用手感不会改变等特点。

② 塑料薄膜式(Membrane)键盘。键盘内部共分四层,实现了无机械磨损。其特点是低价格、低噪音和低成本,但是长期使用后,由于材质问题手感会发生变化。该类键盘已占领市场绝大部分份额。

③ 导电橡胶式(Conductive Rubber)键盘。触点的结构是通过导电橡胶相连。键盘内部有一层凸起带电的导电橡胶,每个按键都对应一个凸起,按下时把下面的触点接通。这种类型的键盘是市场上由机械键盘向薄膜键盘的过渡产品。

④ 无接点静电电容键盘(Capacitives)。使用类似电容式开关的原理,通过按键时改变电极间的距离而引起电容容量改变,从而驱动编码器。其特点是无磨损且密封性较好。

(5) 按文字输入划分:分为单键输入键盘、双键输入键盘和多键输入键盘,大家常用的键盘属于单键输入键盘,速录机键盘属于多键输入键盘,最新出现的四节输入法键盘属于双键输入键盘。

(6) 按常规划分:常规的键盘有机械式按键和电容式按键两种。

(7) 按外形划分:键盘的外形分为标准键盘和人体工程学键盘。

2. 键盘结构及工作原理

(1) 键盘结构

键盘一般是由按键、外壳、导电胶、编码器、接口等部件组成。

在键盘上通常有上百个按键,计算机通常采用行列扫描法来确定按键所在的行和列的位置。行列扫描法是指将按键排列成"n行×m列"的行列点阵,把行线和列线分别连接到两个并行接口双向传送的连接线上,即每个键位都对应于矩阵电路中的一行,也对应矩阵电路中的一列。当按下按键时,键盘就会向主机发送按键所在的行列点阵的位置编码,称为键扫描码。键盘输出的编码存储在字符ROM中,击键实际上是将该点的行和列相连,并通过扫描来产生键盘扫描信息。扫描信息再送到字符 ROM 中，然后查出对应键位的编码，输出给主板，如图 3-49 和图 3-50 所示。

图 3-49 键盘结构(1)

图 3-50 键盘结构(2)

(2) 工作原理

键盘是由一组排列成矩阵方式的按键开关组成，通常有编码键盘和非编码键盘两种类型，IBM 系列微机键盘属于非编码类型。微机键盘主要由单片机、译码器和键开关矩阵三大部分组成。其中单片机采用了 Intel 8048 单片微处理器控制，这是一个 40 引脚的芯片，内部集成了 8 位 CPU、1024×8 位的 ROM、64×8 位的 RAM、8 位的定时器/计数器等器件。由于键盘排列成矩阵格式，被按键的识别和行列位置扫描码的产生，是由键盘内部的单片机通过译码器来实现的。单片机在周期性扫描行、列的同时，读回扫描信号线结果，判断是否有键按下，并计算按键的位置以获得扫描码。当有键按下时，键盘分两次将位置扫描码发送到键盘接口；按下一次，叫接通扫描码；释放时再发一次，叫断开扫描码。因此可以用硬件或软件的方法对键盘的行、列分别进行扫视，去查找按下的键，输出扫描位置码，通过查表转换为 ASCII 码返回。

3. 键盘选购指南

(1) 键盘的触感：键盘作为日常接触最多的输入设备，手感毫无疑问是最重要的。手感主要是由按键的力度阻键程度来决定的。判段一款键盘的手感如何，会从按键弹力是否适中、按键受力是否均匀、键帽是否松动或摇晃以及键程是否合适这几方面来测试。而按键受力均匀和键帽牢固是必须要保证的，否则就可能导致卡键或者让用户感觉疲劳。

(2) 键盘的外观：外观包括键盘的颜色和形状，一款漂亮时尚的键盘会为桌面添色不少，而一款古板的键盘会让工作更加沉闷。

(3) 键盘的做工：好键盘的表面及棱角处理精致细腻，键帽上的字母和符号通常采用激光刻入，手摸上去有凹凸的感觉，选购的时候应认真检查键位上所印字迹是否是刻上去的，而不是直接用油墨印上去的，油墨字迹用不了多久就会脱落。

(4) 键盘键位布局：键盘的键位分布虽然有标准，但是在这个标准上各个厂商还是有回旋余地的。

(5) 键盘的噪音：很多用户都很讨厌敲击键盘所产生的噪声，尤其是那些深夜还在工作、玩游戏或上网的用户，因此，一款好的键盘必须保证在高速敲击时也只产生较小的噪声，不会影响别人休息。

(6) 键盘的键位冲突问题：日常生活中，很多年轻人或多或少会玩一些游戏，在玩游戏的时候,就会出现某些组合键的连续使用,这就要求这些键盘要保证游戏键之间不冲突,如图3-51所示。

3.5.2　鼠标

鼠标是计算机的一种输入设备,也是计算机显示系统纵横坐标定位的指示器,因形似老鼠而得名“鼠标”。鼠标的标准称呼应该是鼠标器,英文名Mouse。鼠标的使用是为了使计算机的操作更加简便快捷,可以代替键盘那烦琐的指令,如图3-52所示。

图3-51　键盘

图3-52　无线鼠标

1. 鼠标的分类

(1) 按接口类型:可分为串行鼠标、PS/2鼠标、总线鼠标、USB鼠标(多为光电鼠标)四种。串行鼠标是通过串行口与计算机相连,有9针接口、25针接口两种。PS/2鼠标通过一个六针微型DIN接口与计算机相连,它与键盘的接口非常相似,使用时应注意区分。总线鼠标的接口在总线接口卡上。USB鼠标通过一个USB接口,直接插在计算机的USB口上。

(2) 结构分类:鼠标按其工作原理及其内部结构的不同,可以分为机械式、光机式和光电式,如图3-53～图3-55所示。

图3-53　机械鼠标

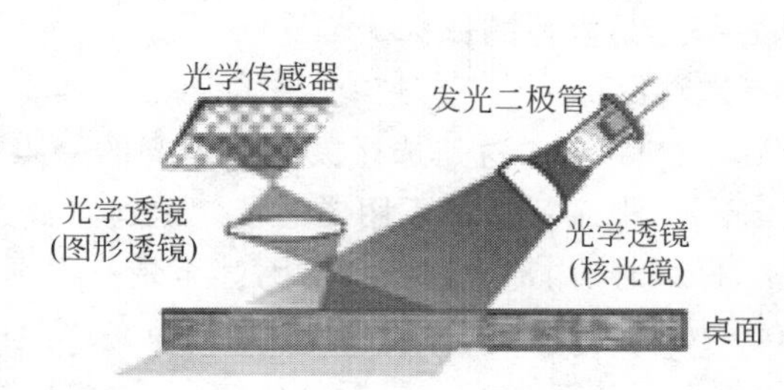

图3-54　光机式鼠标

(3) 按键数:分为两键鼠标、三键鼠标、五键鼠标和新型的多键鼠标。两键鼠标和三键鼠标的左右按键功能完全一致,一般情况下,用不着三键鼠标的中间按键,但在使用某些特殊软件时(如AutoCAD等),这个键也会起一些作用。如三键鼠标使用中键在某些特殊程序中往往能起到事半功倍的作用,例如在AutoCAD软件中就可利用中键快速启动常用命令,成倍提高工作效率。五键鼠标多用于游戏,按数字键中的“4”键则前进,按“5”键则后退,另外还可以设置为快捷键。多键鼠标是新一代的多功能鼠标，如有的鼠标上带有滚轮，可以大大方便上下翻页的操作。有的新型鼠标上除了有滚轮，还增加了拇指键等快速按键，进一步简化了操作程序。

(4) 滚轴和感应鼠标：滚轴鼠标和感应鼠标在笔记本电脑上用得很普遍，往不同方向转动鼠标中间的小圆球，或在感应板上移动手指，光标就会向相应方向移动，当光标到达预定位置时，按一下鼠标或感应板，就可执行相应功能。

(5) 无线和3D鼠标：新出现的无线鼠标和3D振动鼠标都是比较新颖的鼠标。

图 3-55　光电式鼠标

2. 鼠标的工作原理

鼠标是一种很常用的计算机输入设备，它可以对当前屏幕上的游标进行定位，并通过按键和滚轮装置对游标所经过位置的屏幕元素进行操作。

鼠标按其工作原理的不同分为机械鼠标和光电鼠标，机械鼠标主要由滚球、辊柱和光栅信号传感器组成。当你拖动鼠标时，带动滚球转动，滚球又带动辊柱转动，装在辊柱端部的光栅信号传感器采集光栅信号。传感器产生的光电脉冲信号反映出鼠标器在垂直和水平方向上的位移变化，再通过计算机程序的处理和转换来控制屏幕上光标箭头的移动。

3. 鼠标的性能指标

(1) 分辨率：鼠标的分辨率DPI(每英寸点数)值越大，则鼠标越灵敏，定位也越精确。DPI值越高，鼠标移动速度就越快，定位也就越准。

(2) 使用寿命：一般来说，光电式鼠标比机械式鼠标寿命长，而且机械式鼠标由于在使用时存在机球弄脏后影响内部光栅盘运动的问题，经常需要清理，使用起来也麻烦。

(3) 响应速度：鼠标响应速度越快，意味着在快速移动鼠标时，屏幕上的光标能做出及时的反应。

(4) 扫描频率：扫描频率是判断鼠标的重要参数，它是单位时间内的扫描次数，单位是"次/秒"。每秒内扫描次数越多，可以比较的图像就越多，相对的定位精度就应该越高。

(5) 人体工程学：人体工程学是指根据人的手型、用力习惯等因素，设计出持握使用更舒适贴手、容易操控的鼠标。

4. 选购鼠标

(1) 质量可靠：这是选择鼠标最重要的一点，无论它的功能有多强大、外形多漂亮，如果质量不好，那么一切都不用考虑了。识别假冒产品的方法很多，主要可以从外包装、鼠标的做工、序列号、内部电路板、芯片，甚至是一颗螺钉、按键的声音来分辨。

(2) 按照用户的需求来选择：如果只是一般的家用，做一些文字处理之类的事情，那么选择机械鼠标或是半光电鼠标就比较合适；如果在网吧使用，可以买一只网吧专用鼠标，它令用户在网上冲浪的时候感到非常方便；如果经常用一些专门的设计软件，那么可以买一只光电鼠标。

(3) 接口(有线)：鼠标一般有三种接口，分别是RS-232串口、PS/2口和USB口。

(4) 接口(无线)：主要为红外线、蓝牙(Bluetooth)鼠标，无线套装比较多，但价格高，损耗也高(有线鼠标是无损耗的)。如果为了方便快捷，可以考虑购买。

(5) 手感：手感在选购鼠标中也很重要，适合手形，握上去很贴手。

(6) 类别：根据用途，鼠标主要有如下类别。

① 标准鼠标：一般标准 3/5 键滚轮滑鼠。

② 办公室鼠标：在标准的鼠标基础上增加 Office/Web 相关的功能或是快速键的滑鼠。

③ 简报鼠标：为增强简报功能而开发的特殊用途的滑鼠。

④ 游戏鼠标：专为游戏玩家设计，能承受较强烈操作，解析度范围较大，特殊游戏需求的软、硬体设计。

3.5.3 扫描仪

扫描仪(Scanner)是利用光电技术和数字处理技术，以扫描方式将图形或图像信息转换为数字信号的装置。扫描仪主要用于计算机外部，它是一种通过捕获图像并将之转换成计算机可以显示、编辑、存储和输出的数字化输入设备。扫描仪对照片、文本页面、图纸、美术图画、照相底片、菲林软片，甚至纺织品、标牌面板、印制板样品等三维对象都可作为扫描对象，提取和将原始的线条、图形、文字、照片、平面实物转换成可以编辑及加入文件中的装置。扫描仪属于计算机辅助设计(CAD)中的输入系统，通过计算机软件和计算机硬件、输出设备(激光打印机、激光绘图机)接口，组成网印前计算机处理系统，适用于办公自动化(OA)，广泛应用在标牌面板、印制板、印刷行业等，如图 3-56 所示。

图 3-56 扫描仪

1. 扫描仪的分类

扫描仪可分为以下多个类型：滚筒式扫描仪和平面扫描仪，以及近几年才有的笔式扫描仪、便携式扫描仪、馈纸式扫描仪、胶片扫描仪、底片扫描仪和名片扫描仪。下面介绍常见的四种。

(1) 滚筒式：一般使用光电倍增管 PMT(Photo Multiplier Tube)，因此它的密度范围较大，而且能够分辨出图像更细微的层次变化；而平面扫描仪使用的则是光电耦合器件 CCD(Charged-Coupled Device)，故其扫描的密度范围较小。

(2) 笔式：笔式扫描仪出现于 2000 年左右，才开始的扫描宽度大约与四号宋体字的宽度相同，使用时，贴在纸上一行一行地扫描。主要用于文字识别。

(3) 便携式：便携式扫描仪小巧、快速。在 2010 年，市面上出现了多款全新概念的扫描仪，因其扫描效果突出，扫描速度仅需 1 秒，价格也适中，因而受到广大企事业办公人群的热爱，如图 3-57 所示。

图 3-57 便携式扫描仪

(4) 馈纸式：又称为小滚筒式扫描仪，馈纸式扫描仪诞生于

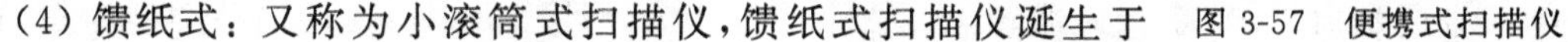

20 世纪 90 年代初，由于平板式扫描仪价格昂贵，手持式扫描仪扫描宽度小，为满足 A4 幅面文件扫描的需要，推出了这种产品，有彩色和灰度两种，彩色型号一般为 24 位彩色，也有极少数馈纸式扫描仪采用 CCD 技术，如图 3-58 所示。

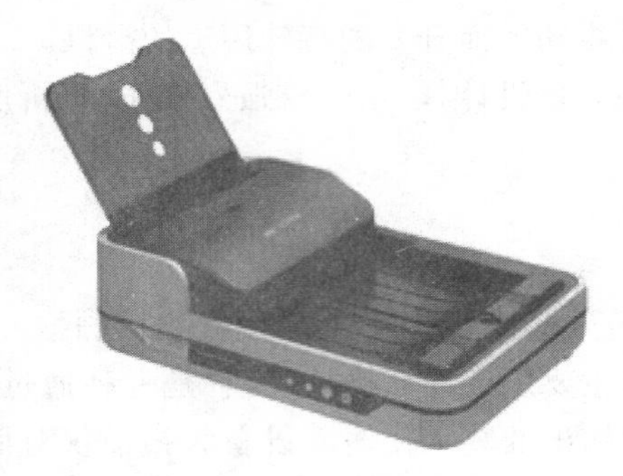

图 3-58　馈纸式扫描仪

2. 扫描仪的工作原理

扫描仪的工作原理并不复杂，从它的工作过程就能够基本反映出来，CCD 型扫描仪的工作原理示意图如图 3-59 所示。

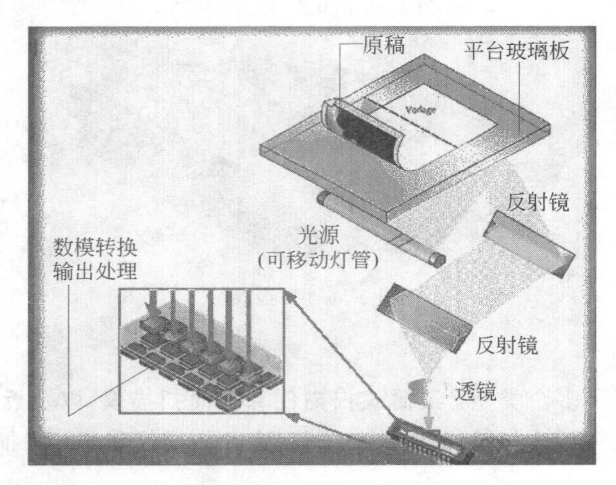

图 3-59　扫描仪工作原理

其扫描的一般工作过程如下。

(1) 开始扫描时，机内光源发出均匀光线照亮玻璃面板上的原稿，产生表示图像特征的反射光(反射稿)或透射光(透射稿)。

(2) 进电机驱动扫描头在原稿下面移动，读取原稿信息。

(3) 反映原稿图像的光信号转变为计算机能够接受的二进制数字电子信号，最后通过 USB 等接口送至计算机。

(4) 数字信息被送入计算机的相关处理程序，在此数据以图像应用程序能使用的格式存在。最后通过软件处理再现到计算机屏幕上。

所以说，扫描仪的简单工作原理就是利用光电元件将检测到的光信号转换成电信号，再将电信号通过模拟/数字转换器转化为数字信号传输到计算机中。无论何种类型的扫描仪，它们的工作过程都是将光信号转变为电信号。所以,光电转换是它们的核心工作原理。扫描仪的性能取决于它把任意变化的模拟电平转换成数值的能力。

3. 扫描仪的性能指标

扫描仪的性能指标主要有以下几个。

(1) 分辨率:也叫扫描精度。它主要是表示扫描仪对图像细节表现的能力,常用dpi来表示,即每英寸长度上扫描图像所含有像素点的个数。

(2) 灰度级:它是表示灰度图像的亮度层次范围的指标,反映了扫描时由暗到亮层次范围的多少,具体地说就是扫描仪从纯黑到纯白之间平滑过渡的能力。灰度级位数越大,相对来说扫描所得结果的层次越丰富,效果就越好。

(3) 色彩位数:色彩位数是扫描仪对采样来的每一个像素点提供的不同通道的数字化位数的叠加值,是衡量一台扫描仪质量的重要技术指标,体现了彩色扫描仪所能产生的颜色范围,能够反映出扫描图像的色彩逼真度,色彩位数越多,图像表达越真实。

(4) 速度:即扫描一定的图像所需要的时间。

(5) 幅面:即扫描对象的最大尺寸,主要为A3和A4两种。

4. 选购扫描仪

扫描仪能将图片、文稿、照片、胶片、图纸等图形文件输入计算机,与打印机和调制解调器配合具有复印和发传真功能。由于普及型扫描仪已降至千元以下,使扫描仪逐步成为办公、工程设计、艺术设计以及家庭用户不可缺少的计算机设备。用户需要何种性能、何种档次、何种品牌的扫描仪呢?下面就从选购时需要注意的参数入手对扫描仪的技术发展做一下介绍。

(1) 光学分辨率:光学分辨率是选购扫描仪最重要的因素。扫描仪有两大分辨率,即最大分辨率和光学分辨率,直接关系到平时使用的就是光学分辨率。

(2) 扫描方式:这主要是针对感光元件来说的。感光元件也叫扫描元件,它是扫描仪完成光电转换的部件。

(3) 色彩位数:色彩位数是扫描仪所能捕获色彩层次信息的重要技术指标,高的色彩位可得到较高的动态范围,对色彩的表现也更加艳丽逼真。

(4) 接口类型:扫描仪的接口是指扫描仪与计算机主机的连接方式,发展是从SCSI接口到EPP(Enhanced Parallel Port的缩写)接口技术,而如今都步入了USB时代,并且大多是2.0接口的。

(5) 软件配置及其他:扫描仪配置包括软件图像类、OCR类和矢量化软件等。

3.5.4 麦克风

麦克风,学名为传声器,是将声音信号转换为电信号的能量转换器件,也称话筒、微音器。20世纪,麦克风由最初通过电阻转换声电发展为电感、电容式转换,大量新的麦克风技术逐渐发展起来,这其中包括铝带、动圈等麦克风,以及当前广泛使用的电容麦克风和驻极体麦克风。

1. 麦克风的结构及其工作原理

(1) 麦克风的结构

麦克风包括至少一个压电挠曲隔膜元件和包括导体的信号接口元件,其特征在于所述信号接口元件是硬度低于所述压电挠曲隔膜元件的柔性印刷电路，并且在于在所述信号接口元件和所述压电挠曲隔膜元件之间的电连接和机械连接在一种材料中进行，所述材料的电阻相对于所述压电挠曲隔膜元件的输出电阻是可忽略的，并且所述材料的硬度低于所述信号接口元件的硬度，同时所述材料能够使所述信号接口元件和所述压电挠曲隔膜元件彼此接合。

无线麦克风系统由三个主要的部分组成：一个输入设备，一个发射器，一个接收器。输入设备提供可由发射器发射的音频信号，如图 3-60 所示。

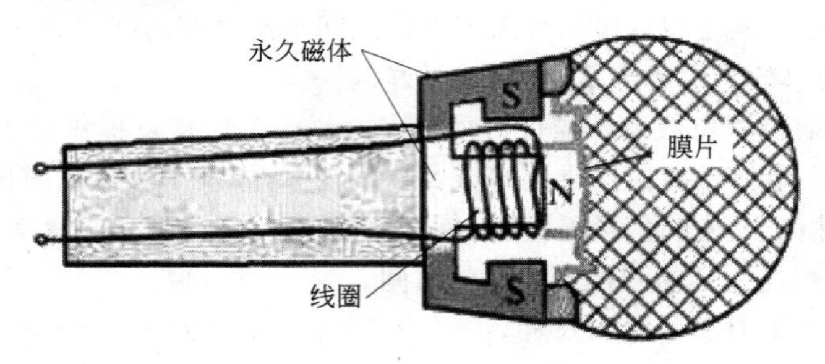

图 3-60　麦克风

(2) 工作原理

麦克风是由声音的振动传到麦克风的振膜上，推动里面的磁铁形成变化的电流，这样变化的电流送到后面的声音处理电路进行放大处理。它是由金属隔膜连接到针上，这根针在一块金属箔上刮擦图案。当人们朝着隔膜讲话时，产生的空气压差使隔膜运动，从而使针运动，针的运动被记录在金属箔上。随后，当在金属箔上向回运行针时，在金属箔上刮擦产生的振动会使隔膜运动，将声音重现。这种纯粹的机械系统运行显示了空气中的振动能产生多么大的能量！

麦克风将空气中的变动压力波转化成变动电信号。有五种常用技术用来完成此项转化。

① 碳：在碳尘的一侧有很薄的金属或塑料隔膜。当声波击打隔膜时，它们压缩碳尘，改变电阻。通过给碳通电，改变了的电阻会改变电流的大小。

② 动态：动态麦克风利用电磁效应。当磁体通过电线（或线圈）时，磁体在电线中感应出电流。在动态麦克风中，当声波击打隔膜时，隔膜会移动磁体，此运动产生很小的电流。

③ 带状：在带状麦克风中，一个薄的带状物悬挂在磁场中。声波会移动带状物，从而改变流经它的电流。

④ 电容器：电容器麦克风实际上是一个电容器，其中电容器的一极响应声波而运动。运动改变了电容器的电容，这些改变被放大，从而产生可测量的信号。电容器麦克风通常使用一个小的电池，为电容器提供电压。

⑤ 晶体：某些晶体改变形状时会改变它们的电属性。通过将隔膜连接到晶体，当声波击打隔膜时，晶体将产生信号，如图 3-61 所示。

2. 麦克风的性能指标

(1) 灵敏度：指麦克风的开路电压与作用在其膜片上的声压之比。灵敏度的单位是伏/帕（即伏特/帕斯卡，V/Pa），通常使用灵敏度级来表示，参考灵敏度为 1V/Pa，如图 3-62

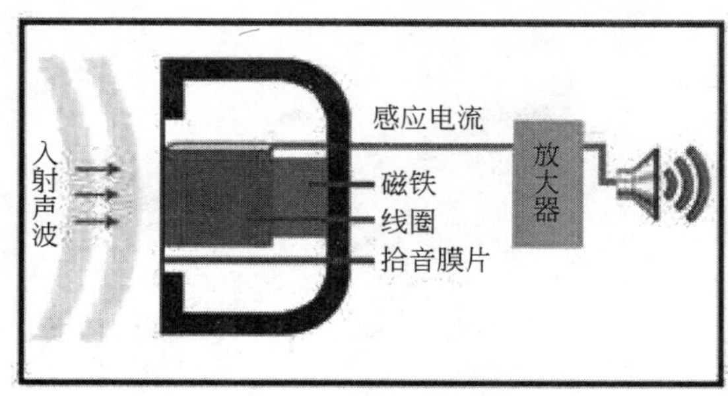

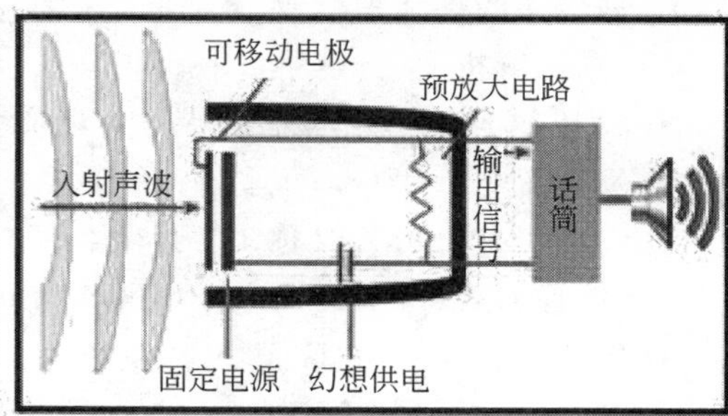

动圈话筒原理图　　　　电容话筒原理图

图 3-61　麦克风原理图

所示。

(2) 频率响应：是指麦克风接收到不同频率声音时，输出信号会随着频率的变化而发生放大或衰减。最理想的频率响应曲线为一条水平线，代表输出信号能真实呈现原始声音的特性，但这种理想情况不容易实现。

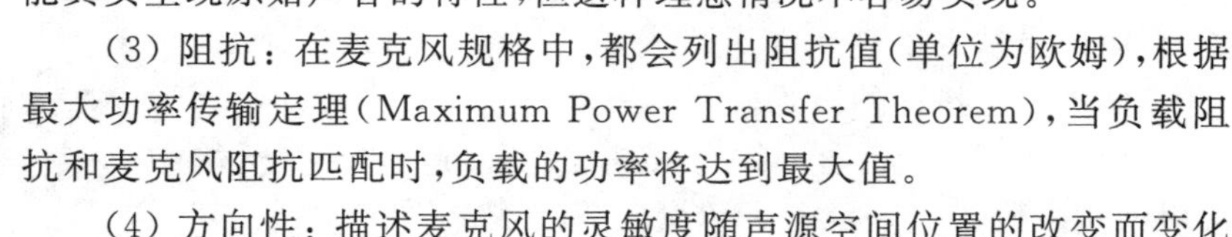

图 3-62　麦克风

(3) 阻抗：在麦克风规格中，都会列出阻抗值(单位为欧姆)，根据最大功率传输定理(Maximum Power Transfer Theorem)，当负载阻抗和麦克风阻抗匹配时，负载的功率将达到最大值。

(4) 方向性：描述麦克风的灵敏度随声源空间位置的改变而变化的模式。

(5) 动态范围：麦克风的动态范围衡量麦克风能够做出线性响应的最大 SPL 与最小 SPL 之差，它不同于 SNR(相比之下，音频 ADC 或 DAC 的动态范围与 SNR 通常是等同的)。

(6) 等效输入噪声(EIN)：等效输入噪声是将麦克风的输出噪声水平(SPL)表示为一个施加于麦克风输入端的理论外部噪声源。

(7) 总谐波失真(THD)：总谐波失真用于衡量在给定纯单音输入信号下输出信号的失真水平，用百分比表示。此百分比为基频以上所有谐波频率的功率之和与基频信号音功率的比值。

(8) 电源抑制比(PSRR)：麦克风的电源抑制比用于衡量其抑制电源引脚上的噪声，使之不影响信号输出的能力。

(9) 最大声学输入：指的是麦克风能够承受的最高声压级(SPL)。高于此参数的 SPL 会导致输出信号发生严重的非线性失真。

3.5.5　摄像头

摄像头(Camera 或 Webcam)又称为计算机相机、计算机眼、电子眼等，是一种视频输入设备，被广泛地运用于视频会议、远程医疗及实时监控等方面。普通的人也可以彼此通过摄像头在网络进行有影像、有声音的交谈和沟通。另外，人们还可以将其用于当前各种流行的数码影像、影音处理等，如图 3-63 所示。

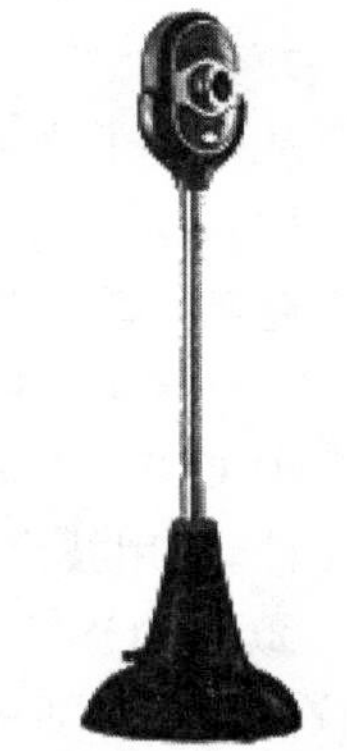

图 3-63　摄像头

1. 摄像头的性能指标

(1) 图像解析度/分辨率(Resolution)。

- SXGA(1280×1024),又称130万像素
- XGA(1024×768),又称80万像素
- CIF(352×288),又称10万像素

(2) 图像格式(imageFormat/Colorspace):RGB24、I420是最常用的两种图像格式。

- RGB24:表示R、G、B三种颜色各为8bit,最多可表现256级浓淡,从而可以再现256×256×256种颜色。
- I420:YUV格式之一。
- 其他格式:有RGB565、RGB444、YUV(4:2:2)等。

(3) 自动白平衡调整(AWB):当色温改变时,光源中三基色(红、绿、蓝)的比例会发生变化,需要调节三基色的比例来达到彩色的平衡,这就是白平衡调节的实际,如图3-64所示。

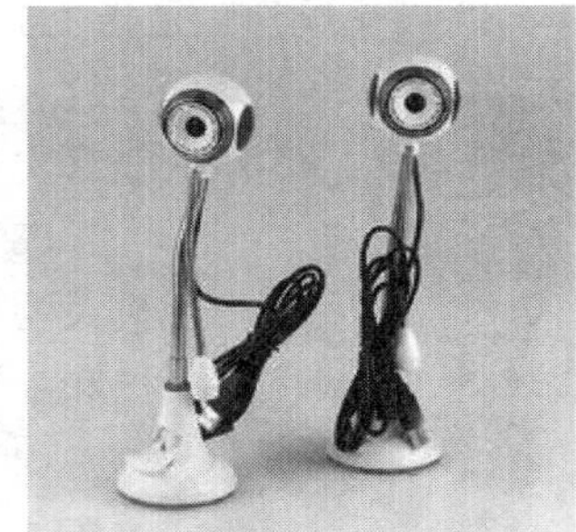

图3-64 摄像头

(4) 图像压缩方式:一种有损图像的压缩方式。压缩比越大,图像质量也就越差。当图像精度要求不高且存储空间有限时,可以选择这种格式。

(5) 彩色深度(色彩位数):是指将信号分成多少个等级。常用色彩位数(bit)表示。彩色深度越高,获得的影像色彩就越艳丽动人。

(6) 图像噪音:指的是图像中的杂点干扰。表现为图像中有固定的彩色杂点。

(7) 视角:与人的眼睛成像是相同原理,简单地说就是成像范围。跟使用的镜头有关。

(8) 输出/输入接口:包含以下接口。

① 串行接口(RS-232/422):传输速率慢,为115kbps。

② 并行接口(PP):速率可以达到1Mbps。

③ 红外接口(IrDA):速率也是115kbps,一般笔记本电脑有此接口。

④ 通用串行总线USB:即插即用的接口标准,支持热插拔。USB 1.1速率可达12Mbps,USB 2.0可达480Mbps。

⑤ IEEE 1394(火线)接口(也称为i.link):其传输速率可达100~400Mbps。

2. 摄像头的选购

从硬件上来说,决定一个摄像头的品质主要是镜头、主控芯片与感光芯片。

(1) 镜头:由几片透镜组成,一般有塑胶透镜(plastic)或玻璃透镜(glass)。透镜越多,成本越高。玻璃透镜比塑胶贵。

(2) 感光芯片:是组成数码摄像头的重要组成部分,根据元件不同分为以下几种。

① CCD(Charge Coupled Device,电荷耦合元件),一般是用于摄影摄像方面的高端技术元件,应用技术成熟,成像效果较好,但是价格相对而言较贵。

② CMOS(Complementary Metal-Oxide Semiconductor,金属氧化物半导体元件)应用于较低影像品质的产品中。它相对于CCD来说价格低,功耗小。

(3) 主控芯片:在DSP的选择上,是根据摄像头成本、市场接受程度来确定。

(4) 像素(Resolution)：即传感器像素，是衡量摄像头的一个重要指标之一。在实际应用中，摄像头的像素越高，拍摄出来的图像品质就越好。

(5) 捕获速度：视频捕获能力是通过软件来实现的，因而对计算机的要求非常高，即CPU的处理能力要足够快。其次对画面的要求不同，捕获能力也不尽相同。

除了上述说的这些内容之外，还可以考虑的因素包括附带软件、摄像头外形、镜头的灵敏性、是否内置麦克风等。

思考练习

一、思考题

1. 计算机外部常见的输入/输出设备有哪些?

2. 请列举生活学习中常见的输入/输出设备类型及名称。

3. 鼠标、键盘的重要性表现在哪些方面?

二、实践题

在一台计算机上接入常见的输入/输出设备，并完成相应的操作。

项目 4　组装计算机硬件系统

任务 4.1　完成计算机配置方案设计

学习目标

经过前面对计算机硬件系统中的计算机硬件的识别、硬件性能指标等方面的学习与实践之后，可以根据自己的需求装配一台计算机了。只有根据需求方案来配置与选购计算机硬件，才能以最优的性价比配置一台计算机；只有熟悉计算机组装流程，才能更好地解决实际中遇到的计算机故障。通过本任务的学习，使学生了解计算机的购买与配置流程，能根据需求设计计算机配置方案。

任务目标

- 了解计算机配置方案的设计方法。
- 熟悉计算机硬件配置方案的设计流程。
- 熟悉计算机硬件的选购原则与方法。

任务描述

在完成了前面的计算机硬件识别、硬件性能指标这些准备工作之后，张建同学要自己购置一台适合自己工作、学习的计算机，必须先根据需求完成计算机硬件配置方案的设计，然后进行硬件选购并对计算机硬件进行组装等工作。那么如何才能以最优的性价比配置一台计算机，又如何才能将选购的计算机组装成完整的计算机硬件系统呢？

相关知识

下面介绍计算机配置方案设计的相关知识。

1. 计算机配置方案设计流程

(1) 需求分析

所谓需求分析，是指对要解决的问题进行详细的分析，弄清楚用户真正的目标要求。

在配置计算机之前只有做好了需求分析，才能建立正确的选购思路，才能有针对性地选购计算机。

① 明确使用者的类型。使用者分为家庭用户、商业用户和硬件发烧友三类。

家庭用户使用的计算机主要以游戏、影音、聊天工具为主，对计算机硬件配置和网络速度要求较高，侧重于运行速度和多任务处理能力。

商业用户使用的计算机主要是以行业软件的应用为主，对计算机硬件配置除特殊工作性质要求较高以外，一般要求不高，满足计算机硬件稳定运行的需求即可。

硬件发烧友使用的计算机主要是为追随科技发展潮流、以发掘计算机硬件的潜能为主，对计算机硬件更新频繁，追求硬件品质的高、精、尖，对计算机硬件的性能要求较高。

② 明确用途。因不同的用途所选择的计算机配置方案不同，相同的使用者所需计算机的用途是不一样的，要使用计算机来完成什么工作或做什么事，就需要计算机具备什么样的功能。例如，家庭用户使用计算机主要是为了上网娱乐，那么对计算机硬件如显卡、内存的要求相应地就较高；商业用户若使用计算机来完成动画、视频编辑或3D模拟仿真一类的工作，那么对计算机硬件的要求就比普通办公要高。

③ 明确计算机预算。计算机硬件的市场行情波动时间的周期一般都比较短，只有明确计算机配置的预算才能较准确地制定出计算机硬件配置方案。

（2）设计计算机硬件配置清单

一个详细的计算机硬件配置清单不仅能直接体现一款计算机中各部件的性能参数和整体硬件系统的性能，还能避免一些商家的不良违规手段。

详细的计算机硬件配置清单设计如表4-1所示。

表4-1 计算机配置清单

序号	配置	品牌型号	数量	价格(元)
1	CPU	Intel 酷睿 i5 7500，3.4GHz	1	1579
2	散热器	酷冷至尊 暴雪 T4(RR-T4-UCP-SBC1)	1	99
3	主板	华硕 PRIME B250-PLUS	1	1149
4	内存	海盗船 8GB DDR4 2133(CMV8GX4M1A2133C15)	1	399
5	硬盘	希捷 FireCuda 2TB，7200 转，64MB(ST2000DX002)	1	769
6	固态硬盘	Intel 520(240GB)	1	500
7	显卡	华硕 ROG STRIX-GTX 1050Ti-O4G-GAMING	1	1399
8	机箱	爱国者 月光宝盒 T10	1	229
9	电源	海盗船 VS550	1	299
10	显示器	三星 S24D360HL	1	960
11	鼠标	无		
12	键盘	无		
13	键鼠套装	罗技 MK260	1	120

续表

序号	配　置	品 牌 型 号	数量	价格(元)
14	光驱	华硕 DRW-24D5MT	1	129
15	声卡	主板集成 Realtek ALC887 8 声道音效芯片		
16	网卡	板载 Realtek RTL8111H 千兆网卡		
17	音箱	漫步者 R201T06	1	199
合计：7830				

2. 选购整机配件的注意事项

(1) 要遵循够用、耐用原则

所谓够用，是指选购一台能满足使用者要求的计算机即可，不要花大价钱去选购那些配置高档、功能强大但对使用者来说某些功能根本就没有用的计算机。

所谓耐用，是指使用者在选购计算机硬件时要具有一定的前瞻性，在较长的一段时间内能完成某些工作或任务。

(2) 性能均衡与兼容性选择

一台计算机的配置是否合理将直接影响到计算机的整体性能，计算机的运行速度符合"木桶效应"，即由最差硬件来决定的。在计算机硬件选购中各个硬件配置要性能均衡，相互配合，才能让计算机各个配件发挥最佳性能。

在计算机硬件选购时还应注意硬件的兼容，如果硬件不兼容，则会导致计算机性能不稳定，或后期经常性出现各种计算机故障问题。

(3) 品牌选择

目前，除了 CPU 被 Intel 和 AMD 垄断外，计算机硬件其余产品型号众多，种类繁杂。有良好口碑的品牌硬件，其供电设计、板材用料、线材质量、芯片类型等都是比较可靠的。

(4) 售后服务

与普通的家电产品相比，计算机的售后服务显得更为重要。计算机的整体性能是集硬件、软件和服务于一体的，服务在无形中影响着计算机的性能。各厂家的售后服务各有特色、良莠不齐，尤其是一些杂牌计算机生产厂商存在生产计算机的时间较短、容易倒闭等问题，一旦倒闭则售后服务将无从谈起，因此，在购买计算机之前，一定要问清楚售后服务条款再决定是否购买。

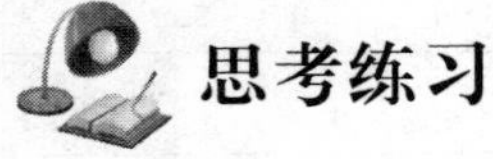

思考练习

一、思考题

1. 计算机配置方案中应做哪些需求分析？
2. 计算机硬件选购的原则是什么？
3. 选购计算机硬件时需注意哪些事项？

二、实践题

结合自己的实际需求，制作一台计算机的配置清单。

任务 4.2　计算机硬件组装

学习目标

当选购了计算机各个部件后，需要将计算机的各部件组装在一起才能使用计算机。通过本任务的学习，应能熟练地根据选购的计算机部件组装一台计算机。

任务目标

- 熟悉计算机配件组装前的准备工作。
- 熟悉计算机配件的组装步骤。

任务描述

张建同学根据自己的实际情况和需求，制定了一套计算机硬件配置方案，并选购了一批计算机部件，如何才能将选购到的各个部件成功组装成一台计算机呢？

相关知识

下面介绍计算机硬件组装的相关知识。

1. 准备工作

对计算机硬件进行组装之前，为了防止组装不成功或损坏硬件，还需做以下准备工作。

(1) 释放静电。计算机部件是高度集成的电子元件，人身上的静电极易损坏集成电路或电子元器件，因此在开始安装硬件前，最好用手触摸一下自来水管或金属外壳等接地导体或洗手，以释放掉身上可能携带的静电，有条件的可带静电环，可以有效避免静电问题。

(2) 检查配件。为了保证计算机稳定性，在安装硬件之前还应检查各配件是否有损坏；对于盒装产品要注意是否有拆封的痕迹；对于散装部件则要注意到有无拆卸、拼装痕迹；对于有表面的划痕的部件要特别小心，它们极可能是计算机工作的不稳定因素。

2. 计算机硬件的组装步骤

计算机硬件的组装一般按照先以主板为中心安装部件、再连接线缆的步骤来进行。下面详细讲解计算机硬件的组装步骤。

第一步：安装 CPU

(1) 去除 CPU 底座保护盖。主板出厂时，CPU 底座都用塑料保护盖和金属卡子卡好了，保护盖上有字样“请先安装处理器后，再将此盖取下并妥善保留”，如图 4-1 所示。

打开 CPU 底座的金属卡子，如图 4-2 所示。再去除保护盖，如图 4-3 所示。

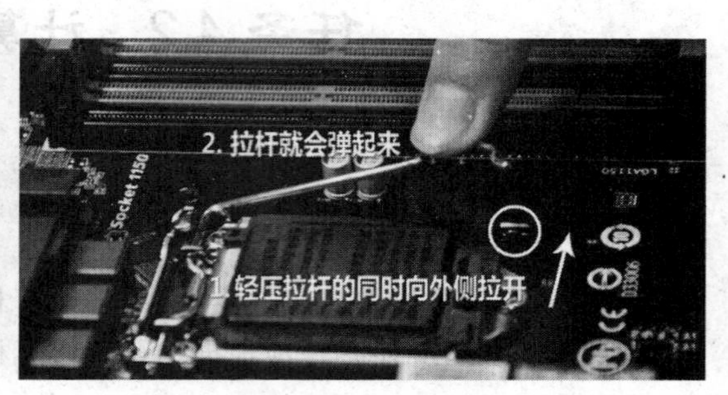

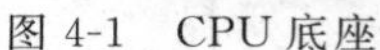

图 4-1　CPU 底座　　　　图 4-2　打开 CPU 底座的金属卡子

(2) 将 CPU 的三角和两侧的小缺口分别对准 CPU 底座上缺针数不一样的一角和底座边缘上的凸起点，平稳地将 CPU 放入 CPU 底座，如图 4-4 所示。

图 4-3　去除保护盖　　　　图 4-4　将 CPU 放入插槽

(3) 放下金属顶盖，将金属拉杆按下回位，则完成了 CPU 的固定安装，如图 4-5 所示。

第二步：安装 CPU 散热器

(1) 在 CPU 表面中心挤上一点导热硅脂，注意要均匀、无气泡、无杂质、尽可能薄，如图 4-6 所示。

图 4-5　固定 CPU　　　　图 4-6　涂抹导热硅脂

(2) 将散热器四角对准 CPU 插槽周围的 4 个孔位放下。为防止卡扣损坏,可先选择位于对角线位置的两个卡扣同时按下,有"咔咔"声即表示安装成功。然后用同样的方法将另一对角线上的两个卡扣安装好,如图 4-7 所示。

图 4-7　安装散热器

(3) 将 CPU 散热器供电插头插入主板上有 CPU_FAN 或 SYS_FAN 字样的插座上,则完成 CPU 散热器的安装,如图 4-8 所示。

图 4-8　连接散热器供电插头

第三步:安装内存条

拉开内存槽两边的卡子,将内存的缺口和主板插槽上的凸块对齐,如图 4-9 所示,然后垂直插入内存插槽,再用力下压内存,听到"咔"的一声,则内存安装成功,如图 4-10 所示。

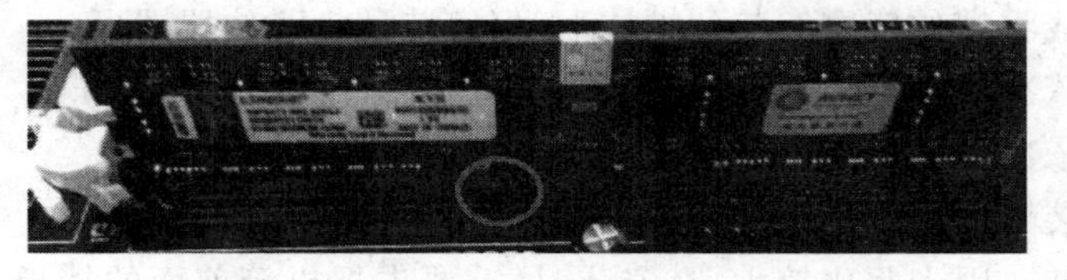

图 4-9　内存缺口与主板插槽上的凸块对齐

图 4-10　成功安装内存

说明：若主板带有四条内存插槽，CPU 按距离从近到远依次为 1、2、3、4 号。如果是单根内存，最好插入第 1 号内存插槽中。如果是两条内存，可以组建双通道，即插入 1、3 号内存插槽即可。

第四步：安装主板

把 CPU、散热器和内存装到主板上后，就可以把主板固定到机箱里面了。

安装主板之前，需先将主板盒内的主板背面接口挡板安装在机箱背部，如图 4-11 所示。

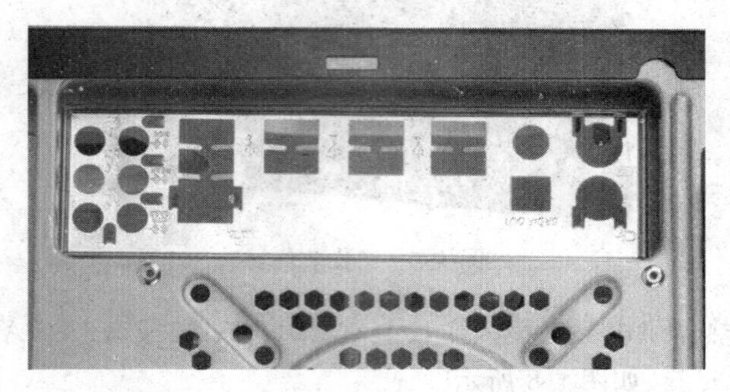

图 4-11　安装接口挡板

将主板放入机箱内，对齐柱孔，平稳放置，再安装螺丝，如图 4-12 所示。

图 4-12　安装主板

安装固定螺丝，方法如下。

(1) 按对角线将螺丝依次安装到螺柱上，仅安装到 1/2 位置即可。

(2) 将螺丝依次全部安装到位，但不能紧固。

(3) 将螺丝依次紧固。

第五步：安装光驱和硬盘

(1) 光驱安装。因光驱比较大，在安装时，需要先把机箱前面的挡板去掉，如图 4-13 所示，再从机箱前面将光驱塞入托架，然后安装并固定螺丝。

(2) 硬盘安装。将硬盘放入如图 4-14 所示的三寸托架里，用螺丝固定。

第六步：连接机箱接线

机箱需要有一部分线材连接到主板上，这其中有电源开关、重启开关、前置 USB(3.0 或 2.0)接口、前置音频接口、电源指示灯、硬盘指示灯，部分机箱还有前置 E-SATA 接口、1394 接口、机箱风扇接口等。

系统面板包括的接头有 POWER LED＋/－(电源指示灯)、H. D. D. LED ＋/－(硬盘

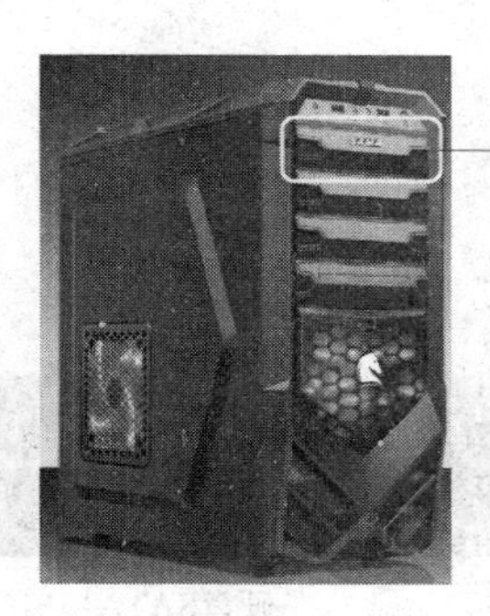

图 4-13　去除机箱前的挡板

图 4-14　三寸托架

指示灯)、POWER SW(电源开关)、RESET SW(重启开关)、SPEAKER(机箱喇叭)，如图 4-15 所示。每个主板生产厂商对主板上的部件的叫法可能会有所不同，但是总会有相近的字母表达。

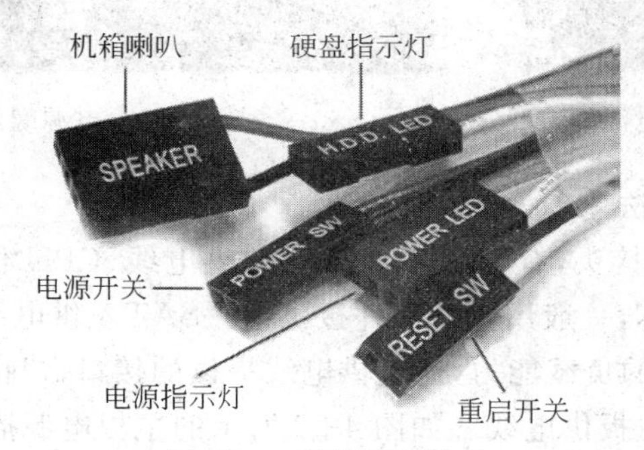

图 4-15　系统面板接头

将机箱上的各种连接头插入主板上对应的接口，如图 4-16 所示。

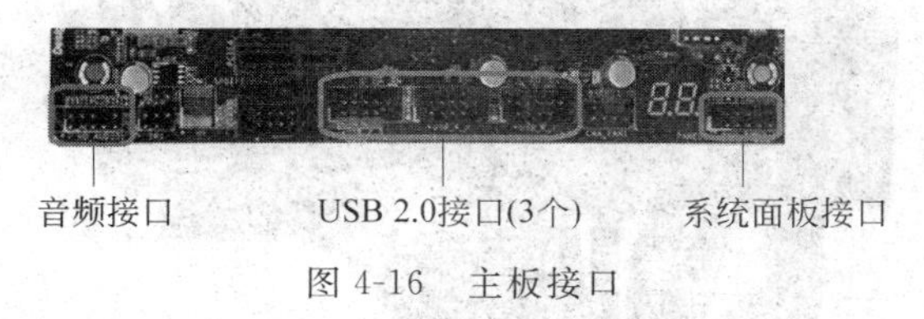

图 4-16　主板接口

在主机箱内，还需要使用如图 4-17 所示的 SATA 线接头，将如图 4-18 所示的硬盘 SATA 接口连接到主板上。光驱数据线连接方法相同。

图 4-17　SATA 线接头

图 4-18　硬盘 SATA 接口

第七步：安装电源和电源内部接线

(1) 电源的安装

机箱按照电源位置可以分为上置和下置两种，如图 4-19 所示，一般来说下置电源可以改善机箱风道，降低机箱温度。将如图 4-20 所示的电源的螺丝孔对准机箱上电源固定螺丝孔的位置，安装好固定螺丝。

图 4-19　放置机箱电源的位置

图 4-20　电源螺丝孔

(2) 电源输出线的接法

电源提供了多种输出接头，有主板(20＋4PIN)供电线、CPU 供电线(4PIN/4＋4PIN)、PCI-E 供电线(6PIN/8PIN，一般用于显卡外接供电)、SATA 供电线、软驱供电线、Molex 线(大 4PIN 口)。根据电源的负载能力，这些供电线提供的接口数目会有差异。

把如图 4-21 所示的主板供电线和如图 4-22 所示的主板电源插槽(20＋4PIN)按防插反设计的方向，将主板供电线插入主板电源插槽(主板电源插槽一般在主板边缘)。

图 4-21　主板供电线

将如图4-23所示的8PIN CPU供电线插入如图4-24所示的主板上两个对应的接口(4PIN/4+4PIN),供电要求低的主板只有一个4PIN接口,有些主板需要更多CPU供电时,会有两个CPU供电接口。

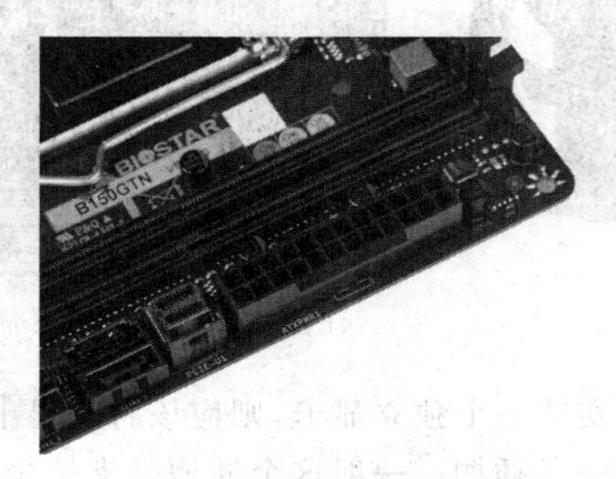

图4-22 主板电源插槽

图4-23 8PIN CPU供电线

图4-24 两个CPU供电接口

将如图4-25所示的硬盘SATA电源接口和如图4-26所示的电源上扁长的SATA供电线相连,光驱的供电和硬盘也是一样的。

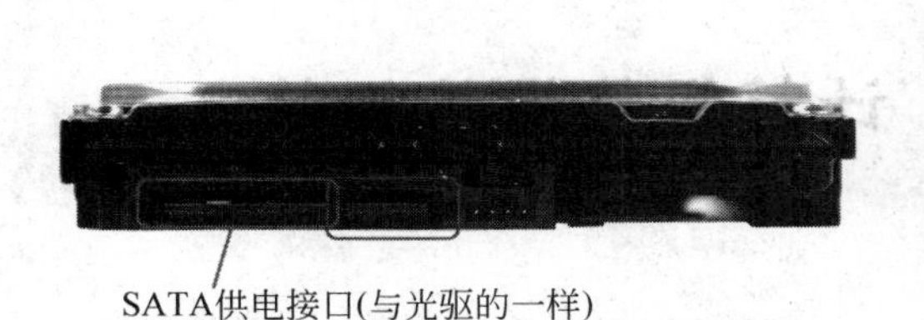

图4-25 硬盘SATA电源接口

图4-26 SATA供电线

第八步:安装独立显卡

首先要将主板PCI-E卡槽对应的机箱左边挡板拆出来。如果卡槽最右边有卡扣,请将其按下或者向右拨一下,然后将如图4-27所示的独立显卡的金手指插入对应的如图4-28所示的主板PCI-E插槽。注意,显卡上的缺口一定要对应主板PCI-E插槽上凸起的部位,最后用螺丝将其固定住即可。

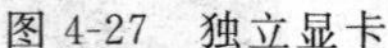

图 4-27　独立显卡

图 4-28　主板 PCI-E 插槽

如果主板有多个 PCI-E 插槽，又只需要安装一个独立显卡，则应该将此显卡安装到距离 CPU 最近的那一条插槽上，即最上面的那一条插槽。一般这个插槽是支持全速的，而越往下越有可能是半速或者 1/4 速率的，只是外观上还是满速的插槽而已。

第九步：安装外设

将电源线插入电源接口；将鼠标和键盘接入 USB 接口；将显示器线一端接入 VGA 或 DVI 接口，另一端接入显示器同样的接口；将音箱接入音频接口；将网线接入网卡接口。

第十步：检查测试

机箱内部安装完毕，以及外设安装好以后，仔细检查是否安装牢固，然后按下机箱上的电源开关打开计算机电源，检查计算机能否正常开机。

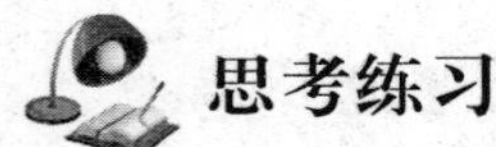

思考练习

一、思考题

1. 计算机硬件组装有哪些步骤？
2. 计算机硬件组装有什么注意事项？

二、实践题

用现有的计算机部件完成计算机硬件的组装。

综合实训　计算机整机的组装

1. 实训目的

(1) 熟悉计算机各个部件的选购方法，能根据需求制定相应的购机配置方案。

(2) 掌握规范的计算机硬件组装方法。

2. 准备工具和计算机硬件

工具准备：梅花螺丝刀、美工刀、剪子、硅脂、扎带、防静电环或防静电手套。

硬件准备：CPU 和 CPU 散热风扇、主板、内存条(一个或多个)、独立显卡(使用集成显卡或者核心显卡时，这个可以没有)、光驱(可以没有)、显示器(和显示器接线)、机箱、电源，另外还需要音箱、键盘和鼠标等外设。

3. 实训步骤

(1) 制定购机配置方案(附硬件配置清单)。

(2) 按照以下步骤组装计算机硬件。

① 安装 CPU。

② 安装 CPU 散热器。

③ 安装内存条。

④ 安装主板。

⑤ 安装独立显卡。

⑥ 安装光驱和硬盘。

⑦ 安装电源。

⑧ 连接供电线和控制线。

⑨ 连接外设。

(3) 开机检查是否成功完成计算机硬件的组装。

(4) 完成实训报告。

项目 5 BIOS 设置

任务 5.1 BIOS 的工作原理

学习目标

在经过前面的计算机配置方案设计、计算机硬件组装学习和操作之后，需要了解计算机硬件。通过本任务的学习，使学生了解 BIOS 的工作原理和作用，掌握 BIOS 常用的参数设置方法。

任务目标

- 了解 BIOS 的含义。
- 熟悉 BIOS 的工作原理。
- 了解 BIOS 的种类。
- 熟悉 BIOS 与 CMOS 的区别与联系。

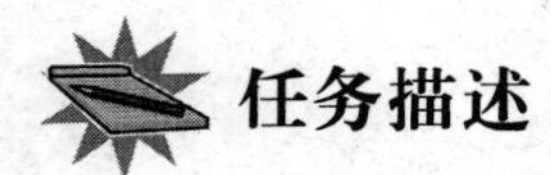

任务描述

在完成了前面的计算机硬件选购和组装工作之后，张建同学要使所组装的计算机硬件发挥最佳性能，为以后硬盘划分空间和安装操作系统准备，就需要进行 BIOS 的设置。

相关知识

1. BIOS 的基本概念

(1) BIOS

BIOS(Basic Input/Output System，基本输入输出系统)是一组固化在计算机内主板上的一个 ROM 芯片中的程序，用来对硬件提供最基本的支持，是硬件与软件程序之间的一个“转换器”或者说是接口(虽然它本身也只是一个程序)，负责解决硬件的即时需求，并按软件对硬件的操作要求控制硬件。

BIOS 是主板上的一块 EPROM 或 EEPROM 芯片，里面装有系统的重要信息和系统参数的设置程序(BIOS Setup 程序)。BIOS 芯片如图 5-1 所示。

(2) CMOS

CMOS 是主板上的一块可读写的 RAM 芯片,里面装的是关于系统配置的具体参数,其内容可通过设置程序进行读写。CMOS RAM 芯片靠后备电池供电,即使系统掉电后信息也不会丢失。

图 5-1　BIOS 芯片

(3) BIOS 与 CMOS 的区别

BIOS 中的系统设置程序是完成 CMOS 参数设置的手段;CMOS RAM 既是 BIOS 设定系统参数的存放场所,又是 BIOS 设定系统参数的结果。因此,完整的说法应该是"通过 BIOS 设置程序对 CMOS 参数进行设置"。由于 BIOS 和 CMOS 都跟系统设置密切相关,所以在实际使用过程中造成了 BIOS 设置和 CMOS 设置的说法,其实指的都是同一回事,但 BIOS 与 CMOS 是两个完全不同的概念。

2. BIOS 的工作原理

BIOS 在计算机系统中起着非常大的作用,是计算机启动和操作的基石,一块计算机主板或者一台计算机性能优越与否,在很大程度上取决于计算机主板的 BIOS 管理功能是否先进。

(1) BIOS 的主要作用

① 自检及初始化。该部分负责启动计算机,具体分为三部分。

第一部分是用于计算机刚接通电源时对硬件部分的检测,也叫作加电自检(Power On Self Test,POST),功能是检查计算机是否良好,通常完整的 POST 自检,将对 CPU、640KB 基本内存、1MB 以上的扩展内存、ROM、主板、CMOS 存储器、串并口、显示卡、软硬盘子系统及键盘进行测试。POST 自检画面如图 5-2 所示。

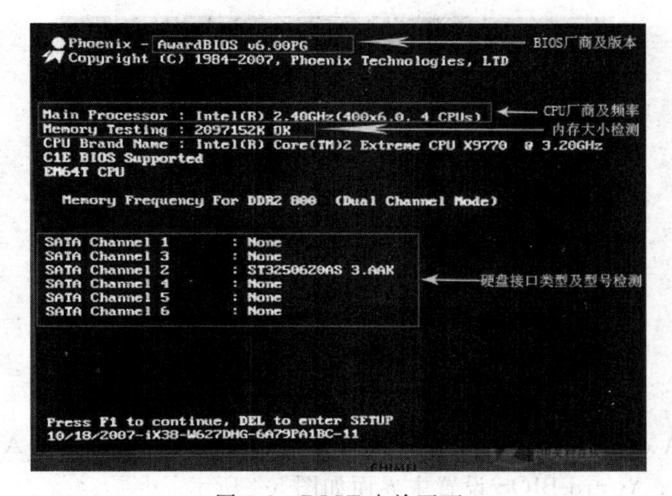

图 5-2　POST 自检画面

自检中一旦发现问题,系统将给出提示信息或鸣笛警告。如发现有错误,将按两种情况处理：对于严重故障(致命性故障)则停机，此时由于各种初始化操作还没完成，不能给出任何提示或信号；对于非严重故障则给出提示或声音报警信号，等待用户处理。如果未发现问题，则将硬件设置为备用状态，然后启动操作系统，把对计算机的控制权交给用户。

第二部分是初始化，包括创建中断向量、设置寄存器、对一些外部设备进行初始化和检测等，其中很重要的一部分是BIOS设置，主要是对硬件设置一些参数，当计算机启动时会读取这些参数，并和实际硬件设置进行比较，如果不符合，会影响系统的启动。

第三部分是引导程序，功能是引导DOS或其他操作系统。BIOS先从软盘或硬盘的开始扇区读取引导记录，如果没有找到，则会在显示器上显示没有引导设备；如果找到引导记录，则会把计算机的控制权转给引导记录，由引导记录把操作系统装入计算机，在计算机启动成功后，BIOS的这部分任务就完成了。

② 程序服务处理程序。该程序主要是为应用程序和操作系统服务，这些服务主要与输入/输出设备有关，例如读磁盘、输出文件到打印等。为了完成这些操作，BIOS直接与计算机的I/O(Input/Output，输入/输出)设备打交道，通过特定的数据端口发出命令，传送或接收各种外部设备的数据，实现软件程序对硬件的直接操作。

③ 设定中断。开机时，BIOS会告诉CPU各硬件设备的中断号，当用户发出使用某个设备的指令后，CPU就根据中断号使用相应的硬件完成工作，再根据中断号跳回原来的工作。

(2) BIOS类型

由于BIOS与硬件资源存在着直接关系，因此，BIOS总是针对某一类型的硬件系统。而各种硬件系统又各有不同，设置项目也有多有少，所以存在各种不同类型的BIOS。常见的BIOS类型主要有AMI BIOS、Phoenix-Award BIOS、Insyde BIOS。

① AMI BIOS。AMI BIOS是AMI公司出品的BIOS系统软件，最早开发于20世纪80年代中期。此种BIOS具有对各种软件和硬件的适应性好、硬件工作可靠、系统性能较佳、操作直观等特点。AMI BIOS设置主界面如图5-3所示。

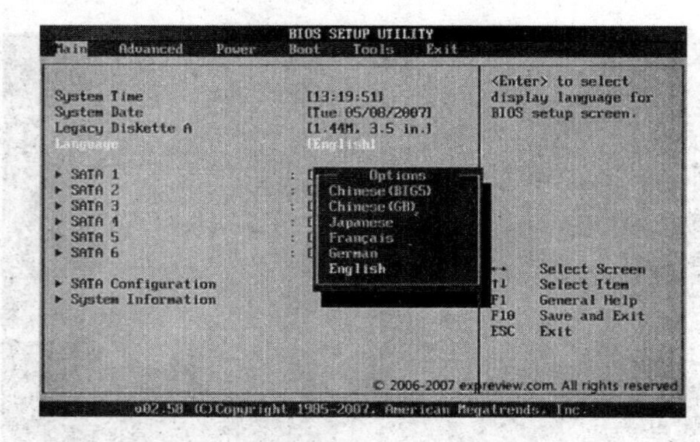

图5-3 AMI BIOS设置主界面

② Phoenix-Award BIOS。Phoenix-Award BIOS是原Phoneix和Award合并后开发的BIOS。Phoenix-Award BIOS设置主界面如图5-4所示。

③ Insyde BIOS。Insyde BIOS是我国台湾地区系微公司开发的BIOS系统，在以前多用于嵌入式设备之中。最近几年，Insyde BIOS在一些主板和部分笔记本电脑上也有所使

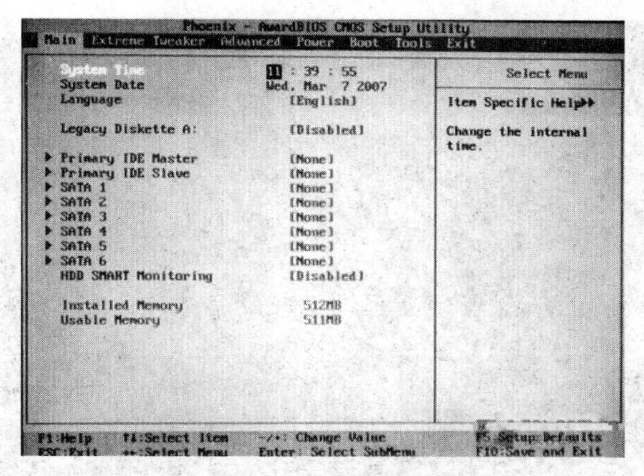

图 5-4　Phoenix-Award BIOS 设置主界面

用，如神舟、联想、惠普等。InsydeH20 是 Insyde 产品系列之一，其设置主界面如图 5-5 所示。

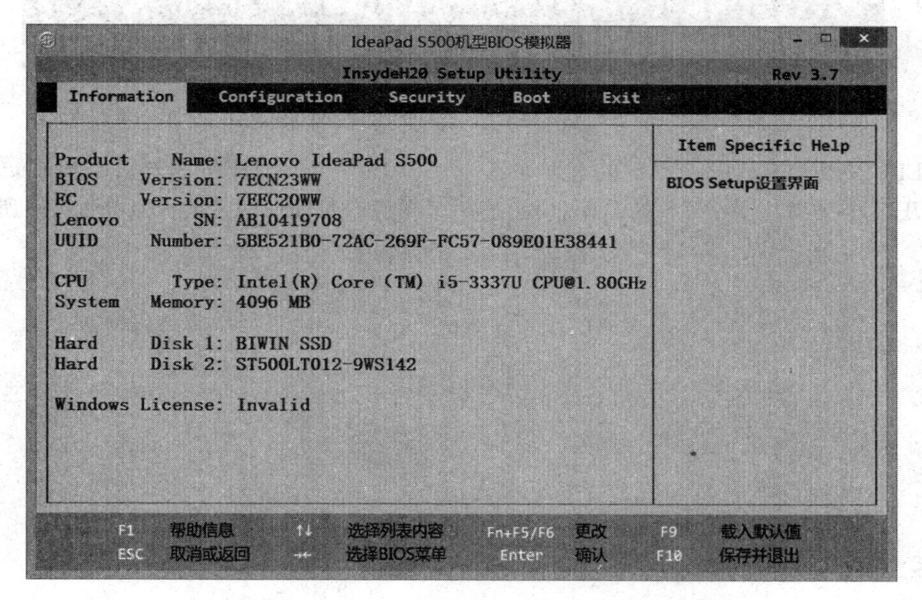

图 5-5　InsydeH20 BIOS 设置主界面

(3) UEFI BIOS 和 Legacy BIOS

UEFI(Unified Extensible Firmware Interface，统一的可扩展固定接口)BIOS 是一种详细描述全新类型接口的标准。这种接口用于操作系统自动从预启动的操作环境加载到一种操作系统上，从而使开机程序化繁为简，节省时间。UEFI 和 BIOS 一样都是硬件和操作系统之间的接口层，但 UEFI 拥有更多的功能、更快的速度、更优的图形界面以及更佳的操作体验。通俗地说，UEFI 是一种新的主板引导初始化的标注设置，具有启动速度快、安全性高和支持大容量硬盘而闻名，这种技术的主要作用基本上就是为了实现开机快的效果。UEFI BIOS 设置主界面如图 5-6 所示。

提示：Legacy BIOS 指传统的 BIOS。

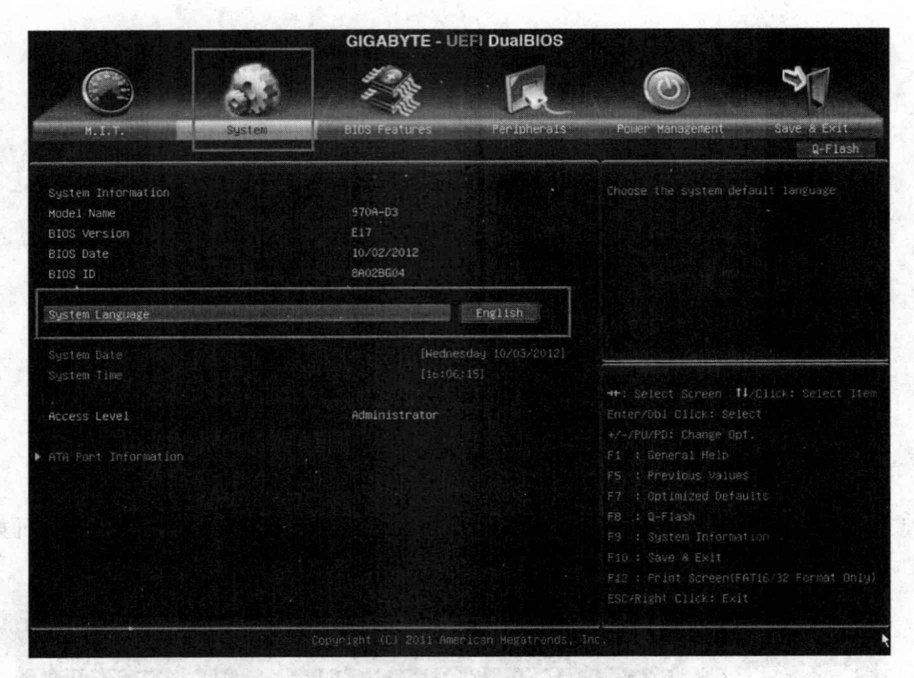

图 5-6　UEFI BIOS 设置主界面

UEFI BIOS 和 Legacy BIOS 的区别如下：UEFI BIOS 包括 UEFI 引导启动和 Legacy 引导启动，UEFI 方式减少了 BIOS 的自检过程，缩短了开机的时间。两者的区别如图 5-7 所示。

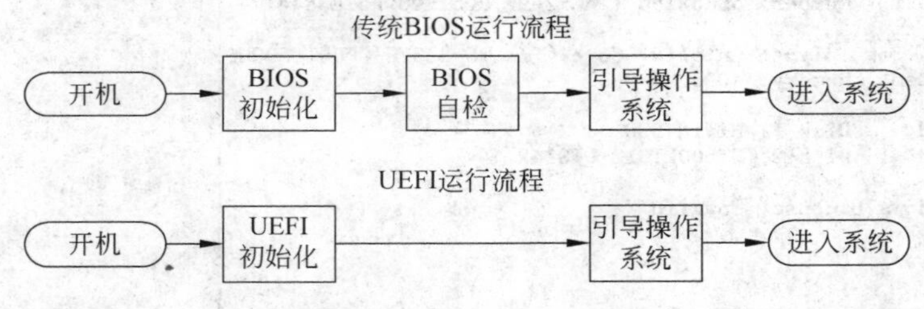

图 5-7　UEFI BIOS 和 Legacy BIOS 的区别

任务 5.2　进行 BIOS 相关设置

学习目标

在了解了 BIOS 的工作原理后，就可以进行 BIOS 的相关设置了。通过本任务的学习，使大家掌握进行 BIOS 设置的方法，掌握 BIOS 常用的相关参数设置，熟悉清除 CMOS 数据的方法。

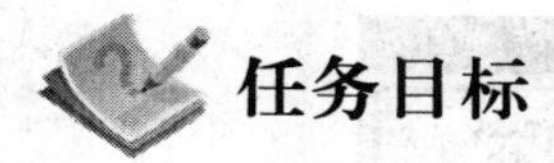

任务目标

- 掌握进入 BIOS 设置的方法。
- 掌握 BIOS 的常用相关参数的设置。
- 熟悉 BIOS 的高级设置。
- 熟悉 CMOS 数据的清除方法。

任务描述

在学习了前面的 BIOS 工作原理的基础知识后，张建同学就要着手进行 BIOS 的相关设置了，要对 BIOS 做哪些方面的设置呢？又如何去清除错误的参数设置呢？

相关知识

1. 进入 BIOS 设置程序的方法

在开启计算机电源后，BIOS 就进行上电自检工作，一般情况下在计算机主板的 LOGO 画面或自检画面的最下方有进入 BIOS 的提示键。

进入 BIOS 设置程序的方法都是利用键盘上的快捷键，不同计算机的快捷键不一样，进入 BIOS 设置的方法大致归纳为两种。

第一种是兼容机的 BIOS 大部分都是能够在上电自检画面时按下 DEL 键。

第二种是品牌机和笔记本电脑的 BIOS，绝大部分是在上电自检或 LOGO 画面时按下 F1 或 F2 或 Esc 键，可进入 BIOS 设置程序。

2. 进行 BIOS 相关设置

不同的计算机，系统主板上的 BIOS 程序也可能不同，但同一类型的 BIOS 基本上大同小异。下面以差异相差较大的常见的传统的 AMI BIOS、Insyde BIOS 和 UEFI BIOS 为例说明如何进行 BIOS 设置。

1）AMI BIOS 的设置

第一步：进入 BIOS 设置

启动计算机，在 LOGO 画面或系统自检（POST）过程中按下相应的提示快捷键，进入 BIOS 设置界面。

第二步：基本设置

主菜单（Main）可浏览系统设置功能概要，设置界面如图 5-8 所示。

（1）AMI BIOS 可显示系统信息（包括 BIOS 版本与内置日期等）

System Memory：显示系统的内存容量。

System Time：设置并显示系统的内部时钟。

System Date：设置系统的日期。

（2）IDE/SATA Configuration 选项设置

此选项可对硬盘模式，如读写方式、是否自检等进行配置。

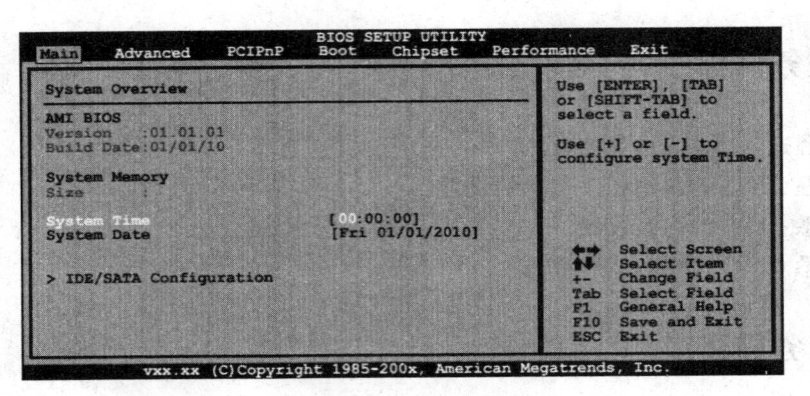

图 5-8 基本设置主菜单

使用上下箭头键移动到 IDE/SATA Configuration，选择选项并按 Enter 键进入子菜单，如图 5-9 所示。

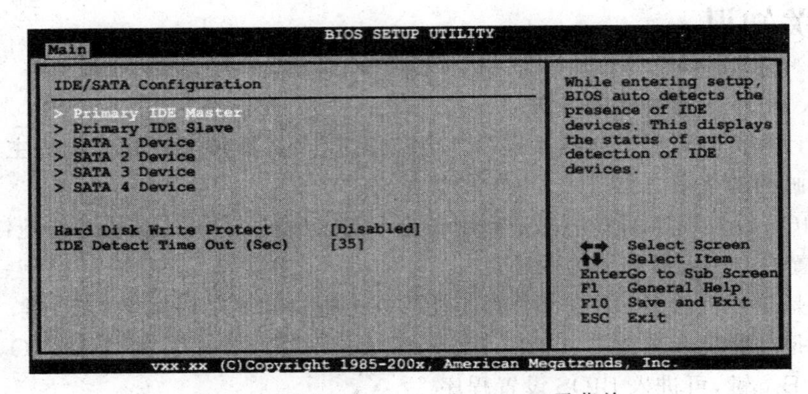

图 5-9 IDE/SATA Configuration 子菜单

Hard Disk Write Protect：激活或关闭写保护。仅当此装置通过 BIOS 访问时才生效。选项有 Disabled(默认值)和 Enabled。

IDE Detect Time Out(Sec)：选择检测 IDE、SATA 装置的逾时值。选项值有 35(默认值)、30、25、20、15、10、5、0。

第三步：高级设置(Advanced)

此菜单下各选项主要对 CPU、高级 I/O、电源管理和其他系统装置进行设置，设置界面如图 5-10 所示。

注意：下列各项若设置不当，可能导致系统故障。

(1) CPU Configuration

此子菜单下选项显示 BIOS 自动检测的 CPU 信息并可进行相关设置，如图 5-11 所示。

Secure Virtual Machine Mode：可将系统独立分区。当运行虚拟计算机或多界面系统时可增强性能。选项有 Enabled(默认值)和 Disabled。

PowerNow：此项允许用户激活或关闭 PowerNow 省电技术。选项有 Enabled(默认值)和 Disabled。

ACPI SRAT Table：操作系统在引导时间扫描 ACPI SRAT 并运用相关信息，以更好

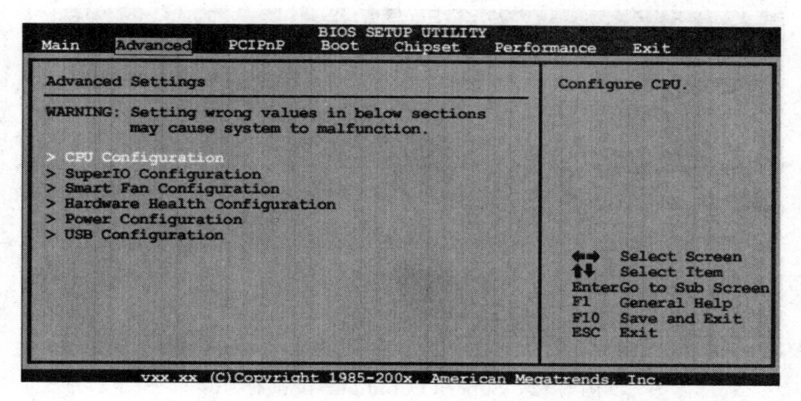

图 5-10　Advanced 主菜单

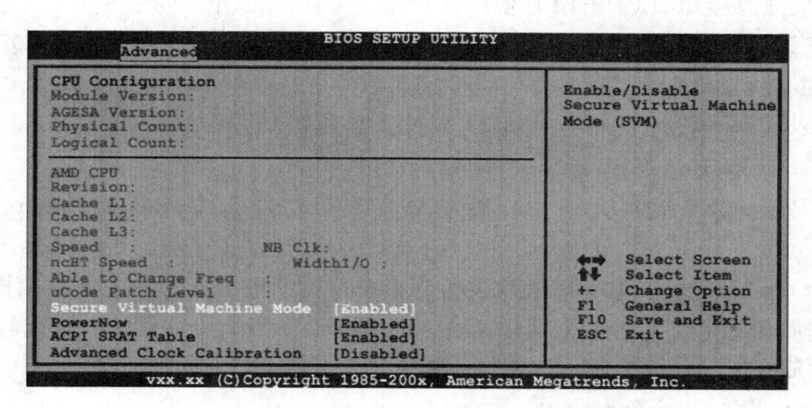

图 5-11　CPU Configuration 子菜单

地分配内存和确定软件线程时间。此项控制 SRAT 在系统启动时是否可用。选项有 Enabled(默认值)和 Disabled。

Advanced Clock Calibration：所谓 ACC(高级时钟校准功能)，其实就是针对 CPU 超频的一种增强技术，它需要主板芯片组与 CPU 的双向支持，能大大提高处理器频率的稳定性，有利于深入超频。选项有 Disabled(默认值)、Auto、All Cores、Per Core。

(2) SuperIO Configuration

此子菜单下各选项可以设置主板高级输入/输出接口，如图 5-12 所示。

Onboard Floppy Controller：如果系统已经安装了软盘驱动器并且要使用，请选择“激活”。若未安装 FDC 或系统无软驱，在列表中选择“关闭”。选项有 Enabled(默认值)和 Disabled。

Serial Port1 Address：从第一个和第二个串行接口中选择一个地址和相应的中断。选项有 3F8/IRQ4(默认)、2F8/IRQ3、3E8/IRQ4、2E8/IRQ3、Disabled。

Parallel Port Address：决定使用哪一个板载 I/O 地址存取板载并行接口控制器。选项有 378(默认值)、278、3BC、Disabled。

Parallel Port Mode：此项决定并行端口的功能。各选项作用如下：Normal(默认值)使用并行接口作为标准打印机接口、EPP 使用并行接口作为增强型并行接口、ECP 使用并行

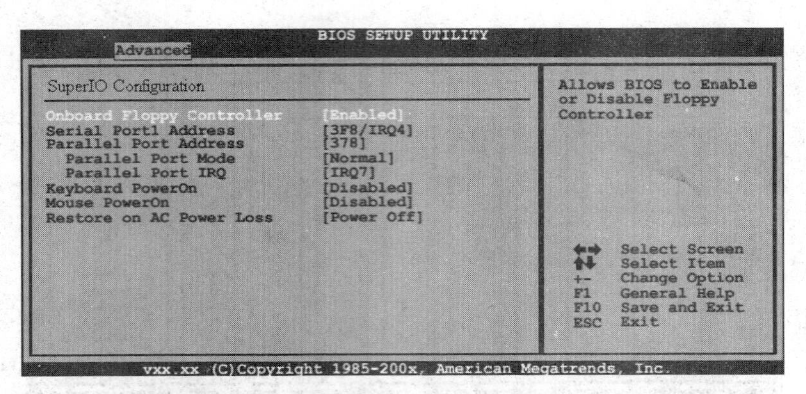

图 5-12　SuperIO Configuration 子菜单

接口作为扩展兼容接口、ECP+EPP 使用并行接口来匹配 ECP&EPP 模式。

Parallel Port IRQ：此项允许用户选择板载并行接口 IRQ。选项有 IRQ7（默认值）、IRQ5、Disabled。

Keyboard PowerOn：此项允许用户控制键盘开机功能。选项有 Disabled（默认值）、Specfic Key、Stroke Key、Any Key。

Mouse PowerOn：此项允许用户控制鼠标开机功能。选项有 Disabled（默认值）和 Enabled。

Restore on AC Power Loss：此项设定当系统突然断电或有中断发生而关机后，再一次加电后的系统状态。选择 Power Off，表示再次加电时系统处于关机状态；选择 Last State，会将保存系统断电或中断发生前的状态。选项有 Power Off（默认值），Last State。

(3) Smart Fan Configuration

此子菜单选项是对风扇进行智能设置，如图 5-13 所示。

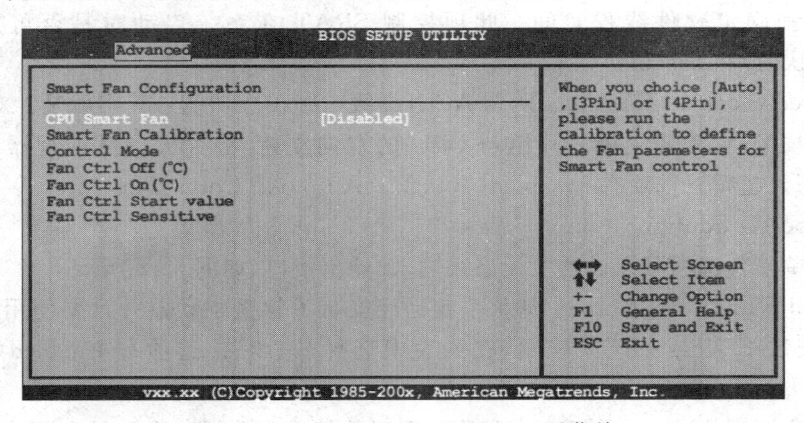

图 5-13　Smart Fan Configuration 子菜单

CPU Smart Fan：此项允许用户控制 CPU 风扇。选项有 Disabled（默认）、Auto、4-pin、3-pin。

Smart Fan Calibration：选择此项，BIOS 将自动检测 CPU 风扇和系统风扇功能，并显示风扇速度。

Control Mode：此项提供风扇的几个操作模式。选项有 Quiet、Performance、Manual。

Fan Ctrl Off (℃)：如 CPU/系统温度低于设定值，风扇将关闭。选项为 0～127℃(间隔 1℃)。

Fan Ctrl On (℃)：当 CPU/系统温度达到此设定值，风扇开始正常运行。选项为 0～127℃(间隔 1℃)。

Fan Ctrl Start Value：当 CPU/系统温度达到设定值，CPU/系统风扇将在智能风扇功能模式下运行。选项有 0～127℃(间隔 1℃)。

Fan Ctrl Sensitive：增加此值将提高 CPU 或系统风扇的速度。选项为 1～127℃(间隔 1℃)。

(4) Hardware Health Configuration

此子菜单选项可以设置显示系统温度、风扇速度、电压信息，如图 5-14 所示。

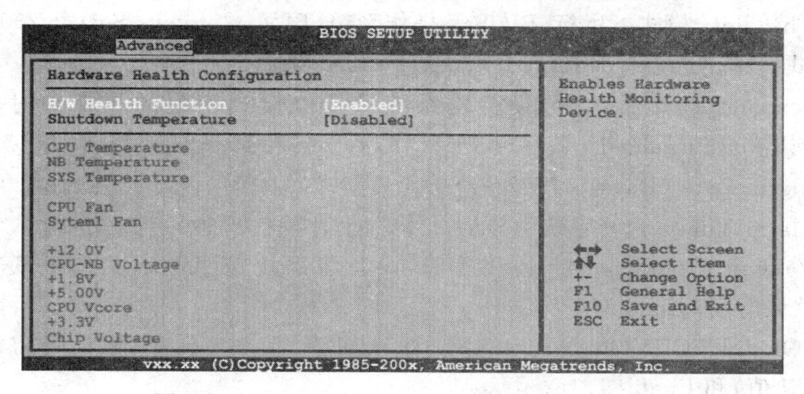

图 5-14　Hardware Health Configuration 子菜单

H/W Health Function：如计算机包含监控系统，那么在开机自检时它将显示 PC 的健康状态。选项有 Enabled(默认值)和 Disabled。

Shutdown Temperature：设置强行自动关机的 CPU 温度。只限于在 Windows 98 ACPI 模式下生效。选项有 Disabled(默认值)、60℃/140℉、65℃/149℉、70℃/158℉、75℃/167℉、80℃/176℉、85℃/185℉、90℃/194℉。

(5) ACPI Configuration

此子菜单选项对 ACPI 电源进行相关设置，如图 5-15 所示。

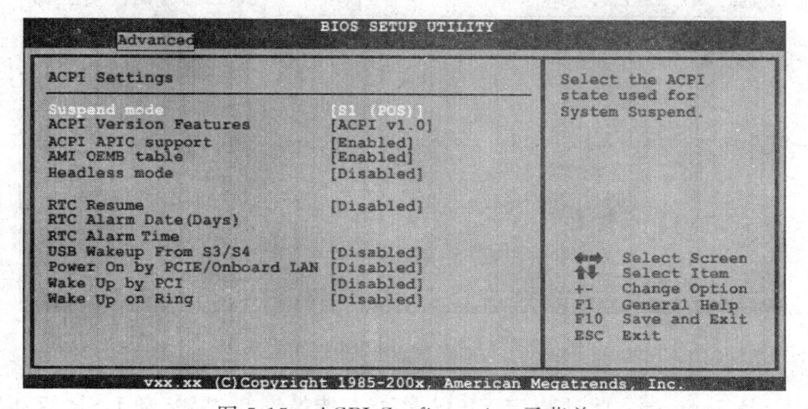

图 5-15　ACPI Configuration 子菜单

Suspend mode：此项可在ACPI操作下进行暂停模式的选择。选项有S1（POS）（默认值）Power on Suspend、S3（STR）Suspend to RAM、S1 & S3 POS+STR。

ACPI Version Features：此项用于选择ACPI版本。选项有ACPI v1.0（默认值）、ACPI v2.0、ACPI v3.0。

ACPI APIC support：此项用于激活或关闭主板APIC（高级可编程中断控制器）。APIC可为系统提供多处理器支持、更多的IRQ和更快的中断处理。选项有Enabled（默认值）和Disabled。

AMI OEMB table：此设定值允许ACPI BIOS在RSDT表中加入一个指针到OEMB表。选项有Enabled（默认值）和Disabled。

Headless mode：此为服务器的特殊属性，headless服务器操作时无须键盘、显示器和鼠标。若想在headless模式下运行，BIOS及操作系统（比如Windows Server 2003）必须支持headless模式操作。选项有Disabled（默认值）和Enabled。

RTC Resume：选择激活，可设置使系统从暂停模式唤醒的日期和时间。选项有Disabled（默认值）和Enabled。

RTC Alarm Date (Days)：选择系统引导日期。

RTC Alarm Time：选择系统引导的具体时间（小时/分/秒）。

USB Wakeup From S3/S4：使用USB设备将系统从S3/S4状态下唤醒。选项有Disabled（默认值）和Enabled。

Power On by PCIE/Onboard LAN：此项可激活或关闭网络唤醒功能。选项有Disabled（默认值）和Enabled。

Wake Up by PCI：此项可激活或关闭PCI唤醒功能。选项有Disabled（默认值）和Enabled。

Wake Up on Ring：此项可激活或关闭响铃唤醒功能。选项有Disabled（默认值）和Enabled。

(6) USB Configuration

此子菜单选项可让用户变更USB设备的各项相关设定，如图5-16所示。

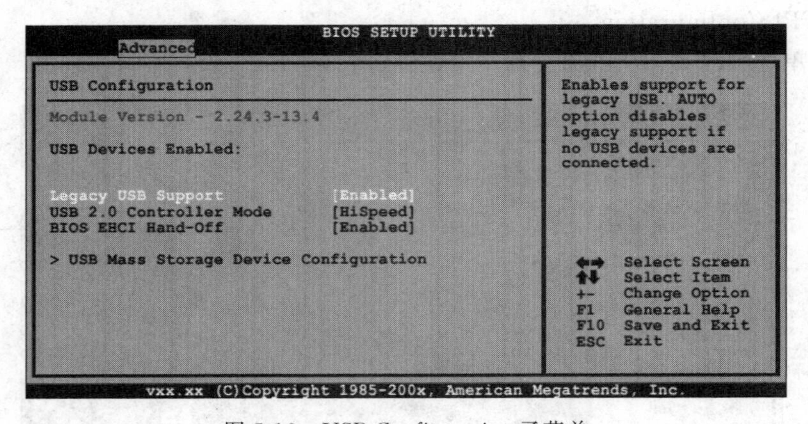

图5-16　USB Configuration子菜单

Legacy USB Support：此项指定BIOS是否支持像键盘、鼠标和USB驱动器的USB设备。选项有 Enabled(默认值)和 Disabled。

USB 2.0 Controller Mode：此项允许用户选择 USB 2.0 装置的传输速率模式。选项有 HiSpeed(默认值)(USB 2.0-480Mbps)、FullSpeed(USB 1.1-12Mbps)。

BIOS EHCI Hand-Off：此项允许用户激活支持没有 EHCI hand-off 功能的操作系统。选项有 Enabled(默认值)和 Disabled。

(7) USB Mass Storage Device Configuration

此子菜单选项是对 USB 超大容量存储设备的设置，如图 5-17 所示。

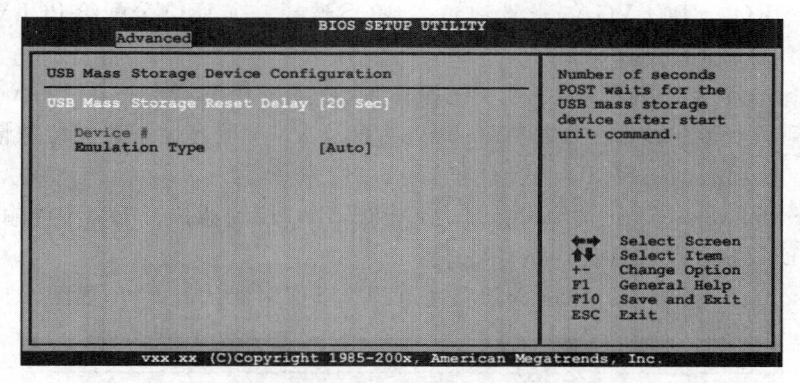

图 5-17　USB Mass Storage Device Configuration 子菜单

USB Mass Storage Reset Delay：此项允许用户设置 USB 大容量存储装置重置延迟时间。选项有 20 Sec(默认值)、10 Sec、30 Sec、40 Sec。

Emulation Type：此项允许用户选择 USB 大容量存储装置仿真类型。选项有 Auto(默认值)、Floppy、Forced FDD、Hard Disk、CDROM。

第四步：PCI PnP 菜单

介绍 PCI 总线系统如何配置。PCI 或个人计算机互联系统允许 I/O 设备以近似 CPU 的工作频率(其内部特定电路间的频率)来运行，设置界面如图 5-18 所示。

注意：下列各项若设置不当，可能导致系统故障。

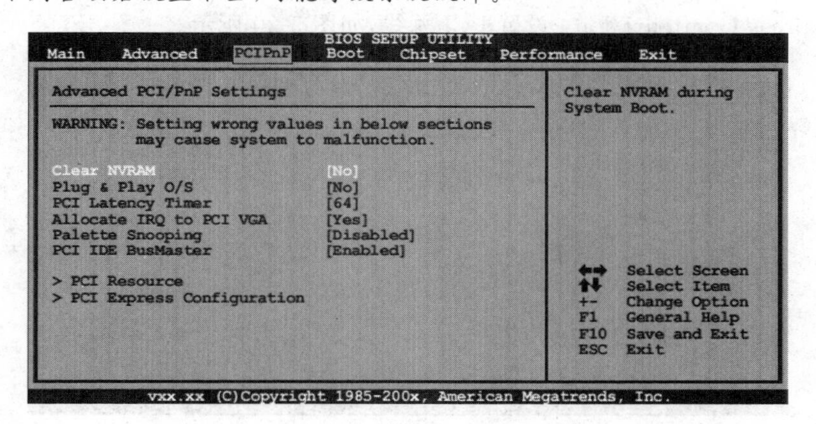

图 5-18　PCI PnP 主菜单

Clear NVRAM：选择 Yes，此项允许用户在 NVRAM (CMOS)清空数据。选项有 No

(默认值)和 Yes。

Plug & Play O/S：当设为 Yes 时，BIOS 只会初始化用于引导顺序的即插即用卡(VGA、IDE、SCSI)。即插即用操作系统，比如 Windows 95 会初始化其他的卡。当设为 No 时，BIOS 会初始化所有的即插即用卡。若非即插即用的操作系统(DOS、Netware)，选项可设为 No。选项有 No(默认值)和 Yes。

PCI Latency Timer：此选项可设定 PCI 时钟的延迟时序。选项有 64（默认值）、0～255。

Allocate IRQ to PCI VGA：此选项允许 BIOS 选择一个 IRQ 分配给 PCI VGA 卡。选项有 Yes(默认值)和 No。

Palette Snooping：可选择激活或关闭操作，一些图形控制器会将从 VGA 控制器发出的映像输出到显示器上，以此方式来提供开机信息及 VGA 兼容性。若无特殊情况，请遵循系统默认值。选项有 Disabled(默认值)和 Enabled。

PCI IDE BusMaster：此选项可控制允许板载 IDE 控制器执行 DMA 传输的内置驱动器。选项有 Enabled(默认值)和 Disabled。

PCI Resource：设置 PCI 中断资源和通道等。全部用默认值即可，如图 5-19 所示。

BIOS SETUP UTILITY
PCIPnP

PCI Resource	
IRQ3	[Available]
IRQ4	[Available]
IRQ5	[Available]
IRQ7	[Available]
IRQ9	[Available]
IRQ10	[Available]
IRQ11	[Available]
IRQ14	[Available]
IRQ15	[Available]
DMA Channel 0	[Available]
DMA Channel 1	[Available]
DMA Channel 3	[Available]
DMA Channel 5	[Available]
DMA Channel 6	[Available]
DMA Channel 7	[Available]
Reserved Memory Size	[Disabled]

Available: Specified IRQ is available to be used by PCI/PnP devices.
Reserved: Specified IRQ is reserved for use by Legacy ISA devices.

←→ Select Screen
↑↓ Select Item
+- Change Option
F1 General Help
F10 Save and Exit
ESC Exit

vxx.xx (C)Copyright 1985-200x, American Megatrends, Inc.

图 5-19 PCI Resource 子菜单

PCI Express Configuration：设置 PCI 总线，如图 5-20 所示。

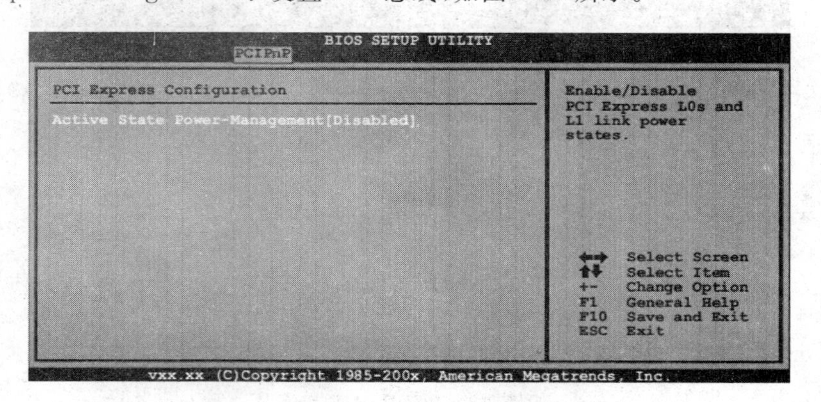

图 5-20 PCI Express Configuration 子菜单

Active State Power-Management：在操作系统引导前，此选项可为 PCIE 装置进行

ASPM 配置,此功能适用于不支持 ASPM 的操作系统。选项有 Disabled(默认值)和 Enabled。

第五步:系统引导菜单(Boot)

此菜单允许用户设置系统引导选项,设置界面如图 5-21 所示。

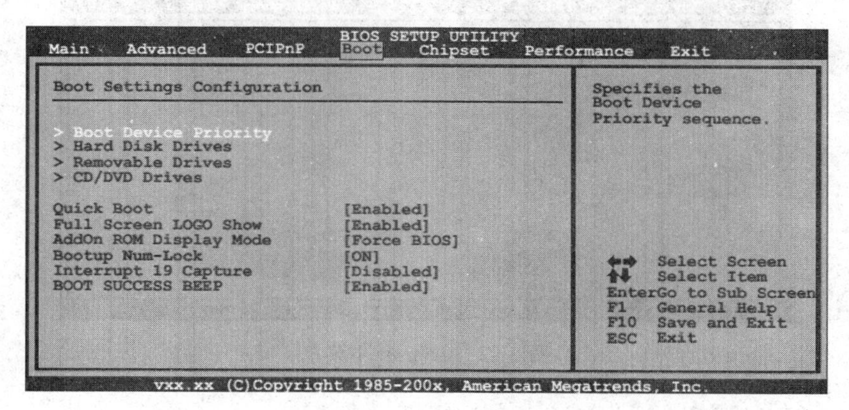

图 5-21　Boot 主菜单

Boot Device Priority:此项可指定引导装置的优先级。显示在屏幕上的装置种类取决于系统所安装的装置种类。选项有 Removable、Hard Disk、CDROM、Legacy LAN、Disabled。

Hard Disk Drives:BIOS 试图自动选择硬盘引导顺序,也可以改变引导顺序。显示在屏幕上的装置种类取决于系统所安装的装置种类。选项有 Pri. Master、Pri. Slave、Sec. Master、Sec. Slave、USB HDD0、USB HDD1、USB HDD2、Bootable Add-in Cards。

Removable Drives:BIOS 试图自动选择移动存储器引导顺序,也可以改变引导顺序。显示在屏幕上的装置种类取决于系统所安装的装置种类。选项有 Floppy Disks、Zip100、USB-FDD0、USB-FDD1、USB-ZIP0、USB-ZIP1、LS120。

CD/DVD Drives:BIOS 试图自动选择 CD/DVD 驱动器引导顺序,也可以改变引导顺序。显示在屏幕上的装置种类取决于系统所安装的装置种类。选项有 Pri. Master、Pri. Slave、Sec. Master、Sec. Slave、USB CDROM0、USB CDROM1。

Quick Boot:开启此功能可在用户开机后的自检过程中缩短或略去某些自检项目。选项有 Enabled(默认值)、Disabled。

Full Screen LOGO Show:此选项可激活或关闭全屏画面显示功能。选项有 Enabled(默认值)和 Disabled。

AddOn ROM Display Mode:此选项为可选 ROM 设置显示模式。选项有 Force BIOS(默认值)和 Keep Current。

Bootup Num-Lock:开机后选择数字键的工作状态。选项有 ON (默认值)和 OFF。

Interrupt 19 Capture:当设为 Enabled 时,此项允许使用 19H 中断来启动内建 ROM 的 PCI 卡。选项有 Disabled (默认值)和 Enabled。

BOOT SUCCESS BEEP:此项设置为 Enabled 时,若系统引导成功则会有响铃声提醒用户。选项有 Enabled(默认值)和 Disabled。

第六步：芯片组菜单(Chipset)

此子菜单允许用户为安装在系统里的芯片组配置一些特殊功能。此芯片组控制总线速度和存取系统内存资源，设置界面如图 5-22 所示。

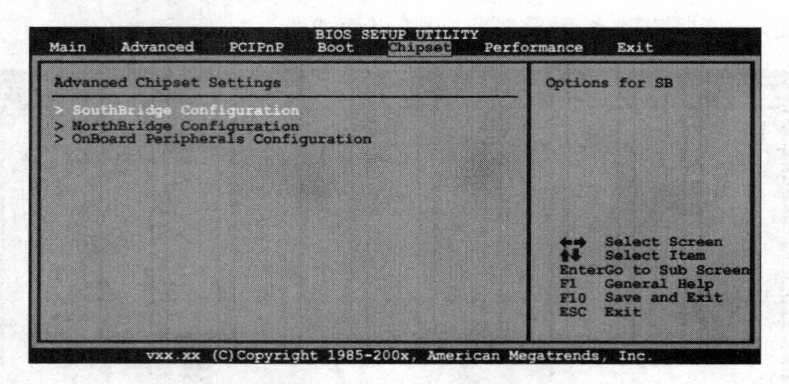

图 5-22　Chipset 主菜单

(1) SouthBridge Chipset Configuration

此子菜单选项是对南桥芯片进行设置，如图 5-23 所示。

```
BIOS SETUP UTILITY
Chipset
SouthBridge Chipset Configuration          Options
                                           for SB HD Azalia
SB710 CIMx Verison: 4.6.0
> SB Azalia Audio Configuration

OHCI HC(Bus 0 Dev 18 Fn o)    [Enabled]
OHCI HC(Bus 0 Dev 18 Fn 1)    [Enabled]
EHCI HC(Bus 0 Dev 18 Fn 2)    [Enabled]
OHCI HC(Bus 0 Dev 19 Fn 0)    [Enabled]
OHCI HC(Bus 0 Dev 19 Fn 1)    [Enabled]
EHCI HC(Bus 0 Dev 19 Fn 2)    [Enabled]
OHCI HC(Bus 0 Dev 20 Fn 5)    [Enabled]     Select Screen
                                            Select Item
OnChip SATA Channel           [Enabled]     EnterGo to Sub Screen
OnChip SATA Type              [Native IDE]  F1  General Help
SATA IDE Combined Mode        [Enabled]     F10 Save and Exit
                                            ESC Exit
Power Saving Features         [Disabled]
vxx.xx (C)Copyright 1985-200x, American Megatrends, Inc.
```

图 5-23　SouthBridge Chipset Configuration 子菜单

OnChip SATA Channel：此选项激活板载串行 ATA。选项有 Enabled(默认值)和 Disabled。

OnChip SATA Type：此选项选择板载串行 ATA 的操作模式。选项有 Native IDE(默认值)、RAID、AHCI、Legacy IDE、IDE AHCI。

SATA IDE Combined Mode：此选项控制 SATA/PATA 的混合模式。选项有 Enabled(默认值)和 Disabled。

Power Saving Features：此选项控制节能功能。选项有 Disabled(默认值)和 Enabled。

SB Azalia Audio Configuration：设置南桥声卡芯片，子菜单的设置如图 5-24 所示。

HD Audio Azalia Device：此选项控制高清音频设备。选项有 Enabled(默认)、Auto、Disabled。

(2) NorthBridge Chipset Configuration

此子菜单选项可对北桥芯片进行设置，如图 5-25 所示。

PCI Express Configuration 用于进行 PCIE 设置。此选项下全部设置为默认值即可。

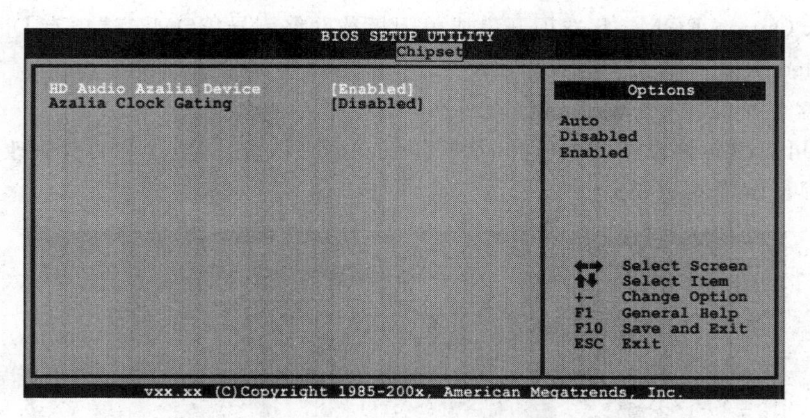

图 5-24　SB Azalia Audio Configuration 子菜单

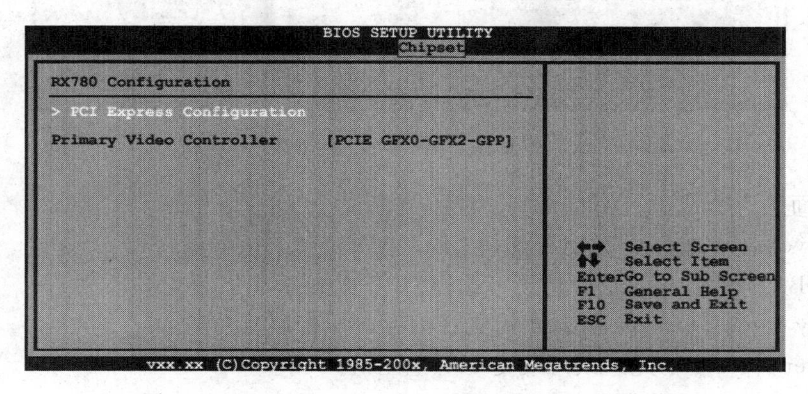

图 5-25　NorthBridge Chipset Configuration 子菜单

(3) OnBoard Peripherals Configuration

此子菜单选项是对主板板载外设的设置，如图 5-26 所示。

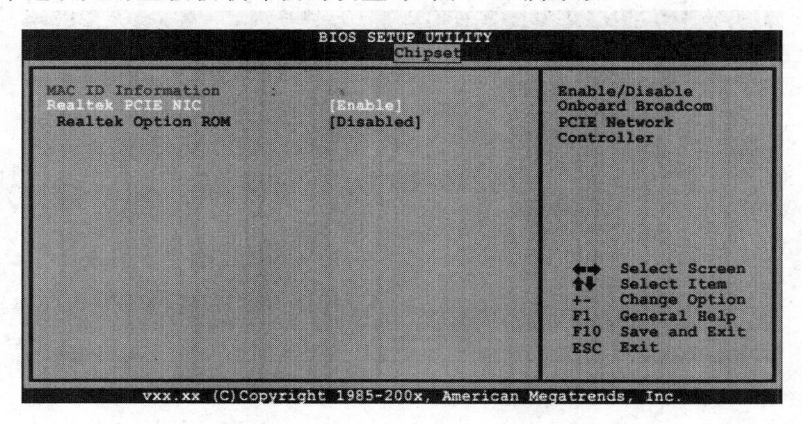

图 5-26　OnBoard Peripherals Configuration 子菜单

MAC ID Information：此选项显示 MAC ID。

Realtek PCIE NIC：此选项控制板载网络控制器。选项有 Enabled（默认值）和 Disabled。

Realtek Option ROM：此选项开启或关闭板载网络引导 ROM。选项有 Disabled(默认值)和 Enabled。

第七步：性能菜单(Performance)

此菜单可更改各种设备的电压和时钟(建议使用默认设置，电压和时钟更改不当可能导致设备损坏)。设置界面如图 5-27 所示。

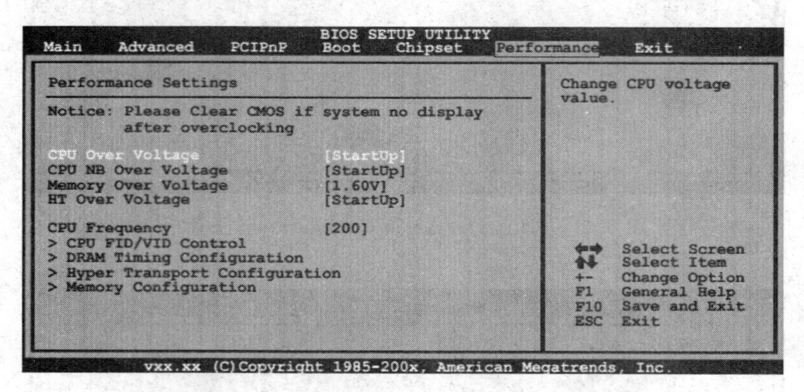

图 5-27　Performance 菜单

(1) 前面的 5 个选项

CPU Over Voltage：此选项可选择 CPU 电压控制。

CPU NB Over Voltage：此选项可选择 CPU 北桥电压控制。

Memory Over Voltage：此选项可选择内存电压控制。

HT Over Voltage：此选项可改变 HT 电压值。

CPU Frequency：此选项可选择 CPU 频率。选项有 200(MHz)(默认值)和 200～600。

(2) CPU FID/VID Control

此子菜单选项用于对 CPU 倍频和电压进行设置，如图 5-28 所示。

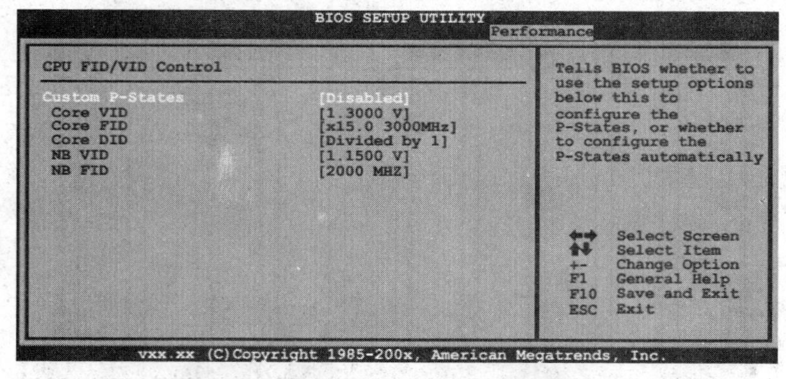

图 5-28　CPU FID/VID Control 子菜单

Custom P-States：此选项用于选择控制 P-States。选项有 Disabled（默认值）和 Enabled。

Core VID：此选项用于调节 CPU 电压。

Core FID：此选项用于选择 AM3 CPU 的频率。选项有 x8.0 1600～x15.0 3000MHz。

NB VID：此选项用于选择北桥芯片的电压。

NB FID：此选项用于选择北桥芯片的频率。选项有 800～2000MHz（因 CPU 而异）。

(3) DRAM Timing Configuration

此子菜单选项可对内存时序参数进行设置，如图 5-29 所示。

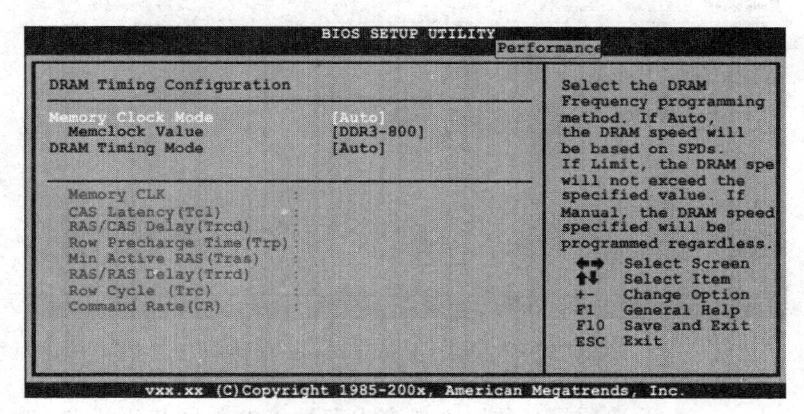

图 5-29 DRAM Timing Configuration 子菜单

Memory Clock Mode：此选项允许用户控制内存频率。选项有 Auto（默认值）、Manual、Limit。

Memclock Value：此选项用于设置内存频率。选项有 DDR3-800（默认值）、DDR3-1066、DDR3-1333、DDR3-1600。

DRAM Timing Mode：此选项允许用户选择手动/自动调节 DRAM 时序。选项有 Auto(默认值)、DCT0、DCT1、Both。

(4) Hyper Transport Configuration

此子菜单选项用于对超线程参数进行设置，如图 5-30 所示。

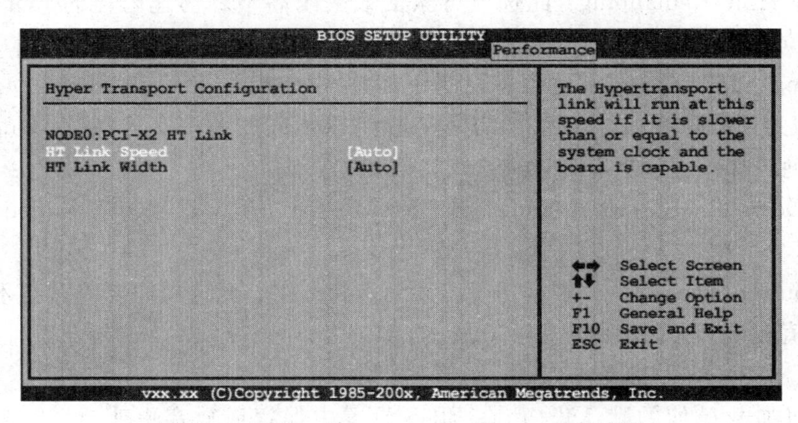

图 5-30 Hyper Transport Configuration 子菜单

HT Link Speed：此选项可指定超线程的速度。选项有 Auto(默认值)、200MHz、400MHz、600MHz、800MHz、1GHz、1.2GHz、1.4GHz、1.6GHz、1.8GHz、2.0GHz。

HT Link Width：此选项可指定超线程的数据带宽。选项有 Auto(默认值)、8bit、16bit。

(5) Memory Configuration

此子菜单选项可对内存的相关参数进行设置,如图 5-31 所示。

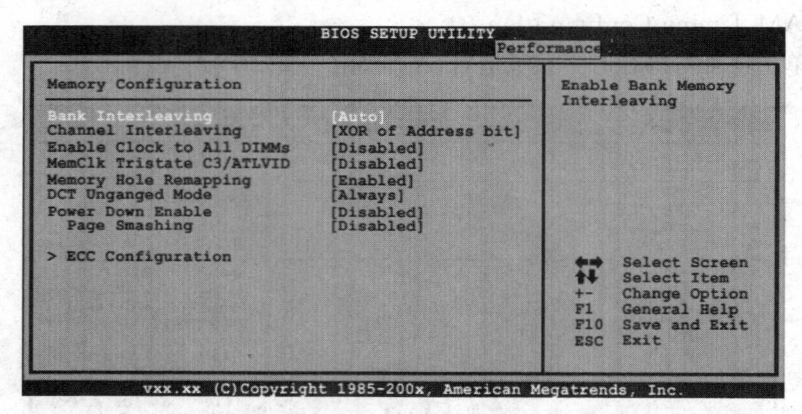

图 5-31　Memory Configuration 子菜单

Bank Interleaving:此选项是一种用来提高内存性能的高端芯片技术。内存交错可通过同时访问一块以上内存来增加带宽。默认选项为 Auto。

Channel Interleaving:此选项控制 DDR3 双通道功能。选项有 XOR of Address bits [20:16,6](默认值)、XOR of Address bits[20:16,9]、Address bits 6、Address bits 12、Disabled。

Enable Clock to All DIMMs:此选项决定 BIOS 是否在通过关闭闲置或不常用的 DIMM 插槽来减少 EMI 和电源消耗。选项有 Disabled(默认值)和 Enabled。

MemClk Tristate C3/ATLVID:此选项可在 C3 模式下激活或关闭 MemClk Tristate 功能。选项有 Disabled(默认值)和 Enabled。

Memory Hole Remapping:此选项可激活或关闭高于总物理内存的 PCI 内存重新映射,仅在 64 位操作系统中有效。选项有 Enabled(默认值)和 Disabled。

DCT Unganged Mode:此选项可控制记忆体控制器 ganged (128bit×1) / unganged (64bit×2)双通道操作模式。如两个 DRAM 模组以不同的大小安装,使用 Unganged 模式仍可运行双通道操作。选项有 Always(默认值)和 Auto。

Power Down Enable:此选项可控制 DRAM 关闭功能。选项有 Disabled(默认值)和 Enabled。

ECC Configuration:ECC 表示用于错误检查和纠正。此选项需要内存技术 ECC,全部设置为默认值即可,设置界面如图 5-32 所示。

第八步:退出(Exit)菜单

该菜单可加载最佳的默认设置,在 BIOS 设置中保存或放弃更改,设置界面如图 5-33 所示。

Save Changes and Exit:保存所有设置且更改至 CMOS RAM 中,并退出 BIOS 的设置状态。

Discard Changes and Exit:放弃所有设置更改并退出 BIOS 的设置状态。

Discard Changes:放弃保存已做的更改,并恢复至预先保存的选项值。

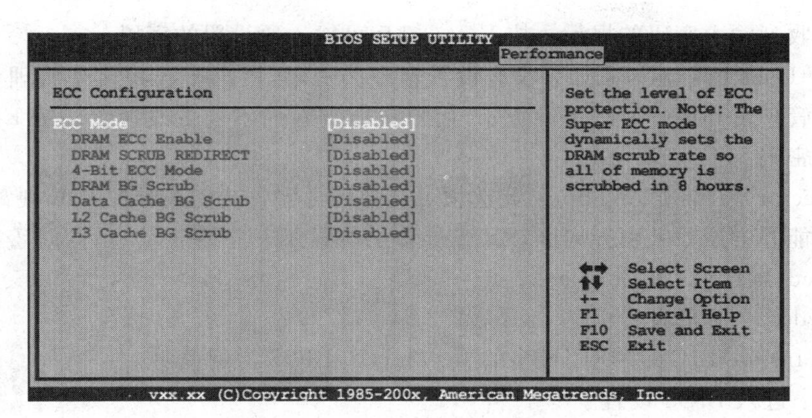

图 5-32　ECC Configuration 子菜单

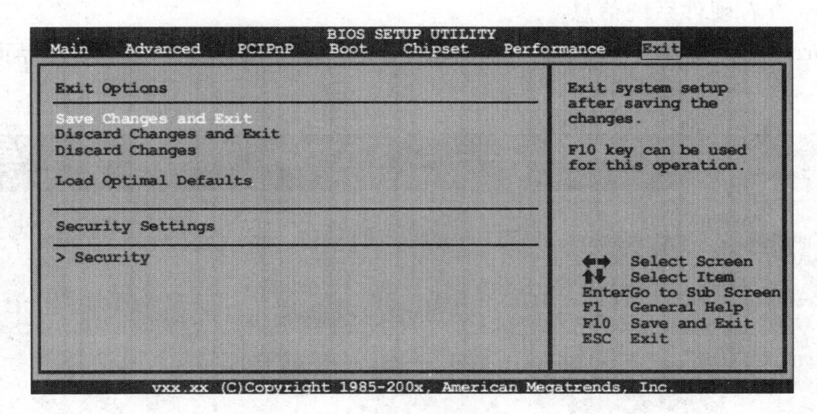

图 5-33　Exit 菜单

Load Optimal Defaults：当系统启动期间发生问题时，此选项可再装 BIOS。这些设备为系统最优化的出厂设置。

Security：此子菜单可提供/修改管理员和用户密码，设置界面如图 5-34 所示。

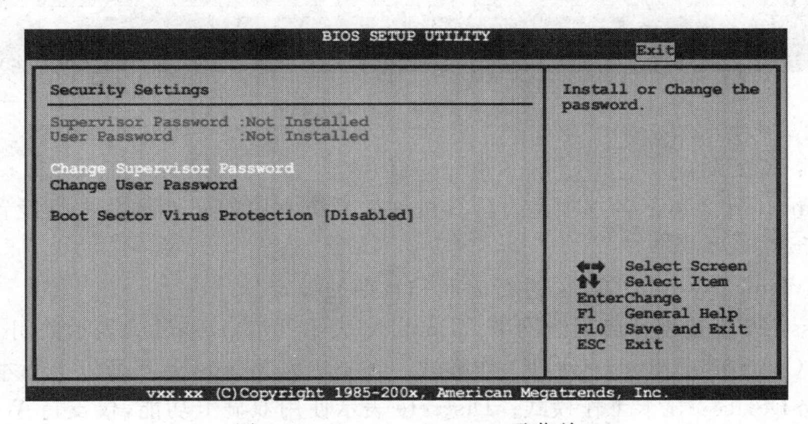

图 5-34　Security Settings 子菜单

Change Supervisor Password：设置密码可以防止非管理员改变 CMOS 的设置效用，在此期间将会收到输入密码的提示。按 Enter 键后可输入要设置的密码。

Change User Password：如果没有设置管理员密码，用户密码将代替管理员密码发挥作用。如果管理员和用户密码都设置了，用户仅能查看而不能更改设置。按 Enter 键可输入要设置的密码。

Boot Sector Virus Protection：此选项可选择病毒警告功能来维护 IDE 硬盘引导扇区。如开启此功能并尝试写入引导扇区，BIOS 屏幕上将显示一条警告信息、同时警报声响。选项有 Disabled（默认值）和 Enabled。

2）Insyde BIOS 的设置

下面以 Insyde BIOS 中应用最多的 InsydeH20 BIOS 为例说明。

第一步：进入 BIOS 设置

根据开机提示的快捷键进入 BIOS 设置。

第二步：查看硬件系统信息

在 Information 菜单下可查看当前计算机硬件系统的基本信息，设置界面如图 5-35 所示。

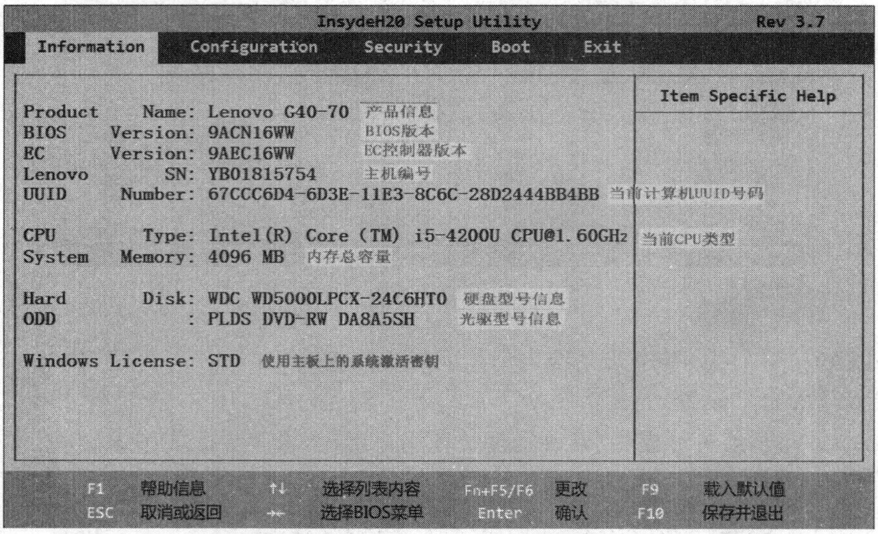

InsydeH20 Setup Utility Rev 3.7
Information Configuration Security Boot Exit
Item Specific Help
Product Name: Lenovo G40-70 产品信息
BIOS Version: 9ACN16WW BIOS版本
EC Version: 9AEC16WW EC控制器版本
Lenovo SN: YB01815754 主机编号
UUID Number: 67CCC6D4-6D3E-11E3-8C6C-28D2444BB4BB 当前计算机UUID号码
CPU Type: Intel(R) Core (TM) i5-4200U CPU@1.60GHz 当前CPU类型
System Memory: 4096 MB 内存总容量
Hard Disk: WDC WD5000LPCX-24C6HT0 硬盘型号信息
ODD : PLDS DVD-RW DA8A5SH 光驱型号信息
Windows License: STD 使用主板上的系统激活密钥
F1 帮助信息 ↑↓ 选择列表内容 Fn+F5/F6 更改 F9 载入默认值
ESC 取消或返回 →← 选择BIOS菜单 Enter 确认 F10 保存并退出

图 5-35 Information 菜单

第三步：高级设置

Configuration 菜单下各选项是对计算机硬件系统常用的硬件参数进行设置，设置界面如图 5-36 所示。

System Time、System Date：进行时间和日期的设置。

Wireless：设置是否开启无线网卡。Enabled 表示开启，Disabled 表示关闭。

SATA Controller Mode：硬盘工作模式。AHCI 为 Windows 7 及以上版本使用。

Graphic Device：显卡工作模式。Discrete 表示使用双显卡功能，仅支持 Windows 7 或更高版本系统；UMA Only 表示仅使用集成显卡。

Power Beep：设置插入或拔出适配器时是否有提示音。

Intel Virtual Technology：设置是否开启 Intel VT 虚拟化功能。若要使用虚拟机等有

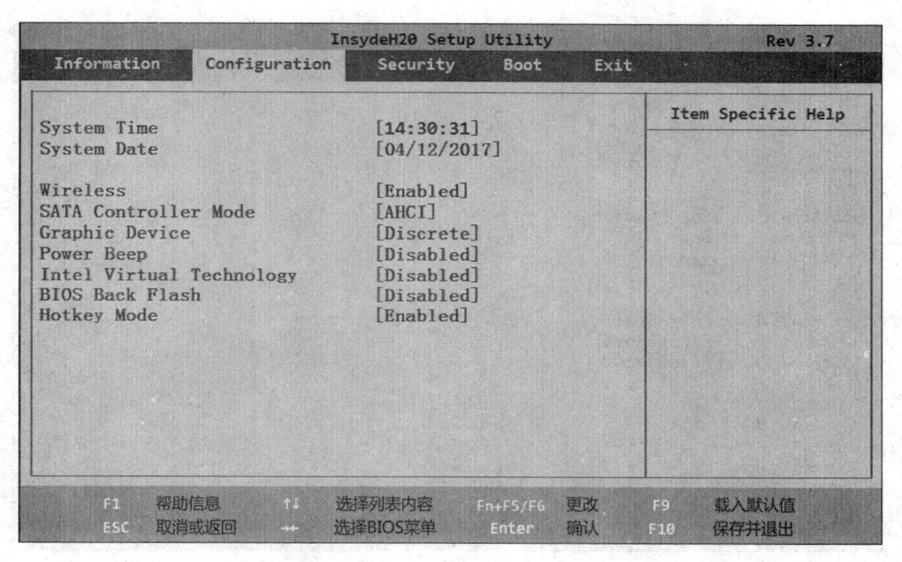

图 5-36　Configuration 菜单

关的硬件虚拟化功能，则需将此项设为 Enabled。

BIOS Back Flash：设置是否允许刷回旧版本的 BIOS。

Hotkey Mode：设置是否开启 F1～F12 的热键切换功能。

第四步：安全设置

此选项可设置超级管理员密码（Administrator Password）、用户密码（User Password）和硬盘密码（HDD Disk Password），设置界面如图 5-37 所示。

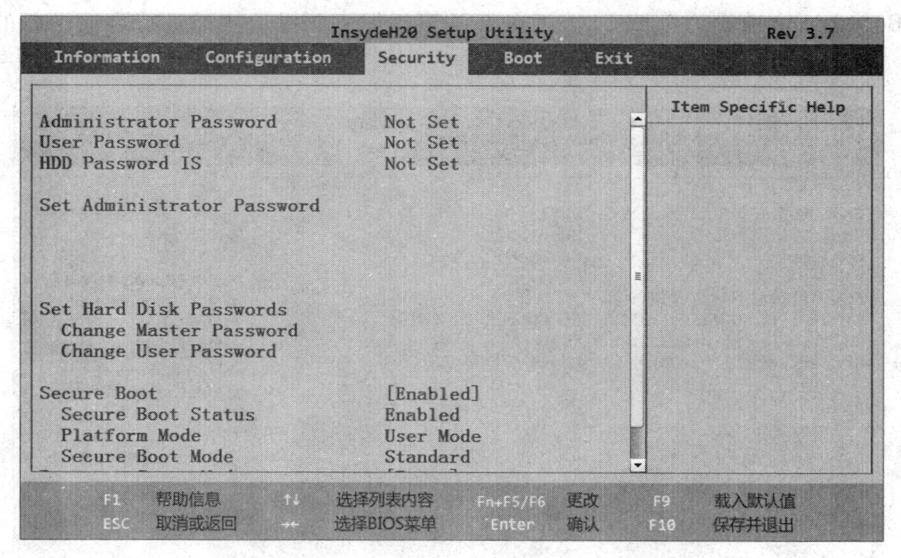

图 5-37　Security 菜单

设置了超级管理员密码和硬盘密码后的界面如图 5-38 所示。

Password On Boot：设置是否开启开机密码。如果开启，则在开机自检后进入系统前或再次进入 BIOS 时需输入设置的密码。

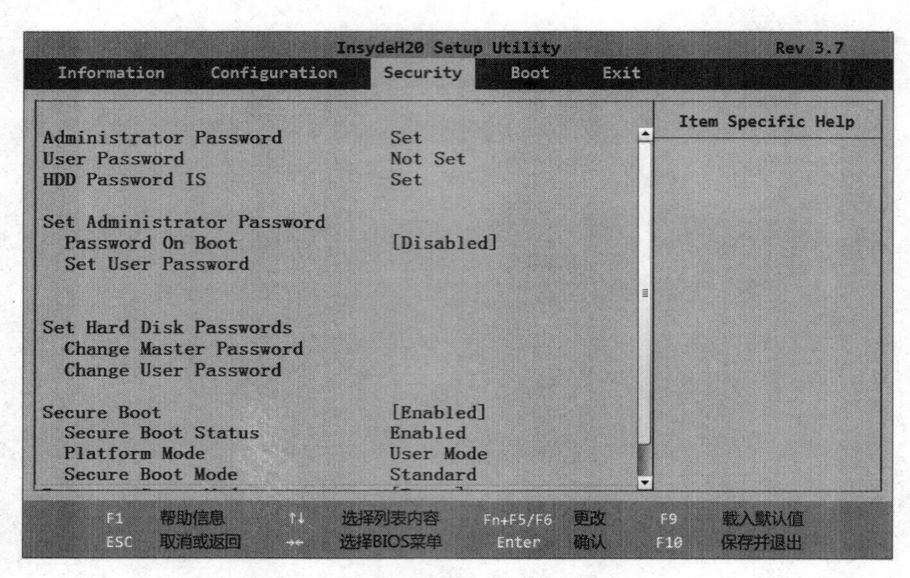

图 5-38　设置了超级管理员密码后

Change Master Password：修改主要硬盘的密码，须设置硬盘密码后使用。

Change User Password：修改用户硬盘的密码，须设置硬盘密码后使用。

Secure Boot：设置安全启动功能，如果开启，则只能加载并运行已经签名认证通过的系统，如 Windows 8 或更高版本系统。

第五步：开机启动设置

此菜单下可设置计算机开机启动模式为 UEFI 模式或传统的 Legacy 模式。

当 Boot Mode 项设为 UEFI 时，可在 EFI 下根据下面提示按键进行启动设备的优先选择，如图 5-39 所示。

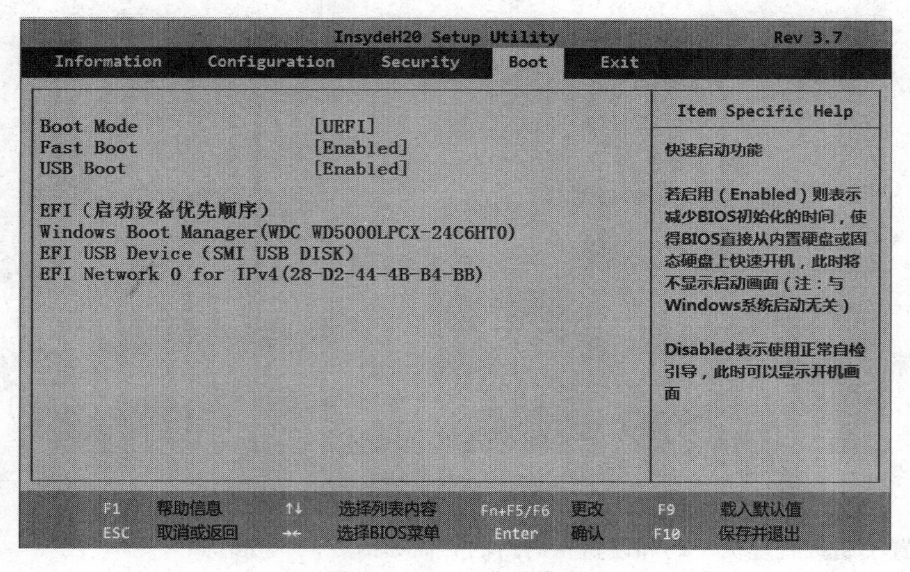

图 5-39　UEFI 启动模式

Fast Boot：快速引导。可使用计算机引导时间最小化，要开启此项，须设为 UEFI 模式。

当 Boot Mode 选项设为 Legacy Support 时，会出现如图 5-40 所示选项。

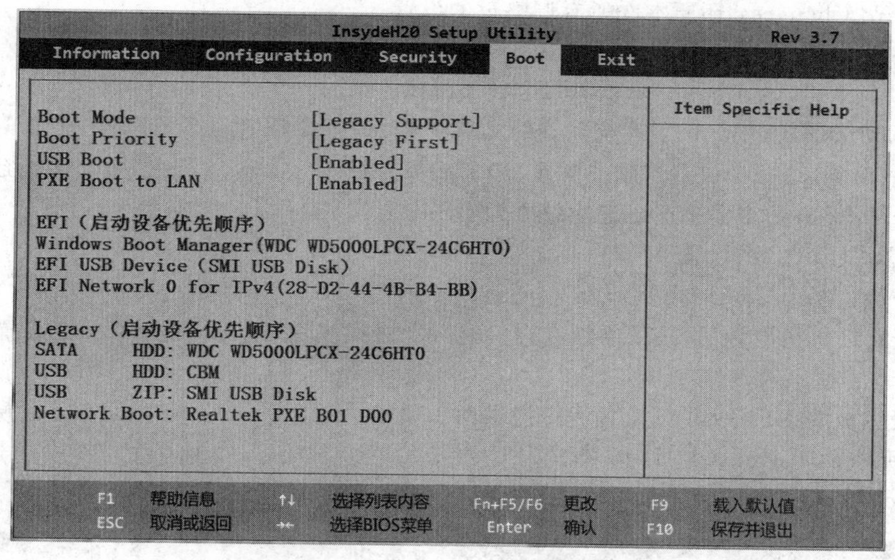

图 5-40 Legacy BIOS 启动模式

Boot Priority：优先引导模式。若选用 Legacy First，则采用的引导方式是 BIOS+MBR；若选用 UEFI First，则采用的引导方式是 UEFI+GPT。关于 MBR 和 GPT 的介绍，在项目 6 中将学习到。

USB Boot：如果要从 U 盘或 USB 设备启动计算机，须将此项设为 Enabled。

PXE Boot to LAN：开启或关闭从网络启动计算机的功能。

第六步：退出项设置

此菜单下设置退出 BIOS 时程序的设置，设置界面如图 5-41 所示。

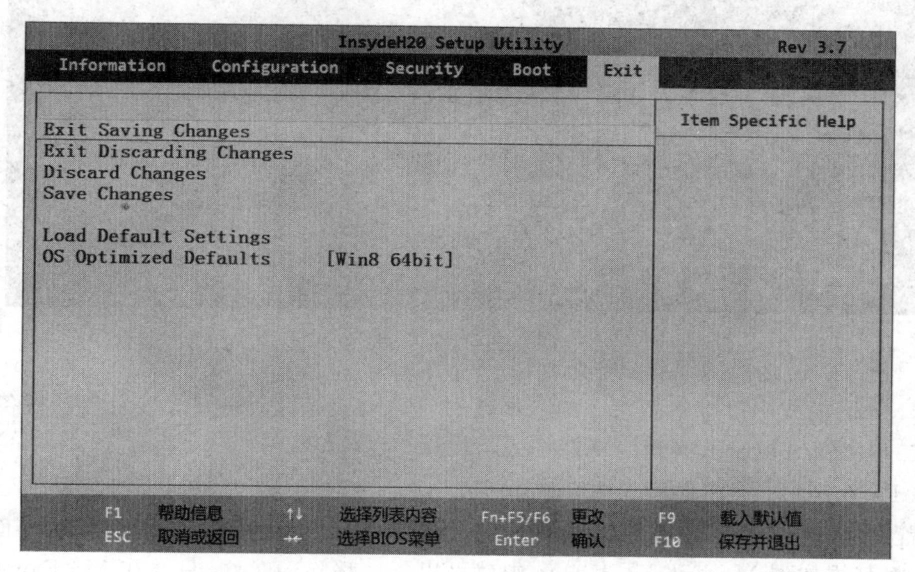

图 5-41 Exit 菜单

Exit Saving Changes：保存当前的设置并退出 BIOS 设置。

Exit Discarding Changes：退出 BIOS 设置但不保存任何设置。

Discard Changes：还原本次所有调整过的设置。

Save Changes：保存当前的设置但不退出。

Load Default Settings：载入 BIOS 出厂默认值。

OS Optimized Defaults：系统默认的优化设置，即加载最优的系统设置，比如 UEFI 和安全启动（注意，这两个设置选项非常重要）。如果要把 Windows 8 及更高版本系统更换为 Windows 7 系统，则需要把这个选项设置为 Other OS 或禁用。

3）UEFI BIOS 的设置

第一步：进入 UEFI BIOS 设置

在开启计算机电源后，按下系统在自检时提示的快捷键，就可以进入 BIOS 设置程序设置程序。

一般主板的 UEFI BIOS 设置程序提供两种模式：如图 5-42 所示的 EZ Mode 模式和如图 5-43 所示的 Advanced Mode 模式。两种模式可以在 Exit 菜单中切换，或是选择 EZ Mode/Advanced Mode 菜单中的 Exit/Advanced Mode。

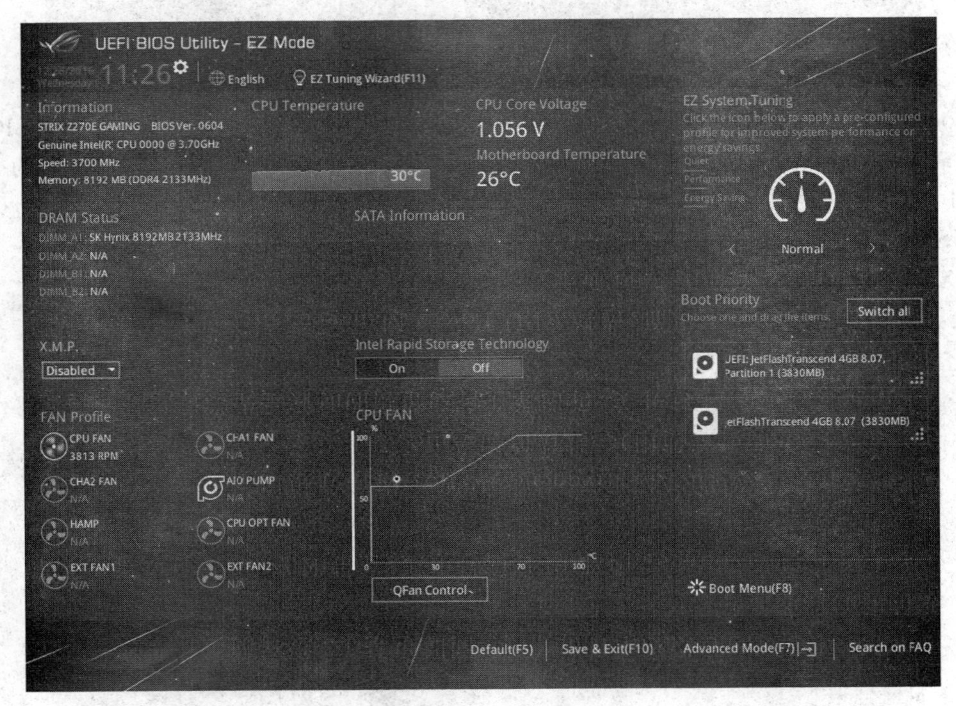

图 5-42　EZ Mode

EZ Mode 模式中可以查看系统的基本数据、选择显示语言、喜好设置及启动设备顺序。

第二步：My Favorites（我的喜好）

My Favorites 主菜单界面如图 5-44 所示。

设置方法：把光标移动到想添加的选项，按 F4 键，就会出现如图 5-45 所示界面，选择第一项，将其添加到 My Favorites page 中就可以了。移除的时候，只要在 My Favorites 页

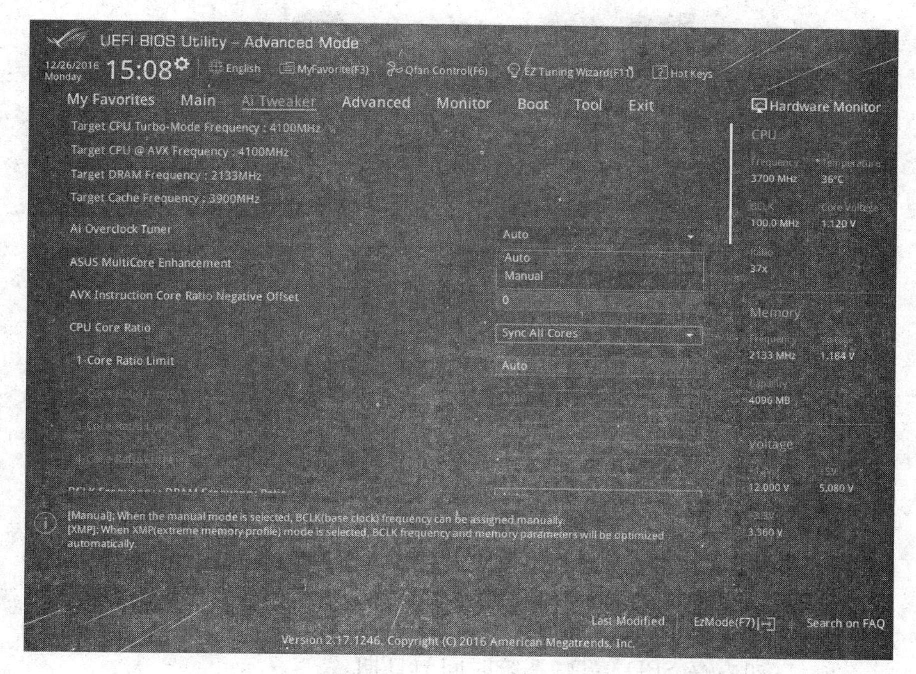

图 5-43 Advanced Mode

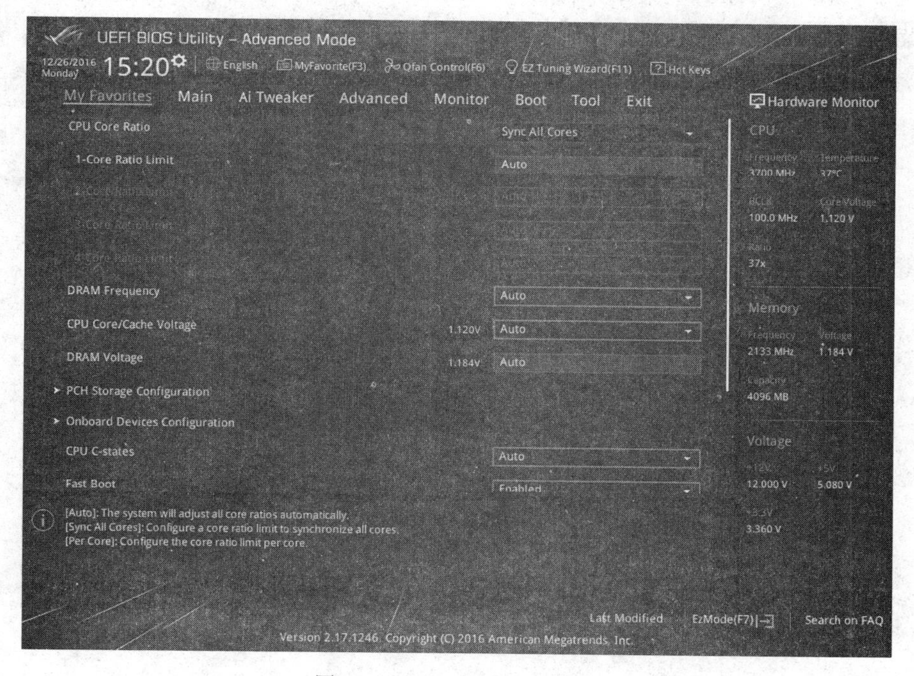

图 5-44 My Favorites 菜单

面中把光标移到你想移除的选项，按下 Delete 键就可以移除。

以下项目无法加入至“我的喜好”页面。

(1) 有子菜单的项目。

(2) 用户自订项目，如语言、启动设备顺序。

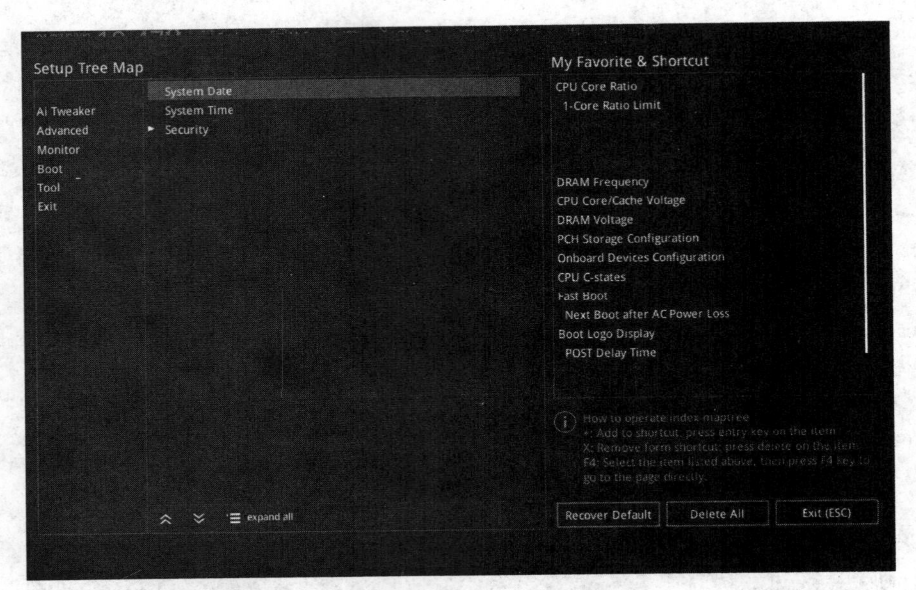

图 5-45　添加到“我的喜好”页面

(3) 设置项目，如内存 SPD 信息、系统时间与日期。

第三步：Main Menu(主菜单)

此菜单主要显示版本号、基本信息，可以设置语言和密码，界面如图 5-46 所示。

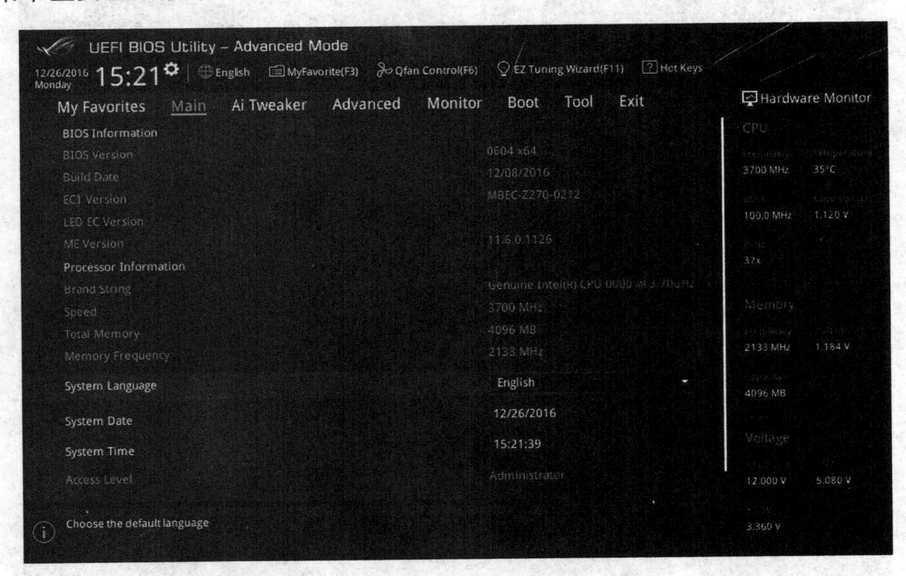

图 5-46　Main 菜单

安全菜单(Security)：此选项可改变系统的安全设置，界面如图 5-47 所示。

系统管理员密码(Administrator Password)：选择 Administrator Password 项目并按下 Enter 键，由 Create New Password 窗口输入欲设置的密码，输入完成后按 Enter 键，然后再一次输入密码以确认密码正确。

提示：更改系统管理员密码的方法如下：选择 Administrator Password 项目并按下

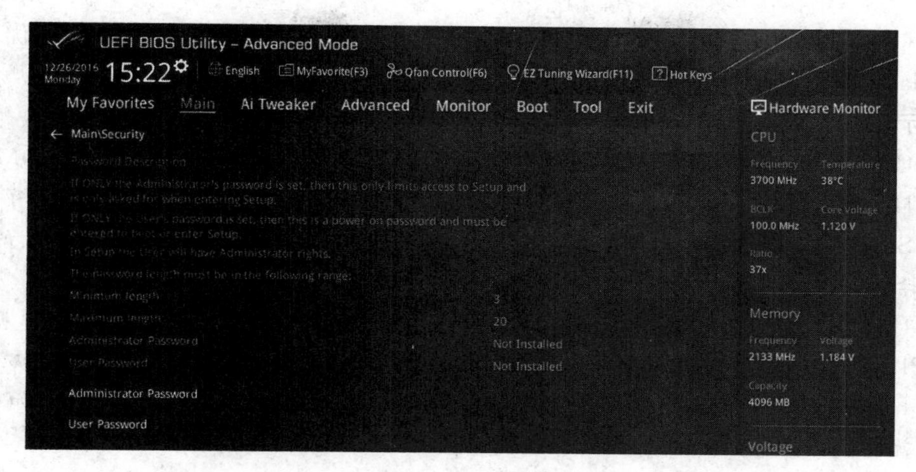

图 5-47　Security 子菜单

Enter 键，由 Enter Current Password 窗口输入密码并按下 Enter 键，请再一次输入密码以确认密码正确。

删除系统管理员密码的方法如下：在输入密码窗口直接按下 Enter 键。

用户密码(User Password)：其设置、更改和删除的方法与系统管理员密码的设置、更改和删除方法一样。

第四步：Ai Tweaker(超频选项)

Ai Tweaker 页面提供了超频所需要的设置，包括各种频率、电压调整选项。

(1) 上半部分页面

上半部分页面如图 5-48 所示。

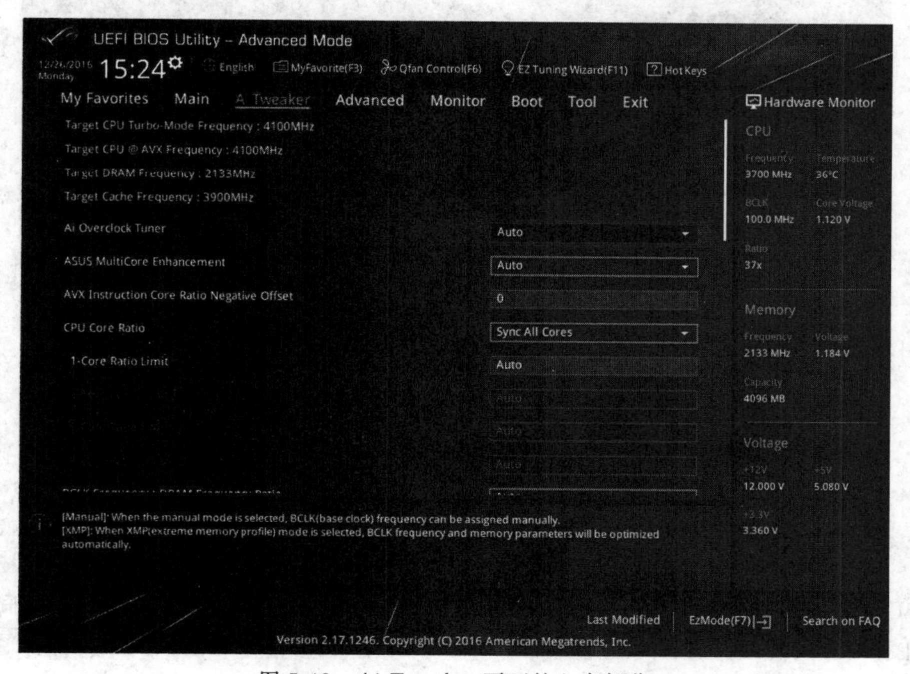

图 5-48　Ai Tweaker 页面的上半部分

Ai Overclock Tuner：设置 CPU 超频。设置值项有：[Auto](自动加载系统优化设置值)、[Manual](手动设置)、[X. M. P.](内存条 eXtreme Memory Profile(X. M. P.)技术)。

提示：当选择“[Manual]”项时会出现以下选项。

① CPU Strap：CPU 外频档位，可以设置 100MHz、125MHz、167MHz 和 250MHz，这些都是 HSW 的标准外频，不会联动 PCIE 频率，一般用 100MHz 和 125MHz 就够了。

② Source Clock Tuner：调节 BCLK 输入信号的串联电阻，可增加外频超频的能力。一般选择 Auto 即可。

③ PLL Selection：设为 LC PLL 可减少外频的波动。如果超频 DMI 和 PCIE 频率，设为 SB PLL 可以增加外频的超频幅度。

④ Filter PLL：在默认的 100MHz 外频时可以选择 Low BCLK Mode。如果超频 BCLK，就需要选择 High BCLK Mode。

⑤ BCLK Frequency：BCLK 频率，同时也会联动 DMI、PCIE 频率。

ASUS MultiCore Enhancement：让带 K 的 CPU 在默认状态下四个核心都达到最大睿频，比如 4770K 最大睿频 3.9GHz，那么开启这个选项，四个核心都达到 3.9GHz 的睿频，非 K 的 CPU 此项目不起作用。设置值项有[Enabled](默认值)/[Disabled](用来设置默认的核心比率)。

(2) 下部部分页面

下半部分页面如图 5-49 所示。

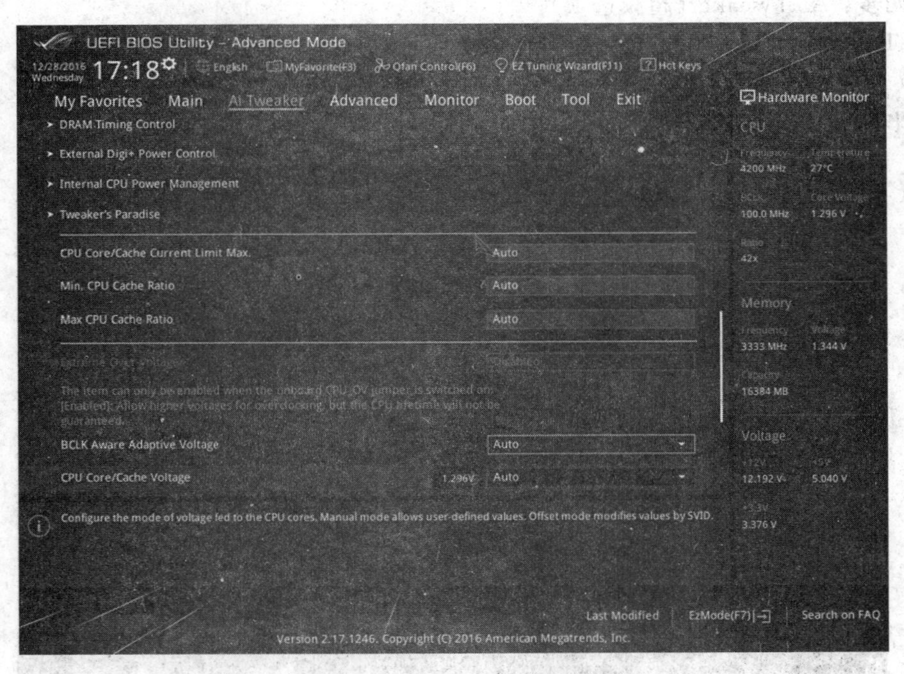

图 5-49　AI Tweaker 页面的下半部分

CPU Core Ratio：CPU 核心倍频。选项值有[Sync All Core](所有核心都用同一个倍频)和[Per Core](1～4 Core Ratio Limit 的每个核心单独指定倍频)，一般选择[Sync All Core]。

Min/Max CPU Cache Ratio：Ring 倍频，同时也是 L3 缓存的工作频率。Ring 倍频和主频同步的时候性能最好。

Internal PLL Overvoltage：内部 PLL 信号电压，在带 K 的 CPU 跑高主频和内存频率的时候需要开启。

BCLK Frequency 及 DRAM Frequency Ratio：内存分频比率。选项值有[100：133]、[100：100]、[Auto](两者都使用)。默认值为 Auto。

OC Tuner：等同于 TPU 开关，可选择在自动超频的时候是先尝试超外频还是倍频，As Is 则是不开启自动超频。

返回到 Ai Tweaker 主界面，选择 CPU Power Management (CPU 电源管理)，则所有选项用默认值即可，界面如图 5-50 所示。

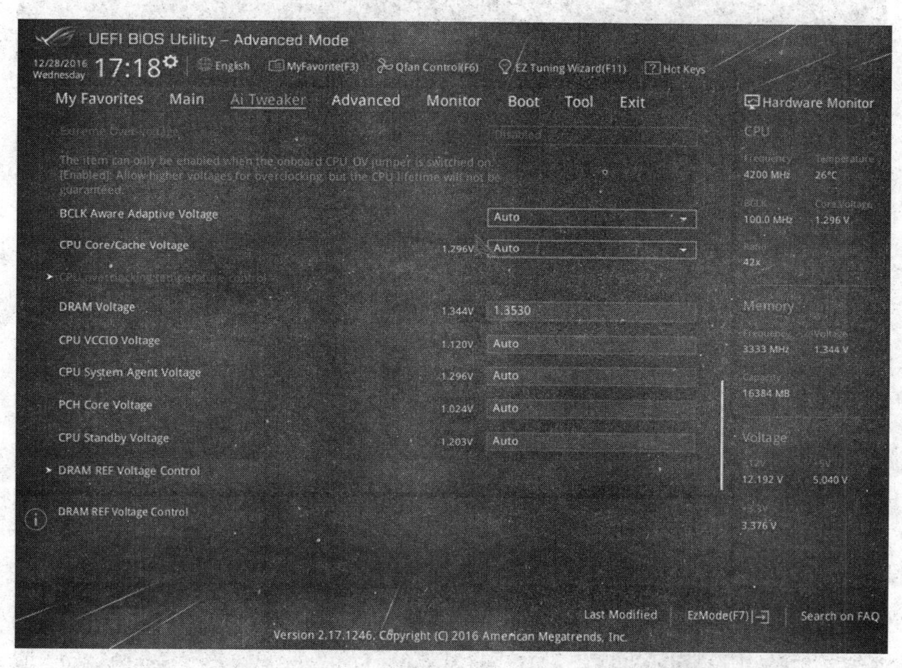

图 5-50　CPU Power Management 界面

第五步：Advanced(高级菜单)

高级主菜单界面如图 5-51 所示。

(1) 处理器配置(CPU Configuration)，子菜单如图 5-52 所示。

Limit CPUID Maximum：最大 CPUID 限制。CPUID 就是 CPU 的信息，包括了 CPU 的型号、高速缓存尺寸、时钟速度、制造厂、晶体管数、针脚类型、尺寸等信息。

Execute Disable Bit：扩展禁止位。是 Intel 在新一代处理器中引入的一项功能，开启该功能后，可以防止病毒、蠕虫、木马等程序利用溢出、无限扩大等手法去破坏系统内存并取得系统的控制权。

Intel Virtualization Technology：Intel 的虚拟机技术。开启 Intel 虚拟技术，让硬件平台可以同时运行多个操作系统，将一个系统平台虚拟为多个系统。

Hardware Prefetcher：硬件预取选项。开启可让硬件平台独立和同步运行多重操作

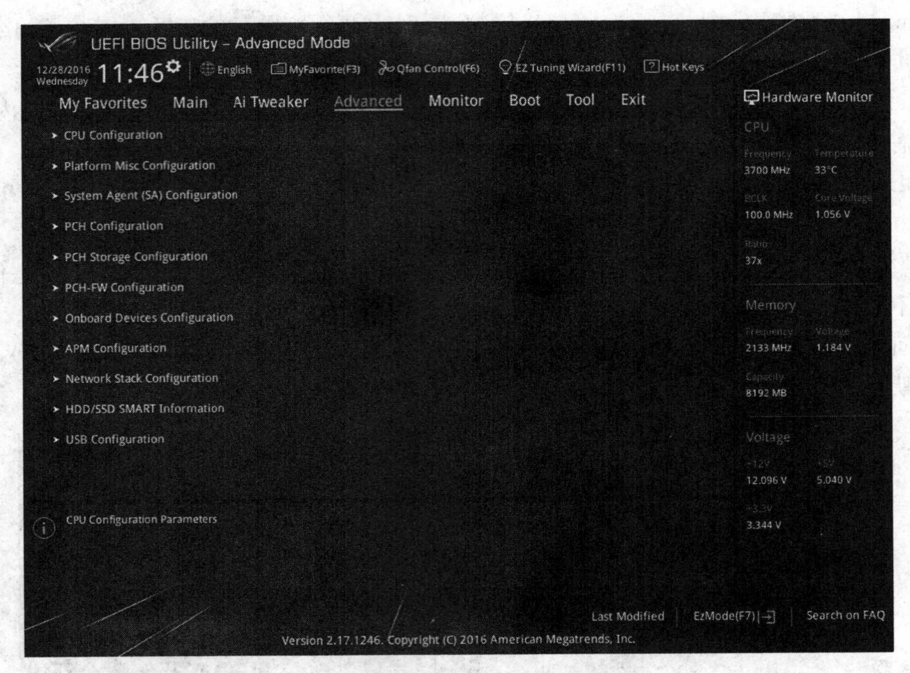

图 5-51　Advanced 菜单

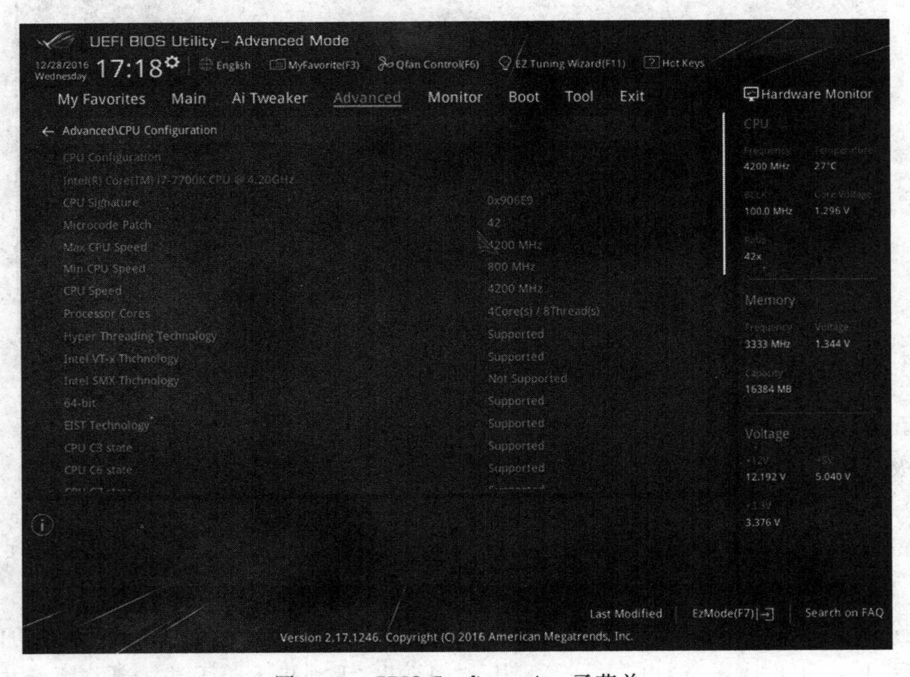

图 5-52　CPU Configuration 子菜单

系统。

(2) PCH 配置(PCH Configuration),子菜单如图 5-53 所示。

PCI Express Configuration:此项用来管理并设置 PCI Express 插槽。有下列子选项:

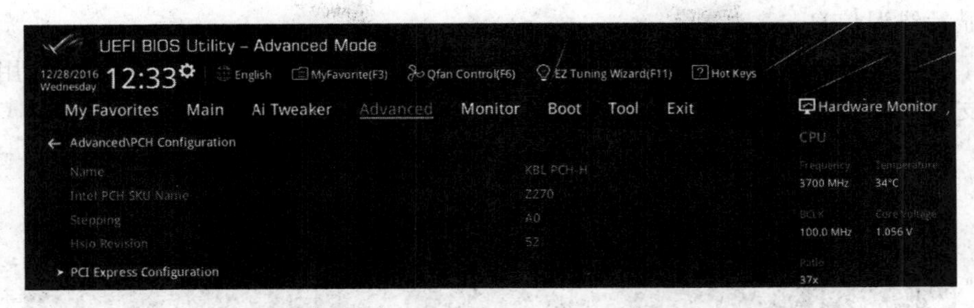

图 5-53　PCH Configuration 子菜单

- DMI Link ASPM Control：设置 DMI Link 上的北桥与南桥的 ASPM(Active State Power Management)功能。
- ASPM Support：设置 ASPM 层级。
- PCI-E Speed：设置 PCI Express 连接端口的速度。

(3) SATA 设备设置(SATA Configuration)。

当进入 BIOS 设定程序时，BIOS 设置程序将自动检测已安装的 SATA 设备。当未侦测到 SATA 设备时将显示为 Not Present，子菜单如图 5-54 所示。

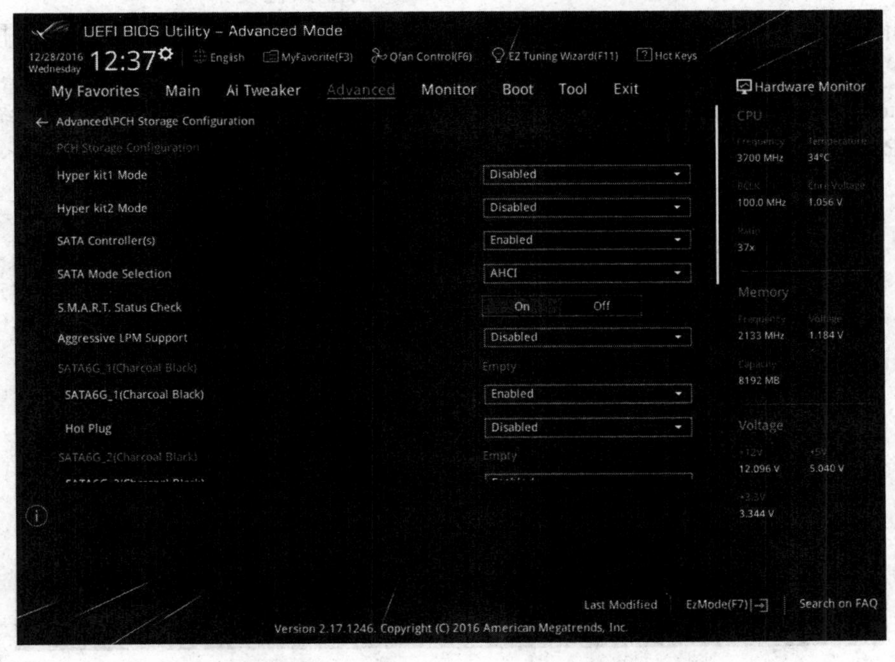

图 5-54　SATA Configuration 子菜单

SATA Mode Selection：可设置 Serial ATA 硬件设备的相关设置。选项值有[Disabled](关闭 SATA 功能)、[IDE](将 Serial ATA 硬盘作为 Parallel ATA 物理保存接口)、[AHCI](Advanced Host Controller Interface 模式，启动高级的 Serial ATA 功能，可提升工作性能)、[RAID](磁盘阵列)。

S. M. A. R. T. Status Check：开启该选项后可以监控硬盘，如果发生错误，则在开机自检时会显示错误信息。

Hot Plug：此选项只有在 SATA Mode Selection 设定为[AHCI]时才会出现，用来启动或关闭支持 SATA 热插拔功能。

（4）系统代理设定（System Agent Configuration），子菜单如图 5-55 所示。

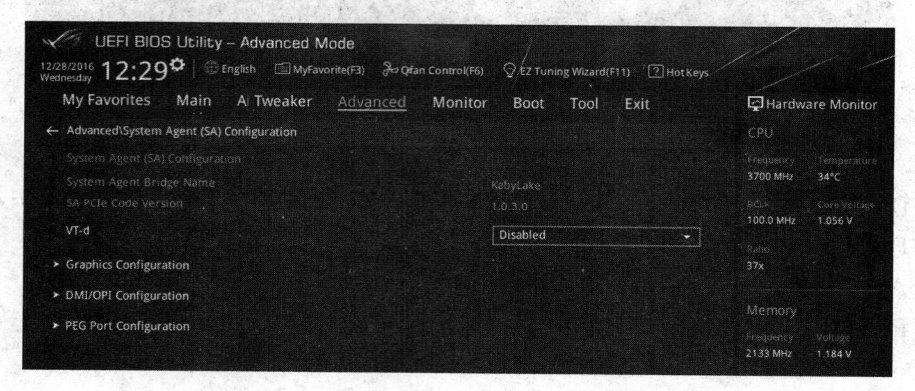

图 5-55　System Agent Configuration 子菜单

VT-d：用来启动或关闭 Memory Control Hub 的虚拟化技术。

Graphics Configuration：用来选择以 iGPU 或 PCIe 显示设备作为优先使用的显示设备。

Render Standby：用来启动 Intel © Graphics Render Standby 功能来支持系统闲置时降低 iGPU 电力的消耗。

（5）USB 设备设置（USB Configuration），子菜单如图 5-56 所示。

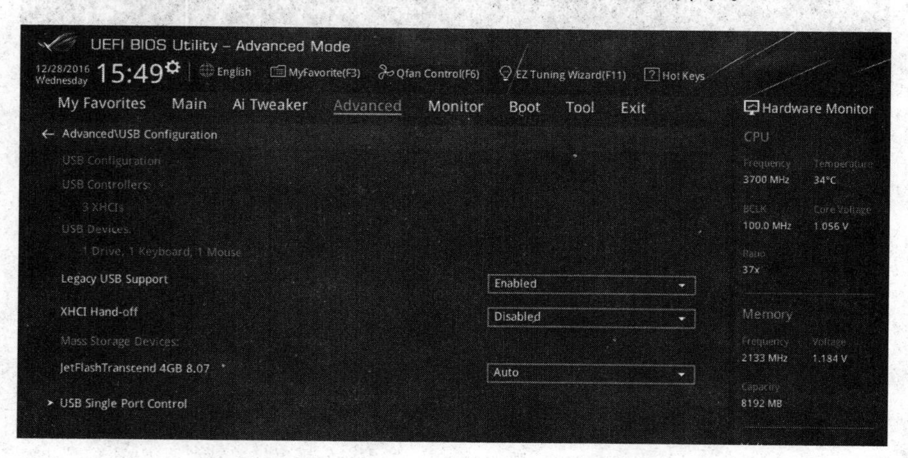

图 5-56　USB Configuration 子菜单

这些菜单主要是更改 USB 设备的各项相关设置。

在 USB-Devices 中会显示自动检测到的数值或设备。若无连接任何设备，则会显示[None]。

（6）平台其他设置（Platform Misc Configuration），子菜单如图 5-57 所示。

PCI Express Native Power Management：本项用来设置 PCI Express 的省电功能及操

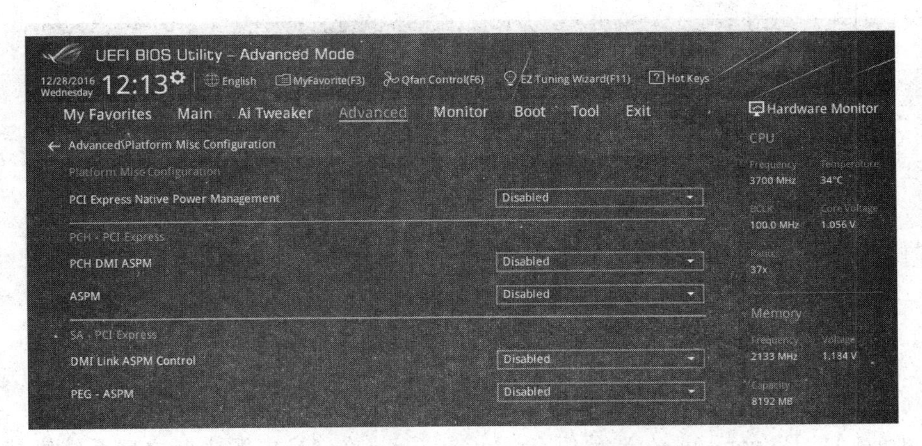

图 5-57　Platform Misc Configuration 子菜单

作系统的 ASPM 功能。

(7) 内置设备设定(Onboard Devices Configuration),子菜单如图 5-58 所示。

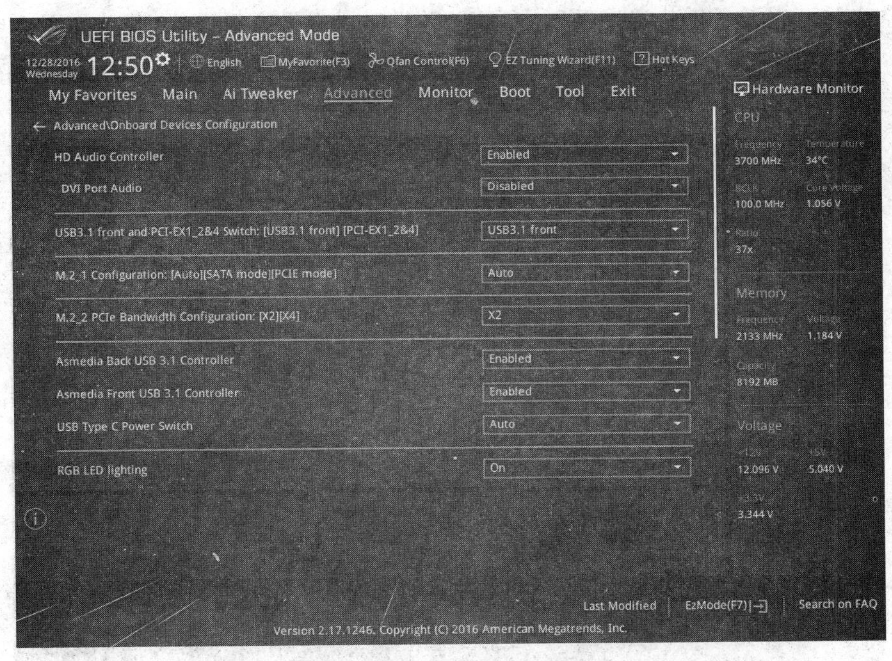

图 5-58　Onboard Devices Configuration 子菜单

HD Audio Controller:集成声卡高保真音效控制器的启动与关闭。

Bluetooth Controller:内置蓝牙控制器的启动与关闭。

Wi-Fi Controller:内置 Wi-Fi 控制器的启动与关闭。

Realtek LAN Controlle:集成网卡的启动与关闭。

(8) 高级电源管理设置(APM Configuration),子菜单如图 5-59 所示。

ErP Ready:在 S5 休眠模式下关闭某些电源,减少待机模式下电力的流失,以符合欧盟能源使用产品的规范。网络唤醒功能(WOL)、USB 唤醒功能、音频及主板上 LED 指示灯

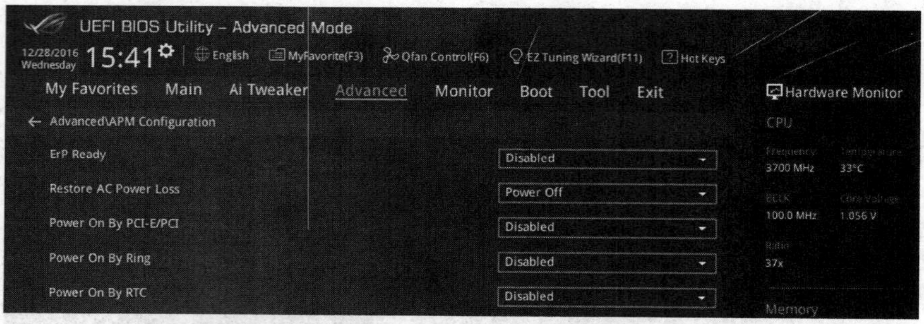

图 5-59　APM Configuration 子菜单

的电源将会关闭，这些功能可能无法使用。

Restore AC Power Loss：选项值有[Power On]（在 AC 电源中断之后系统维持开机状态）、[Power Off]（在 AC 电源中断之后系统将进入关闭状态）、[Last State]（将系统设定恢复到电源未中断之前的状态）。

第六步：Monitor（监控）

监控菜单可查看系统的温度及电力状况，并且对风扇做高级设置，菜单如图 5-60 所示。

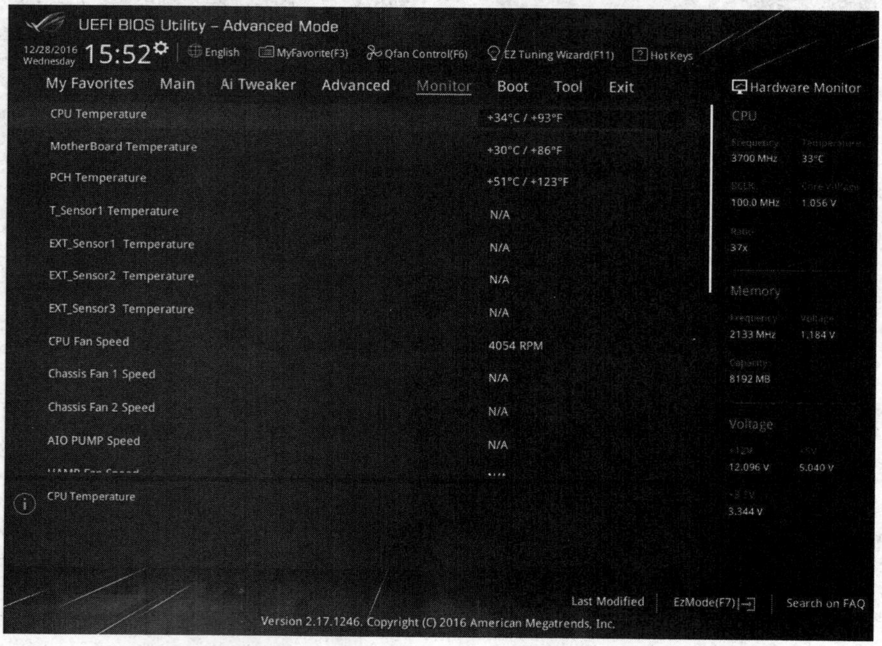

图 5-60　Monitor 菜单

CPU Q-Fan Control：用来设定 CPU Q-Fan 运行模式。选项值有[Auto]（在 PWM 模式启动 CPU Q-Fan 控制来使用 4-pin 处理器风扇）、[Advance Mode]（检测安装的处理器风扇类型并自动切换控制模式）、[Disabled]（关闭 CPU Q-Fan 控制功能）。

Chassis Q-Fan Control 1/4：启动或关闭机箱 Q-Fan 控制功能。

第七步：Boot（启动）

启动菜单可改变系统启动设备与相关功能，菜单如图 5-61 所示。

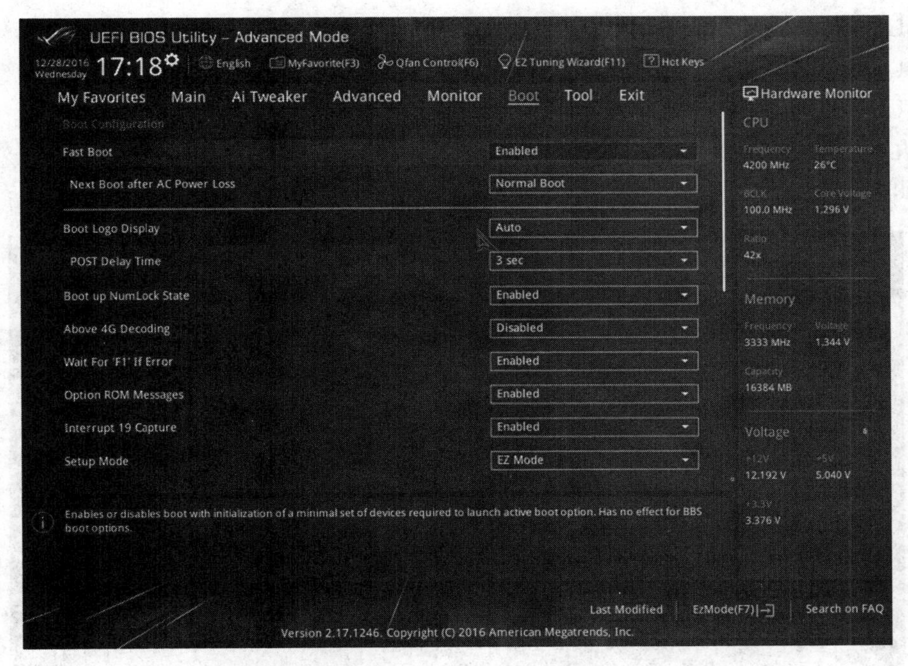

图 5-61　Boot 菜单

Fast Boot：系统正常启动或加速启动。当选择[Enabled]时会出现下列选项。

- USB Support[Partial In...]：选项值有[Disabled]（所有 USB 设备直到操作系统开启后才可使用）、[Full Initialization]（所有 USB 设备在操作系统环境及 POST 时均可使用）、[Partial Initialization]（在操作系统开启前仅可使用 USB 键盘与鼠标）。
- Network Stack Driver Support：选项值有[Disabled]（在 POST 时略过载入网络协议堆栈驱动器）和[Enabled]（在 POST 时加载网络协议堆栈驱动器）。

DirectKey Enable[Go to BIOS...]：关闭时，按下 DirectKey 键时系统仅会启动或关机；开启时，当按下 DirectKey 键时系统会启动并直接进入 BIOS。

Boot Option Priorities：选择启动磁盘并排列启动设备顺序。

第八步：Tool（工具）

此菜单下是对主板提供的相关硬件工具的管理，不同主板的工具也各不相同。此处以华硕主板提供的工具为例，菜单界面如图 5-62 所示。

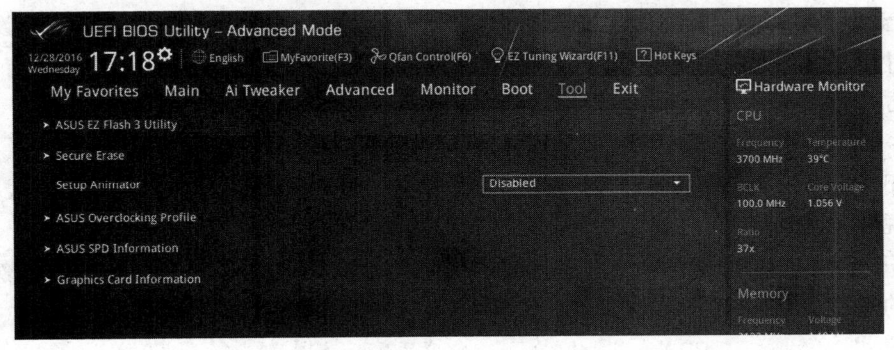

图 5-62　Tool 菜单

ASUS EZ Flash 2 Utility：启动华硕 EZ Flash 2 程序。

ASUS O. C. Profile：保存或载入 BIOS 设置。

ASUS SPD Information：显存插槽的相关信息。

第九步：退出 BIOS 程序(Exit)

退出 BIOS 程序(Exit)的菜单如图 5-63 所示。

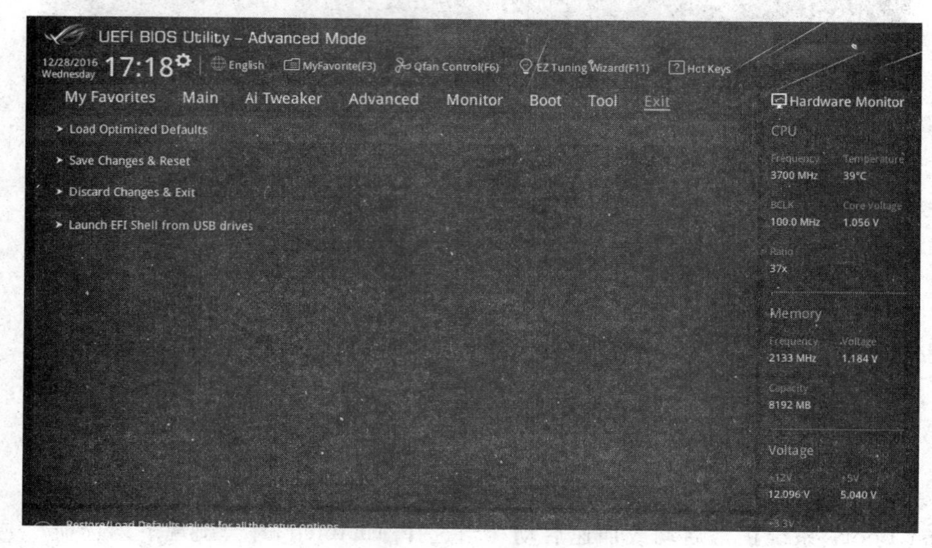

图 5-63　Exit 菜单

Load Optimized Defaults：载入 BIOS 程序设置菜单中每个参数的默认值。

Save Changes & Reset：保存设置并退出 BIOS 设置程序。

Discard Changes & Exit：放弃所做的更改，并恢复原先保存的设置，同时退出 BIOS 设置程序。

ASUS EZ Mode：进入 EZ Mode 菜单。

Launch EFI Shell from filesystem device：由含有数据系统的设备中启动 UEFI Shell (shellx64. UEFI)。

提示：所有的主板，在进行 BIOS 设置完毕后如果需要保存并退出，可直接按 F10 快捷键，然后选择 YES 即可。

3. 清除 BIOS 设置

当忘了计算机 BIOS 中设置的开机密码、超频导致系统不稳定或黑屏、BIOS 设置不当而导致计算机故障时，就需要对 BIOS 的设置进行清除。清除 BIOS 设置的方法有多种，最常用的方法主要有以下三种。

(1) CMOS 跳线放电法

关闭计算机电源，打开机箱，找到位于主板 CMOS 电池插座附近为三针的跳线(附近有一表格说明)，如图 5-64 所示，用镊子或其他工具将跳线帽从 1 和 2 的针脚上拔出，然后再套在标识为 2 和 3 的针脚上将它们连接起来，再将跳线帽由 2 和 3 的针脚上取出，然后恢复到原来的 1 和 2 针脚上。

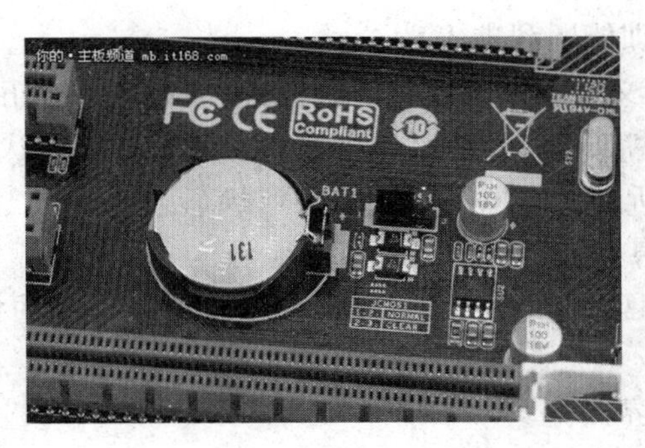

图 5-64 CMOS 跳线

(2) CMOS 电池放电法

接着将插座上用来卡住供电电池的卡扣压向一边，此时 CMOS 电池会自动弹出。将电池小心取出，根据具体的机器，放置相应的时间后再把 CMOS 电池放入插座，通常需要 3 分钟左右，最快的只要 30 秒就可以搞定，而慢的可能长达几个小时才可以完成给 CMOS 放电。

(3) 电池短接放电法

如果采用第二种方法不能清除 BIOS 设置，则可采用此法来进行。在主板上找到 CMOS 电池插座并取下电池以后，用一根导线或者经常使用的螺丝刀将电池插座两端短路，对电路中的电容放电，使 CMOS 芯片中的信息快速清除。此方法可以更快速地给 CMOS 放电。

思考练习

一、思考题

1. 什么是 BIOS?
2. BIOS 与 CMOS 的区别与联系有哪些?
3. BIOS 的主要作用有哪些?
4. 如何清除 CMOS 数据?

二、实践题

在 BIOS 中设置开机启动密码、从 U 盘启动计算机、优化一些默认的设置。

综合实训 BIOS 的设置与清除

1. 实训目的

(1) 熟练掌握进入 BIOS 设置的方法。

(2) 了解 BIOS 的主要功能。

(3) 掌握 BIOS 中常用选项参数的设置。

(4) 掌握清除 CMOS 数据的方法。

2. 注意事项

(1) 设置密码时，一定要记住密码，否则可能造成无法开机。在结束实训时，取消所设置密码，以便后续其他实训能顺利进入。

（2）先理解项目的含义再予以设置，否则可能造成系统无法正常启动或正常工作。

（3）对每一项的设置完成后保存，仔细观察设置前后的不同状态。

（4）实训结束时，将所有设置恢复到开始实训状态。

3. 实训中用到的工具

一台能正常启动的计算机、Lenovo G40-70 机型的 BIOS 界面模拟器、十字改刀、镊子。

4. 实训步骤

（1）进入 BIOS 设置界面。

① 开机，观察自检屏幕上相关提示，根据提示按键进入 BIOS 设置界面。

② 观察所进入的 BIOS 属于哪一种。

（2）熟悉 BIOS 中的各个操作键，并理解 BIOS 中的各项菜单的含义和功能。

（3）CMOS 设置。

① 设置日期和时间。

② 设置硬盘模式。

③ 设置启动顺序。

④ 设置密码。

⑤ 载入 BIOS 默认设置。

⑥ 尝试其他项目的设置。

（4）清除 BIOS 设置。

练习使用学习到的任一种方法来清除 CMOS 数据，并再次进入 BIOS 观察结果。

（5）完成实训报告。

项目 6　硬盘分区与格式化

任务 6.1　了解硬盘分区的基础知识

学习目标

在经过前面的BIOS设置的操作之后，在安装操作系统之前，首先需要对硬盘进行分区和格式化操作，然后才能使用硬盘工作。硬盘从制造到使用一般都要经过低级格式化、分区和高级格式化三个步骤，而硬盘低级格式化一般是硬盘生产厂家在出厂时已完成。通过本任务的学习，使大家系统了解硬盘的分区类型及文件系统，以及硬盘的分区方案。

任务目标

- 了解硬盘的物理结构。
- 了解硬盘的分区类型及文件系统。
- 了解硬盘的分区方案。

任务描述

张建同学对BIOS进行了设置，现在他要使用硬盘来安装系统、存储资料、安装软件，他应该做哪些准备工作呢？

相关知识

下面介绍硬盘分区方面的知识。

1. 硬盘的物理结构及分区类型

(1) 什么是硬盘分区

硬盘分区是指把硬盘的物理存储空间划分成多个逻辑区域，每个区域相互独立。

只有对硬盘进行合理的划分空间后，才能实现对硬盘空间的高效利用。但是如果硬盘分区过多，不仅会造成硬盘空间浪费，而且会影响系统的性能。

(2) 硬盘的物理结构及分区类型

硬盘在物理结构上由头盘组件和控制电路板两大部分组成。

头盘组件包括盘片、磁头、主轴、传动手臂、传动轴等部件。盘片表面极为平整光滑，并涂有磁性介质，是记录数据的载体。盘片多为铝制品，早期出现过陶瓷制品，现在又出现了玻璃材料。头盘组件结构如图 6-1 所示。

控制电路板包括主控制芯片、数据传输芯片、高速数据缓存芯片等。盘片上的数据通过前置读写控制电路与控制电路板导通完成对数据的控制。控制电路板如图 6-2 所示。

图 6-1　头盘组件结构　　　　图 6-2　控制电路板

(3) 硬盘分区的类型

硬盘有 4 种分区形式，分别是主分区、扩展分区、逻辑分区和活动分区。按硬盘存储内容的不同，可分为主分区、扩展分区和逻辑分区。

① 主分区。主分区是用于安装操作系统的分区，其中包含操作系统启动时所必需的文件和数据，系统启动时必须通过它才能启动。要在硬盘上安装操作系统，则该硬盘上必须要有一个主分区。

② 扩展分区。扩展分区是除主分区外的分区，但它不能直接用来存储数据，而只是用于划分逻辑分区。扩展分区下可以包含多个逻辑分区，可以为其逻辑分区进行高级格式化，并为其分配驱动器号。

③ 逻辑分区。逻辑分区是从扩展分区划分出来的，主要用于存储数据。在扩展分区中最多可以创建 23 个逻辑分区，各逻辑分区可以获得唯一的由 D 到 Z 的盘符，如通常在操作系统中所看到的 D、E 等磁盘。

④ 活动分区。活动分区是用于加载系统启动信息的分区。只有将包含启动操作系统所必需的文件所在的主分区激活为活动分区后，才能正常地启动操作系统。如果硬盘中没有一个主分区被设置为活动分区，则该硬盘将无法正常启动。

2. 硬盘分区的文件系统

(1) 什么是文件系统

文件系统是一种用于存储设备或分区上存储和组织计算机数据的方法。文件系统也称为文件管理系统，是操作系统中负责管理和存储文件信息的软件机构，规定了计算机对文件和文件夹进行操作处理的各种标准和机制。

- 从系统的角度看，文件系统是对文件存储空间进行组织分配、负责文件的存储并对存入的文件进行保护和检索的系统。

- 从用户的角度看，当需要保存数据或信息时，只需要提供存放文件的路径和文件名，借助文件系统就可以在磁盘上面找到该文件的物理位置，可以这样说，用户对所有的文件和文件夹的操作都是通过文件系统来完成的。

(2) 文件系统的功能

文件系统的功能主要有以下几点。

① 统一管理和调度文件的存储空间，实施存储空间的分配与回收。

② 提供文件的逻辑结构、物理结构和存储方法，即确定文件信息的存放位置及存放形式。

③ 实现文件从标识到实际地址的映射，即实现文件的按名存取。

④ 实现文件的控制操作和存取操作。

⑤ 实现文件信息的共享并提供可靠的文件保密和保护措施。

(3) 硬盘分区的文件系统类型

文件系统是操作系统组织、存取和保存信息的重要手段，每种操作系统都有自己的文件系统，如 Windows 所使用的文件系统主要有 FAT16、FAT32、NTFS 等；Linux 所用的文件系统主要有 ext3 和 ext4 等；OS/2 所用的文件系统主要有 HPFS。在计算机系统中，每一个硬盘分区都存在一个相应的文件系统。硬盘分区的文件系统有很多种，常见的主要有以下几种类型。

① FAT 文件系统。FAT 文件系统最初用于小型磁盘和简单文件结构的简单文件系统，是传统的 16 位文件系统，因此也称为 FAT16 文件系统，有极好的兼容性，存储效率高，CPU 资源耗用少，但是传统的 FAT16 文件系统不支持长文件名，受到“8＋3”(即 8 个字符的文件名加 3 个字符扩展名)的限制，只支持不超过 2GB 的单个硬盘分区，单个硬盘的最大容量一般不能超过 8GB。

② FAT32 文件系统。FAT32 文件系统提供了比 FAT 文件系统更为先进的文件管理特性，它可以在容量从 512MB 到 2TB 的硬盘上使用。FAT32 支持长文件名，但是运行速度比采用 FAT16 格式分区的硬盘要慢，单个文件大小不能超过 4GB 的限制。

③ NTFS 文件系统。NTFS 文件系统是一个基于安全性的可恢复的文件系统。它主要的优点是具有更好的安全性和可靠性，使文件的大小可以达到 16EB，提供了一个可供其他文件系统使用的丰富而灵活的平台，可以指定单个文件和文件夹的权限，支持磁盘配额管理，等等。

④ exFAT 文件系统。exFAT(Extended File Allocation Table，扩展 FAT，也称作 FAT64，即扩展文件分配表)文件系统是为了解决 FAT32 等不支持 4GB 及其更大的文件而推出的一种适合于闪存的文件系统。具有以下优点：单文件大小最大可达 16EB；采用了剩余空间分配表，同一目录下最大文件数可达 65536 个；加速存储分配过程，等等。

⑤ ext 文件系统。ext 文件系统主要是 Linux 内核所用的硬盘分区的文件系统。目前为 ext4 文件系统。

ext4 文件系统(第四代扩展文件系统)具有可支持最高 1EB 的分区与最大 16TB 的文件；使用日志校验和(Journal checksum)来提高可靠性；快速文件系统检查；ext4 的子目录最高可达 64 000 个等功能。

⑥ HPFS 文件系统。HPFS 文件系统最早是随 OS/2 1.2 引入的，目的是提高访问当时市场上出现的更大硬盘的能力。HPFS 主要保留了 FAT 的目录组织，同时增加了基于文

件名的自动目录排序功能；文件名最多可扩展到254个双字节字符；HPFS还允许由“数据”和特殊属性组成文件，从而在支持其他命名规则和安全性方面增加了灵活性；分配单位也从簇改为物理扇区(512字节)，这减少了磁盘空间的浪费。

3. 硬盘的分区方案

1) 硬盘的分区原则

(1) 顺序原则。

若采用下面的MBR分区方案时，在硬盘上建立分区时都应遵循这样的顺序原则：建立主分区→建立扩展分区→建立逻辑分区→激活主分区→格式化所有分区。

(2) 尽可能减少硬盘碎片的产生，有利于提高计算机的运转速度。

(3) 有利于各类数据资料、程序文件的管理。

(4) 有利于计算机操作系统的备份与恢复，减少不必要的重复劳动。

2) 硬盘的分区方案

在建立硬盘分区时，一般有MBR(Master Boot Record)和GPT(GUID Partition Table)两种分区格式的分区方案。

MBR的意为“主引导记录”，包含了硬盘的一系列参数和一段引导程序，不依赖于任何操作系统。MBR支持最大2TB硬盘，只支持最多4个主分区或三个主分区和一个扩展分区，扩展分区下可以有多个逻辑分区。

GPT意为GUID(全局唯一标识符)分区表，是可扩展固件接口(EFI)标准的一部分。GPT对分区数量没有限制，理论上最多可划分128个主分区，GPT可管理的硬盘大小达到18EB。采用GPT分区引导启动必须基于UEFI平台的主板支持。采用GPT分区，则没有扩展分区、逻辑分区和活动分区的概念。

(1) MBR和GPT的不同点

① MBR安装系统要求硬盘只要存在非隐藏、活动的主分区就可以了；而UEFI+GPT要求硬盘上除了存在ESP分区，还必须存在至少一个主分区。

② MBR系统一旦安装好之后，如果系统引导文件在单独的分区，此分区可以在操作系统中可见，也可以设置此分区为隐藏，系统仍可以正常启动；而GPT系统引导文件所在的ESP分区在操作系统中为不可见。

③ MBR启动要求的活动的主分区不是唯一固定的，可以任意设定某一分区为活动的主分区，然后MBR就可以通过分区表指引操作系统从此分区启动。也就是说，可以在任意分区(主分区＜无论是否活动＞或者扩展分区)安装操作系统，只要存在任意的活动主分区，就可以从此分区启动操作系统。而GPT只能把系统引导文件放置在ESP分区。

④ MBR的系统引导文件可以和系统文件在同一分区的根目录下，也可以不与系统文件处在同一分区，只要系统引导文件所在分区为活动的主分区即可启动操作系统；而GPT只能把系统引导文件放置在ESP分区，且操作系统必须在另外的主分区，也就是说，GPT强制要求系统启动文件与系统文件必须分离，不在同一分区。

(2) MBR和GPT的相同点

① MBR和GPT的系统引导文件都可以放置在单独的分区。

② MBR的系统引导文件所在的活动主分区位置不是固定的，可以随意设置任意分区满足此条件，GPT的ESP的位置也是可以随意设置的，在硬盘起始位置、中间位置、末尾都

可以,只要分区属性和其中的引导文件正确,就可以引导启动操作系统。

③ MBR的系统引导文件所在的分区和GPT的ESP分区都可以分配任意大小,而不是ESP必须用默认的100MB。

④ MBR安装系统所需的非隐藏、活动主分区和GPT的系统的ESP分区,都可以同时设置多个,但是即使有多个相同属性的分区,系统安装时安装程序都是自动写入第一个,启动时也都是从第一个启动。

任务6.2 用不同的方法对硬盘进行分区

学习目标

在了解了硬盘的物理结构,学习了硬盘分区类型、文件系统,以及硬盘分区方案等基础知识之后,需要对硬盘建立分区的操作,只有对硬盘建立合理的分区后,才能更合理、有效、方便地使用硬盘来安装操作系统和存储数据。通过本任务的学习,使学生掌握使用DiskGenius软件和在安装Windows系统过程中进行硬盘分区的两种方法。

任务目标

- 掌握使用DiskGenius软件进行硬盘分区的方法。
- 掌握在安装Windows系统过程中进行硬盘分区的方法。

任务描述

张建同学已经了解了硬盘分区的相关基础知识,并制定了针对自己的计算机硬盘的分区方案,现在他应该使用什么方法来进行硬盘分区呢?

相关知识

1. 使用DiskGenius软件进行硬盘分区

DiskGenius是一款功能全面,安全可靠的硬盘分区工具。具有创建分区、删除分区、格式化分区、无损调整分区、隐藏分区、分配盘符或删除盘符等功能。

(1) MBR分区方案

第一步:在BIOS中设置启动模式为Legacy,并设置从U盘启动,进入WinPE桌面,打开DiskGenius分区工具,界面如图6-3所示。

第二步:创建主分区。选择所需要建立分区的硬盘,在空闲的圆柱形上右击并选择“建立新分区”命令,如图6-4所示。

在“建立新分区”窗口中,选择分区类型为“主磁盘分区”,文件系统类型设为“NTFS”,

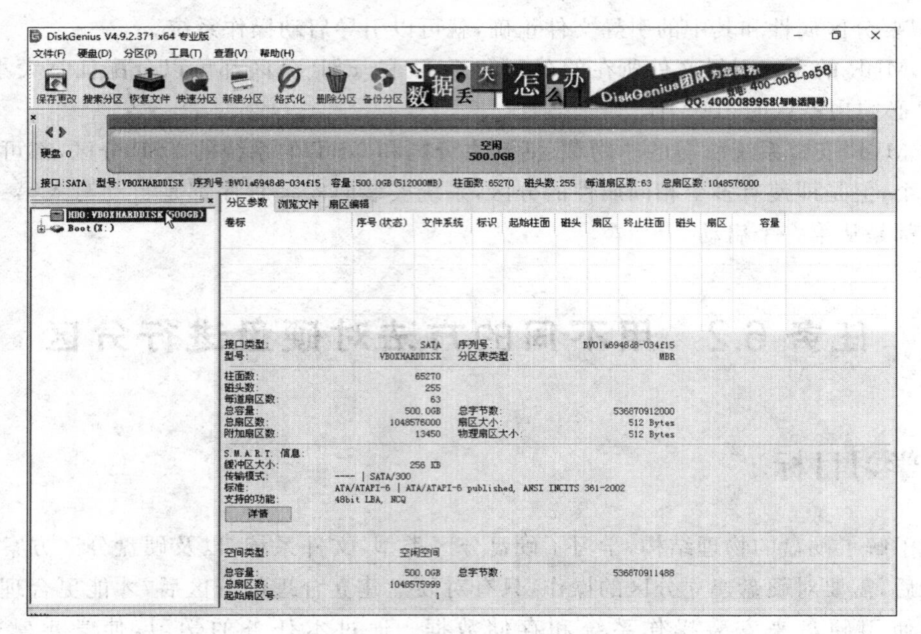

图 6-3 DiskGenius 界面

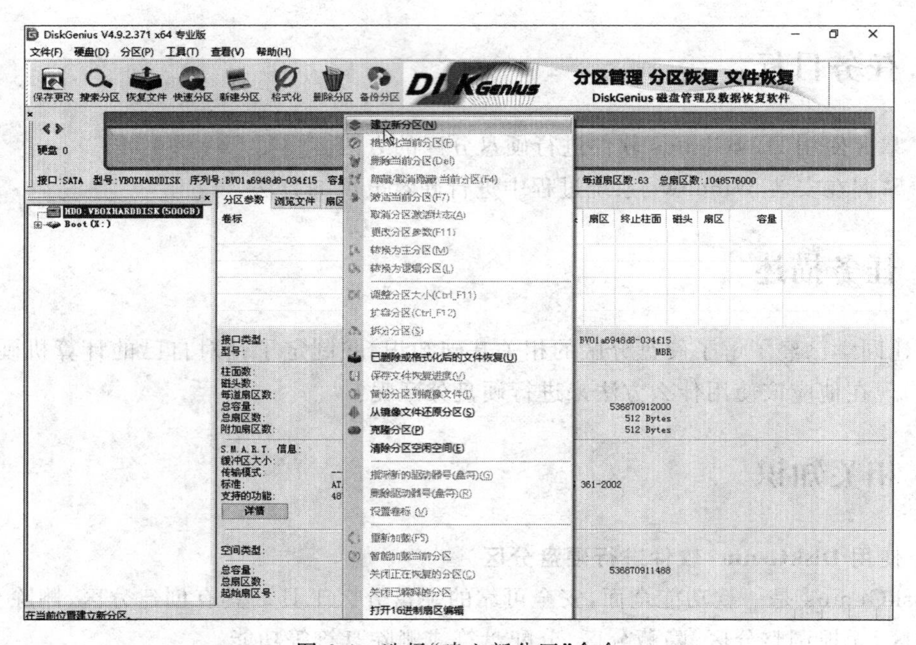

图 6-4 选择“建立新分区”命令

在“新分区大小”选项框中输入建立主分区的大小，然后单击“确定”按钮，完成主分区的建立，如图 6-5 所示。

第三步：创建扩展分区。在空闲的圆柱形上右击并打开“建立新分区”对话框，选择分区类型为“扩展磁盘分区”，“新分区大小”为默认值，然后单击“确定”按钮，即完成了扩展分区的创建，如图 6-6 所示。

图 6-5　创建新分区

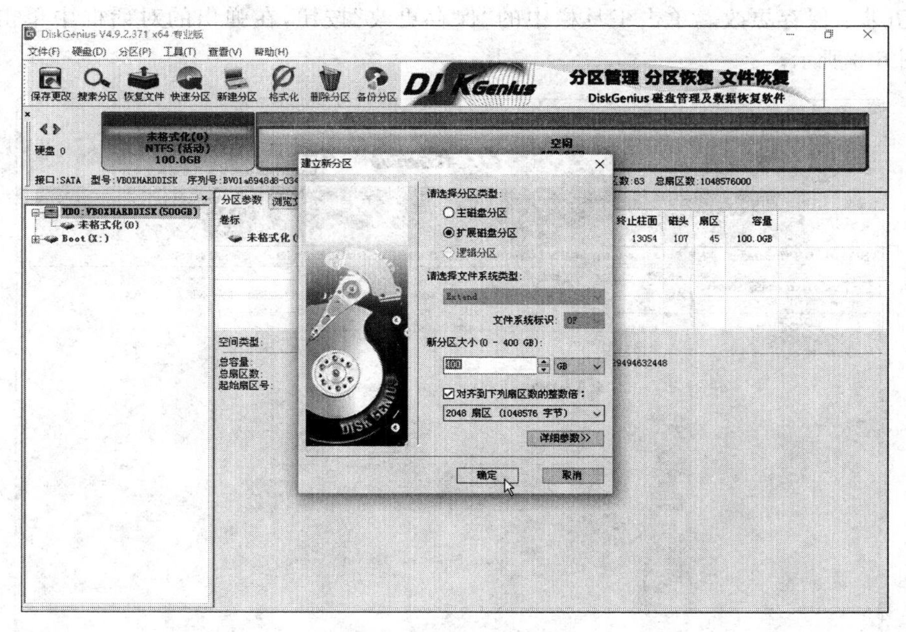

图 6-6　创建扩展分区

第四步：创建逻辑驱动器。选中扩展分区的空闲空间，右击并打开“建立新分区”对话框，选择分区类型为“逻辑分区”，文件系统类型为“NTFS”，在“新分区大小”选项框中输入需建立的逻辑分区大小，然后单击“确定”按钮，完成逻辑驱动器 D 的创建，也就是通常所说的创建了 D 盘，如图 6-7 所示。

用同样方法完成其他逻辑驱动器的建立。

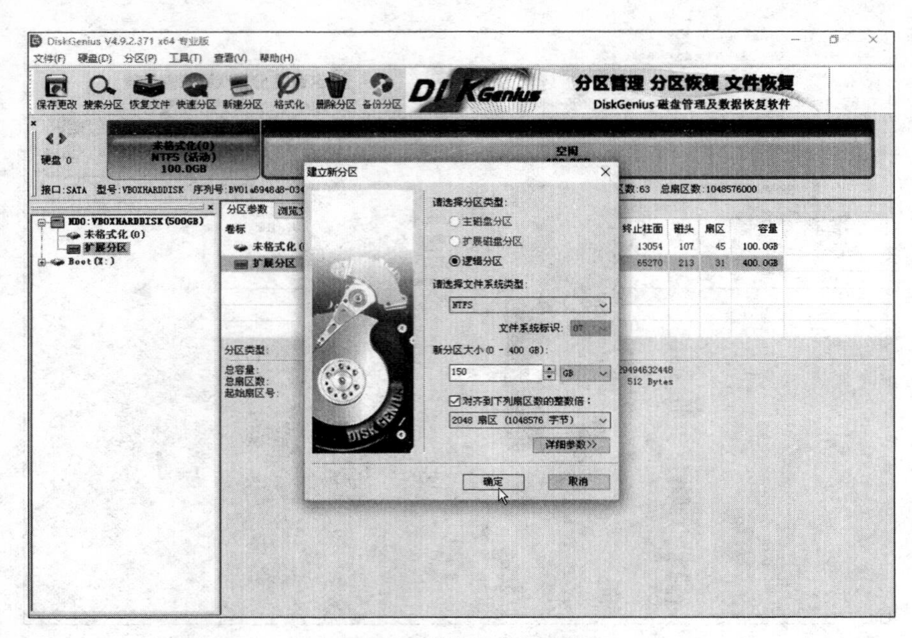

图 6-7　创建逻辑驱动器

第五步：保存更改。单击工具栏中的“保存更改”按钮，在弹出的对话框中单击“是”按钮，如图 6-8 所示。

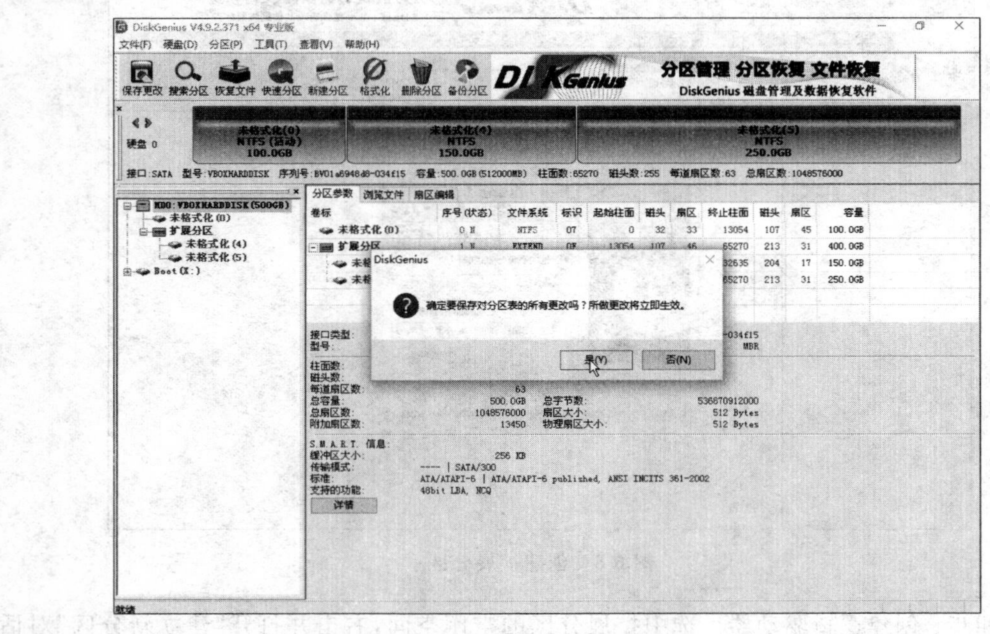

图 6-8　保存更改

在弹出的是否立即格式化下列新建的分区对话框中，单击“是”按钮，如图 6-9 所示，这时 DiskGenius 开始格式化分区。

第六步：重启系统。重新启动计算机后进入 DiskGenius，可查看硬盘分区成功后的效

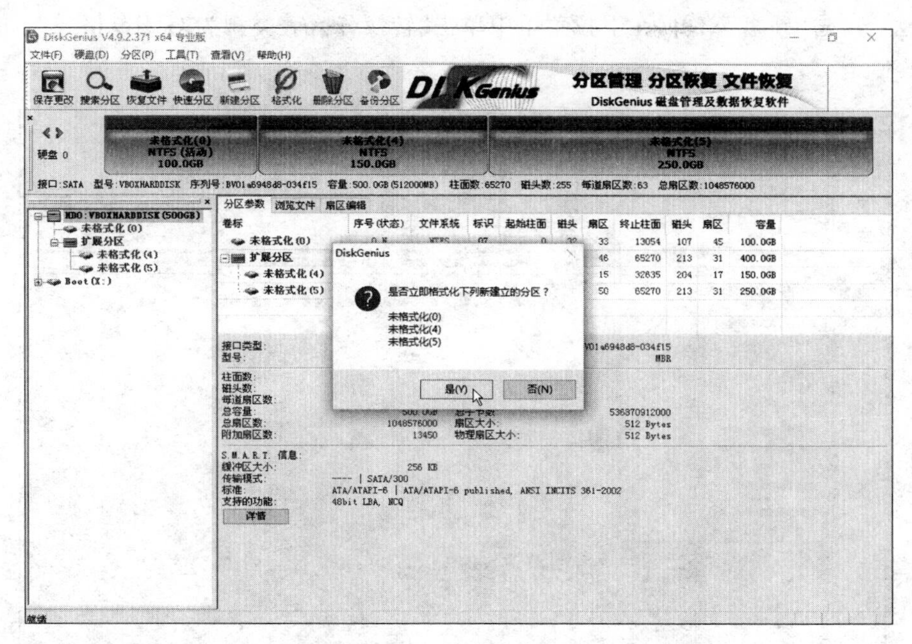

图 6-9　格式化分区

果，如图 6-10 所示。

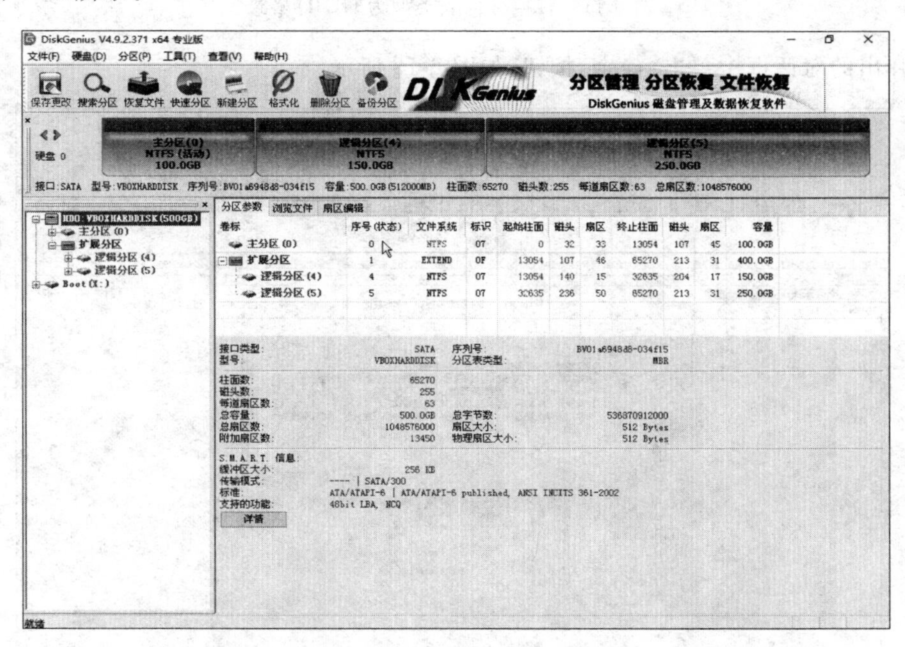

图 6-10　硬盘分区成功

(2) GPT 分区方案

第一步：在 BIOS 中设置启动模式为 UEFI，并设置从 U 盘启动，进入 WinPE 桌面，打开 DISKGEN 分区工具。

第二步：将硬盘分区类型转换为 GUID 格式。

方法：单击“硬盘”菜单，在下拉菜单中单击“转换分区表类型为 GUID 格式”，如图 6-11 所示。

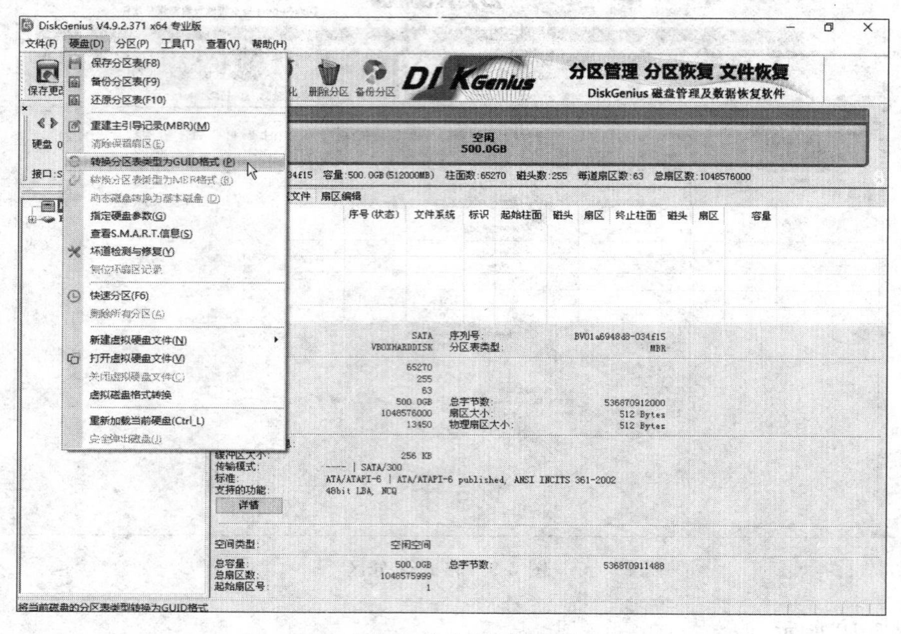

图 6-11 转换分区表类型为 GUID 格式

在弹出的对话框中单击“确定”按钮，如图 6-12 所示。

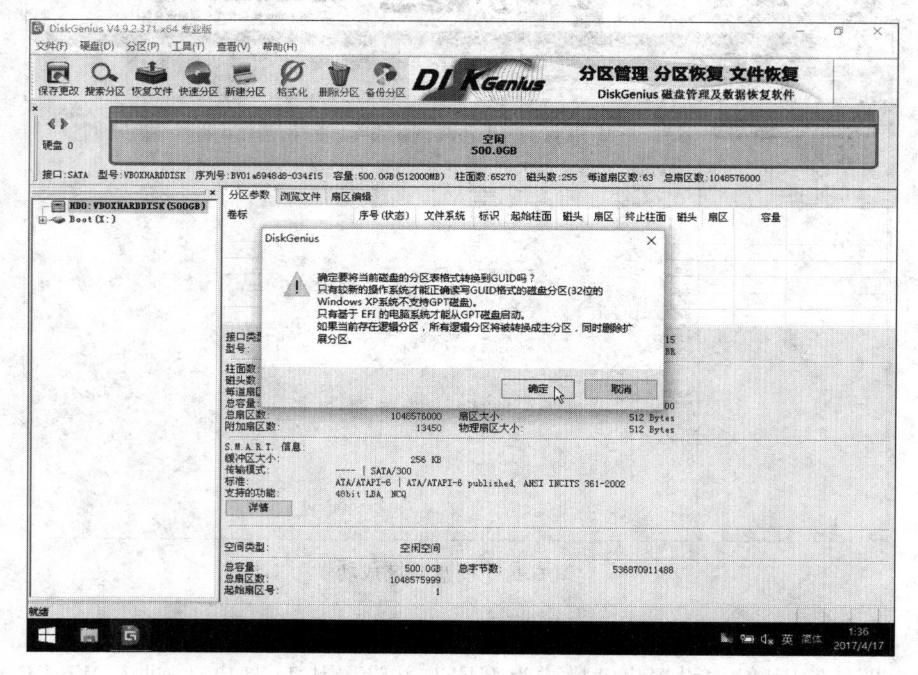

图 6-12 单击“确定”按钮

第三步：保存更改。单击工具栏中的“保存更改”按钮，在弹出的对话框上单击“是”按钮，如图 6-13 所示。

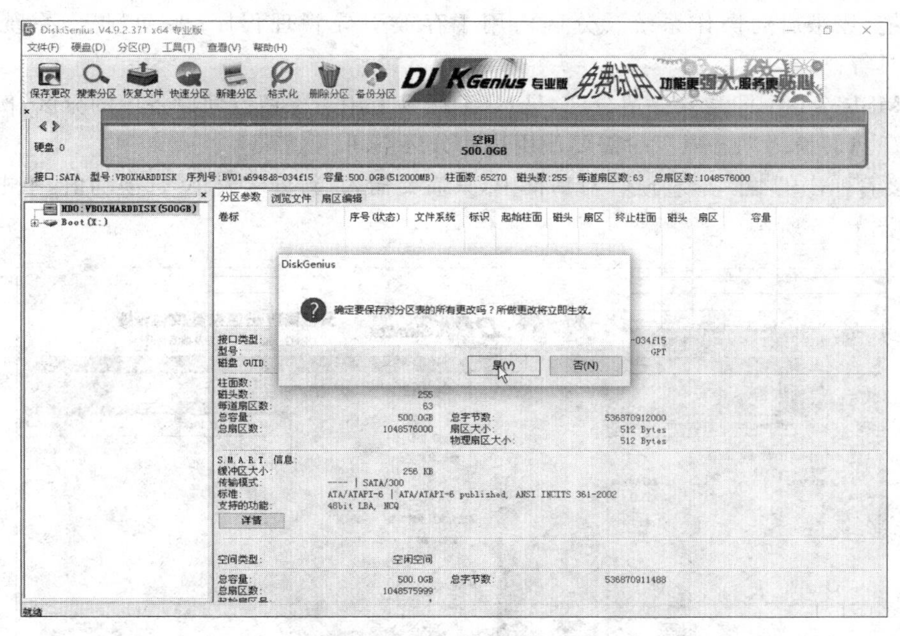

图 6-13　保存更改

第四步：建立分区。选择所需要建立分区的硬盘，在空闲的圆柱形上右击并选择“建立新分区”命令，在弹出的“建立 ESP、MSR 分区”对话框中选中“建立 ESP 分区”复选框，输入 ESP 分区的大小，然后单击“确定”按钮，如图 6-14 所示。

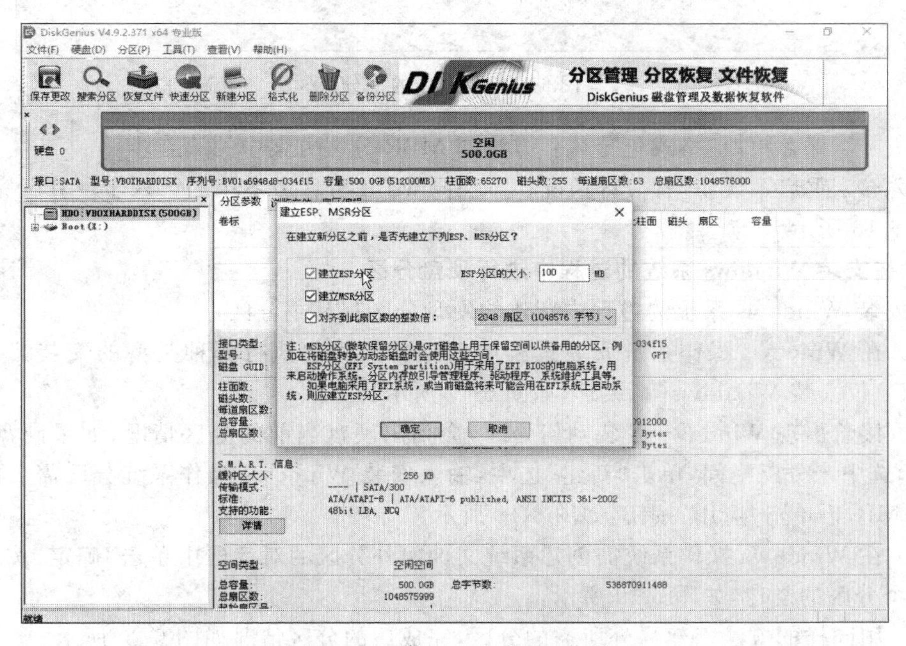

图 6-14　建立 ESP、MSR 分区

- ESP 分区：ESP 全称为 EFI System Partition，该分区采用了 EFI BIOS 的计算机系统，用来启动操作系统。分区内用于存放引导管理程序、驱动程序、系统维护工具等。
- MSR 分区：即微软保留分区，是 GPT 磁盘上用于保留空间以备用的分区，例如在将磁盘转换为动态磁盘时需要使用这些分区空间。

在接着弹出的“建立新分区”对话框中，只需要输入“新分区大小”选项的值，单击“确定”按钮，如图 6-15 所示。

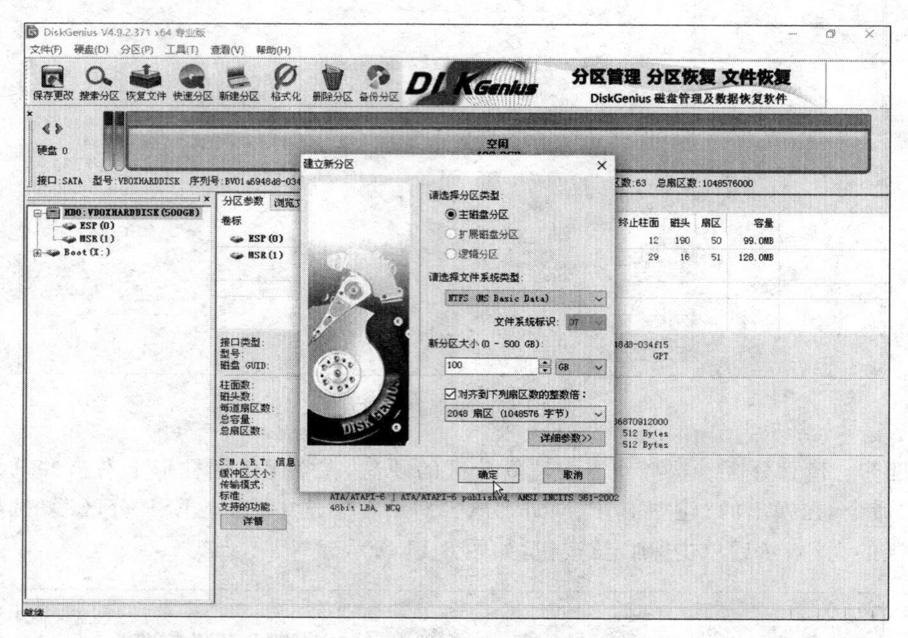

图 6-15 建立新的主分区

第五步：保存更改，格式化分区。方法同 MBR 分区方案中的第五步。

第六步：重启系统，查看分区情况。方法同 MBR 分区方案中的第六步。分区完成后界面如图 6-16 所示。

2. 在安装 Windows 系统的过程中进行硬盘分区

在安装 Windows 系统的过程中新建的硬盘分区都是主分区。

(1) 在 Windows 操作系统安装过程中，当选择“你想执行哪种类型的安装?”时，选择“自定义：仅安装 Windows(高级)”，如图 6-17 所示。

(2) 接着出现 Windows 安装到何处时，会列出硬盘当前的分区情况，如果硬盘中无任何分区，选中未分配空间，单击“新建”选项，输入安装 Windows 操作系统分区需要的容量，单位为 MB，再单击“应用”按钮，如图 6-18 所示。

(3) 在 Windows 操作系统需创建系统文件额外分区的对话框中单击“确定”按钮，则完成了一个分区的创建，如图 6-19 所示。

(4) 用同样的方法新建另外所需的分区，完成后的分区情况如图 6-20 所示。

分区 1 为系统保留分区，该分区在操作系统中属于系统隐藏分区，不可见。

分区 2 为准备安装 Windows 操作系统的分区。

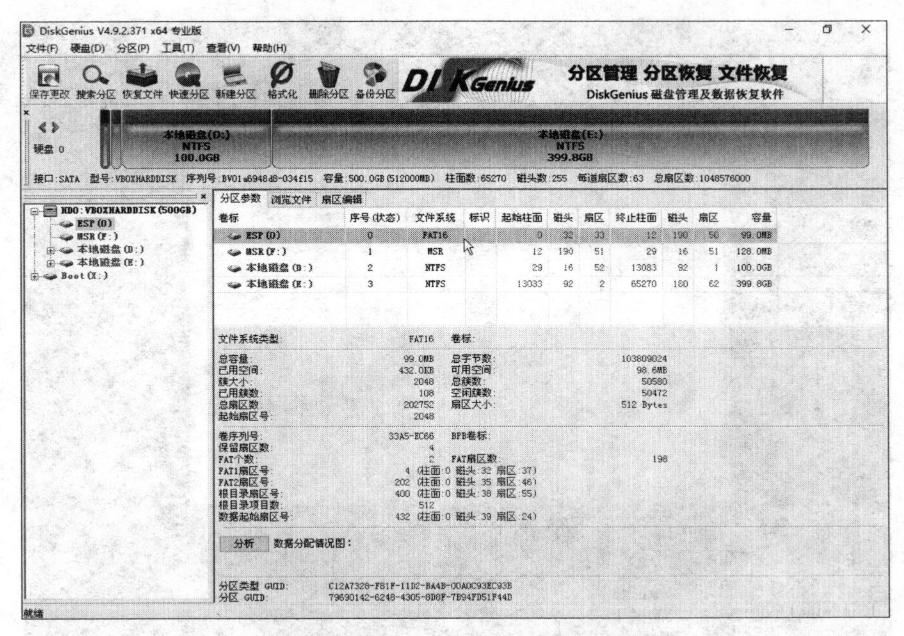

图 6-16　硬盘分区

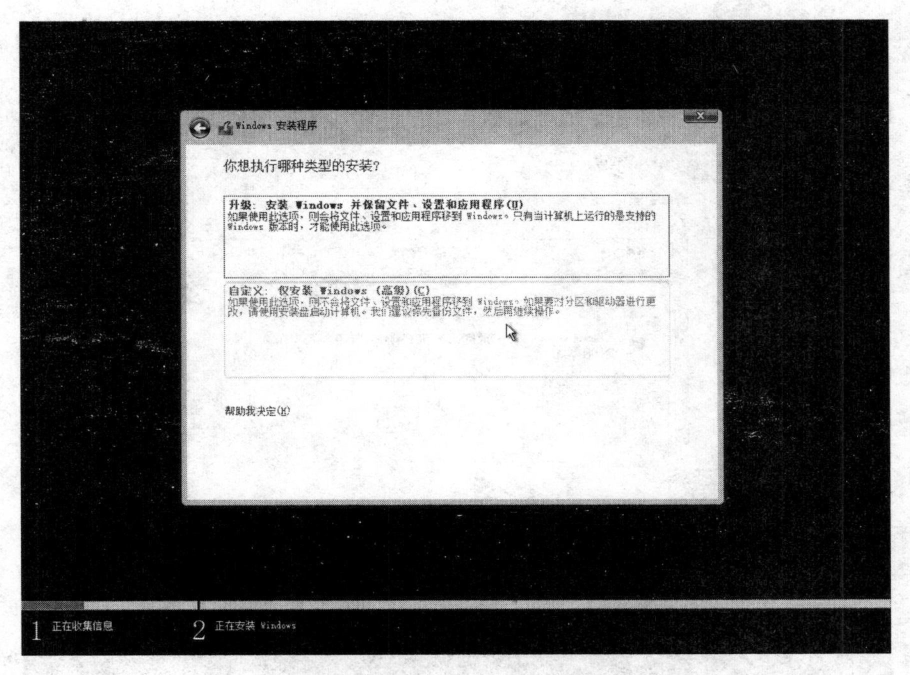

图 6-17　选择“自定义”安装类型

分区 3 为其他用途的分区。

(5) 格式化分区。

如果此时希望格式化分区，可分别选中除分区 1 以外的分区，单击“格式化”命令，即可完成该区的格式化操作。如果未做格式化操作，在选中此分区并安装 Windows 操作系统

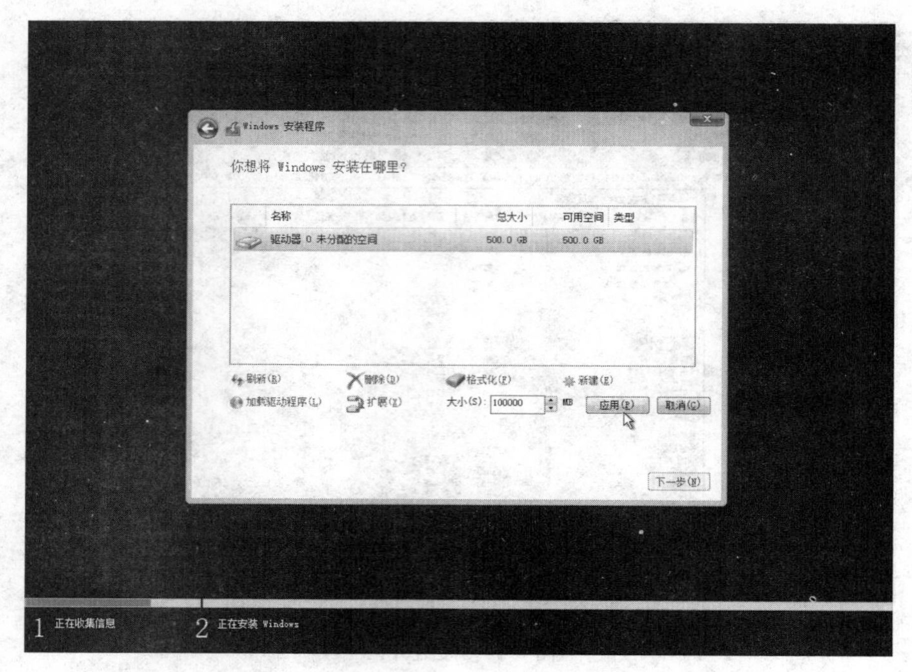

图 6-18 新建分区

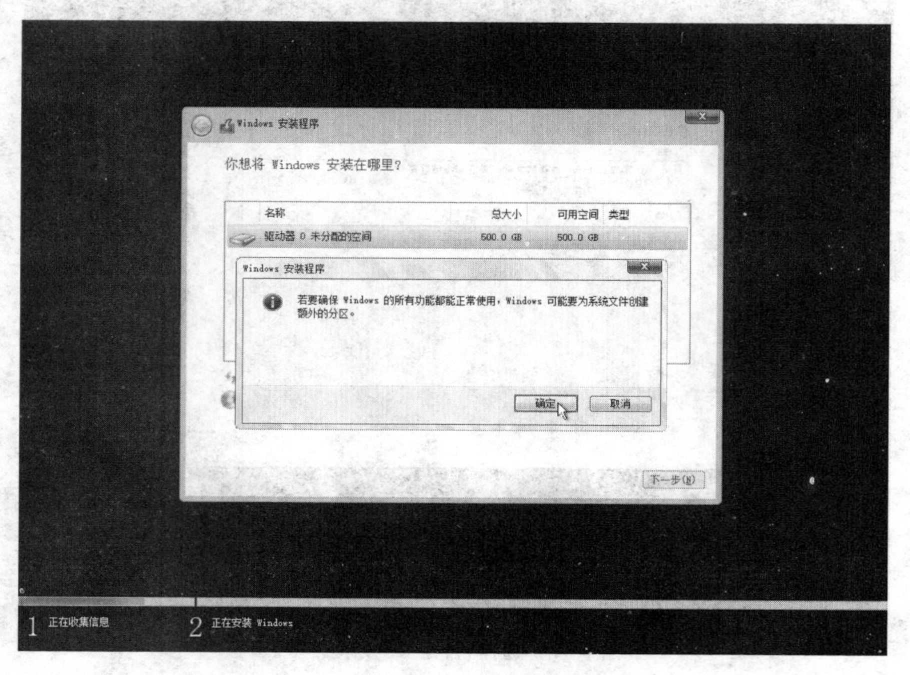

图 6-19 确认操作

时，系统也会自动格式化。不是安装操作系统的分区，则需要以后手动进行格式化操作。

(6) 完成分区后，选中需要安装 Windows 操作系统的主分区，单击“下一步”按钮，即可继续安装 Windows 操作系统的剩余过程。

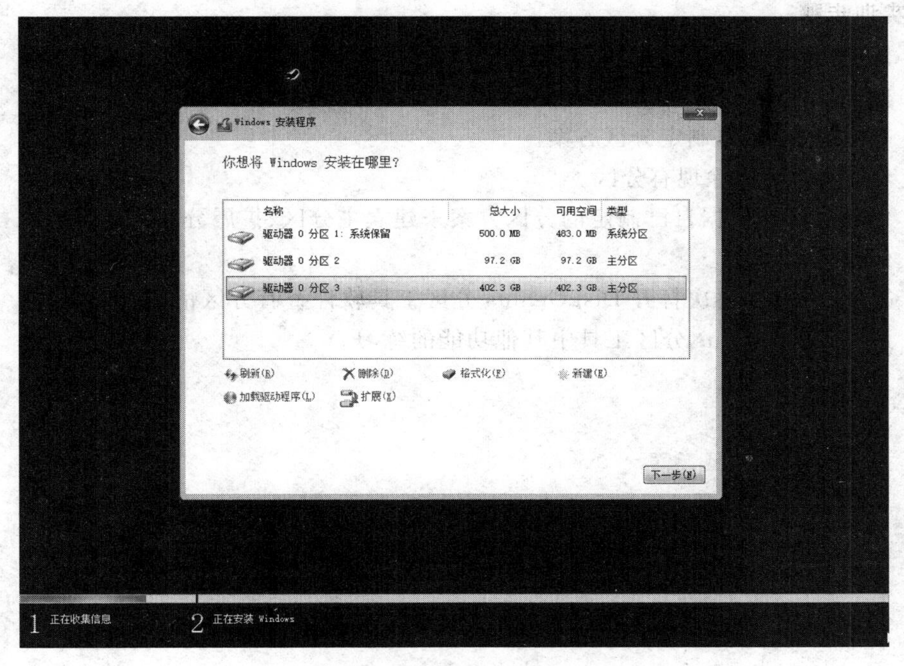

图 6-20 完成分区的创建

思考练习

一、思考题

1. 请说出硬盘的物理结构组成。

2. Windows 操作系统的文件系统有哪些?

3. 硬盘的两种分区方案的相同点和不同点有哪些?

二、实践题

1. 使用 DiskGenius 软件对一个 1TB 的硬盘合理划分出主分区、扩展分区和逻辑分区。

2. 使用 DiskGenius 软件对一个 1TB 的硬盘采用 GPT 分区方法,建立 200MB 的 ESP 分区、200GB 的用于安装操作系统的分区。

综合实训 计算机整机的组装

1. 实训目的

(1) 熟悉硬盘分区的文件系统。

(2) 能合理使用不同分区方案对硬盘进行分区。

(3) 掌握硬盘分区和格式化的方法。

2. 实训工具或条件

一台能正常运行的计算机、DiskGenius 工具软件、带 PE 的 U 盘启动盘。

3. 实训步骤

(1) BIOS设置。设置启动模式,设置为从U盘启动。

(2) 使用启动U盘启动计算机并进入PE,打开DiskGenius分区工具。

(3) 查看硬盘容量,制定分区方案。

(4) 删除分区:删除现有分区。

(5) 创建分区。根据自己制定的分区方案来建立主分区、扩展分区和逻辑分区。

(6) 保存更改。

(7) 重启计算机,再次打开DiskGenius分区工具软件查看分区情况。

(8) 进行DiskGenius分区工具中其他功能的练习。

(9) 完成实训报告。

项目 7　安装操作系统及常用软件

任务 7.1　安装单操作系统

学习目标

在经过前面的 BIOS 设置、硬盘分区与格式化的操作之后，便可以为计算机安装操作系统了。安装操作系统是一项非常重要的计算机基础维护操作，通常情况下，计算机的操作系统发生崩溃时，一般都需要重装操作系统来解决计算机出现的故障。在前面的准备工作都完成后，就可以正式安装操作系统了。通过本任务的学习，使学生系统了解并掌握单个 Windows XP/Windows 7 操作系统的安装流程。

任务目标

- 了解操作系统的分类及版本。
- 熟悉操作系统常规安装防范。
- 了解 Ghost 系统还原的方法。
- 熟悉操作系统与驱动程序的安装流程。

任务描述

在完成了前面的 BIOS 设置、硬盘分区和格式化这些准备工作之后，张建同学要顺利工作、学习，必须安装合适的操作系统，如微软公司的 Windows 系列操作系统，有 Windows XP、Windows Vista、Windows 7 等版本，Linux 操作系统，以及苹果公司的 Mac OS 等。具体应该选择哪一种操作系统，又该如何安装呢？

相关知识

7.1.1　操作系统的概念及系统的版本

1. 操作系统概念

操作系统(Operating System，OS)是软件系统的核心，它的主要作用是管理计算机系统的全部硬件资源、软件资源及数据资源，控制程序的运行，为其他应用软件提供支持等，使计算机系统所有资源最大限度地发挥作用，为用户提供方便、有效、友善的服务界面。

操作系统内包含了大量的管理控制程序，主要实现以下 5 个方面的管理功能：进程与处理器管理、作业管理、存储管理、设备管理、文件管理。

- 进程与处理器管理：根据一定的策略将处理器交替地分配给系统内等待运行的程序。
- 作业管理：为用户提供一个使用系统的良好的环境，使用户能有效地组织自己的工作流程，并使整个系统高效地运行。
- 存储管理：管理内存资源，主要实现内存的分配和回收以及内存的扩充等。
- 设备管理：负责分配和回收外部设备，以及控制外部设备按用户程序的要求进行操作。
- 文件管理：向用户提供创建文件、撤销文件、读写文件、打开和关闭文件等功能。

2. 常见操作系统简介

(1) Windows 系列操作系统

计算机操作系统目前有很多种，最常用的就是微软公司(Microsoft)的 Windows 系列操作系统产品。该产品有很多个型号，如 Windows XP、Windows 7、Windows 8 等。目前使用最多的是 Windows XP、Windows 7。Windows Vista 因为对硬件要求高、运行速度慢等原因，目前市场的普及率较低。

Windows XP 的中文全称为视窗操作系统体验版，是微软公司发布的一款视窗操作系统。它发行于 2001 年 10 月 25 日，原来的名称是 Whistler。微软最初发行了两个版本，即家庭版和专业版。字母 XP 表示英文单词的“体验”。Windows XP 基于 Windows 2000 的用户安全特性，并整合了防火墙，以增强系统的安全性和稳定性。

Windows 7(下面简称 Win 7)是微软目前面向个人和家庭用户的主流操作系统。其版本众多，其中最主要的版本有 3 个，分别是家庭版、专业版、旗舰版。

Win 7 家庭版主要面向家庭用户，拥有华丽的特效以及强大的多媒体功能。

Win 7 专业版主要面向企业用户，拥有加强的网络功能和更高级的数据保护功能。

Win 7 旗舰版具有家庭版和专业版的全部功能，是功能最全面的一个 Win 7 系统版本，当然也是价格最贵的一个版本。

在上述三个 Win 7 版本中，推荐使用 Win 7 旗舰版。

另外，所有版本的 Win 7 系统又分为 32 位和 64 位两个类别。64 位的 Win 7 系统支持 3.2GB 以上容量的内存，性能更为强大。但是由于目前的大多数应用软件还是基于 32 位系统开发的，所以 64 位的 Win 7 系统在软件兼容性方面还会存在一些问题，因此对大多数人来说还是推荐使用 32 位的 Win 7 系统，但是估计在未来几年之内，操作系统将全面过渡到 64 位。

(2) UNIX 操作系统

UNIX 是一个强大的多用户、多任务操作系统，支持多种处理器架构，最早由 Ken Thompson、Dennis Ritchie 和 Douglas McIlroy 于 1969 年在 AT&T 的贝尔实验室开发。

早期的 UNIX 拥有者 AT&T 公司以低廉甚至免费的许可将 UNIX 源码授权给学术机构做研究或教学之用，许多机构在此源码基础上加以扩充和改进，形成了所谓的 UNIX 变种，这些变种反过来也促进了 UNIX 的发展，最终形成了一系列操作系统，统称为 UNIX 操作系统。主要分为各种传统的 UNIX 系统，如 FreeBSD、OpenBSD、SUN 公司的 Solaris，以及各种与传统 UNIX 类似的系统，例如 Minix、Linux、苹果公司的 Mac OS 等。UNIX 因为其安全可靠、高效强大等特点，在服务器领域得到了广泛的应用，但除 Mac OS 和部分 Linux 发行版本外，很少使用在微型计算机上。

（3）Linux 操作系统

Linux 是 UNIX 系统的一个变种，但值得注意的是，Linux 是以 UNIX 为原型开发的，其中并没有包含 UNIX 源码，是按照公开的 POSIX 标准重新编写的。Linux 最早由 Linus Torvalds 在 1991 年开始编写，之后不断地有程序员和开发者加入 GNU 组织中，逐渐发展完善为现在的 Linux。

Linux 操作系统内核的名字也是 Linux，它是自由软件和开放源代码发展中最著名的例子之一。严格来讲，Linux 这个词本身只表示 Linux 内核，但实际上人们已经习惯用 Linux 来形容整个基于 Linux，并且使用 GNU（GNU 代表 GNU's Not UNIX，它既是一个操作系统，也是一种规范，符合 GNU 许可协议的程序都是自由软件，都可以在网络中免费下载）工程中的各种工具和数据库的操作系统。Linux 是一个内核，但一个完整的操作系统不仅仅只有内核，许多个人、组织和企业开发了基于 GNU/Linux 的 Linux 发行版。目前，国内 PC 上使用较多的发行版为 Ubuntu、Fedora 等。

（4）Mac OS 操作系统

Mac OS 是苹果计算机专用的操作系统，是基于 UNIX 内核的图形化操作系统。该操作系统只能够安装在苹果计算机上，但是苹果公司也推出了用于 X86 的版本。需要注意的是，Mac OS 非 X86 版本是没有办法安装在非苹果计算机上的，因为它们使用的硬件结构不同。苹果的 CPU 和 Intel、AMD 的 CPU 不一样，执行的命令也不一样。

3. 常见操作系统的优缺点比较

目前，UNIX、Linux、Mac OS 等系统的普及率都远低于 Windows 操作系统。这是因为 UNIX、Linux 操作系统对于使用它们的人有一定技术上的要求，且早期版本人性化程度较低。但是在全球自由软件爱好者的共同努力下，Linux 也越来越人性化，使用起来更加接近人们的日常习惯，如 Ubuntu 系统就是其中的代表。而 Mac OS 则是因为使用其特有的硬件设备，扩充性差，得不到更多的生产厂商的支持。

Windows 操作系统易用性好，容易上手，很人性化，但是安全性差，本身有很多漏洞，有很多针对 Windows 平台的病毒和恶意代码。Linux 和 UNIX 操作系统界面使用上的便捷性不如 Windows 操作系统，但是安全性很好，针对它们的病毒不多。目前使用 Linux 和 UNIX 操作系统基本上不需要安装杀毒软件和防火墙，因为即使将 Windows 操作系统下的病毒复制到 Linux 和 UNIX 操作系统下，病毒也无法执行，因为 Windows 操作系统和后两者的文件结构完全不一样。

各种主流操作系统的主要优缺点比较如表 7-1 所示。

表 7-1 各种主流操作系统的比较

操作系统	优点	缺点
Windows XP	市场普及率高，价格相对于 Windows 7 更低廉，较人性化，易操作，兼容性好，有大量的软件支持该系统	安全性差，容易遭到病毒的感染
Windows 7	运算速度较 Windows Vista 快，安全性比 Windows XP 高，较人性化，易操作，对大容量、高频率设备的支持比 Windows XP 好	对硬件配置要求高，对于很多游戏和软件不兼容，价格较高
UNIX	稳定性、安全性高，可扩展性好，多用于服务器等	易用性差，界面不够人性化
Linux	免费、开源、可扩展性好，多用于服务器	易用性差，界面不够人性化
Mac OS	界面华丽，易操作，稳定性好	价格高昂，支持的软件少

7.1.2 用常规方法安装 Windows 7 系统

Windows 7 系统对计算机的基本配置要求是：

- 1GHz、32 位或 64 位处理器。
- 1GB 内存(基于 32 位)或 2GB 内存(基于 64 位)。
- 16GB 可用硬盘空间(基于 32 位)或 20GB 可用硬盘空间(基于 64 位)。

下面以安装 Windows 7 SP1 简体中文旗舰版为例来介绍 Windows 7 系统的安装过程。

(1) 首先设置 BIOS 从光盘启动计算机，将 Windows 7 系统安装光盘放入光驱，启动计算机后，显示如图 7-1 所示的界面。

图 7-1 加载文件界面

(2) 选择语言类型、时间和货币格式及键盘和输入方法。这里采用默认设置，如图 7-2 所示。单击“下一步”按钮进入下一个界面。

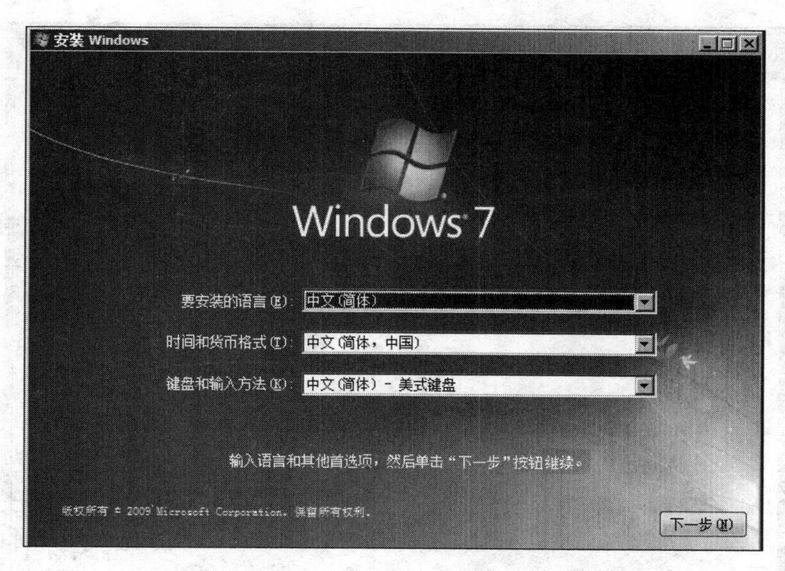

图7-2　语言、时间和货币、键盘设置界面

(3) 在图7-3所示的界面中，单击“现在安装”按钮，开始系统的安装过程。

图7-3　单击“现在安装”按钮

(4) 同意许可条款，选中“我接受许可条款(A)”后，单击“下一步”按钮，如图7-4所示。

(5) 进入安装类型选择界面，此处有“升级(U)”和“自定义(高级)(C)”两个选项，根据需要进行选择，这里选择“自定义(高级)(C)”，如图7-5所示。

(6) 进入分区界面，单击“驱动器选项(高级)”。在这里也可以对硬盘进行分区，但是在Windows 7系统的安装过程中，只能创建主分区，而无法创建逻辑分区。也就是说，在这里最多只能创建4个分区，而且分区类型全部为主分区，如图7-6所示。

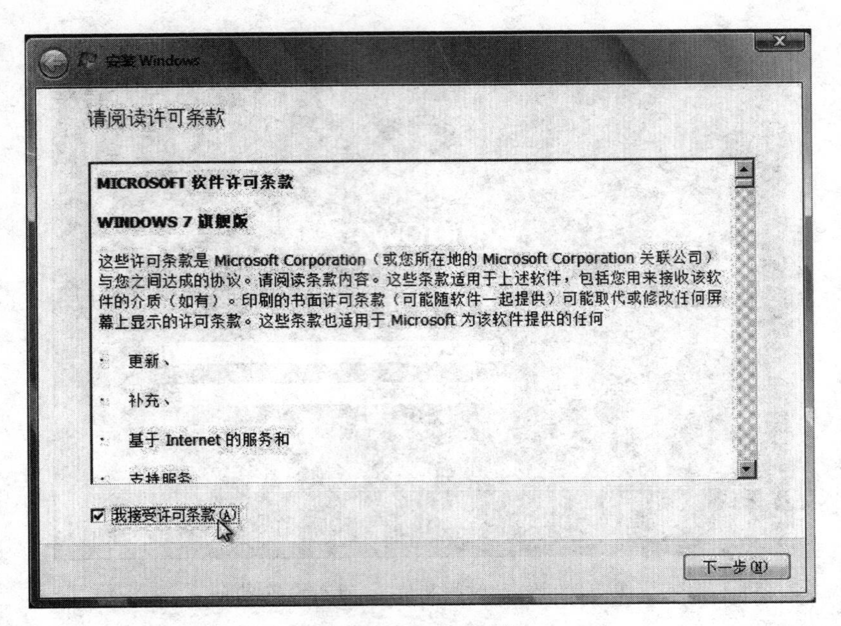

图 7-4　许可条款界面

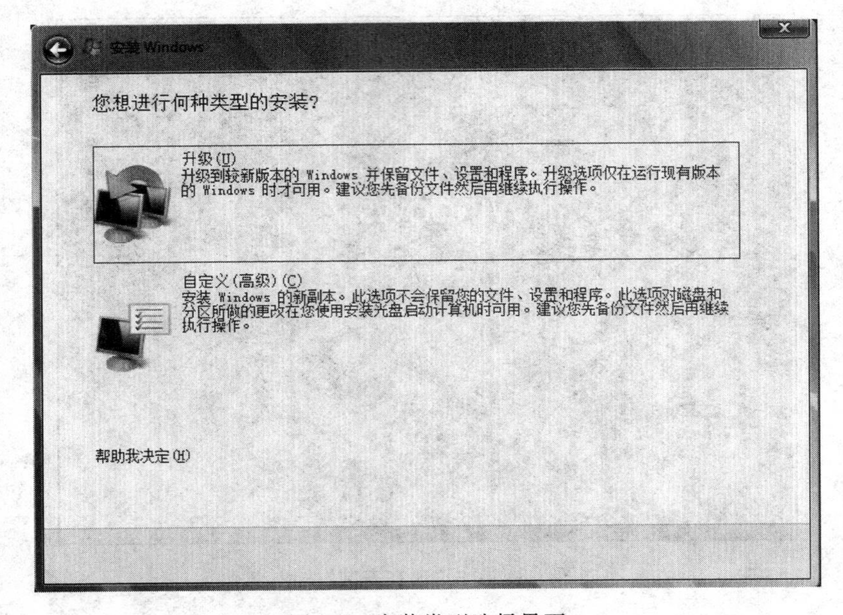

图 7-5　安装类型选择界面

(7) 单击“新建(E)”选项，创建分区，如图 7-7 所示。

(8) 设置分区容量并单击“下一步”按钮，如图 7-8 所示。

(9) 创建好主分区后的磁盘状态，这时会看到，除了创建的 C 盘和一个未划分的空间，还有一个 100MB 的空间。这是由 Win 7 系统自动生成的一个供 Bitlocker(一种磁盘加密方法)使用的空间，如图 7-9 所示。

(10) 选中未分配空间，单击“新建(E)”选项，创建新的分区，如图 7-10 所示。

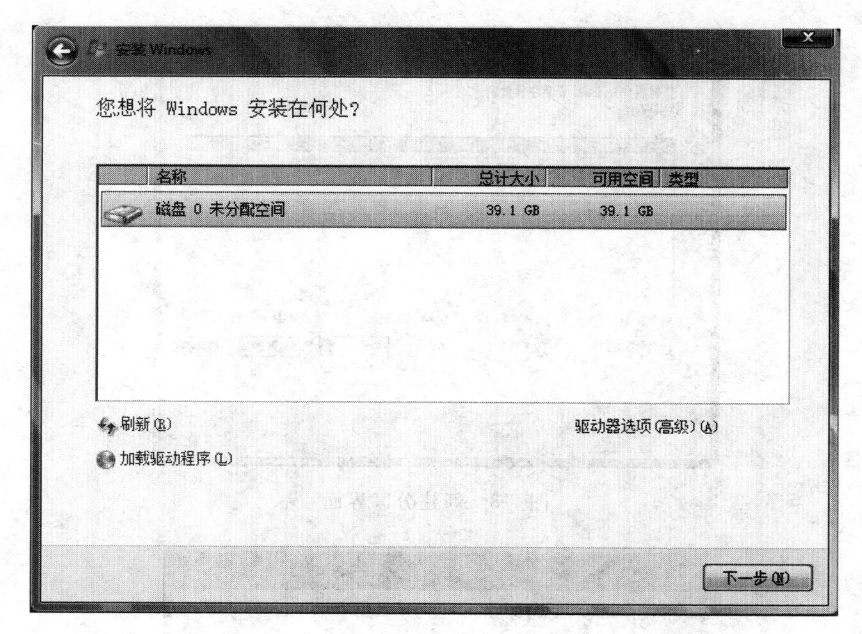

图 7-6 分区界面

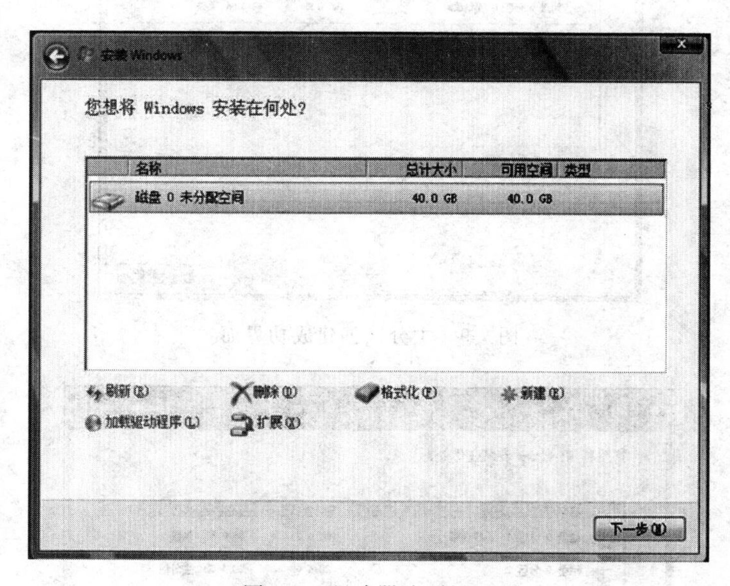

图 7-7 驱动器选项界面

(11) 将剩余空间全部分给第二个分区,也可以根据实际情况将硬盘分成多个分区,如图 7-11 所示。

(12) 创建第二个分区完成,选择要安装系统的分区,单击"下一步"按钮,如图 7-12 所示。

(13) 系统开始自动安装系统,如图 7-13 所示。

(14) 系统安装完成后,会自动重启,如图 7-14 所示。

(15) 安装程序准备工作完成后,显示"设置 Windows"对话框,如图 7-15 所示。在"键

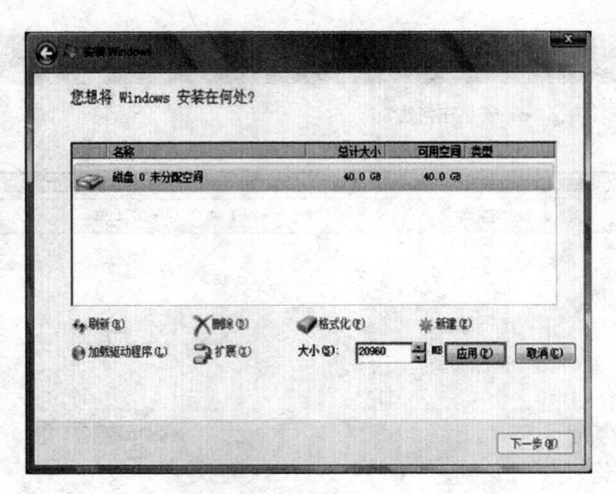

图 7-8 新建分区界面

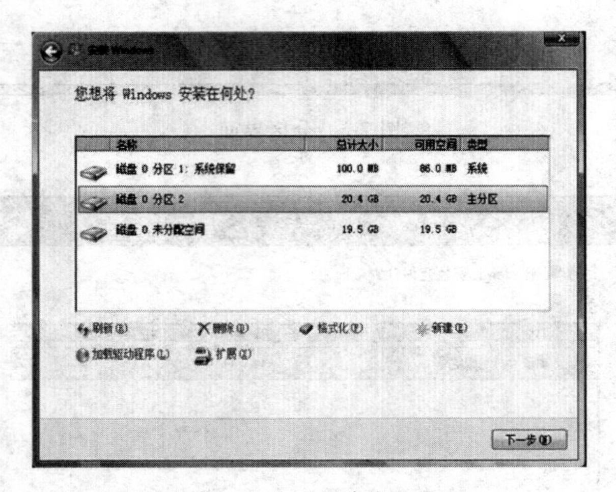

图 7-9 主分区创建成功界面

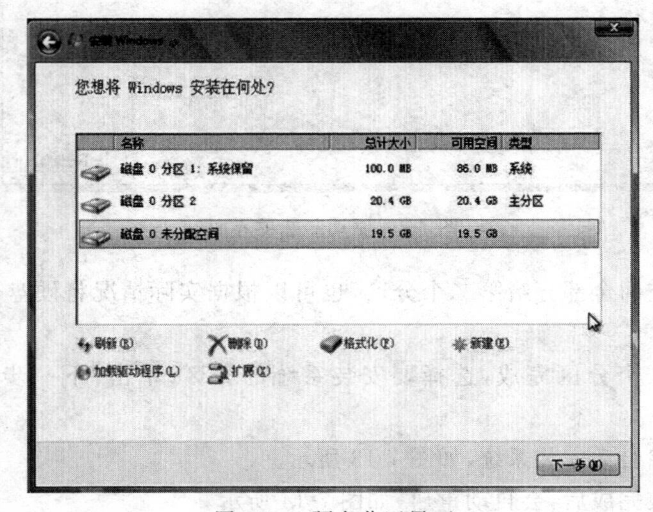

图 7-10 硬盘分区界面

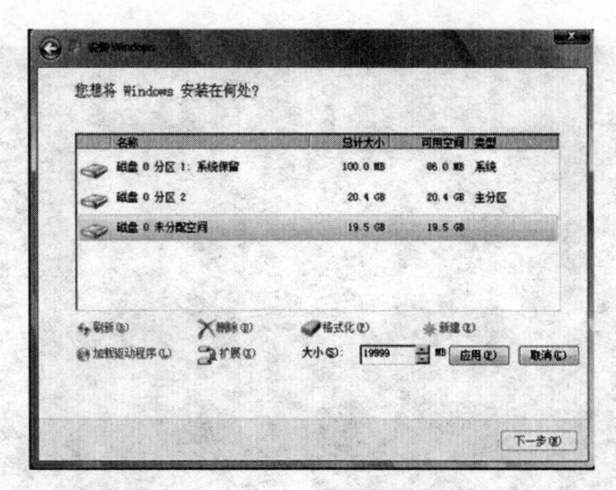

图 7-11　新分区创建界面

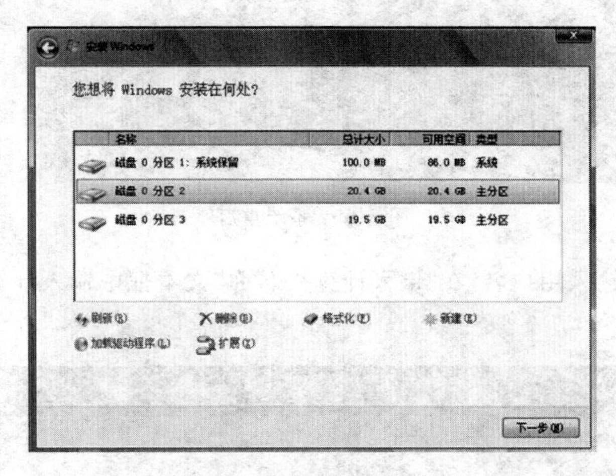

图 7-12　选择系统安装分区

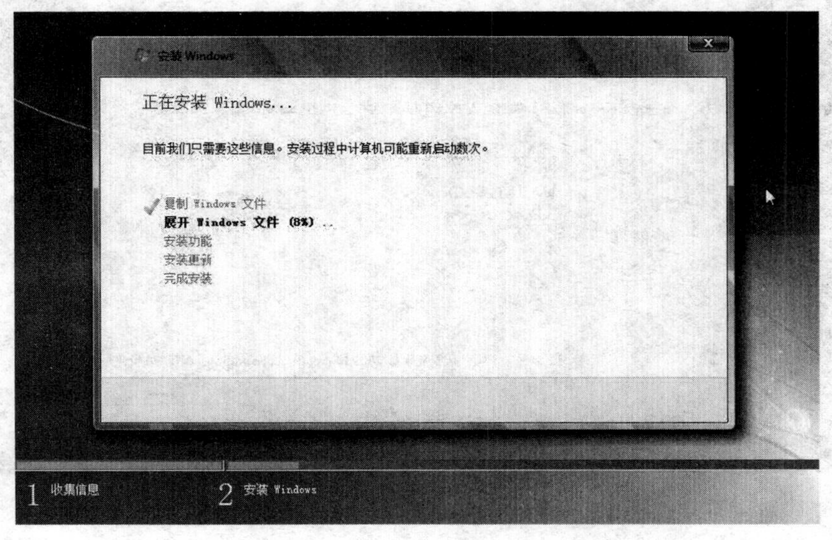

图 7-13　安装界面

图 7-14　系统重启

入用户名”文本框中输入用户名，在“键入计算机名称”文本框中输入计算机名称，然后单击“下一步”按钮。

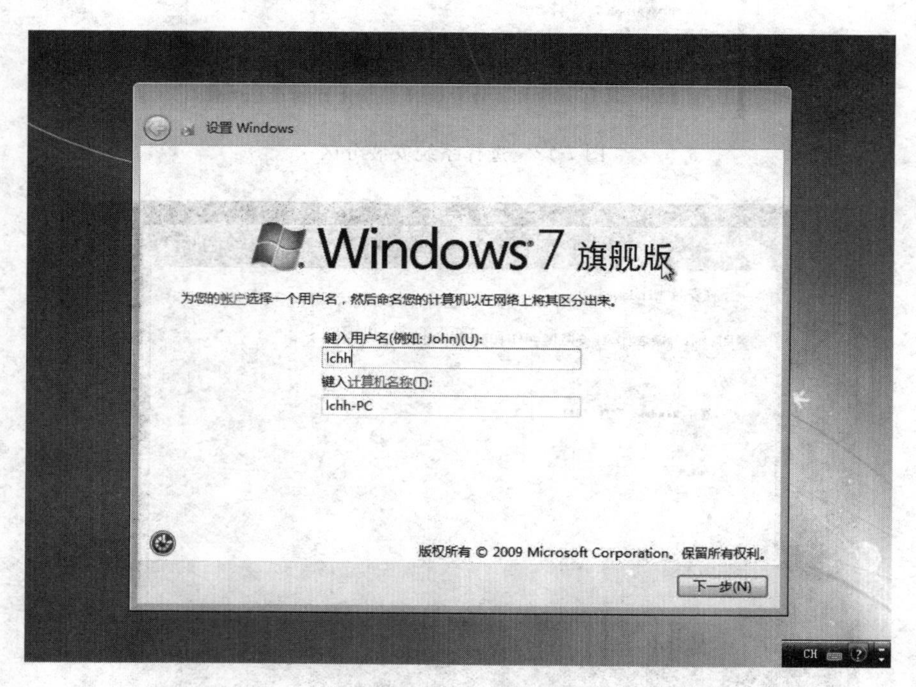

图 7-15　用户名设置界面

（16）打开“为账户设置密码”对话框，如图 7-16 所示，在“键入密码”文本框中输入密码。需要注意的是，如果设置密码，那么密码提示也必须设置。如果觉得麻烦，也可以不设置密码，直接单击“下一步”按钮，进入系统后再到“控制面板”→“用户账户”中设置密码。

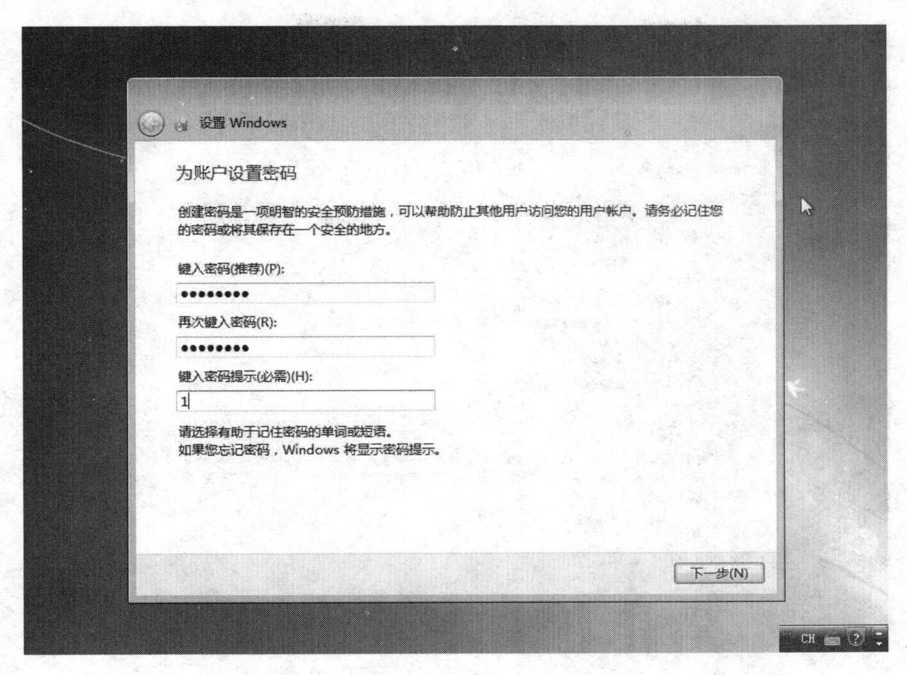

图 7-16 账户密码设置界面

(17) 输入 Windows 7 的产品密钥，单击“下一步”按钮，如图 7-17 所示。

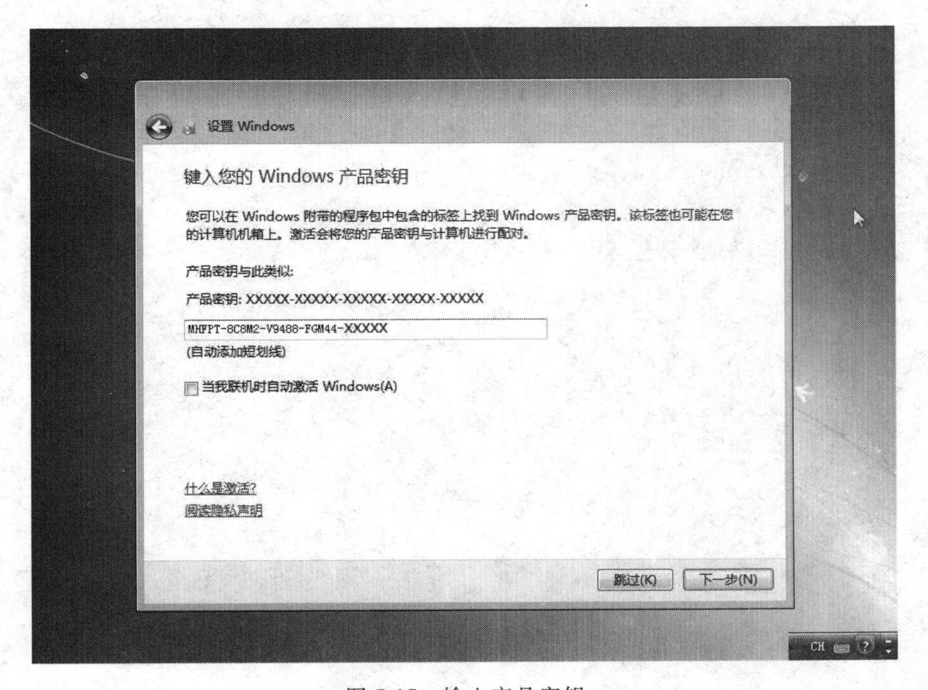

图 7-17 输入产品密钥

(18) 帮助您自动保护计算机以及提高 Windows 的性能，选择“使用推荐设置(R)”选项，如图 7-18 所示。

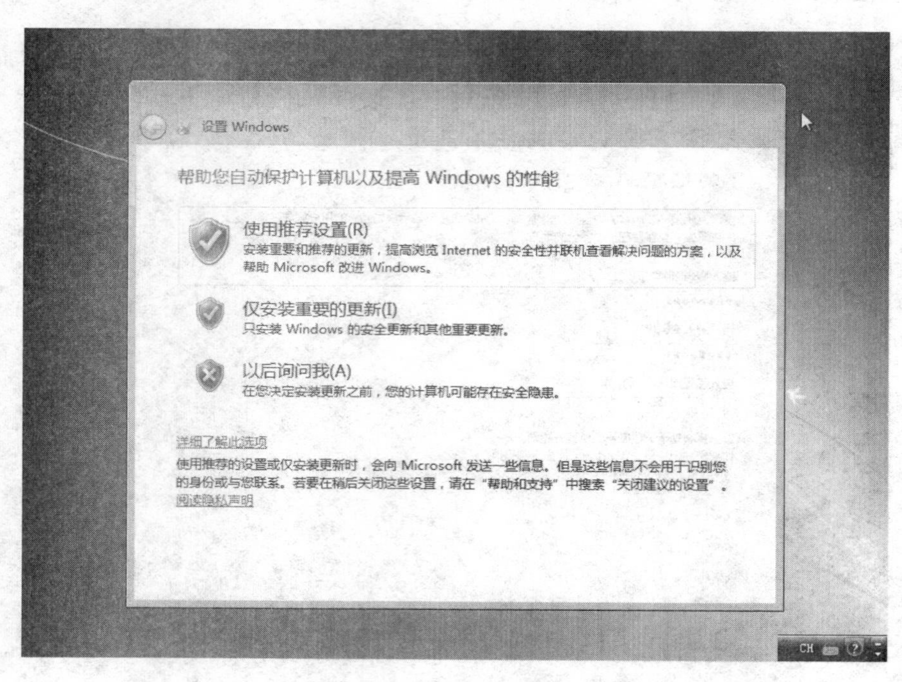

图 7-18　Windows 保护设置的界面

(19) 设置时间和日期，单击“下一步”按钮，如图 7-19 所示。

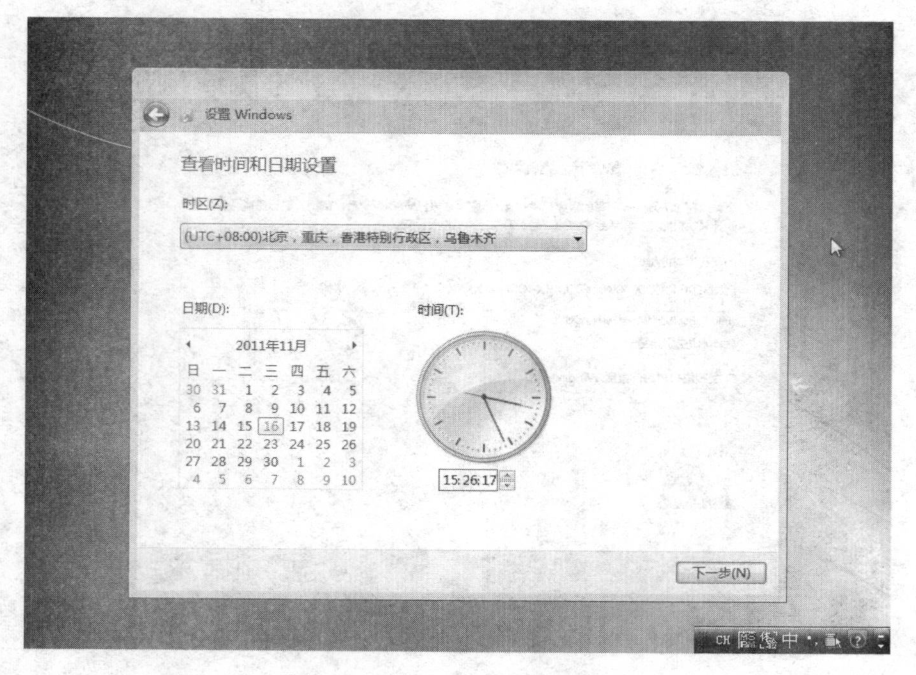

图 7-19　设置时间和日期的界面

(20) 选择计算机当前的位置，如果不确定，选择"公用网络"，如图 7-20 所示。

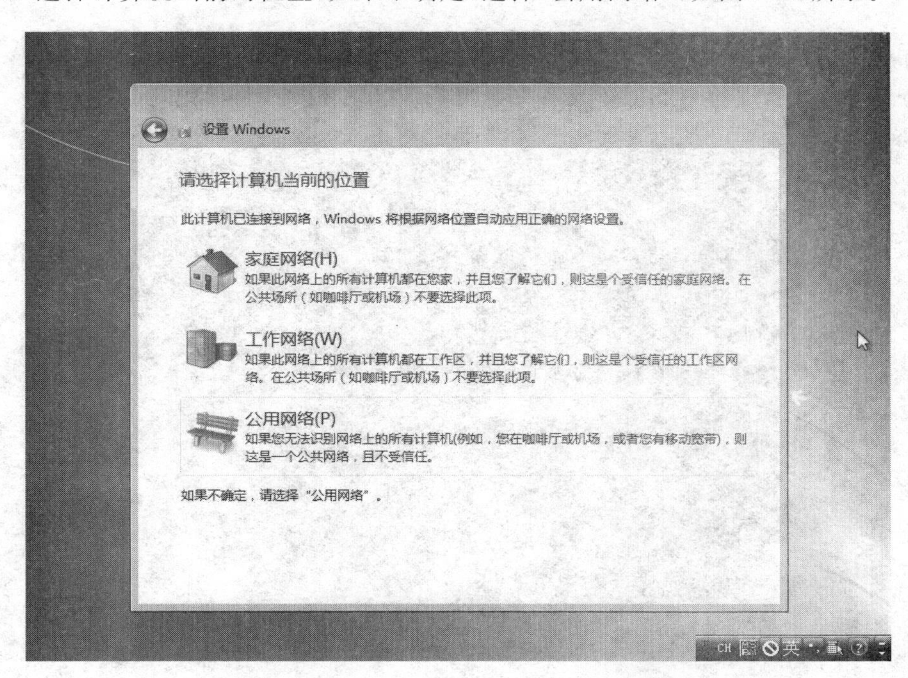

图 7-20　计算机位置选择界面

(21) 系统开始完成设置，界面如图 7-21 所示。

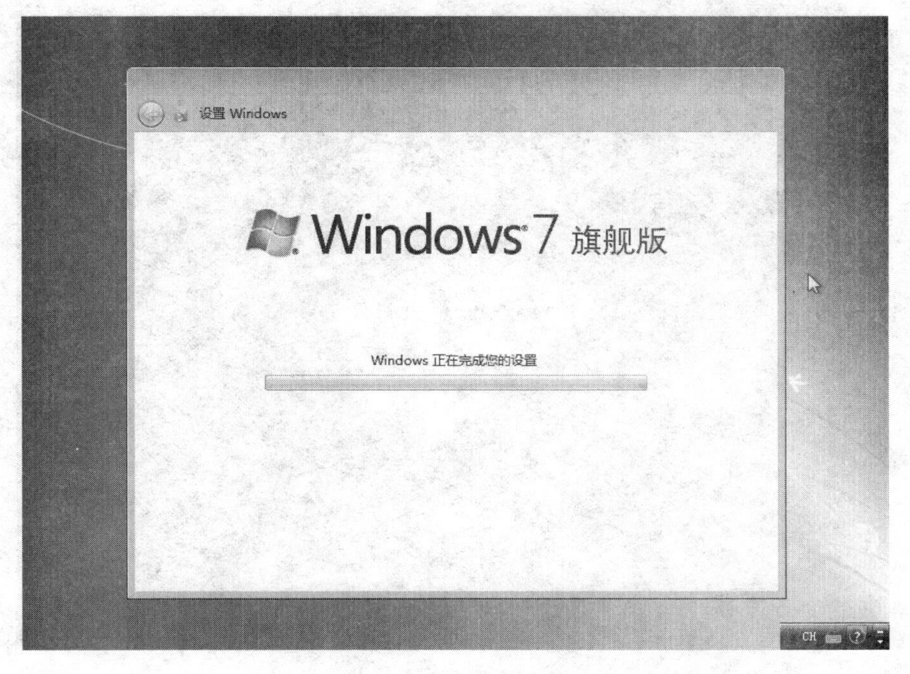

图 7-21　完成设置的界面

(22) 正在准备桌面的界面如图 7-22 所示。

图 7-22　准备桌面的界面

(23) 进入桌面环境,系统安装完成,如图 7-23 所示。

图 7-23　Windows 7 桌面

7.1.3　用 Ghost 还原的方法安装 Windows 7 系统

当计算机系统完全崩溃，手边又没有 Win 7 系统的安装光盘怎么办呢？这里给大家介绍一下如何用自己的 U 盘安装 Win 7 系统。下面来学习用 Ghost 还原的方法安装 Win 7 系统，让大家快速体验新的 Win 7 系统。

1. 安装前的准备

(1) 准备 8GB 大小的 U 盘一个。

(2) 网上下载 Ghost Win 7 系统镜像文件。

(3) 网上下载一个启动工具制作软件。

2. 安装步骤

(1) 首先准备一个 U 盘，U 盘的空间不要太小，因为需要把 Win 7 系统也放在 U 盘里面，一个 8GB 的 U 盘就足够了。U 盘中如果有重要数据，请找地方做好备份，因为在制作 U 盘启动盘的时候 U 盘里面的数据会全部丢失。

(2) 制作启动 U 盘的步骤：需要在网上下载并安装 U 盘启动盘制作工具 6.0 版本，显示界面，提示插入 U 盘，如图 7-24 所示。

图 7-24　安装 U 盘启动盘制作工具 6.0 版本

(3) 在软件安装完成后，运行安装后显示出来制作工具。插入 U 盘，等待一会儿，在程序识别出 U 盘的详细信息后，单击“一键制作 U 盘”按钮，如图 7-25 所示。

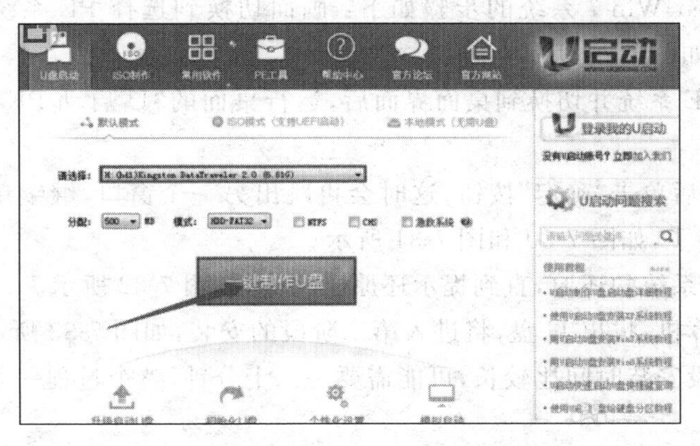

图 7-25　制作 U 盘启动工具

(4) 接下来会出现一个警告信息，如果已经备份好U盘的数据，那么直接单击“确定”按钮就可以了。如图7-26所示为正在写入数据。

图7-26 写入相关数据

等待启动U盘的制作，直到出现信息提示，则“启动U盘”制作完成，如图7-27所示。

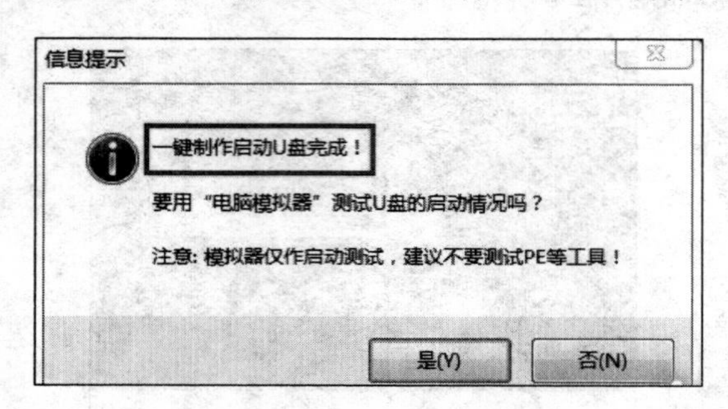

图7-27 “启动U盘”制作完成

然后将桌面的Win 7系统文件复制到U盘的GHO文件夹中。至此，一个完整的“启动U盘”就制作完成了。

(5) 设置U盘启动：重新开机，插入U盘，设置从U盘启动。可以开机按F12键进入“启动”菜单，选择“启动”菜单中的U盘名称。

(6) 安装Ghost Win 7系统的步骤如下：画面切换到选择PE系统的界面，此处选择“【01】”就可以了，如图7-28所示。

(7) 选择好PE系统并切换到桌面界面后，运行桌面的“U启动PE一键装机”软件，如图7-29所示。

(8) 选好路径后单击“确定”按钮，这时会再跳出另一个窗口，继续单击“确定”按钮，然后就开始还原系统了，如图7-30和图7-31所示。

(9) 耐心等待系统的还原，直到提示还原已完成，如图7-32所示。

(10) 重启计算机，拔出U盘，将进入第二阶段的安装，如图7-33所示。

(11) 第二阶段安装时间比较长，可能需要一二十分钟，整个过程一般都为自动安装，请耐心等待。

图 7-28　PE 系统界面

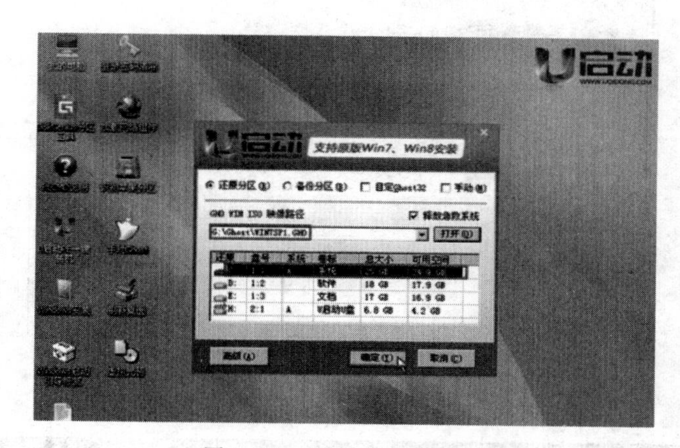

图 7-29　PE 系统桌面界面

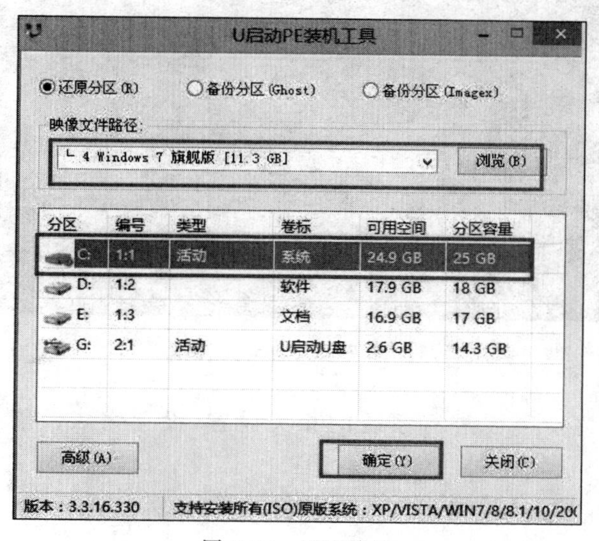

图 7-30　还原路径

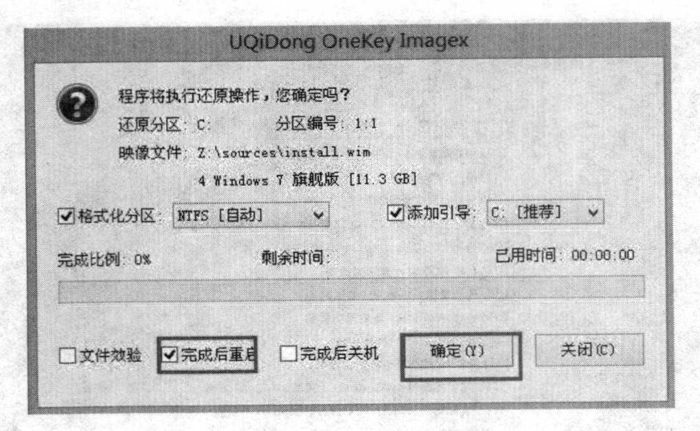

图 7-31　安装引导

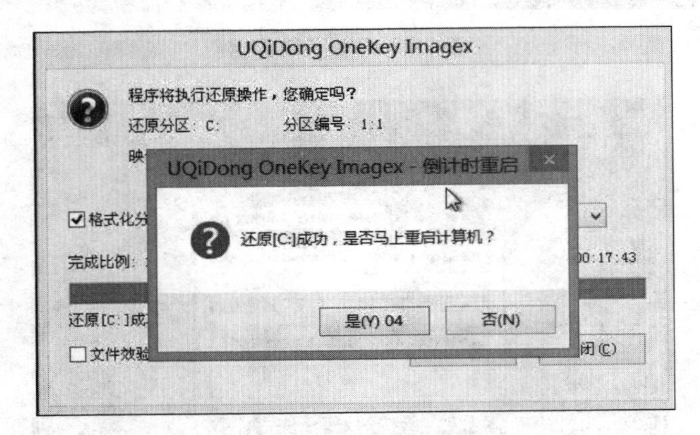

图 7-32　还原完成

图 7-33　自动安装

(12) 安装完成之后需要进行系统的相关设置，设置完成便能进入 Win 7 系统，如图 7-34 所示。

(13) 最后安装完成，进入 Win 7 系统桌面，进行相关配置后，就可以正常使用计算机了，如图 7-35 所示。

图 7-34　系统相关设置

图 7-35　Win 7 系统桌面

思考练习

一、思考题

1. 什么是操作系统？
2. 请列举你所见过的操作系统。

二、实践题

在一台计算机上安装 Windows XP Professional。

任务 7.2　安装多操作系统

学习目标

一些特殊用户在使用中需要用到多个操作系统，如果为每个操作系统购买一台计算机显然是不经济的。这时就需要在一台计算机上安装 2 个或 2 个以上的操作系统，本任务将介绍相关的知识。

任务目标

- 了解多操作系统的概念。
- 熟悉多操作系统的安装方法。
- 了解 Ubuntu 系统的概念。
- 熟悉 Ubuntu 系统的安装方法。

任务描述

所谓多操作系统，是指多个操作系统同时并存在一台计算机上。使用多操作系统可将不同类型的工作分配到不同的操作系统中完成。多操作系统的安装比单操作系统要复杂一些，如一般会使用启动管理器来启动不同的操作系统。

相关知识

7.2.1　一台计算机上安装多操作系统的三种方式

1. 多操作系统的概念

使用多操作系统可以让工作、娱乐、学习互不干扰，目前有很多高级计算机用户经常会使用这种方式。

随着计算机硬件，特别是硬盘存储能力的不断发展，广大用户计算机实际应用水平的不断提高，以及软件公司不断推出新的操作系统，越来越多的用户有使用不同操作系统的需要，有的是生活、工作方面的需要，如编程、网络管理使用 Linux 较多，图像处理会首先使用 MacOS 操作系统；有的准备更新 Windows 操作系统，如由原来的 Windows XP 升级到 Windows 7 或 Windows 8，于是，多操作系统就应运而生。

2. 安装多操作系统的几种方法

第一种方法：使用“U 盘启动盘安装系统+ISO 文件”的安装。这种方法适合绝大多数的计算机。先使用 U 盘将其中一个操作系统安装到一个独立的分区，然后在 ISO 文件解压后的文件中找到 Setup 安装文件，双击后，Setup 文件就可以将系统安装到另一个独立的分区，在安装系统的过程中，注意安装中的提示，按提示操作就可以了，如图 7-36 和图 7-37 所示。

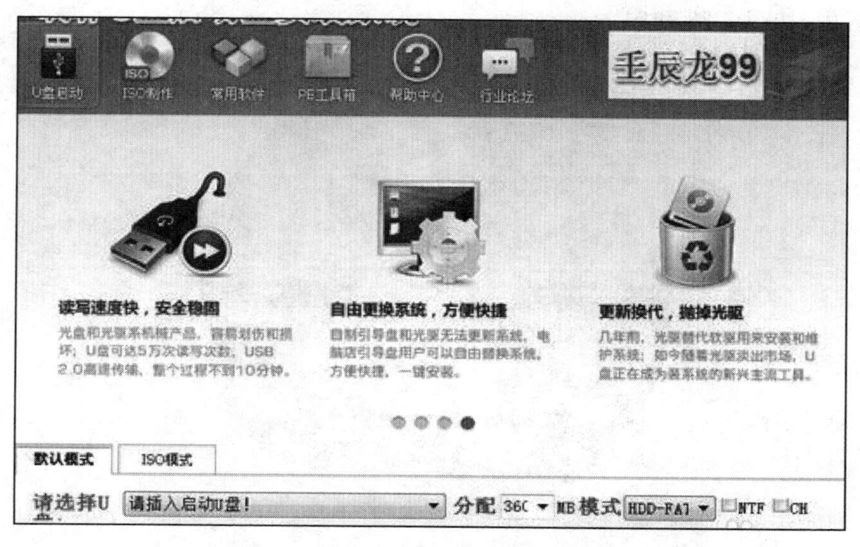

图 7-36 用 U 盘安装多操作系统的界面

图 7-37 用 ISO 文件安装多操作系统的界面

第二种方法：用“光盘安装系统＋Ghost 安装器. exe”安装系统。这种安装系统的方法适用于安装有光驱的计算机，没有光驱的计算机是不能用这种方法来安装系统的。首先将光盘放入计算机光驱，然后开机设置从光驱启动，进入 BIOS，找到 BOOT-CD\DVD，设置计算机从光盘启动，再按 F10 键保存文件，在弹出的提示框中输入 Y(是)，按 Enter 键。计算机自动重启并进入系统的安装界面，按提示进行操作，直到系统安装完成。将光盘中的操作系统安装到一个独立的分区后，然后用“Ghost 安装器. exe”将 Ghost 文件还原到另外一个独立的分区中，如图 7-38 和图 7-39 所示。

图 7-38　用光盘安装多操作系统的界面

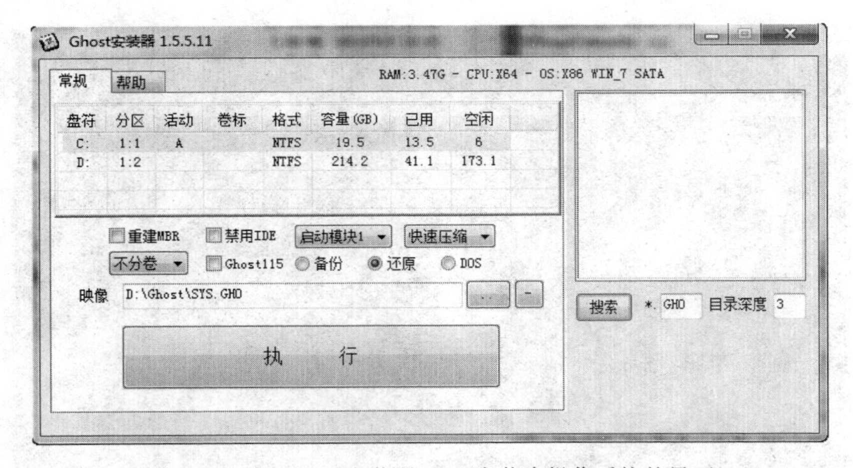

图 7-39　用“Ghost 安装器. exe”安装多操作系统的界面

第三种方法：用硬盘安装器安装操作系统。将下载的硬盘安装器保存到计算机的非系统盘中(D、E、F 盘)，下载 Windows 7 或者其他系统文件到非系统盘中。启动硬盘安装器，按提示选择计算机文件夹中的系统文件后，一直单击“下一步”按钮，重启计算机安装系统。然后依照以上的方法将另外一个系统安装到另外一个分区即可。这种安装方法的优点是：不要进入 BIOS 设置启动，安装步骤简单，适用于刚开始学习安装系统的同学，如图 7-40 所示。

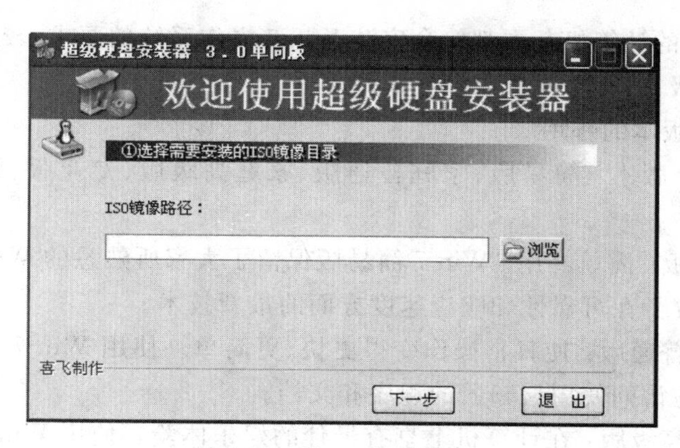

图 7-40　Ghost 安装器.exe

7.2.2　安装 Windows 7 系统的推荐配置

Windows XP 系统在"服役"了 12 年之后，即将"退役"。在接下来的时间里，Win 7 已经逐渐取代 Windows XP 操作系统，成为新一代主流操作系统，如图 7-41 所示。那么，随之而来的就是计算机硬件的更新，究竟 Win 7 系统对硬件的最低配置要求是什么呢？我们在安装 Win 7 系统时选择什么样的版本才是适合自己的呢？

图 7-41　Windows 7 的启动界面

1. Win 7 最低配置要求

处理器(CPU)的要求：最好是主频 1GHz 以上，32 位或 64 位处理器，不过目前的处理器几乎都是 64 位的了，一般双核处理器都在 1GHz 以上。也就是说目前绝大多数计算机的处理器都满足装 Win 7 系统的最低要求。

内存的要求：最低要求至少是 1GB，推荐 2GB 以上。如果是 4GB 以上，则推荐安装 Win 7 64 位系统。

硬盘的要求：至少有 16GB 以上的存储空间，目前的硬盘一般在 500GB 以上，所以绝大多数计算机都可以满足条件。

显卡的要求：带有 WDDM 1.0 或更高版本的驱动程序的 DirectX 9 图形设备，否则有些特效显示不出来。

总的来说，当前的计算机基本都符合安装 Win 7 操作系统的要求，较早的计算机可能要对内存进行相关升级。

2. Win 7 不同版本的作用

Win 7 共有五个版本：简易版、家庭普通版、家庭高级版、专业版、旗舰版。下面分别介绍。

- Win 7 简易版：简单易用。Win 7 简易版保留了大家所熟悉的 Windows 的特点和兼容性，并吸收了在可靠性和响应速度方面的最新技术。
- Win 7 家庭普通版：使日常操作变得更快、更简单。使用 Win 7 家庭普通版可以更快、更方便地访问使用最频繁的程序和文档。
- Win 7 家庭高级版：在计算机上享有最佳的娱乐体验。使用 Win 7 家庭高级版可以轻松地欣赏和共享电视节目、照片、视频和音乐。
- Win 7 专业版：提供办公和家用所需的一切功能。Win 7 专业版具备各种商务功能，并拥有家庭高级版卓越的媒体和娱乐功能。
- Win 7 旗舰版：集各版本功能之大全。Win 7 旗舰版具备 Win 7 家庭高级版的所有娱乐功能和专业版的所有商务功能，同时增加了安全功能以及在多语言环境下工作的灵活性。

大家可以根据以上版本的功能介绍来选择适合自己的操作系统。

7.2.3 Ubuntu 系统简介

1. Ubuntu 系统的概念

Ubuntu 系统是一个自由、开源的操作系统，基于 Debian 发行版和 GNOME 桌面环境，是一款广受欢迎的开源 Linux 发行版。Ubuntu 的目标在于为一般用户提供一个最新的、同时又相当稳定的且主要由自由软件构建而成的操作系统，它可以免费使用，并带有社团及专业的支持。

Ubuntu 预装了大量常用的软件，中文版的功能也较全，支持拼音输入法，预装了 Firefox、Libre Office、多媒体播放、图像处理等大多数常用软件，一般会自动安装网卡、音效卡等设备的驱动。对于使用游戏和网银不多的用户来说，基本上能用的功能都有了。Ubuntu 有三个版本，分别是桌面版(Desktop Edition)、服务器版(Server Edition)、上网本版(Netbook Remix)，普通桌面计算机使用桌面版即可。Ubuntu 没有很漂亮的图形安装界面，但有一个快速、简易的界面。在一台典型的计算机上，Ubuntu 的安装应该在 25 分钟内完成。

Ubuntu 包含了超过数万种软件，但核心的桌面安装系统合并到一张光盘上，Ubuntu 覆盖了所有的桌面应用程序，包含了文字处理、电子表格程序以及 Web 服务器软件和开发设计工具。

2. 安装 Ubuntu

Ubuntu 是一个启动速度超快、界面友好、安全性好的开源操作系统，它由全球顶尖开源软件专家开发，适用于桌面计算机、笔记本电脑、服务器以及上网本等，并且它可以永久免费使用。如果厌倦了 Windows，想体验当今世界上用户量增长最快的 Linux 操作系统，不妨为自己的计算机添加一个 Ubuntu。

准备工作：

（1）一台普通计算机，保证计算机硬盘上有 10GB 的空闲空间。

（2）一个 U 盘，保证 U 盘上有 2GB 的空闲空间。

下载 Ubuntu 桌面操作系统，得到的是一个大小为 700MB 左右的 ISO 镜像文件，比如 ubuntu-10.10-desktop-i386.iso，如图 7-42 所示。

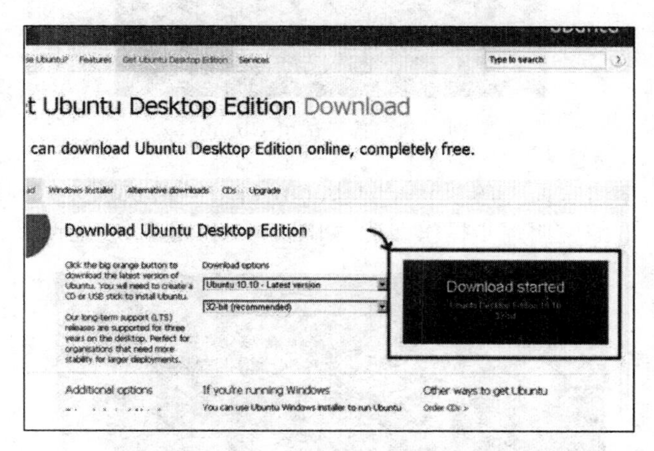

图 7-42 下载 Ubuntu 桌面操作系统

这一步要把下载到的 ISO 镜像文件做成一个启动盘。将 U 盘接入计算机上，下载一个 USB Installer 的工具。下载完后无须安装，直接运行。在如图 7-43 所示界面的 Step 1 中选镜像包的版本，Step 2 中选下载的 ISO 文件，Step 3 中选 U 盘，其他保持默认值。再单击 Create 按钮。

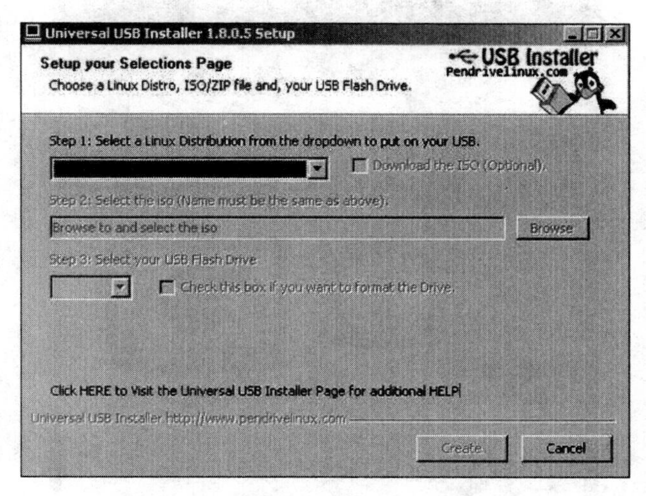

图 7-43 USB Installer 的工具

有两种方法可以让计算机从 U 盘启动，一种是在 BIOS 里修改启动顺序；另一种是开机时按某个功能键。成功从 U 盘启动后将看到如下界面。默认选项为第一行“Try Ubuntu”，这意味着不需要安装就可以先试用一下 Ubuntu 是什么样的。第二行为直接安装 Ubuntu，在这里选“Try Ubuntu”即可，如图 7-44 所示。

图 7-44　选择试用 Ubuntu

经过短暂等待，单击桌面上的“Install Ubuntu 10.10”的快捷方式，将会弹出一个完全图形化的安装向导，按照说明逐步操作即可，如图 7-45 和图 7-46 所示。

图 7-45　准备安装 Ubuntu

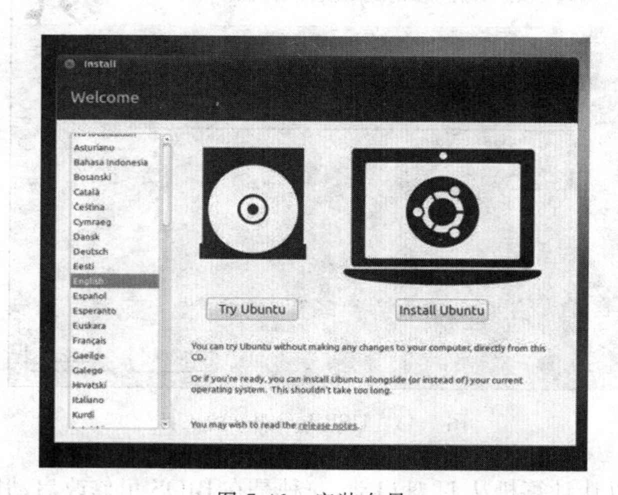

图 7-46　安装向导

安装过程都是全图形化的。最后完成操作后会提示重启计算机，重启后就会发现多了一个操作系统选择界面。选择刚刚安装好的 Ubuntu（第一次），进入后即可看到下面的登录界面，如图 7-47～图 7-49 所示。

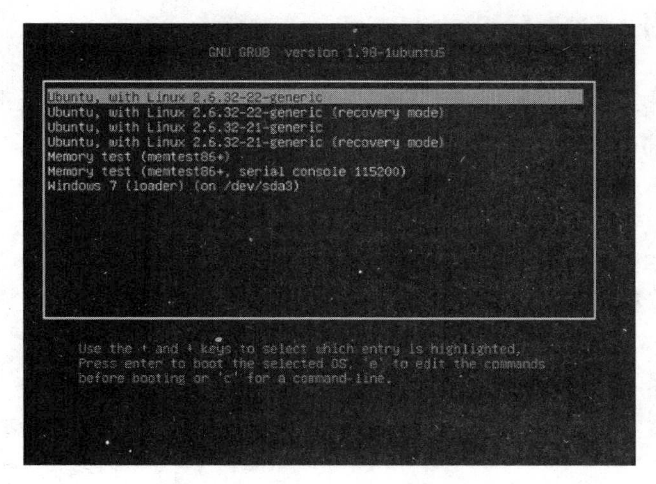

图 7-47　操作系统选择界面

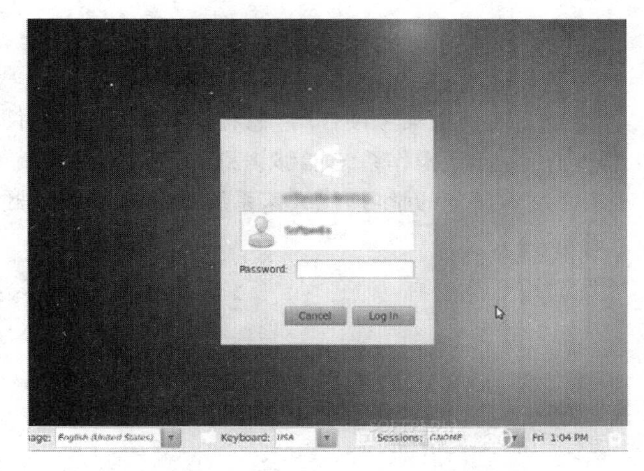

图 7-48　用户登录界面

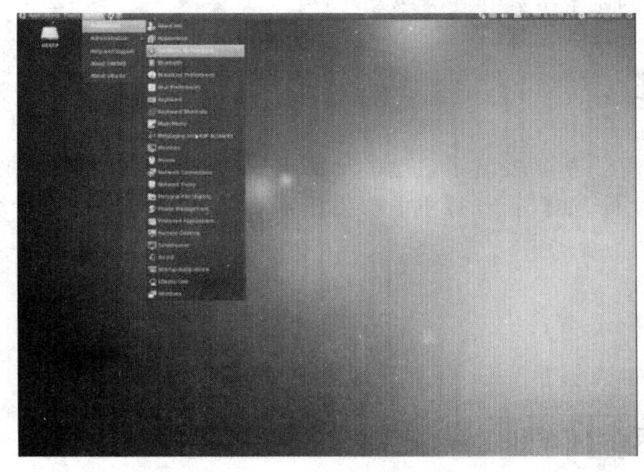

图 7-49　Ubuntu 主界面

思考练习

一、思考题

1. 什么是 Ubuntu 系统?
2. 请简单地描述多操作系统的安装方法。

二、实践题

1. 在一台计算机上安装 2～3 个操作系统并能运行。
2. 在一台计算机上安装 Ubuntu 系统。

任务 7.3 安装驱动程序

学习目标

当我们完成操作系统的安装之后,如何让硬件连接到操作系统的一个接口以及协调二者之间的关系?当操作系统需要使用某个硬件时,怎样能让硬件启动并运行以达到用户的需求?如果硬件发生了变化,怎样让操作系统能够识别并启用?这些就要学习到本任务的内容,即安装驱动程序。通过本任务的学习,使大家系统地了解并掌握驱动程序的安装流程和方法。

任务目标

- 了解驱动程序的概念。
- 查看计算机驱动程序的安装情况。
- 熟练地运用驱动程序光盘安装驱动程序。
- 熟悉从官方网站上下载并安装驱动程序。

任务描述

张建同学通过学习,重新安装了自己的计算机的操作系统,但是新的操作系统里无法播放计算机中的声音文件,如何让计算机能够发出声音?并且如何查看计算机里面的其他硬件是否正常工作呢?

相关知识

7.3.1 什么是驱动程序

驱动程序一般指的是设备驱动程序(Device Driver),是一种可以使计算机和设备通信的特殊程序，相当于硬件的接口。操作系统只有通过这个接口才能控制硬件设备的工作，假如某设备的驱动程序未能正确安装，便不能正常工作。因此，驱动程序被比作“硬件的灵魂”“硬件的主宰”和“硬件和系统之间的桥梁”等。

正因为这个原因，驱动程序在系统中所占的地位十分重要，一般当操作系统安装完毕后，首要的工作便是安装硬件设备的驱动程序。不过，大多数情况下，不需要安装所有硬件设备的驱动程序，例如硬盘、显示器、光驱等就不需要安装驱动程序，而显卡、声卡、扫描仪、摄像头、Modem 等就需要安装驱动程序。另外，不同版本的操作系统对硬件设备的支持也是不同的，一般情况下版本越高，所支持的硬件设备也越多。

设备驱动程序用来将硬件本身的功能告诉操作系统，完成硬件设备电子信号与操作系统及软件的高级编程语言之间的互相翻译。当操作系统需要使用某个硬件时，比如让声卡播放音乐，它会先发送相应指令到声卡驱动程序，声卡驱动程序接收到后，马上将其翻译成声卡能“听懂”的电子信号命令，从而让声卡播放音乐。

所以简单地说，驱动程序提供了硬件到操作系统的一个接口并可以协调二者之间的关系。

7.3.2　查看驱动程序安装情况

在使用计算机的过程中，经常会出现问题，有时候没办法再次启动计算机，就会重装系统；有时候重装系统之后用得很好；有时候重装之后反而不好用了，显示也不清晰了。重装系统之后有些驱动可以自动安装好，有时候就不能安装好驱动，需要自己手动安装。如何查看驱动是否安装好了呢？

如图 7-50 所示，右击“我的电脑”或者“计算机”，选择“设备管理器”命令。

如图 7-51 所示，这里蓝牙设备上有一个黄色的感叹号，说明这个设备运行存在问题。或者出现如图 7-52 所示情况，则是驱动没有安装或者有问题界面。

图 7-50　选择“设备管理器”命令

如图 7-53 所示是计算机的网卡，一个是无线网卡，一个是本地连接的网卡。

右击网卡中的任一个并选择“属性”命令，调出“属性”对话框，在“常规”选项卡下可以看到设备的运行情况，如图 7-54 所示，显示所选的这个设备运行正常。

在“驱动程序”选项卡下有关于驱动的信息，可以通过单击“驱动程序详细信息”按钮来查看驱动的提供厂家等详细信息，如图 7-55 所示。

还可以通过单击“更新驱动程序”来更新驱动，如图 7-56 所示。接着系统会提示自动搜索驱动或指定位置，选择驱动的安装程序目录就可以了。如果觉得麻烦，可以驱动安装软件进行安装，还可以快速检测驱动是否安装好，如图 7-57 所示。

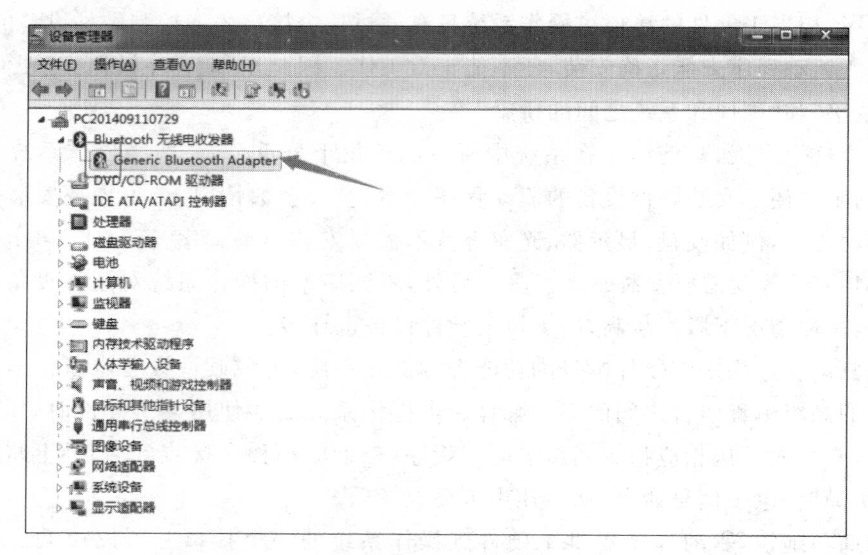

图 7-51 设备管理器界面

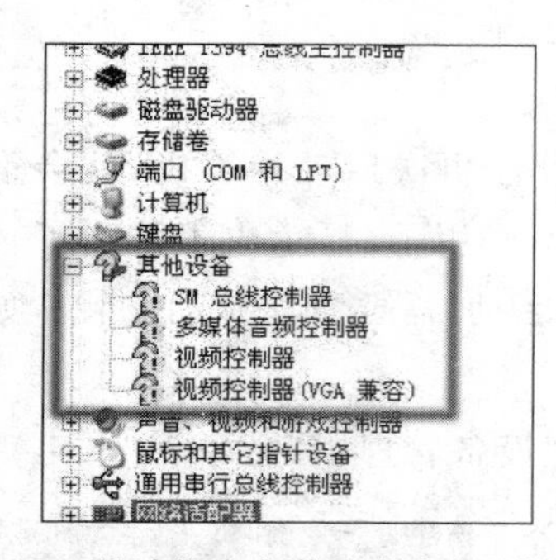

图 7-52 驱动没有安装或者有问题的界面

图 7-53 查看网卡驱动

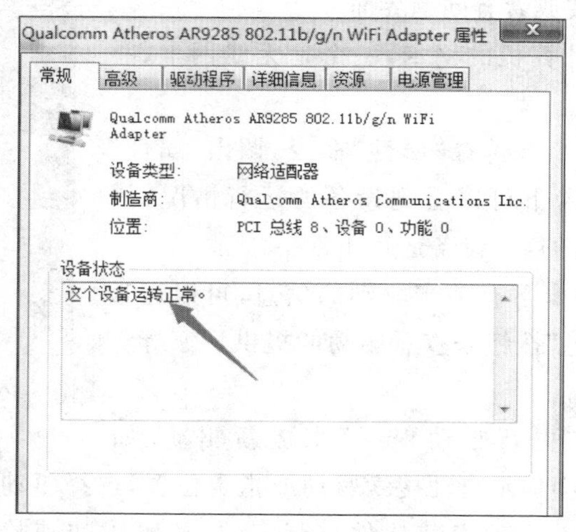

图 7-54 查看网络适配器的状态

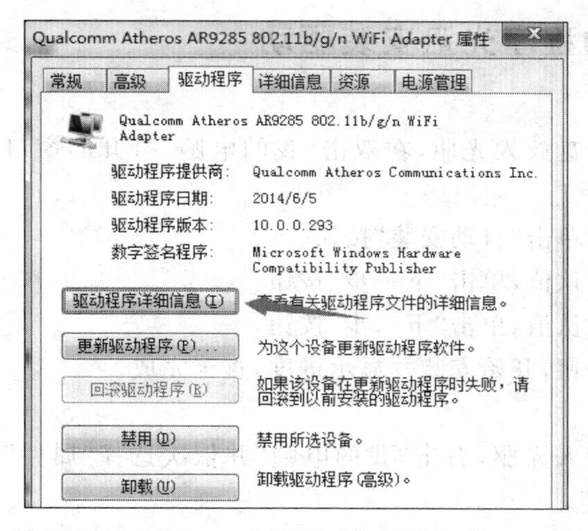

图 7-55 查看驱动程序信息

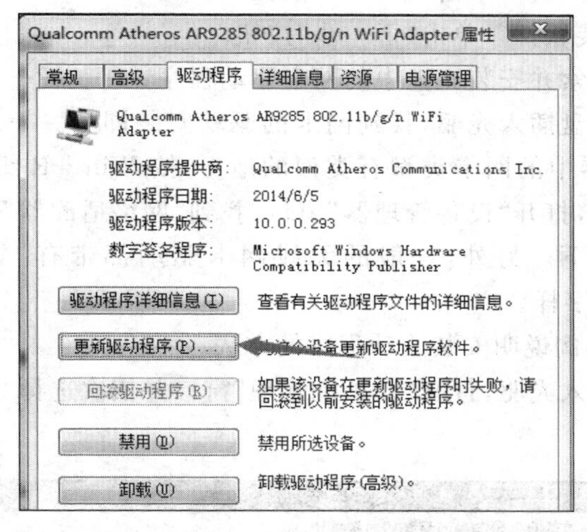

图 7-56 更新驱动程序

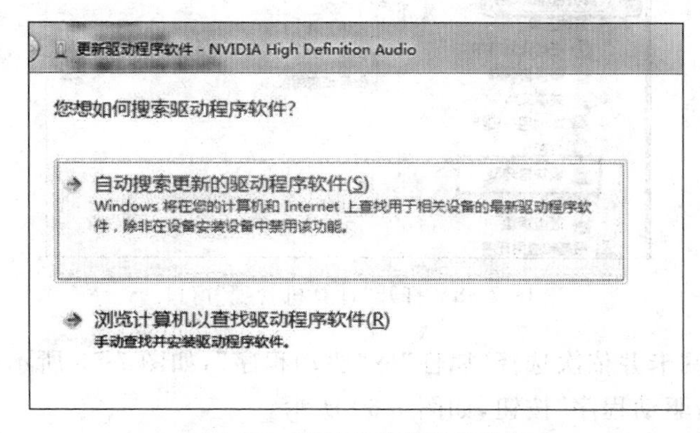

图 7-57 更新驱动程序的软件

7.3.3 利用驱动程序光盘安装驱动

方法一：

(1) 将网卡驱动光盘放入光驱，在双击“我的电脑”打开的窗口中，单击光盘盘符打开光盘。

(2) 在安装向导中单击“自动安装”按钮。

(3) 安装类型选默认值，单击“下一步”按钮。

(4) 安装位置选默认值，单击“下一步”按钮。

(5) 单击“安装”按钮，开始安装并显示进度，直至完成。

方法二：

(1) 将网卡光盘放入光驱，右击“我的电脑”并依次选择“属性”→“硬件”→“设备管理器”，展开“网络适配器”。

(2) 右击网卡，选择“更新驱动程序”命令，打开“硬件更新向导”对话框。

(3) 选择“是，仅这一次”，单击“下一步”按钮。

(4) 选择“自动安装软件”，单击“下一步”按钮。

(5) 系统即自动搜索并安装光盘中的网卡驱动程序。

方法三：将驱动光盘插入光驱，找到网卡的驱动安装即可。一般来说光盘中的网卡驱动的名字与设备管理器中的网卡类型有类似的地方，按 Win+R 组合键，打开“运行”对话框，输入 devmgmt.msc，打开“设备管理器”窗口，找到“网络适配器”，看看网卡的型号，然后在驱动光盘里对比一下。另外，一般的无线网卡驱动都带有 Wireless，普通网卡带有 Ethernet Controller 的字样。

下面以网卡光盘为例说明安装驱动程序的方法。

(1) 将网卡光盘放入光驱，打开“计算机管理”窗口并依次选择“系统工具”→“设备管理器”，如图 7-58 所示。

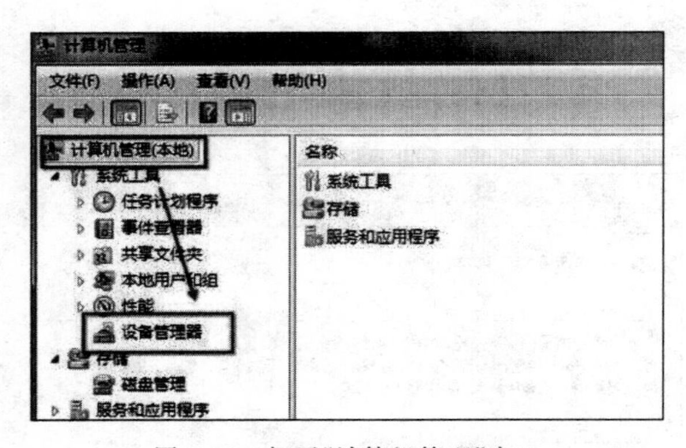

图 7-58 打开“计算机管理”窗口

(2) 右击一个网卡并依次选择“属性”→“驱动程序”，如图 7-59 所示。

(3) 单击“更新驱动程序”按钮，如图 7-60 所示。

(4) 浏览计算机以查找驱动程序软件，如图 7-61 所示。

(5) 浏览文件目录并直接找到光盘网卡驱动，如图 7-62 所示。

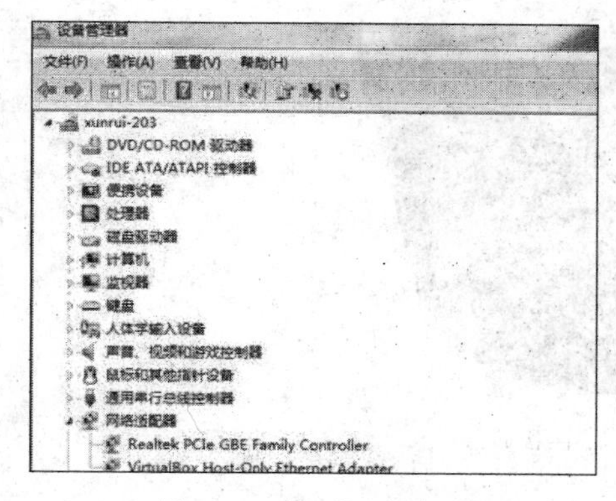

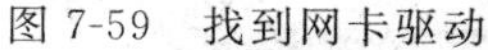
图 7-59　找到网卡驱动

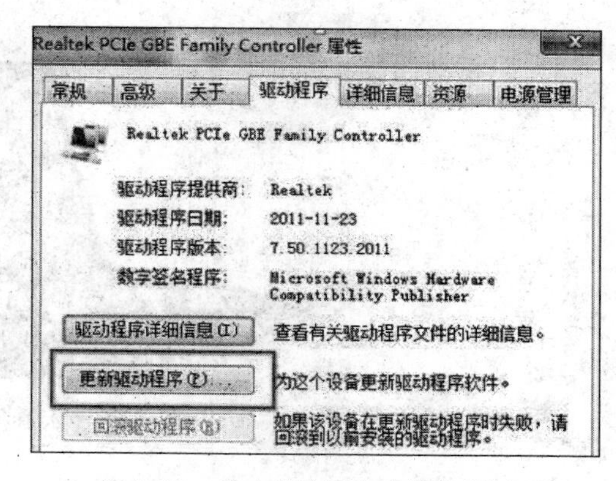

图 7-60　单击“更新驱动程序”按钮

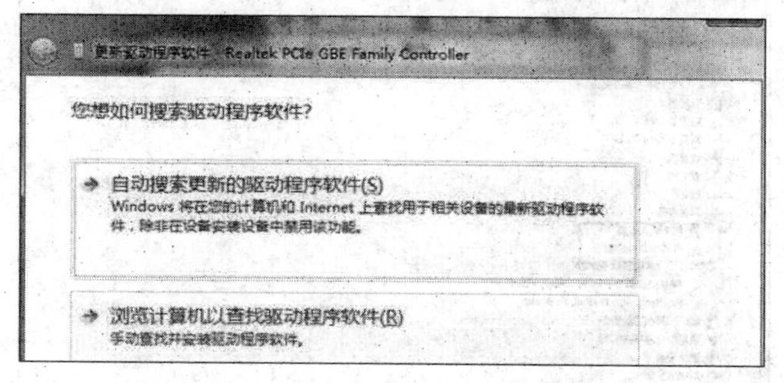

图 7-61　搜索驱动程序

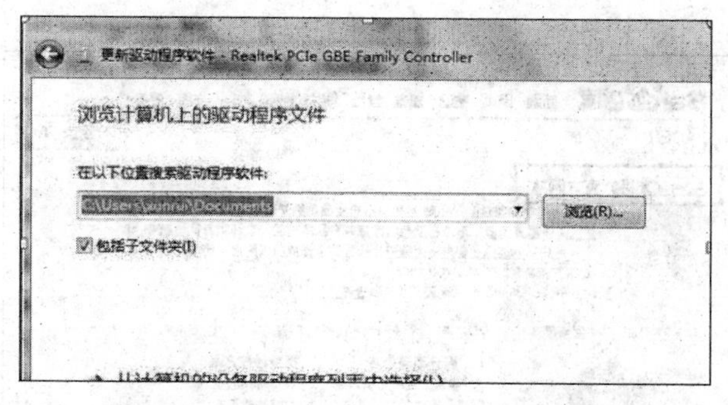

图 7-62　浏览网卡路径并安装驱动程序

7.3.4　从官方网站下载并安装驱动程序

当发现自己计算机上的某一驱动有问题时，需要下载更新，又不想到其他平台上下载，可以选择到本台计算机的官网下载。相对于其他网站来说，官网的驱动程序都是正版而且不附带其他广告与病毒，通常是首选。下面以宏碁的笔记本电脑为例说明，如图 7-63 所示。

当通过“设备管理器”窗口查看驱动程序时，发现有驱动程序显示为黄色提示时，就表示为不正常状态，需要下载来更新，如图 7-64 所示。

在百度中搜索自己的计算机品牌，如图 7-65 所示，单击进入官网。

图 7-63　宏碁笔记本电脑

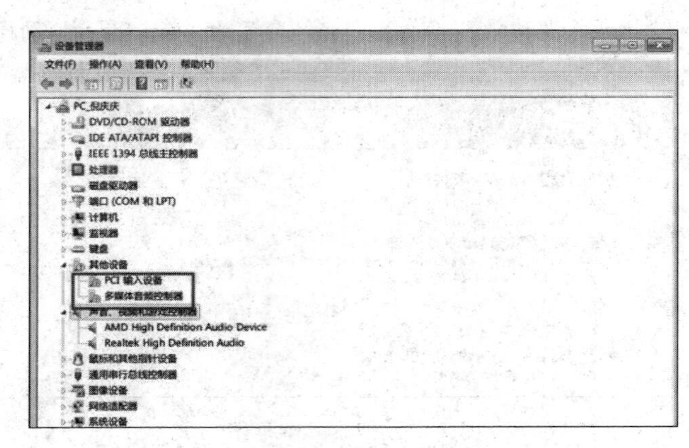

图 7-64　设备驱动故障

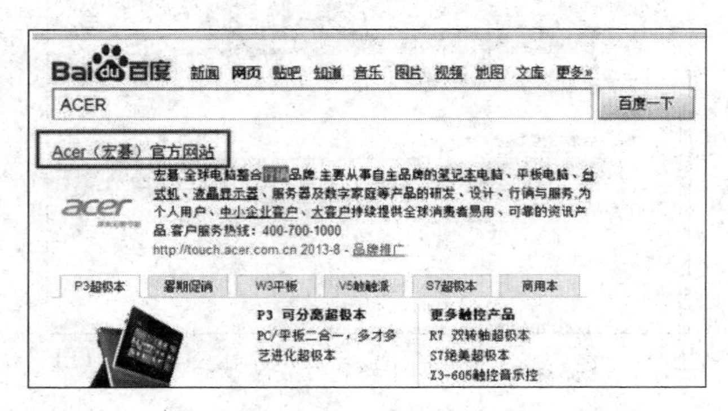

图 7-65　网页搜索

然后选择“服务与支持”（其他品牌官网可能不是这个选项，应根据个人的情况来定），如图 7-66 所示。

图 7-66　Acer 官网

在“驱动程序和使用手册”选项区，可以根据多种方式来查看，可以按产品型号来搜索，如图 7-67 所示。

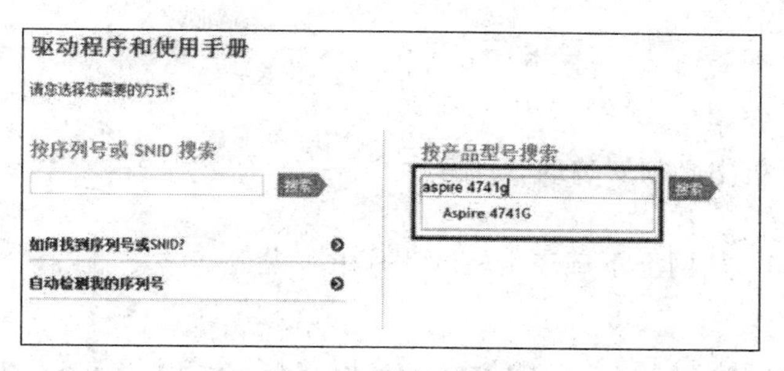

图 7-67　查询驱动程序

一般笔记本电脑的型号在板面上都会贴着，大家下载驱动程序时可以留意一下，如图 7-68 所示。

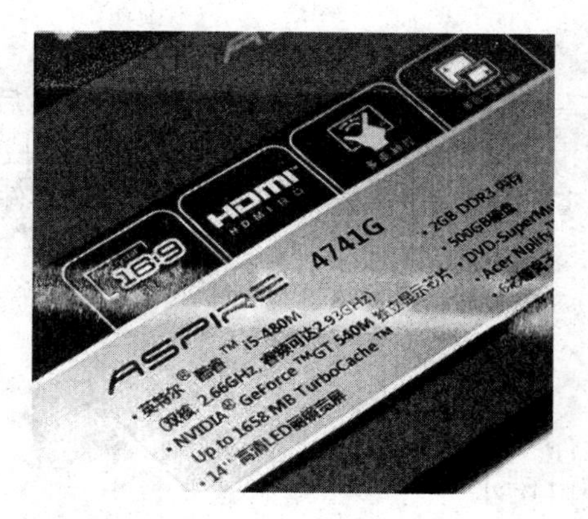

图 7-68　查看笔记本电脑的型号

进入操作系统并确认，要选好操作系统的版本，然后根据驱动的类型，最终找到相应的驱动程序进行下载，如图 7-69 所示。

Aspire 4741G

操作系统　Windows® 7 64-bit

Windows® 7 32-bit

Windows® 7 64-bit

Windows® XP 32-bit

全部

驱动程序　文档　BIOS　补丁程序　应用程序　O.S.

类别	供应商	说明	版本	尺寸	日期	
Application	Acer	Acer Updater	1.02.3502	7.8 MB	2012/04/13	下载
Camera	Chicony	WebCam 应用程序	1.1.158.203	3.5 MB	2010/06/21	下载
Camera	Suyin	WebCam 应用程序	5.2.11.2	3.3 MB	2010/06/21	下载
Camera	liteon	WebCam 应用程序	1.0.1.6	8.6 MB	2010/06/21	下载
LaunchManager	Dritek	LaunchManager应用程序	4.0.5	6.0 MB	2010/06/21	下载
Turbo Boost	Intel	Turbo Boost 应用程序	1.0.186.6	17.3 MB	2010/06/21	下载

图 7-69　下载驱动程序

将驱动程序下载到指定的文件夹里，然后解压缩并安装即可。

思考练习

一、思考题

1. 什么是驱动程序？

2. 请列举计算机中必须安装的驱动程序。

二、实践题

在一台计算机上，从网上下载声卡驱动程序并安装。

任务 7.4 常用软件的安装与卸载

学习目标

完成了计算机系统的安装，对新的操作系统安装了驱动程序之后，便可以学习如何安装常用的软件了。软件的安装是使用计算机中必不可少的一个环节，软件涉及常用的基本软件和一些特有的专用软件。通过本任务的学习，使学生了解并掌握计算机软件的安装和卸载的方法。

任务目标

- 了解软件的概念。
- 学会安装简单的软件。
- 学会安装复杂的专用软件。
- 学会卸载软件。

任务描述

软件(Software)是一系列按照特定顺序组织的计算机数据和指令的集合。一般来讲软件被划分为系统软件、应用软件和介于这两者之间的中间件。软件并不只是包括可以在计算机(指广义的计算机)上运行的计算机程序，与这些计算机程序相关的文档一般也被认为是软件的一部分。简单地说，软件就是程序加文档的集合体。

相关知识

按照提供方式和是否赢利，可以将软件分为四种类型。

(1) 商业软件(Commercial Software)

商业软件由开发者出售拷贝并提供技术服务，用户只有使用权，但不得进行非法复制、扩散和修改，当然不可能给用户源代码。如果用户想升级，就只能等软件的升级版本。

(2) 共享软件(Shareware)

由开发者提供软件试用程序复制授权，用户在试用该程序拷贝一段时间之后，必须向开发者交纳使用费，开发者则提供相应的升级和技术服务。共享软件也不提供源代码。

（3）自由软件（Freeware或Free Software）

自由软件由开发者提供软件的全部源代码，任何用户都有权使用、复制、扩散、修改。但自由软件不一定免费，它可以收费也可以不收费。

（4）免费软件（Freeware）

免费软件的英文名称和自由软件一样，所以很多书上都把它归为自由软件，其实是不确切的。免费软件是不要钱的，但免费软件不一定提供源代码，只有当自由软件免费提供源代码的时候才和免费软件一样。

7.4.1　安装简单的应用软件

应用软件分为两种：一种是绿色软件，不用安装，下载并解压缩后就可以直接使用，如图7-70所示的计算机咨询网的综合搜索引擎jsjzx.exe，双击就会运行。

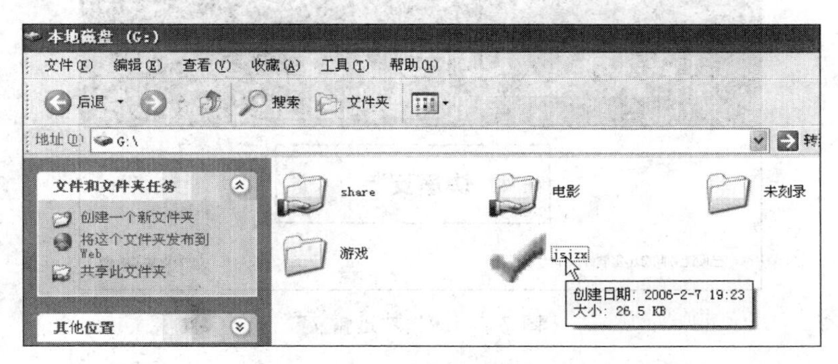

图7-70　安装绿色软件

另一种是需要安装的软件。下载软件时只需要打开浏览器，在百度中搜索需要下载的软件，找到软件的下载地址，然后单击即可下载，如图7-71所示。下面以下载迅雷为例进行说明。

（1）打开浏览器，在百度中搜索迅雷。

图7-71　搜索迅雷软件

（2）单击第一个页面，打开下载页面，单击“下载”按钮即可下载该软件，如图7-72所示。

软件下载后并不能使用，因为它是一个安装包，需要安装，如图7-73所示。安装方法如下。

① 单击下载完成后的文件，如上述下载的软件。

② 双击该文件，单击“快速安装”按钮，如图7-74所示，开始安装软件。

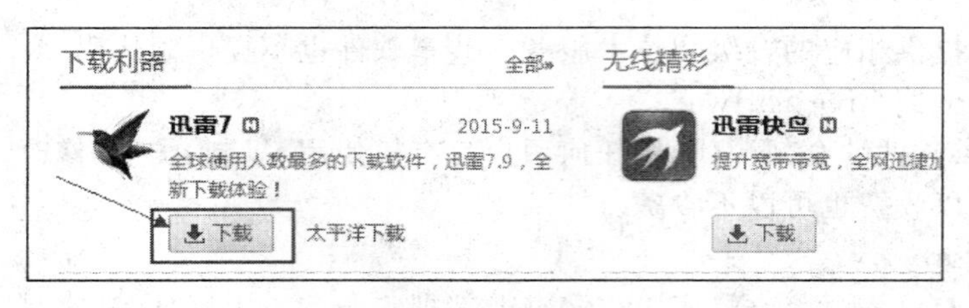

图 7-72　下载迅雷 7

图 7-73　迅雷安装包

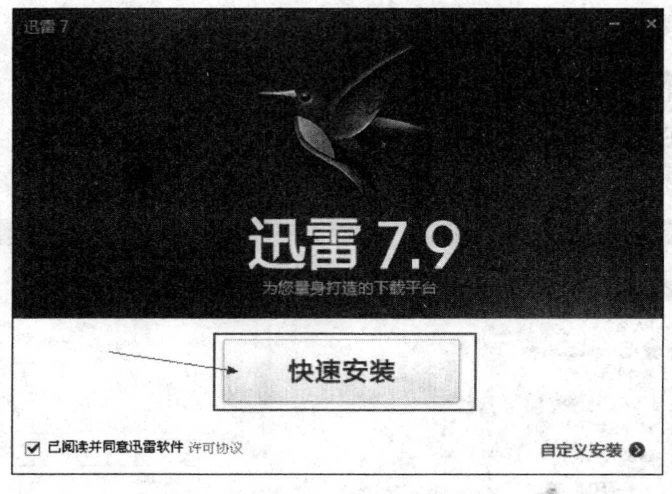

图 7-74　安装“迅雷 7”

③ 按照安装软件的提示，选择对应的选项，单击“下一步”按钮，直至完成安装，如图 7-75 所示。

图 7-75　正在安装

④ 软件安装完成后，单击“立即体验”按钮就能使用了，如图 7-76 所示。

另外，如果在计算机上安装了防护软件的情况下，可以直接通过软件管理批量下载，如图 7-77 和图 7-78 所示。

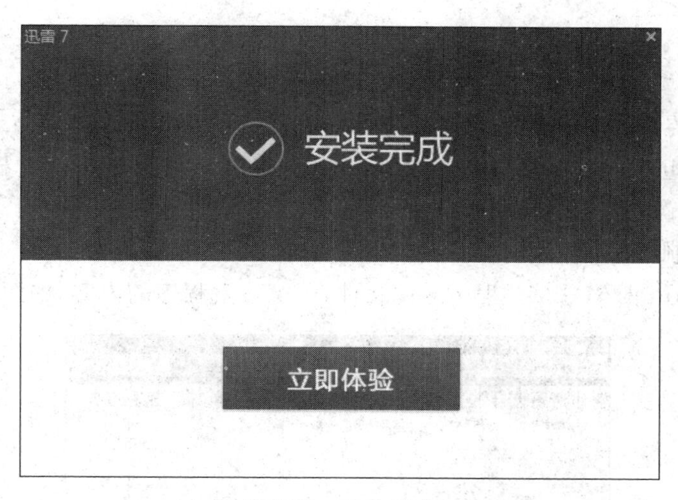

图 7-76 安装完成

图 7-77 软件管理界面

图 7-78 进行软件的浏览

7.4.2 安装复杂专用软件

未经授权的专用软件通常不允许用户随意的复制、研究、修改或散布该软件，违反此类授权通常需要承担严重的法律责任。传统的商业软件公司会采用此类授权，例如微软的Windows 和办公软件。专属软件的源代码通常被公司视为私有财产而予以严密地保护。下面以安装机械制图软件 AutoCAD 为例介绍一下如何安装专用软件。

首先，打开 AutoCAD 2010 程序的源文件，了解一下程序的内容，如图 7-79 所示。

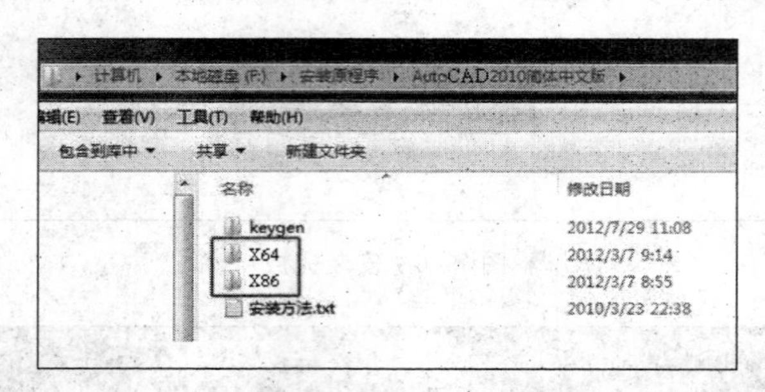

图 7-79 软件类型

里边有 X64 及 X86，表示如果是 64 位的系统，就安装 X64；如果是 32 位的系统就安装 X86。那么如何知道自己的操作系统是多少位的呢？右击计算机，选择“属性”，然后就会看到系统的一些信息，包括系统类型等，如图 7-80 和图 7-81 所示。

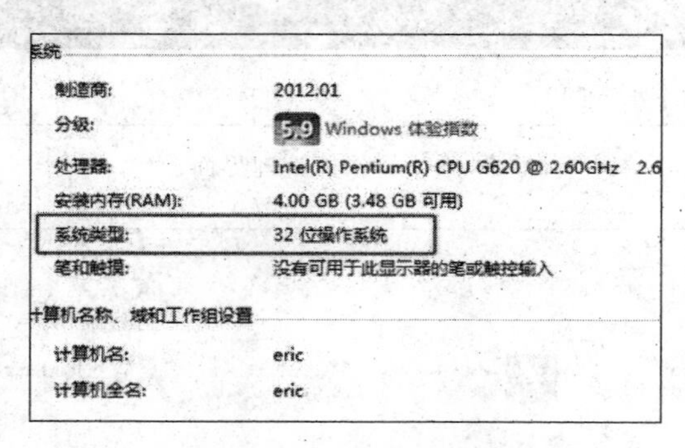

图 7-80 32 位操作系统

假如系统是 32 位的，接下来双击 X86 文件夹进入文件，再双击 setup.exe 安装程序，如图 7-82 所示。

然后会弹出安装初始化窗口，如图 7-83 所示。

接下来会显示安装界面，这里直接单击“安装产品”超链接，如图 7-84 所示。

在弹出的界面中单击“下一步”按钮，此时会有一个初始化的过程，请耐心等待，如图 7-85 和图 7-86 所示。

初始化完成后，弹出“接受许可协议”对话框，选择“我接受”，单击“下一步”按钮，此时弹出让输入序列号及产品密钥的对话框，如图 7-87 和图 7-88 所示。

通过在线注册购买，把里边的序列号及密钥输入安装界面，然后在姓氏、名字、组织等文本框中输入相关信息，单击“下一步”按钮继续，如图 7-89 所示。

图 7-81　64 位操作系统

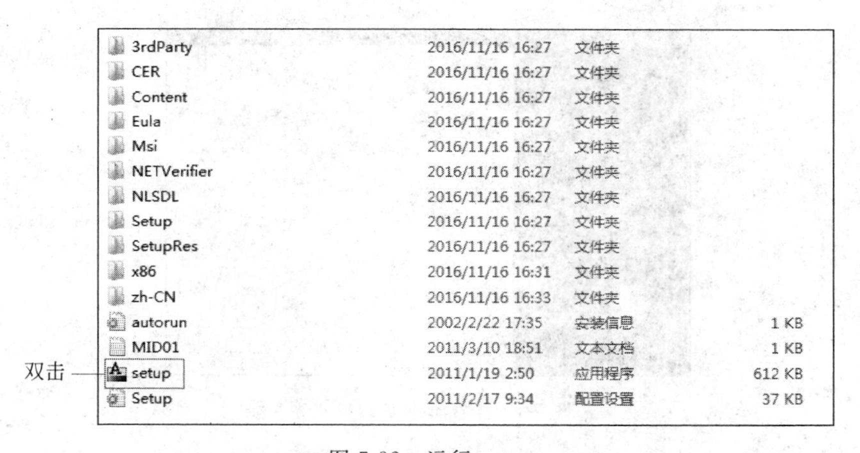

图 7-82　运行 setup

图 7-83　安装初始化界面

在弹出的对话框中，如果先不单击“安装”按钮，而是单击界面中的“配置”按钮，如图 7-90 所示，目的是改变程序的安装路径。在接下来弹出的界面中不做改动，单击“下一步”按钮。在接下来弹出的界面中，修改一下安装路径，然后选择“配置完成”，如图 7-91～图 7-93 所示，接下来就正式进入安装阶段了。

图 7-84 单击"安装产品"

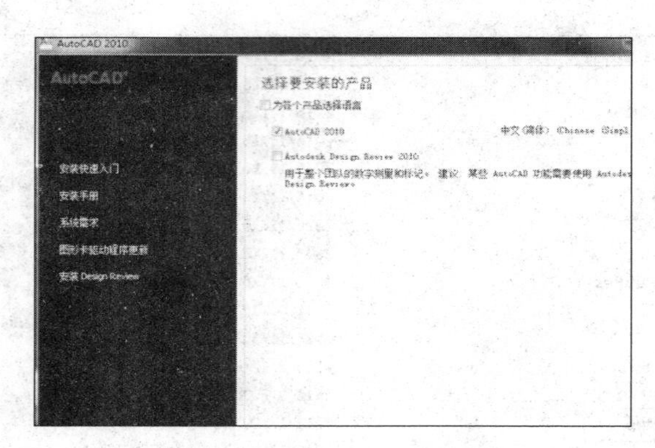

图 7-85 选择要安装的产品

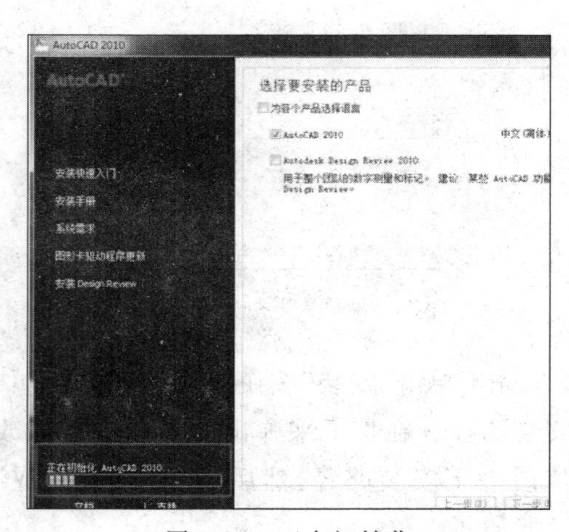

图 7-86 正在初始化

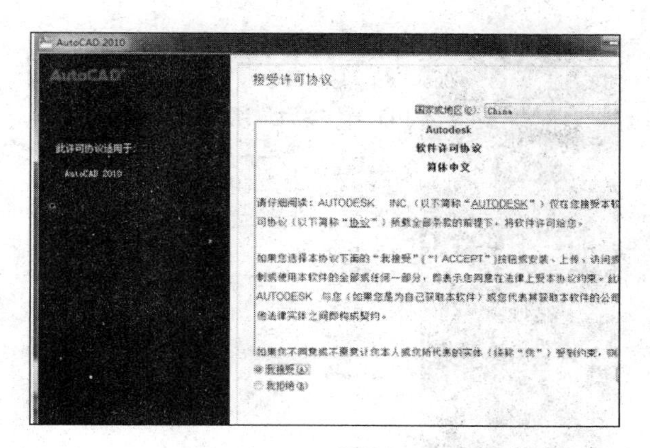

图 7-87　接受许可协议

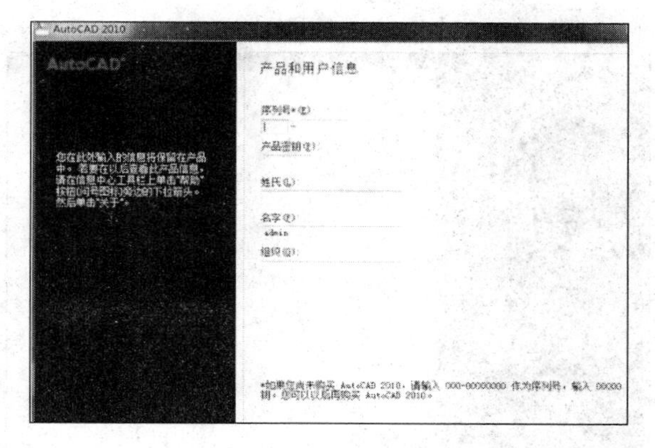

图 7-88　输入序列号及产品密钥

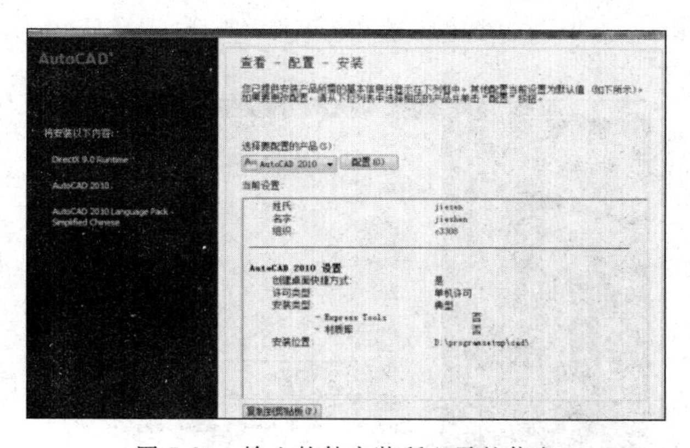

图 7-89　输入软件安装所必需的信息

耐心等待一会儿，待安装完成后单击“完成”按钮就可以了。接下来双击打开桌面 AutoCAD 2010 软件，会弹出提示激活的界面，如图 7-94 所示。

选择“激活”，在弹出的“现在注册”对话框中复制申请号，如图 7-95 所示。

然后根据申请到的产品信息、序列号、申请号申请购买激活注册码。在软件注册页面，把刚刚复制的注册码粘贴到对话框中，然后单击“下一步”按钮，如图 7-96 所示。

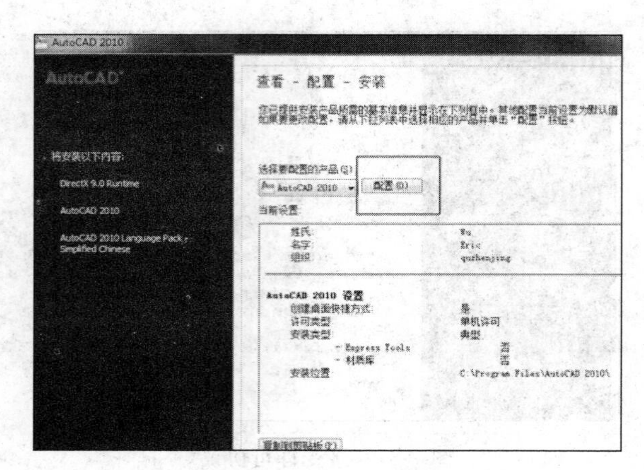

图 7-90　软件的安装配置

图 7-91　软件安装许可类型

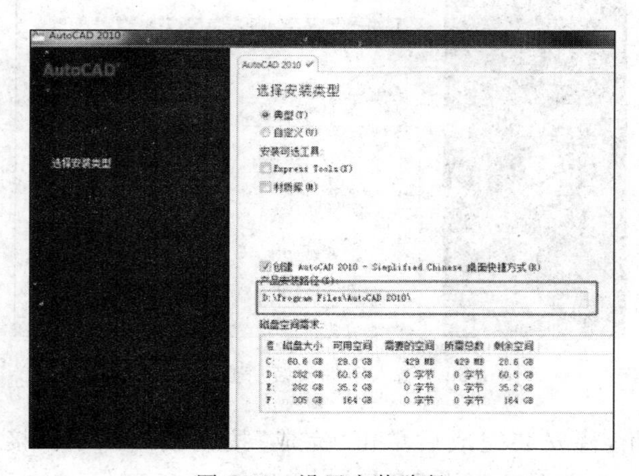

图 7-92　设置安装路径

此时会弹出注册成功的界面，如图 7-97 所示，单击“完成”按钮后直接进入 AutoCAD 工作界面，如图 7-98 所示。

图 7-93　安装软件

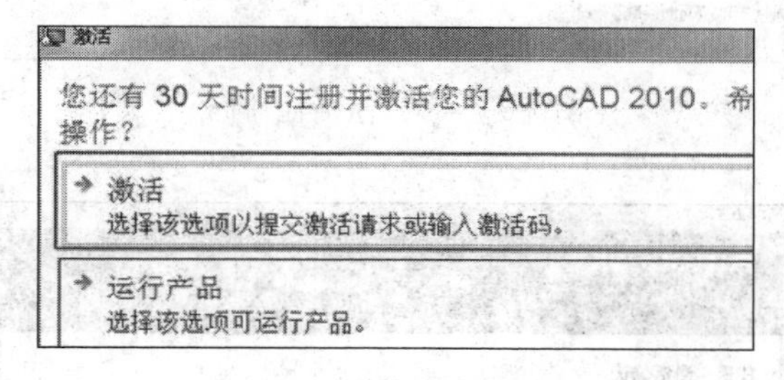

图 7-94　激活软件

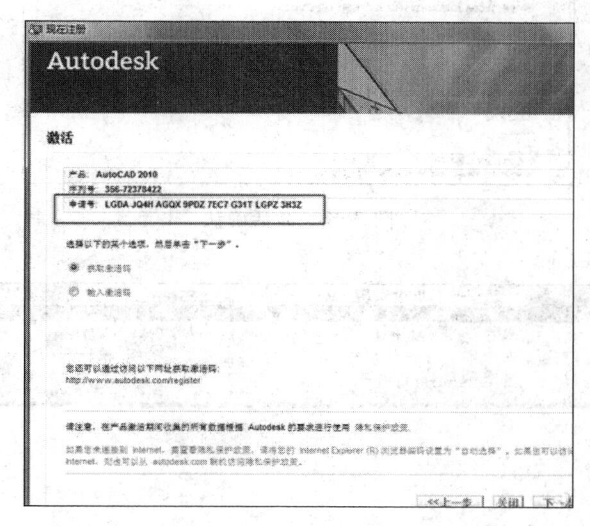

图 7-95　查看申请号

7.4.3　卸载软件

计算机经常会安装越来越多的程序，程序越多则计算机运行就越慢，我们应该知道怎样卸载软件，这样可以使计算机运行得更快，如图 7-99 所示。

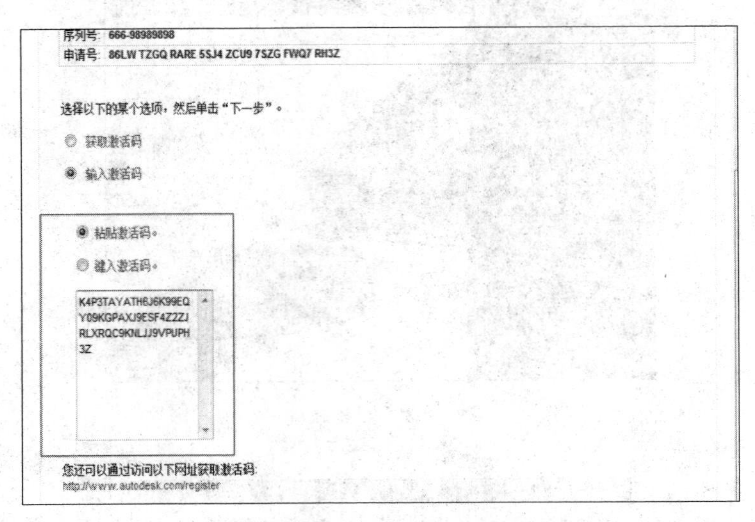

图 7-96　输入激活注册码

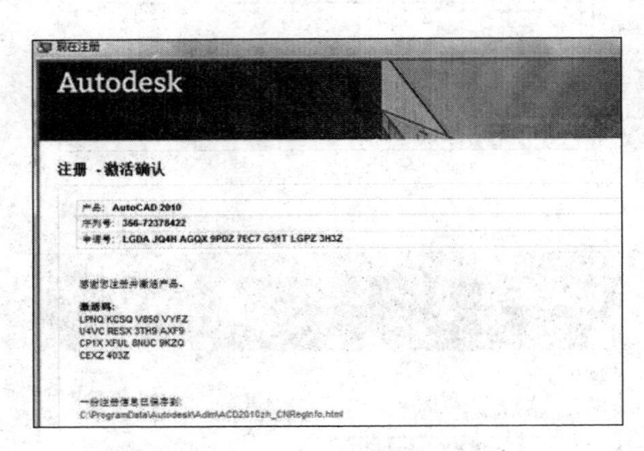

图 7-97　激活确认

图 7-98　软件界面

单击“开始”→“控制面板”选项。

图 7-99 打开“控制面板”

单击“程序和功能”，如图 7-100 所示。

图 7-100 打开“程序和功能”

如果想卸载其他软件，就单击该软件就可以了。下面以暴风影音为例说明如何卸载软件，如图 7-101 所示。单击暴风影音，选择“直接卸载”选项，单击“下一步”按钮，如图 7-102 所示。

等待卸载的界面，如图 7-103 所示。直至卸载完成。

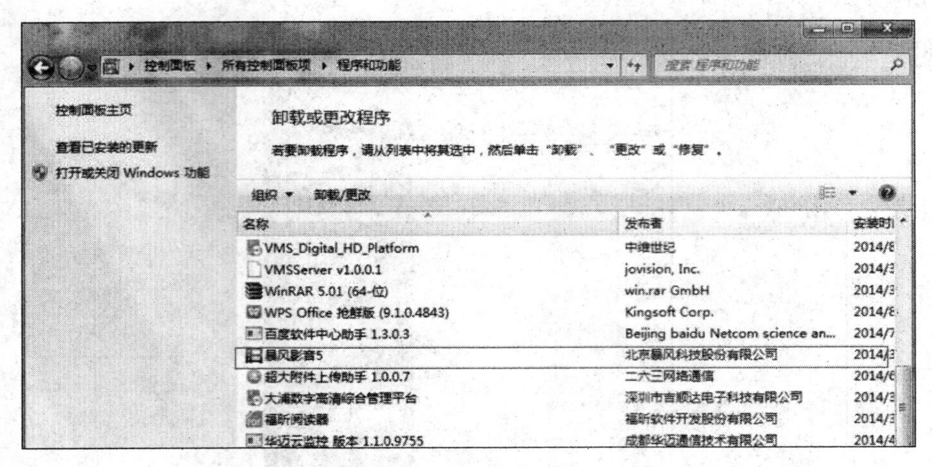

图 7-101 卸载暴风影音

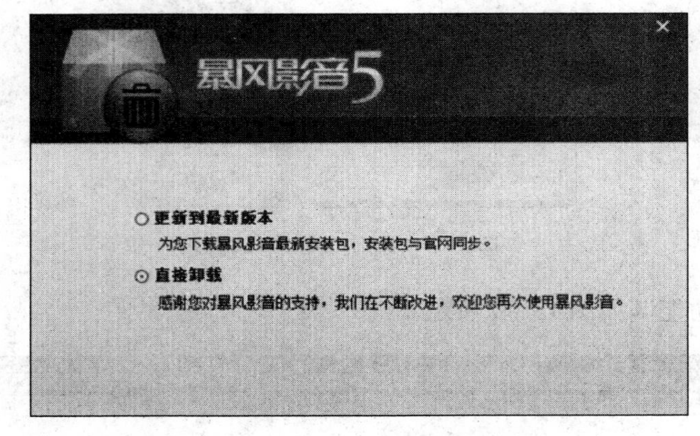

图 7-102 选中"直接卸载"选项

图 7-103 准备卸载

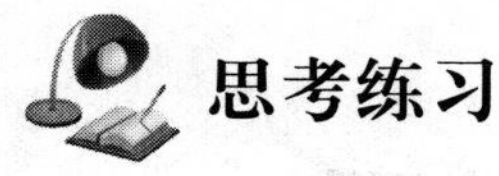

思考练习

一、思考题

1. 什么是软件？

2. 请列举生活及学习中常用到的软件。

二、实践题

在一台计算机上安装一些常用的软件。

项目 8　计算机常见故障及处理

任务 8.1　计算机故障的检测与定位方法

学习目标

对计算机进行故障的检测与维修是一项十分复杂而又细致的工作，初学者遇到计算机出现故障时不知如何解决。本项目针对计算机的故障分类、产生原因和检测方法进行了详细的讲述，并介绍了计算机中的各种硬件故障和软件故障的现象和处理方法。

任务目标

- 了解计算机故障的检测与定位方法。
- 了解计算机一般故障的原因。
- 掌握计算机故障的一般处理方法。

任务描述

计算机在长期的使用过程中，有时会因为计算机设备故障或计算机软件故障使计算机系统工作不稳定，或使计算机无法使用。这时可以通过一些计算机维修方法来排除故障。

相关知识

1. 计算机故障概述

计算机系统故障是指造成计算机系统功能失常的物理损坏或者软件系统的逻辑错误与程序错误导致其不能正常运行的一种现象。计算机系统故障有多种不同的分类方法，按照常用故障引起的原因可以分为硬件故障、软件故障和人为故障三大类。

(1) 硬件故障

计算机的硬件故障是指组成计算机的部件及外部设备等硬件电路发生损坏和性能不好或机械方面不好引起的故障，严重时常常伴有发烫、鸣响和电火花等。

根据故障发生的部位不同，硬件故障可以分为以下几种。

① 连线与接插件故障

连线与接插件故障是指由于连线或接插件接触不良造成的故障，比如硬盘信号与SATA接口接触不良等，修复此类故障通常只需将连线或接插件重新连接好即可。

② 跳线及设置引起的故障

跳线及设置引起的故障是指由于调整了设备的跳线开关而使设备的工作参数发生改变，从而使设备无法正常工作的故障，如接两块硬盘的计算机中，将硬盘的跳线设置错误后，造成两块硬盘冲突无法正常启动。

③ 部件引起的故障

部件引起的故障是指由于部件本身的质量问题或外部电磁波干扰等引起的部件工作不正常或不能工作的故障，修复此类故障通常需要更换故障部件或消除电磁波干扰。

④ 元器件及芯片故障

元器件及芯片故障是指由于计算机的主板等部件中的元件芯片的损坏造成的故障，修复此类故障通常需要更换损坏的元件及芯片。

（2）软件故障

软件故障是指由于操作人员对软件使用不当、计算机感染病毒或计算机系统配置不当等因素导致计算机不能正常工作的故障。软件故障大致可以分为软件兼容性故障、系统配置故障、病毒故障、操作故障和应用程序故障等。

① 软件兼容性故障

软件兼容性故障是指应用软件与操作系统不兼容造成的故障，修复此类故障通常需要将不兼容的软件卸载即可。

② 系统配置故障

系统配置故障是指由于修改操作系统中的系统配置选项而导致的故障，修复此类故障，通常恢复修改过的系统参数即可。

③ 病毒故障

病毒故障是指计算机中的系统文件或应用程序感染病毒，因造成破坏而无法正常运行的故障，修复此类故障需要先杀毒，再将破坏的文件恢复即可。

④ 操作故障

操作故障是指由于误删除文件或非法关机等不当操作而造成计算机程序无法运行或计算机无法启动的故障，修复此类故障只要将删除或损坏的文件恢复即可。

⑤ 应用程序故障

应用程序故障是指由于应用程序损坏，或应用程序文件丢失引起的故障。修复此类故障通常需要先卸载应用程序，然后再重新安装即可。

（3）人为故障

人为故障是指由于用户错误操作所引起的故障，比如硬件没有安装到位或者安装错而引起的接触不良或者无法被系统识别的故障，比如非法操作引起的停机、死机、蓝屏、频繁重启等故障，再比如错误认识所“制造”的不是故障的故障，等等。

2. 引起计算机故障的原因

计算机使用不当就会造成这样或那样的问题，影响其正常使用。具体来说，引起计算机故障有以下几方面的原因。

(1) 灰尘

如果不注意清洁保养,用了一段时间之后,机箱内肯定会有一层积尘。这样,不但会影响机器的散热,还可能腐蚀计算机的元件或造成短路,影响电路的正常工作,严重的还会烧坏电源、主板和其他部件。

(2) 静电

因为半导体设备对静电非常敏感,电子元件可能受静电的影响而发生性能的下降和不稳定,甚至击穿芯片,从而引发各种故障。

(3) 温度

温度过高,元器件产生的热量散不出去,会使电路的性能变差,造成机器运行不稳定,严重时会导致硬件损坏,还会加速计算机部件的老化;温度过低,会引起凝聚和结露现象,引起器件生锈,还会使绝缘材料变硬、变脆。一般来说,环境温度应保持在15～35℃。

(4) 湿度

湿度过高就会引起电路板涨大变形,难以插拔;高温潮湿的条件还会使金属生锈、腐蚀而发生漏电、短路故障;湿度过低就容易产生静电,对机器设备的正常工作带来不利影响。一般来说,室内的湿度应保持在20％～80％为宜。

(5) 磁场

现在大部分家用电器、手机,包括计算机本身的电源、导线等都会产生磁场,离显示器近都会产生电磁干扰现象,时间一长,会使显示器显示紊乱,产生如屏幕晃动、水波纹等现象。磁场对硬盘的数据存储也会有较大的影响。

(6) 振动

振动对硬盘的危害最大,当硬盘在高速旋转时,产生的振动就会使磁头和盘面损坏或划伤,使数据不能正常读写,严重的还会引起硬盘的损坏。振动还会使主板焊接不牢固的元件脱焊,也会使主板与各插卡松动。

(7) 元件质量

计算机硬件的生产厂商很多,产品质量也良莠不齐。计算机依靠硬件的整体协调工作才能发挥作用,如果其中任意某个部件出现问题都有可能导致计算机不能正常运行。

(8) 电源

提供稳定的电压和频率,是保证计算机及各种外部设备稳定运行的基本要求。如果瞬间电压过高,有可能击穿集成电路的芯片。如果电网频率不稳定,就会影响到磁盘驱动器的正常工作。计算机突然掉电就会导致内存中程序和数据丢失,以及磁头的损坏和磁盘盘面的划伤。

(9) 兼容性因素

计算机内部的硬件很多,生产厂商也不相同,因此很有可能出现不兼容的问题。如果出现兼容性问题,轻则影响计算机的正常运行,重则造成死机等严重故障。

(10) 计算机病毒

计算机病毒是一种恶意的程序代码,计算机受到病毒的感染之后,轻则降低运行速度,重则破坏硬盘中的数据,甚至破坏硬件。

(11) 有害气体

大气中有各种腐蚀性、导电性气体及冶炼、化工等工业排出的有害气体。比如,二氧化氮和硫化氢等,这些气体对计算机设备都有腐蚀作用。因此,机房要远离有害的化学气体。

(12) 人为因素

不良的使用习惯和错误的操作也会造成计算机出现故障。

3. 检测计算机故障的一般方法与注意事项

1) 计算机故障检测的基本方法

当计算机系统出现故障时,必须进行准确的判断,确定故障的位置,分析故障产生的原因,以便采用相应的方法来排除,这里主要介绍计算机系统中常见故障检测的几种方法。

(1) 观察法

观察法是故障检测中的第一要法,进行观察的时候,不仅要认真,而且要全面。观察的主要内容包括:周围的环境;硬件环境,包括界插头、座和槽等;软件环境;用户操作的习惯、过程等。

(2) 清洁法

计算机在长期使用的过程中要注重清洁。由于主板上的一些插卡或者芯片采用了插脚形式,受到震动和有灰尘时会造成引脚氧化,从而导致接触不良,可以用橡皮擦擦去表面的氧化层,重新插好后开机检测故障是否存在。

(3) 最小系统法

最小系统法也叫作缩小系统法,是指能够使计算机开机或运行的最基本硬件和软件环境。最小系统法有两种形式:硬件最小系统和软件最小系统。

硬件最小系统法是指由电源、主板和CPU组成在这个系统中没有任何信号线的连接,只有电源到主板的电源线连接。在检测过程中是通过声音来判断核心组成部分是否可正常工作。软件最小系统法是指系统只由电源、主板、CPU、内存、显卡、显示器、键盘和硬盘组成。这个最小系统法主要用来判断系统是否完成正常的启动和运行。

(4) 添加/去除法

添加法是在最小系统法的基础上,每次只向系统添加一个配件设备或软件来检测故障现象是否消失或发生变化,以此来判断并确定故障的部位。去除法与添加法操作刚好相反。一般来说,添加法/去除法与替换法配合,才能更准确地确定故障的部位。

(5) 替换法

替换法是用正常的配件代替可能有故障的配件,用来判断故障现象是否消失的一种维修方法。正常的配件与可能有故障的配件的型号可以是不同的。替换过程如下。

① 根据故障现象,考虑需要进行替换的配件或设备。

② 按照先简单后复杂的顺序进行替换。比如,先替换内存、CPU,再替换主板;再如硬件设备有故障时,先考虑是否是驱动程序的问题,再考虑是否硬件本身有故障等。

③ 接着考虑与有故障的配件相连的连接线、信号线等是否有问题,随后替换有故障的配件,再替换供电的配件,最后是与之相关的其他配件。

④ 从配件的故障率高低来考虑替换配件的先后顺序。

(6) 隔离法

隔离法是把可能妨碍故障判断的硬件或者软件屏蔽起来的一种检测方法,也可以把怀疑互相之间有冲突的硬件或者软件隔离,以此来判断故障是否发生变化。对于软件来说,可以停止其运行或者是卸载:对于硬件来说,可以禁用、卸载其驱动程序,或者直接把硬件从系统中去除。

(7) 比较法

比较法与交换法有点类似,即用正常的配件与有故障的配件进行外观、配置、运行等方面的比较,也可以在两台计算机间进行比较,用来判断有故障的计算机在环境设置、硬件配置方面的不同,从而找出故障位置。

(8) 升/降温法

升/降温法由于工具的限制,具有一定的局限性,可以通过设法降低计算机通风能力,靠计算机自身来发热升温。降温的方法有以下几种:①选择环境温度较低的时段,比如清早或者较晚的时间;②用计算机停机 12～24 小时以上等方法实现;③用风扇来加快降温速度。

(9) 敲打法

敲打法是指通过振动、适当的扭曲,或者用橡胶锤敲打配件和设备的特定部分来检测故障原因,从而消除故障。这种方法一般用在计算机中的某个配件接触不良的情况。

(10) 测量法及程序测试法

测量法是分析与检测故障的常用方法。当计算机处于关闭状态或者组件与母板分离时,用万用表等测量工具对元件进行检查测量,称为无源测量;若设法把计算机暂停在某一状态,根据逻辑图用测量工具测量所需要检测的电阻、电波和波形,从而检测出故障的位置,称为线测量。测量的特征参量可以与各个对应点的参考值或者标准值比较,如果差值超过容差值,就可以确定故障的位置。

程序测试法就是用软件发送数据和命令,通过读线路状态以及某个芯片状态来确定故障的位置。这种方法经常用于检查各种接口电路故障以及具有地质参数的各种电路。然而,这种方法应用的前提是 CPU 以及总线基本能够正常运行,有关的诊断软件也能够正常运行。

2) 计算机故障检测的注意事项

在进行计算机故障的检测过程中,可能很多用户都遇到过这样的情况:旧的故障还没有排除,由于人为的原因又产生了新的故障或扩大了原有的故障范围,所以在检测前有些操作一定要给予足够的重视。

(1) 做好数据备份

在计算机出现故障之后,如果仍能正常启动,就一定要先把重要的数据备份出来,这种情况下,即使故障进一步扩大而造成硬盘数据丢失,也不会有大的损失。否则,数据一旦丢失,恢复起来就没那么容易了。

(2) 切断电源

目前 ATX 电源广泛地应用于计算机中,与其对应的主板为 ATX 主板。软关机后,主板上仍有+5V 的供电电压,而且内部电路对机箱仍有很高的感应电压,在插拔各种板卡时容易烧毁或击穿元件,因此,主机带电的情况下不能进行热插拔。目前大多数计算机的板卡还不支持热插拔,除 USB 接口设备之外。

(3) 防止静电

计算机内部的集成芯片对静电相当敏感,稍不注意就有可能造成集成芯片的永久损坏,所以在插拔各种板卡前,一定要把手上的静电释放掉,否则很有可能击穿集成芯片,尤其是

COMS 集成芯片。释放静电的方法有两种：一种是使用一个防静电腕带；另一种是在接触芯片前，把手放在金属机箱或室内的金属管道上摸一下，使体内静电释放掉。

(4) 备好工具

计算机故障检测时不需要很复杂的工具，一般准备好十字形螺丝刀、一字形螺丝刀、试电笔、毛刷、镜头拭纸、电吹风、脱脂棉、镊子、尖嘴钳、吹气球、清洁剂、清洗盘、回形针和钟表油等就可以了。

(5) 备好零件盒

对计算机的故障检测时，难免要拆下一些小螺丝之类的零件，请事先准备好一个小盒子来存放这些零件，盒子最好有一些小格子，以便存放不同大小的螺丝，维修完毕再将螺丝拧回原位。

任务 8.2　计算机主要配件故障分析

学习目标

了解计算机在日常使用中需要注意的问题，会优化计算机性能，掌握基本的计算机故障检测及维修方法，了解计算机 CPU、主板、内存、硬盘、光驱、软驱的常见故障，了解计算机不能正常启动和经常死机的处理方法，掌握操作系统诊断菜单的使用方法。

任务目标

- 熟悉计算机主要部件的故障现象。
- 熟悉计算机主要部件故障的排除方法。

任务描述

若要更好地了解计算机维护与维修方面的知识，就必须认识计算机各组成部分的功能特点，对计算机故障的诊断原则是先软后硬，先外后内。所谓先软后硬就是计算机出故障以后应先从软件上、操作系统上来分析原因，看看是否能找到解决办法。软件确实解决不了的问题，再从硬件上逐步分析故障原因。

相关知识

1. CPU 故障处理

通常来说，CPU 本身的故障率在所有的计算机配件中是最低的，作为高科技产品，它有着严格的生产和检测程序，因此由于 CPU 本身的质量问题而导致故障的情况并不多见。但是在计算机产品高利润的诱惑下，一些非法生产商对标准零部件进行改频、重新标记

(Remark),甚至将废品或者次品当作正品出售,导致了 CPU 的性能不稳定。

一般情况下,CPU 出现故障后非常容易判断,表现在以下几个方面:加电后系统没有任何反映,也就是通常所说的主机点不亮;计算机频繁死机,即使在 CMOS 或 DOS 下也会出现死机的情况,当其他配件出现问题,有时也会出现这种情况,可以利用排除法查找故障的位置;计算机不断重启,特别是开机不久便连续出现重启的现象;计算机的性能下降的程度相当大。

(1) 系统自动重启或者无法开机

故障现象:某次清洁主板时,不小心把 CPU 散热片的扣具弄掉了。然后,按原样把它装回散热片,重新装好风扇。结果刚开机,计算机就自动重启。

故障原因与处理:对计算机的其他部件进行检查都没有问题,根据以前的经验,应该是散热部分的问题。一般情况下,当主板检测到 CPU 过热时,就会自动保护。但是,经过仔细检查,发现导热硅脂和散热片都没有问题。最后,更换了散热扇问题就解决了。原来 CPU 散热扇安装不当,也会造成系统自动重启或无法开机。

(2) CPU 针脚生锈

故障现象:某一台计算机,平日使用时都能正常工作,现在却突然无法开机,而且屏幕也没有显示信号输出。

故障原因与处理:首先,用交换法检测发现显卡没问题;其次,检查显示器也是正常的;从主板上拔下 CPU 后仔细观察也没有损坏的迹象;但是发现 CPU 的针脚发黑、发绿,有氧化的情况,接着用牙刷对其做清洁,最后计算机又开始正常工作了。CPU 针脚上的锈可能是因为制冷片将芯片的表面温度降得太低,低过结露点,导致 CPU 长期工作在潮湿的环境与空气发生氧化而生成铜锈。

(3) CPU 主频自动下降

故障现象:正常使用的某台计算机,开机之后,突然发现 CPU 的主频降低了,并且显示"Defaults CMOS Setup Loaded"的提示信息。重新进入 CMOS Setup 中设置 CPU 的参数后,系统显示其原来的主频。但是,再使用一段时间后又出现了上述故障。

故障原因与处理:这种故障是由于主板上的电池电量供应不足,使得 CMOS 设置的参数不能长期有效地保存。在这种情况下,只需要将主板上的电池更换即可消除故障。

(4) CPU 的性能急剧下降

故障现象:计算机在使用初期表现非常稳定,但后来性能大幅度下降,偶尔伴随死机现象。

故障原因与处理:温度过高时就会造成 CPU 性能的急剧下降。首先,可以使用杀毒软件查看是否有病毒;如果没有,可以用 Windows 的磁盘碎片整理程序进行整理;整理之后仍然没有效果,可以格式化硬盘,重装系统;如果仍然不行,那么就只有更换新散热器。另外,还可以使用热感式监控系统的处理器,它会持续检测 CPU 的温度。

(5) CPU 不能超频

故障现象:某台计算机能够没有任何问题地正常工作,并且 CPU 本身还具有相当高的超频能力,但就是没办法使其超频。

故障原因与处理:经过观察配置中的其他配件都应该不会对 CPU 超频的造成阻碍。后来,对机箱的电源进行了测试,从测试的结果中发现该电源的实际输出功率比标签上标注

300W功率小很多，这种电源根本就无法支持高功耗的CPU，更不能超频。因此，更换一个额定功率为300W的电源，再对CPU进行超频测试，这样问题就顺利地解决了。

实际上，以上所述的这些故障都不可怕，大部分是用户粗心大意造成的。常见故障主要就集中在散热和频率两方面，只要能做到小心仔细就可避免类似问题出现。当然，更希望大家能从中学到解决CPU故障的一些处理方法。

2. 主板故障处理

（1）主板的内存报警

故障现象：计算机开机后无显示，主板也不启动，有“嘀嘀”的内存报警声。

故障原因与处理：内存报警的故障较为常见，主要是内存接触不良引起的。比如，当比较薄的内存条插入主板上的插槽时，就会有一定的缝隙，导致接触不良；再如，内存条的金手指表面镀金比较差，时间一长，表面的氧化层就会增厚，导致内存接触不良等。打开机箱，把内存条取下来重新插一下，用橡皮把内存条的金手指擦干净，再用热熔胶把内存插槽两边的缝隙填平，防止在使用过程中继续氧化。

（2）主板的显卡报警

故障现象：计算机开机后无显示，主板也不启动，有一长两短的显卡报警声。

故障原因与处理：显卡报警，一般是因为显卡松动或者显卡损坏。打开机箱，拔出显卡，检查AGP插槽内是否有小异物使显卡不能插接到位，然后把显卡重新插好即可。仔细辨别主板上所使用的语音报警的提示内容，再根据内容解决相应故障。如果按上述方法处理后，显卡还继续报警，这说明显卡的芯片可能坏了，应更换或修理显卡。如果开机后听到“嘀”的一声自检通过并且显示器正常，就是没有图像。此时，把该显卡插在其他主板上，若使用正常，这说明显卡与主板不兼容，应该更换显卡。

（3）主板的CMOS设置不能保存

故障现象：开机进入CMOS状态，对计算机进行一些相应的设置。然后，重新启动系统，刚刚设置的CMOS没有保存或者是使用一段时间后CMOS又恢复了原来的设置。

故障原因与处理：CMOS的设置不能保存，一般是由于主板电池电压不足造成的。解决办法是更换主板的电池。电池更换后，问题还没有解决，就认真检查主板的CMOS跳线是否有问题。如果主板上的CMOS跳线设置为清除选项或者设置为外接电池，也会使得CMOS的设置无法保存。上述原因都不是，则可能是主板的电路有问题，可以请专业人员来处理。

（4）主板的保险电阻熔断

故障现象：计算机开机之后，找不到键盘、鼠标以及使用USB接口的一些移动设备等。

故障原因与处理：开机后出项上述现象可能是因为主板上的保险电阻熔断。一般情况下，可以使用万用表的电阻挡测量其通断性。如果确实是保险电阻熔断，可以使用0.5Ω左右的电阻代替。否则，就检查这些设备的接口状况是否完好。

（5）计算机频繁死机

故障现象：计算机开机后经常出现死机的情况，而且在进行CMOS设置时也会出现死机的情况。

故障原因与处理：这种情况一般是由于主板设计的散热效果不好或者主板的Cache（缓存）有问题造成的。如果是因为主板散热不好而导致该故障，可以在死机后触摸CPU周围的主板元件，发现它们的温度非常烫手。这时，更换大功率风扇后死机的问题就可以解决。如果是 Cache 的问题而导致的故障，可以通过 CMOS 设置把 Cache 禁止即可。当然，Cache 被禁止后，计算机的运行速度肯定会受到影响。如果上述方法都不能解决问题，那就是主板或 CPU 的问题了。

（6）IDE 接线错误

故障现象：计算机开机后，找不到硬盘而无法进入 Windows XP 的系统，而且计算机提示找不到任何 IDE 设备。重新启动进入 CMOS 设置，发现检测不到任何 IDE 设备。

故障原因与处理：在计算机系统中，找不到硬盘并且检测不到 IDE 设备的故障经常发生。如果硬盘本身没有损坏，那么主板的 IDE 线接错或者 IDE 接口损坏都容易产生这类故障。另外，如果在挂硬盘时没有及时更改跳线，也会出现这种情况。

3. 内存故障处理

（1）内存报警

故障现象：这种故障经常会遇到，一般是计算机工作过程中一直都很正常，突然某次开机后，就听到"嘀，嘀……"的报警声并且显示器也没有图像显示。

故障原因与处理：内存报警一般是因为计算机的工作环境湿度过大，在长期的使用过程中，金手指表面被氧化造成其与内存插槽的接触电阻增大，因而内存自检出错。此时，取下内存，用橡皮将内存两面的金手指仔细地擦洗干净，再插回内存插槽即可。除此之外，造成内存报警的还有其他原因，比如：

① 内存与主板不兼容。如果将内存条插在其他主板上，就可以长期、稳定地运行。但是，如果把它插在本机的主板上就会出现报警声。这说明内存和主板的兼容性不好，只要更换内存条即可。

② 内存插槽的质量比较差。如果更换了多个内存条都出现报警声，偶尔有一个内存不报警，重启之后又会报警。这说明主板的内存插槽质量很差，只要更换主板即可。

③ 内存某个芯片的问题。开机时，主机能够发现内存存在，但是不能通过自检，同时发出报警声并且提示用户检查内存。这时把内存条插在其他主板上，检查是否有报警声。如果有，就是内存的问题；如果没有，就可能属于上述两个原因之一。

（2）内存损坏

故障现象：开机后能够正常启动系统，但是系统会提示注册表读取错误，需要重新启动来修复该错误。然而，重新启动后，仍然是同样的问题。

故障原因与处理：这类问题，可以直接启动计算机进入安全模式。在运行对话框中输入 MSCONFIG 命令，将"启动"项中的 ScanRegistry 前面的 V 删除，然后再重启计算机。如果故障排除，则说明该问题是由注册表错误引起的。否则，就可能是内存问题。此时，采用替换法换上使用正常的内存条检验是否存在同样的问题即可。另外，长期不进行磁盘碎片整理，也会造成注册表错误提示，这时只要禁止运行 ScanRegistry，系统就可以正常运行，但速度会明显变慢。

（3）内存短路

故障现象：开机时，主机没有任何反应，CPU 风扇和电源风扇都不工作，电源指示灯也不亮，与没有加电时完全相同。这种情况内存损坏得比较严重，但是内存芯片表面，金手指、阻容并不一定有明显的烧灼痕迹，有时和完好的内存条一模一样。不过将此内存插入主板后，主板无法加电。

故障原因与处理：对于这类的问题，首先采用替换法排除电源的问题。其次把声卡、Modem、硬盘、光驱、软驱、显卡、内存、CPU全部拆除，只留下CPU风扇，对主板加电，观察风扇是否转动。然后插入CPU，加电测试，接着插入内存。通过一步步地添加其他部件来检测出现上述问题的部件。最后，更换有问题的部件即可。

4. 硬盘故障处理

硬盘负责存储所有资料的仓库。如果它出现问题，就会导致系统的无法启动和数据的丢失。

（1）检测不到硬盘

故障现象：开机后，系统不能从硬盘启动；插入启动盘后，也不能访问C盘，使用BIOS中的自动监测功能也无法发现硬盘的存在。

故障原因与处理：这类问题，大部分是因为连接电缆或者IDE端口的原因，硬盘本身有问题的可能性不大。首先，检查IDE接口与硬盘间的电缆线是否连接好；其次，IDE电缆线接头处是否接触不良；最后，检查硬盘是否没有接上电源或者电源转接头没有插牢。确认各种连线是否有问题之后，接下来应用替换法确定问题部件即可。如果检测时硬盘灯亮了几下，但BIOS仍然报告没有发现硬盘，则可能是因为硬盘电路板上某个部件损坏或者主板的IDE接口及IDE控制器出现问题。

（2）系统无法启动

故障现象：开机后，计算机系统不能正常地启动。系统启动时，需要激活硬盘上的启动区，并加载硬盘上的数据，因此如果找不到硬盘或硬盘的启动区被破坏，系统就会无法正常启动。

故障原因与处理：这类问题通常是由主引导程序损坏、分区表损坏、分区有效位损坏、DOS引导文件损坏造成的。其中，主引导程序损坏和分区有效位损坏一般可以用FDISK/MBR强制覆盖命令即可。DOS引导文件损坏相对来说比较简单，可以使用启动盘引导之后，向系统传输一个引导文件即可。如果是分区表损坏就比较麻烦了，由于无法识别分区，这时系统就会把硬盘作为一个未分区的盘来处理，使得一些软件不能正常工作。不过有个简单的方法，先找个装有Windows XP的系统，把受损的硬盘挂上去，然后再开机，这时Windows XP为保证系统硬件的稳定性会对新接上去的硬盘进行扫描。这样，扫描程序就会对损坏的硬盘进行修复。

（3）硬盘无法读写或不能辨认

故障现象：开机后可以正常地进入系统，但是对于除系统盘之外的其他硬盘都不能进行正常的读写，甚至都不能辨认。

故障原因与处理：这类问题一般是由于CMOS设置问题造成的。在CMOS中，硬盘类型设置是否直接影响到其使用。目前，所有的计算机都支持“IDE Auto Detect”功能，可以自动检测硬盘的类型。当硬盘类型错误时，就会发生读写错误或者是无法辨别的问题。另外，一个原因是目前的IDE都支持逻辑参数类型，硬盘可采用“Normal，LBA，Large”等模式，如果在某个模式下安装了数据，而又在CMOS中将它改为其他模式，也会发生硬盘的读写错误。因为这种情况下，硬盘的映射关系就发生了变化，就没有办法读取原来硬盘的位置。

(4) 硬盘出现损坏的磁道

故障现象：使用 Windows 自带的磁盘扫描程序扫描硬盘时，系统提示硬盘可能有损坏的磁道，随后在某个部分标上一个 B 的符号。这些损坏的磁道大部分是逻辑损坏，可以重新修复。

故障原因与处理：扫描硬盘时，如果程序提示有损坏的磁道，那么应该首先使用各盘的自检程序进行完全扫描。如果检查的结果是“成功修复”，则肯定是逻辑损坏的磁道。由于逻辑损坏的磁道只是将簇号做了标记，以后不再分配给文件使用而已，所以只要将硬盘重新格式化即可。但是为防止格式化时硬盘空间减少的现象，最好是对硬盘进行重新分区。如果检查结构不成功，就不可能修复了，只有更换硬盘。

(5) 硬盘容量与标称值明显不同

故障现象：开机后，对硬盘进行格式化后，发现此硬盘的容量远远小于标称值。一般来说，硬盘格式化后容量会小于标称值，但是差距绝不会超过 20%。

故障原因与处理：出现这类问题时，应该直接进入 BIOS 程序，根据不同的硬盘作一些合理设置。如果问题还没有解决，那可能是因为主板不支持大容量硬盘，这时可以下载最新的 BIOS 并且进行刷新即可。另外也可能由于突然断电，使 BIOS 的设置产生混乱而导致产生这类问题。

5. 显卡故障处理

(1) 开机无显示

故障现象：开机后，显示器在信号指示灯亮的情况下，没有任何显示内容并且发出一长两短的蜂鸣声。

故障原因与处理：这类问题一般是因为显卡与主板接触不良或者显卡的插槽有问题，显卡受到损坏等。如果是显卡接触不良，拔下显卡重新插好即可。如果是显卡插槽有问题，就只有更换主板了。如果显卡损坏，重新换一个新显卡即可。对于一些集成在主板上的显卡，可以在主板的扩展槽内插入另外一块显示卡即可。

(2) 显示不正常

故障现象：开机后，计算机屏幕上显示的是乱码或者显示的颜色不正常。

故障原因与处理：这类问题主要是由于显卡和显存的质量不好，只有更换一个质量好的显卡即可。再者，如果显示器被磁化，就会引起显示画面出现偏转，一般是由于与磁性的物体过分接近造成的。还有，如果系统超频不当导致 PCI 总线的工作频率过大，就会使一般的显示卡负担太重而产生显示乱码。这种情况下，只要把频率降下来即可。另外，刷新显卡的 BIOS 版本不正确，也会产生这个问题，只要找到正确的显卡 BIOS 版本并重新刷新即可。

(3) 显示花屏

故障现象：开机后，计算机屏幕上显示一些杂点和图案，甚至显示的是花屏，字迹也无法辨认。

故障原因与处理：这类问题一般是由于显卡的质量不好造成的。计算机在超频的情况下，显卡工作一段时间之后，温度就升高，使得质量不好的显卡上显存和电容等元件工作不稳定而造成的，只要把工作频率降回到原来的频率即可。另外也可能是由于显示器或者显卡不支持高分辨率造成的，只要把分辨率降低即可。

(4) 显卡驱动丢失

故障现象：显卡驱动程序安装在计算机系统中运行一段时间之后，显卡的驱动程序就会自动丢失。

故障原因与处理：这类问题一般是由于显卡的质量不好或者是显卡与主板不兼容，使得显卡温度过高而造成的系统运行不稳定和丢失的问题，这种情况只要更换显卡即可。另外，如果显卡驱动程序安装之后，计算机进入操作系统就会出现死机，这时，可以先更换其他显卡，再安装显卡驱动程序，然后插入以前的显卡即可。如果问题仍然没有解决，则说明注册表有问题，只要对注册表进行恢复即可。

6. 显示器故障处理

显示器如果出现问题，就无法得知计算机的处理结果。一般来说，显示器发生故障主要有几种情况：如果显示器周围有磁场，就会使显示器局部出现色块，严重磁化会导致无法消磁，显示器的显示效果就会受到很大影响。如果显示器工作的环境太潮湿，就会导致显示器屏幕显示图像模糊，严重的情况下就会损坏显示器内部的部件。如果显示器工作时间太久了，其内部的部件就会自然老化，从而使显示效果的质量下降。如果灰尘附着在显示器的屏幕表面，也会影响显示效果。另外，灰尘还可能通过显示器的散热孔进入显示器内部，引起内部电路的故障。

(1) 显示器上出现大小不一的各种色块

故障现象：平时显示器显示正常，但是有一天发现显示器的屏幕出现一些大小不一的色块。

故障原因与处理：这类问题可能是由于显示器被磁化造成的。这种情况下，如果对于带有自动消磁电路的显示器，只要在控制菜单中选择消磁功能即可。如果显示器没有自带的消磁电路，则可以使用专用的消磁棒来对其消磁。另外，显示器的周围一定不能摆放带有磁性的物质，如果有的音箱没有采取防磁技术，也很容易将显示器磁化。

(2) 显示器驱动程序不正确导致分辨率过低

故障现象：在计算机的“显示属性”对话框中，屏幕的分辨率只能设置为 640 像素×480 像素，颜色为 16 色，不能进行其他的设置。

故障原因与处理：在“设备管理器”中查看显卡属性，发现显卡的驱动程序安装正确并且没有冲突，但不能设置分辨率和颜色位数。接着，删除驱动程序，重新安装。如果问题仍然没有解决，再查看显示器安装的驱动程序是否是不知名。如果是，就把驱动删除并且重新安装为“即插即用监视器”即可。

7. 其他设备故障处理

(1) 电源故障

在计算机中电源质量好坏非常重要，因为如果电源出现了问题，就会直接影响到计算机各方面的稳定性、可靠性和高效性。如果计算机的电源坏了，不仅会影响到正常的工作，而且会对硬件造成损坏。

① 电源开关或 Reset 键损坏

故障现象：开机过几秒钟之后，计算机就会出现自动关机。

故障原因与处理：这类问题是由于机箱上的电源开关和指示灯的质量太差造成的。如果 Reset 键损坏或者按下后弹不起来，这时给计算机加电，主机始终处于复位状态。因此，按下电源开关，主机会没有任何反应。这种情况下，只要打开机箱，修复电源开关或者 Reset 键即可。

② 电源的供电插座松动

故障现象：计算机开机之后会不定期地出现重启现象。

故障原因与处理：在开机状态下，用手晃动各个接口部分的电源线，检查是否有这类问题出现即可。

(2) 键盘故障

键盘是计算机必需的输入设备，使用频率非常高。因此，使用时间过长，难免就会出现这样那样的故障。

① 接口问题

故障现象：计算机在开机时，屏幕提示"Keyboard error or no keyboard present"或者开机后操作系统即将进入桌面时死机。

故障原因与处理：这类问题主要是由于键盘没有接好，键盘接口的插针弯曲和键盘或者主板接口损坏。在开机时，应该注意检查键盘右上角的三个灯是否闪烁，如果没有闪烁，先检查键盘的连接情况，再观察接口有无损坏，最后观察键盘和鼠标是否接反。如果这些都正常，就说明键盘损坏，更换新的键盘即可。

② 键盘内部线路问题

故障现象：录入文字时按一个键同时出现两到三个字母，或者某一排键无法输出。

故障原因与处理：这类问题是由于键盘内部的线路有短路，只要拆开键盘对键盘内部进行清理即可。如果一排键无法输出，可能是由于键盘中有断路，拆开键盘，找到断路点焊接好即可，或者更换新键盘。

③ 按键不能弹起

故障现象：开机后，键盘指示灯闪烁一下之后，显示器就出现黑屏；单击鼠标，却选中多个目标；录入文字时大写灯灭，但是输入的还是大写字母。

故障原因与处理：这类问题一般是由于键盘上的某个键没有弹起来造成的，只要将卡住的键恢复原位即可。

(3) 鼠标故障

鼠标是现在计算机中必不可少的输入设备，也是使用率最高的一个外部设备。因此，鼠标出现问题时，会带来很多不便。

鼠标故障可以分为机械、电路、软件三大类。其中电路故障出现得很少；软件故障不具有普遍性，随着软件的不同会发生相应的变化。这里简单介绍一下一些常见的鼠标故障。如果鼠标的按键功能很正常，就是移动时反应迟钝，甚至没反应。这主要是因为脏物太多导致机械转动失灵，用酒精棉球将滚球及与滚球接触的小轮和轴清洁干净即可。如果鼠标的按键失灵，建议直接更换一个新鼠标即可。

任务 8.3 计算机软件故障的排除与数据恢复

学习目标

随着计算机技术的迅猛发展,硬盘的容量和速度也在飞速增长,但由于硬盘工作原理的制约,其安全性和稳定性却一直没有明显的改善,脆弱的硬盘稍有不慎就会出现这样那样的故障,威胁着其存储数据的安全。但只要掌握一些常用的维修方法,就可以排除一些常见的故障而使硬盘继续正常工作,现就此进行一些探讨。

任务目标

- 掌握计算机数据的恢复方法。
- 熟悉计算机硬件部件的故障现象与解决方法和数据的恢复技术。

任务描述

硬盘作为数据的存储设备,日常的管理非常重要。由于管理和使用不当造成硬盘数据混乱、系统运行效率低下和重要数据丢失的例子比比皆是,有时损失甚至远远超过硬盘本身的价值。所以对于用户来说,如何在平常的使用中充分利用和精心保养硬盘,是用好计算机的关键。如何从硬盘的日常维护做起,如何从"硬"和"软"两方面着手,首先要学习数据存储的原理和基本的概念。

相关知识

1. 软件故障的原因和处理方法

(1) 引发软件故障的原因

软件故障是计算机系统故障中的一种常见分类形式。故障发生的具体情况不同,可能只是由于运行了一个特定的软件造成的;也可能故障很严重,类似于一个系统级故障。引起这些软件产生故障的原因有:丢失文件,文件版本不匹配,非法操作等。为了避免这些故障的产生,下面具体介绍一下每个故障产生的原因和处理方法。

① 丢失文件

在启动计算机和运行程序的时候,大多数是一些虚拟驱动程序文件和应用程序所依赖的动态链接库文件(DLL)。而且,一个硬件同时允许多个应用程序访问并且保证不会引起冲突。DLL 文件是一些独立于程序、可以单独执行的子程序。只有在需要的时候它们才会调入内存。当这两类文件被删除或者损坏时,依赖于它们的设备和文件就不能正常工作。

在启动计算机系统的时候,可以通过观察屏幕来检测丢失的文件。丢失的文件就会显示一个“不能找到某个设备文件”的信息以及该文件的文件名、位置。这类问题大多数是因为没有正确地卸载软件造成的。如果对于不需要的程序直接删除了存放该程序的文件夹，那么下次启动系统后就可能会出现上面的错误提示信息。原因在于软件第一次安装时，就已经把相应的匹配启动命令放到注册表里了，系统启动后却找不到相应文件中的该命令。所以，要卸载一些不需要的软件时，可以用该软件程序自带的“卸载工具”卸载，也可以使用Windows系统“控制面板”里面的“添加/卸载”选项来卸载。文件夹和文件的重新命名也会出现问题，在软件安装前就应该确定好这个新文件所在文件夹的名字。

丢失的文件有可能被保存在一个单独的文件中或者被存放在应用程序共享的文件夹中。最好的方法是找到原来的光盘，对损坏的程序重新安装。

② 文件版本不匹配

大多数的Windows用户都会经常地向系统中安装各种不同的软件，包括Windows的各种补丁或者升级程序等。无论是哪个操作，都需要向系统复制新文件或者更换现存的文件。这时，有可能就会出现新的软件不能与现存的软件相互兼容的问题。

因为在安装新软件和Windows升级的时候，复制到系统中的大多数是DLL文件。然而，DLL不能与现存软件兼容，这是产生大多数非法操作的主要原因。即使受到影响的程序会被快速关闭，然而也没有时间来保存尚未完成的工作。

Windows的基本设计使得上述DLL错误经常发生。因为在Windows系统中，同一个DLL文件的不同版本可能分别支持不同的软件，而许多软件都坚持安装适合自己的新的DLL版本来代替以前的版本。这样，新版本DLL程序可能与其他软件不兼容，就会出现“非法操作”的提示。因此，在安装新软件之前，先备份Windows文件下的system文件夹中的内容，可以将DLL错误出现的概率降低。然而，大多数新软件在安装时也会观察现存的DLL，如果需要置换新版，就会给出提示。一般可以保留新版，标明文件名，以免出现问题。

避免出现DLL引起的非法操作的问题，采用的方法是不在同一台计算机系统中的同一时间运行不同版本的同一个软件。即使新版本软件存放在另一个新文件夹中，如果要同时使用这两个版本，仍然会出现非法操作的错误信息。

③ 非法操作

大多数的非法操作是由软件引起的，每次出现非法操作信息的时候，相关的程序和文件都会和错误类型一起显示在屏幕上。这样，用户可以通过错误信息列出的程序和文件来研究故障的起因。

一般来说，错误信息往往并不能直接指出实际原因，那么要判断错误信息，如果给出的是“未知”信息，可能是由于数据文件已经损坏，只要把损坏的文件恢复即可。如果是Microsoft的软件，可以将程序名和错误信息作为关键字在Microsoft的网站上进行搜索，找到解决的方法。

④ 蓝屏错误信息

出现蓝屏的原因很多是由于安装的新软件和现行的Windows设置发生冲突造成的。出现蓝屏的真正原因不容易搞清楚，需要仔细检查错误信息，最好的办法是把错误信息记下来，然后用“blue screen”和文件名或者“fatal exception”代码到微软的网站进行搜索来确定其真正原因。大多数的蓝屏可以通过改变Windows的设置来解决。这种情况下，只要下载并安装一个更新的驱动程序即可。

⑤ 资源耗尽

Windows 程序需要消耗各种不同资源的组合，GDI(图形界面)集中了大量的资源，这些资源用来保存菜单按钮、面板对象、调色板等；USER(用户)资源是用来保存菜单和窗口的信息；SYSTEM(系统资源)则是一些通用的资源。

这些资源在 Windows 3. x 中受到很大的限制，在不发生资源耗尽的情况下，只允许同时运行几个程序。Windows 9x 中的限制放宽了许多，可以有很多程序同时运行，而 Windows NT 以上的系统对大多数资源完全不加限制。

在程序打开和关闭之间都会消耗资源：一些资源，在程序打开时被占用了；在程序关闭时可以被释放。但是并不是所有的资源都这样，比如一些程序在运行时可能导致 GDI 和 USER 资源丧失，所以，在计算机运行一段时间之后，最好重新启动一次补充资源。

在出现非法操作或者蓝屏之前，大多数用户希望能够被系统提示资源占用的情况。在 Windows 系统中，带有一个资源测量仪可以从“开始”菜单→“程序”→“附件”→“系统工具”里面找到，然后将其放置在工具栏上，这样就可以显示出 GDI、USER 和一些系统资源的占用情况。

(2) 软件故障的注意事项

① 在安装一个新软件之前，仔细考察一下它与本机的系统是否兼容。

② 在安装一个新的程序之前，需要保护已经存在的被共享使用的 DLL 文件，防止在安装新文件时被其他文件所覆盖。

③ 在出现非法操作和蓝屏的时候，仔细研究提示信息，并且认真分析原因。

④ 随时检查系统资源的占用情况。

⑤ 使用卸载软件删除已经安装的程序。

(3) 某些文件不能直接下载

故障现象：在网络正常的情况下，单击某些文件的链接，不能直接下载。

故障原因与处理：这类问题有可能是由于发布者隐藏了这些文件的链接地址，可以采用如下的方法来下载。在网页上右击，从弹出菜单中选择“查看源文件”菜单项，然后在网页的源文件中查找该文件的链接。如果找到了，就可以使用该链接来下载该文件；否则，说明该文件只能在线观看。

(4) RealPlayer 播放器故障

① RealPlayer 程序停止

故障现象：在 Windows 操作系统中，用 RealPlayer 来播放某些文件。这时，用鼠标拖动播放器上的进度条，程序就会没有任何反应，或者又重新开始播放。

故障原因与处理：这类问题一般是由于所播放的文件被损坏造成的。这些文件可能是下载不完整或者文件制作时就受到了损坏所致。这种情况下，可以从网上重新下载这些文件，然后再重新播放。

② RealPlayer 自动运行

故障现象：每次开机，计算机系统启动完成之后，RealPlayer 就会自动运行。

故障原因与处理：这类问题一般是由于系统设置造成的，可以采用如下的步骤来进行重新设置。

a. 运行 RealPlayer 之后，选择“视图”菜单的“首选项”命令，就会弹出“首选项”对话框。

b. 在该对话框中，选择“常规”选项，单击“设置”按钮，就会弹出“设置”对话框，在该对话框中取消“启用 StartCenter”的复选框。

c. 单击“确定”按钮即可。

③ RealPlayer 播放文件时出现故障

故障现象：在 Windows 操作系统中，用 RealPlayer 来播放某些文件，发现有时画面不动，有时有声音没图像，总是不能正常播放。

故障原因与处理：这类问题先考虑所播放的文件在制作和网络传输的过程中是否受到损坏。从网上重新下载这些文件，再来播放，问题仍然没有解决。这样有可能是 RealPlayer 的程序设置问题，经过反复检查和测试，发现将程序的播放缓冲区扩大后即可。

2. 硬盘分区表的恢复

在硬盘分区被破坏之后，启动系统自检时经常会出现错误提示，如“Non system disk or disk error, replace disk and press a key to reboot”（非系统盘出错），“Error loading operating system”（装入 DOS 引导记录错误），“No ROM basic, system halted”（系统停止响应）等，这些都表明硬盘的分区表存在故障。对硬盘分区表进行修复，有以下方法。

(1) 对硬盘进行杀毒

如果确定是由硬盘引导区类型的病毒引起的分区表故障，则可以使用一些杀毒软件对病毒进行查杀，如瑞星、金山和卡巴斯基等杀毒软件皆可。另外，还可以使用这些杀毒软件所提供的引导软盘启动计算机。然后，在 DOS 环境中对系统进行病毒查杀操作。一般来说，如果引导区的病毒被清除，那么就可以使计算机恢复正常的工作。

(2) 用 Fixmbr 修复引导记录

在 Windows 2000 以上的操作系统中，可以使用 Fixmbr 工具来修复和替换指定驱动器的主引导记录。Fixboot 主要用于修复已知的驱动器引导区。Diskpart 命令能够增加或者删除硬盘中的分区。Expand 命令可以从指定的 CAB 源文件中提取丢失的文件。Listsvc 命令可显示出服务的当前启动状态。Disable 和 Enable 命令可以分别用于禁止和允许一项服务等。

(3) 用 Fdisk 程序修复

Fdisk 程序不仅可以用来对硬盘进行分区，同时它还具有恢复主引导扇区的功能，是一款非常好的硬盘分区和修复软件。在使用 Fdisk 修复主引导区时，可以先用系统启动盘启动系统，在提示符下输入“Fdisk/mbr”命令，这个命令将会自动覆盖主引导区记录。但是，使用 Fdisk 命令修复分区表时只修改主引导扇区，其他的扇区并不进行操作。

(4) 使用 KV3000 修复

当硬盘分区表出现故障时，可以通过使用 KV3000 数据救护王软件进行修复，它是一款硬盘急救软件。在使用 KV3000 时，先使用 KV3000 的引导盘，再按下 F6 键或者 Y 键来查看硬盘分区表，最后进行引导区的修复操作。

3. 恢复硬盘上的数据

硬盘中都存放着大量的数据，硬盘一旦出现故障，所有的数据就会面临丢失的危险。为了能够有效保存硬盘中的数据，除了对硬盘的数据做备份之外，还要学会在硬盘出现故障时如何提取里面的有用数据，把损失程度降到最小。

(1) 删除分区后的恢复

假如使用fdisk程序把硬盘分区删除，那么表面上看来硬盘中的数据已经完全消失。此时，如果对硬盘不进行格式化，那么启动计算机就会显示无效驱动器。实际上，根据fdisk的工作原理，知道fdisk程序只是重新改写了硬盘的主引导扇区中的内容。也就是说，只是删除了硬盘分区表信息，而硬盘中各个分区的所有数据都没有变化。因此，只要想办法恢复分区表数据即可恢复原来硬盘中各个分区里面的数据。但是，这种方法仅仅局限于删除分区或者重建分区后，没有进行任何其他的操作。

(2) 硬盘被格式化后的恢复

在高版本的DOS系统中，格式化命令format在缺省状态下默认建立了用于恢复格式化的磁盘信息。实际上，就是把磁盘的DOS引导扇区、fat分区表及目录表的所有内容复制到了磁盘的最后几个很少使用的扇区中，而数据区中的内容根本就没有发生变化。这样，只要通过运行unformat命令就可以恢复原来的文件分配表以及目录表，从而完成硬盘信息的恢复。另外，DOS系统中还提供了一个miror命令，用于记录当前磁盘的信息。如果对磁盘进行格式化或者删除之后，可以使用此命令来恢复磁盘的信息。

(3) fat表损坏后的恢复

fat表中记录着硬盘数据的存储地址，每一个文件都有一组连接的fat链指定其存放的簇地址。fat表的损坏意味着文件内容的丢失。DOS系统中提供了两个fat表，如果目前使用的fat表损坏，则可以用第二个进行覆盖修复。但是，由于不同规格的硬盘的fat表长度和第二个fat表的地址也是不固定的，所以修复时必须找到正确的位置。可以用debug的m命令来实现这种操作，这样就可以把第二个fat表移到第一个表位置上了。如果第二个fat表也损坏了，还可以用chkdsk或者scandisk命令进行修复，最终得到丢失fat链的扇区数据。

思考练习

一、思考题

1. 什么是计算机故障？
2. 计算机故障的分类有哪些？
3. 检测计算机故障的常用方法有哪些？
4. 常见的主板故障是怎么引起的？
5. 硬盘故障的处理方法有哪些？
6. 计算机电源容易出现什么故障？怎么检测？

二、实践题

软件故障是由哪些原因引起的？如何处理？

项目9 计算机安全防护

任务9.1 安装使用杀毒软件和安全工具

学习目标

计算机的广泛应用，在给人们带来极大便利的同时，也暴露出各种各样的问题，其中备受人们关注的一点就是计算机的安全。计算机安全中最重要的是存储数据的安全，其面临的主要威胁包括：计算机病毒、非法访问、计算机电磁辐射、硬件损坏等。通过本任务的学习，将学会病毒、木马、黑客的概念，掌握杀毒软件的安装和安全工具的使用，从而为计算机的安全保驾护航。

任务目标

- 了解病毒、木马、黑客的概念。
- 掌握杀毒软件的安装和使用方法。
- 掌握其他安全工具的安装和使用方法。

任务描述

要掌握计算机安全防护技术，首先，必须得对计算机安全的主要威胁有足够的认识，为此有必要认识什么是计算机病毒，什么是木马，什么是黑客；其次，要了解它们是如何具体影响计算机安全的；最后，要学会安装和使用杀毒软件及各种安全工具。接下来，就来学习这些基础知识。

相关知识

9.1.1 防范病毒、木马与黑客

1. 计算机病毒

(1) 计算机病毒的定义

《中华人民共和国计算机信息系统安全保护条例》中明确定义，计算机病毒（Computer

Virus)指“编制者在计算机程序中插入的破坏计算机功能或者破坏数据，影响计算机使用并且能够自我复制的一组计算机指令或者程序代码”。

计算机病毒与医学上的“病毒”不同，计算机病毒不是天然存在的，是人们利用计算机软件和硬件所固有的脆弱性编制的一组指令集或程序代码。它能潜伏在计算机的存储介质(或程序)里，条件满足时即被激活，通过修改其他程序的方法将自己的精确复制或者可能演化的形式放入其他程序中，从而感染其他程序，对计算机资源进行破坏。所谓的病毒就是人为造成的，对其他用户的危害性很大。

(2) 计算机病毒的特征

① 繁殖性。计算机病毒可以像生物病毒一样进行繁殖，当正常程序运行时，它也运行并进行自身复制，是否具有繁殖、感染的特征是判断某段程序为计算机病毒的首要条件。

② 破坏性。计算机中毒后，可能会导致正常的程序无法运行，把计算机内的文件删除或受到不同程度的损坏。破坏引导扇区及BIOS，破坏硬件环境。

③ 传染性。计算机病毒传染性是指计算机病毒通过修改别的程序将自身的复制品或其变体传染到其他无毒的对象上，这些对象可以是一个程序也可以是系统中的某一个部件。

④ 潜伏性。计算机病毒潜伏性是指计算机病毒可以依附于其他媒体寄生的能力，侵入后的病毒潜伏到条件成熟时才发作，会使计算机变慢。

⑤ 隐蔽性。计算机病毒具有很强的隐蔽性，可以通过病毒软件检查出来很少的一部分。隐蔽性计算机病毒时隐时现、变化无常，这类病毒处理起来非常困难。

⑥ 可触发性。编制计算机病毒的人，一般都为病毒程序设定了一些触发条件，例如，系统时钟的某个时间或日期、系统运行了某些程序等。一旦条件满足，计算机病毒就会“发作”，使系统遭到破坏。

(3) 计算机病毒的分类

① 根据病毒的破坏性程度，可以将其分为良性病毒、恶性病毒、极恶性病毒、灾难性病毒。

② 根据病毒的传染方式，可以将其分为引导区型病毒、文件型病毒、混合型病毒、宏病毒、源码型病毒、入侵型病毒、操作系统型病毒、外壳型病毒。其中引导区型病毒主要通过软盘在操作系统中传播，感染引导区，蔓延到硬盘，并能感染到硬盘中的“主引导记录”。文件型病毒是文件感染者，也称为“寄生病毒”。它运行在计算机存储器中，通常感染扩展名为COM、EXE、SYS等类型的文件。混合型病毒具有引导区型病毒和文件型病毒两者的特点。宏病毒是指用Basic语言编写的病毒程序寄存在Office文档上的宏代码。宏病毒影响对文档的各种操作，根据连接方式可以将其分为源码型病毒攻击高级语言编写的源程序，在源程序编译之前插入其中，并随源程序一起编译、连接成可执行文件。源码型病毒较为少见，亦难以编写。入侵型病毒可用自身代替正常程序中的部分模块或堆栈区。因此这类病毒只攻击某些特定程序，针对性强。一般情况下也难以被发现，清除起来也较困难。操作系统型病毒可用其自身部分加入或代替操作系统的部分功能。因其直接感染操作系统，这类病毒的危害性也较大。外壳型病毒通常将自身附在正常程序的开头或结尾，相当于给正常程序加了个外壳。大部分的文件型病毒都属于这一类。

③ 根据病毒传染渠道划分，可以分为驻留型病毒、非驻留型病毒。其中驻留型病毒感染计算机后，把自身的内存驻留部分放在内存(RAM)中，这一部分程序挂接系统调用并合

并到操作系统中去,它处于激活状态,一直到关机或重新启动。非驻留型病毒在得到机会激活时并不感染计算机内存,一些病毒在内存中留有小部分,但是并不通过这一部分进行传染,这类病毒也被划分为非驻留型病毒。

④ 根据实现算法,可以分为伴随型病毒、“蠕虫”型病毒、寄生型病毒。其中伴随型病毒并不改变文件本身,它们根据算法产生EXE文件的伴随体,具有同样的名字和不同的扩展名(COM),例如,XCOPY.EXE的伴随体是XCOPY-COM。病毒把自身写入COM文件并不改变EXE文件,当DOS加载文件时,伴随体优先被执行到,再由伴随体加载执行原来的EXE文件。“蠕虫”型病毒——通过计算机网络传播,不改变文件和资料信息,利用网络从一台机器的内存传播到其他机器的内存,计算机将自身的病毒通过网络发送。有时它们在系统中存在,一般除了内存不占用其他资源。寄生型病毒——除了伴随和“蠕虫”型,其他病毒均可称为寄生型病毒,它们依附在系统的引导扇区或文件中,通过系统的功能进行传播,按其算法不同还可细分为以下几类。

- 练习型病毒:这类病毒自身包含错误,不能进行很好的传播,例如一些病毒在调试阶段。
- 诡秘型病毒:这类病毒一般不直接修改DOS中断和扇区数据,而是通过设备技术和文件缓冲区等对DOS内部进行修改,不易看到资源,使用比较高级的技术。利用DOS空闲的数据区进行工作。
- 变型病毒(又称幽灵病毒):这类病毒使用一个复杂的算法,使自己每传播一份都具有不同的内容和长度。它们一般的做法是由一段混有无关指令的解码算法和被变化过的病毒体组成。

2. 木马

(1) 木马的概念

木马(Trojan)也称木马病毒,是指通过特定的程序(木马程序)来控制另一台计算机。木马通常有两个可执行程序:一个是控制端;另一个是被控制端。木马这个名字源于古希腊传说(荷马史诗中木马计的故事,Trojan一词的特洛伊木马本意是特洛伊的,即代指特洛伊木马,也就是木马计的故事)。“木马”程序是目前比较流行的病毒文件,与一般的病毒不同,它不会自我繁殖,也并不“刻意”地去感染其他文件,它通过将自身伪装来吸引用户下载执行,向施种木马者提供打开被种主机的门户,使施种者可以任意毁坏、窃取被种者的文件,甚至远程操控被种主机。木马病毒的产生严重危害着现代网络的安全运行。

(2) 木马的特征

特洛伊木马不经计算机用户准许就可获得计算机的使用权。程序容量十分轻小,运行时不会浪费太多资源,因此没有使用杀毒软件是难以发觉的,运行时很难阻止它的行动,运行后,立刻自动登录在系统引导区,之后每次在Windows加载时自动运行,或立刻自动变更文件名,甚至隐形,或马上自动复制到其他文件夹中,运行连用户本身都无法运行的动作。

(3) 木马的分类

① 网游木马。随着网络在线游戏的普及和升温,中国拥有规模庞大的网游玩家。网络游戏中的金钱、装备等虚拟财富与现实财富之间的界限越来越模糊。与此同时,以盗取网游

账户密码为目的的木马病毒也随之发展泛滥起来。网络游戏木马通常采用记录用户键盘输入、Hook 游戏进程 API 函数等方法获取用户的密码和账户。窃取到的信息一般通过发送电子邮件或向远程脚本程序提交的方式发送给木马作者。

网络游戏木马的种类和数量，在国产木马病毒中都首屈一指。流行的网络游戏无一不受网游木马的威胁。一款新游戏正式发布后，往往在一到两个星期内，就会有相应的木马程序被制作出来。大量的木马生成器和黑客网站的公开销售也是网游木马泛滥的原因之一。

② 网银木马。网银木马是针对网上交易系统编写的木马病毒，其目的是盗取用户的卡号、密码，甚至安全证书。此类木马种类数量虽然比不上网游木马，但它的危害更加直接，受害用户的损失更加惨重。网银木马通常针对性较强，木马作者可能首先对某银行的网上交易系统进行仔细分析，然后针对安全薄弱环节编写病毒程序。2013 年，安全软件计算机管家截获网银木马最新变种“弼马温”，弼马温病毒能够毫无痕迹地修改支付界面，使用户根本无法察觉。通过不良网站提供假下载地址进行广泛传播，当用户下载挂马播放器文件并安装后就会中木马。该病毒运行后即开始监视用户网络交易，屏蔽余额支付和快捷支付，强制用户使用网银，并借机篡改订单，盗取财产。随着中国网上交易的普及，受到外来网银木马威胁的用户也在不断增加。

③ 下载类木马。这种木马程序的体积一般很小，其功能是从网络上下载其他病毒程序或安装广告软件。由于体积很小，下载类木马更容易传播，传播速度也更快。通常功能强大、体积也很大的后门类病毒，如“灰鸽子”和“黑洞”等，传播时都单独编写一个小巧的下载型木马，用户中毒后会把后门主程序下载到本机运行。

④ 代理类木马。用户感染代理类木马后，会在本机开启 HTTP、SOCKS 等代理服务功能。黑客把受感染计算机作为跳板，以被感染用户的身份进行黑客活动，达到隐藏自己的目的。

⑤ FTP 木马。FTP 型木马打开被控制计算机的 21 号端口(FTP 所使用的默认端口)，使每一个人都可以用一个 FTP 客户端程序而不用密码就连接到受控制端计算机，并且可以进行最高权限的上传和下载，窃取受害者的机密文件。新 FTP 木马还加上了密码功能，这样，只有攻击者本人才知道正确的密码，从而进入对方计算机中。

⑥ 通信软件类。国内即时通信软件百花齐放。QQ、新浪 UC、网易泡泡、盛大圈圈……网上聊天的用户群十分庞大。常见的即时通信类木马一般有 4 种。

- 发送消息型：通过即时通信软件自动发送含有恶意网址的消息，目的在于让收到消息的用户单击网址中毒，用户中毒后又会向更多好友发送病毒消息。此类病毒常用技术是搜索聊天窗口，进而控制该窗口自动发送文本内容。发送消息型木马常常充当网游木马的广告，如“武汉男生 2005”木马，可以通过 MSN、QQ、UC 等多种聊天软件发送带毒网址，其主要功能是盗取传奇游戏的账户和密码。
- 盗号型：主要目标在于即时通信软件的登录账户和密码。工作原理和网游木马类似。病毒作者盗得他人账户后，可能偷窥聊天记录等隐私内容，在各种通信软件内向好友发送不良信息、广告推销等语句，或将账户卖掉赚取利润。
- 传播自身型：2005 年年初，“MSN 性感鸡”等通过 MSN 传播的蠕虫泛滥了一阵之后，MSN 推出新版本，禁止用户传送可执行文件。2005 年上半年，“QQ 龟”和“QQ

爱虫"这两个国产病毒通过QQ聊天软件发送自身进行传播，感染用户数量极大，在江民公司统计的2005年上半年十大病毒排行榜上分列第一和第四名。从技术角度分析，发送文件类的QQ蠕虫是以前发送消息类QQ木马的进化，采用的基本技术都是搜寻到聊天窗口后，对聊天窗口进行控制，来达到发送文件或消息的目的。只不过发送文件的操作比发送消息复杂很多。

- 网页单击类：网页单击类木马会恶意模拟用户单击广告等动作，在短时间内可以产生数以万计的单击量。病毒作者的编写目的一般是为了赚取高额的广告推广费用。此类病毒的技术简单，一般只是向服务器发送HTTP GET请求。

3. 黑客

(1) 黑客的概念

黑客(中国内地和香港地区称为黑客，中国台湾地区称为骇客，英文为Hacker)，通常是指对计算机科学、编程和设计方面非常精通的人。在信息安全里，"黑客"是指研究并智取计算机安全系统的人员。利用公共通信网络，如互联网和电话系统，在未经许可的情况下，载入对方系统的被称为黑帽黑客(英文为black hat，另称为cracker)；调试和分析计算机安全系统的称为白帽黑客(英语为white hat)。"黑客"一词最早用来称呼研究盗用电话系统的人士。

在业余计算机方面，"黑客"指研究修改计算机产品的业余爱好者。20世纪70年代，很多的这些群落聚焦在硬件研究，八九十年代，很多的群落聚焦在软件更改(如编写游戏模组、攻克软件版权限制)。黑客也泛指擅长IT技术的人群、计算机科学家。黑客们精通各种编程语言和各类操作系统，伴随着计算机和网络的发展而产生和成长。"黑客"一词是由英语Hacker音译出来的，这个英文单词本身并没有明显的褒义或贬义，在英语应用中要根据上下文场合来判断，其本意类似于汉语对话中常提到的捉刀者、枪手、能手之类词语。

(2) 黑客的攻击原理

① 收集网络系统中的信息

信息的收集并不对目标产生危害，只是为进一步地入侵提供有用信息。黑客可能会利用下列的公开协议或工具，收集驻留在网络系统中的各个主机系统的相关信息。

② 探测目标网络系统的安全漏洞

在收集到一些准备要攻击目标的信息后，黑客们会探测目标网络上的每台主机，来寻求系统内部的安全漏洞，要探测的方式如下。

建立模拟环境，进行模拟攻击。根据前面两小点所得的信息，建立一个类似攻击对象的模拟环境，然后对此模拟目标进行一系列的攻击。在此期间，通过检查被攻击方的日志，观察检测工具对攻击的反应，可以进一步了解在攻击过程中留下的"痕迹"及被攻击方的状态，以此来制定一个较为周密的攻击策略。

具体实施网络攻击的方法是：入侵者根据前几步所获得的信息，同时结合自身的水平及经验总结出相应的攻击方法，在进行模拟攻击的实践后，将等待时机，以备实施真正的网络攻击。

4. 杀毒软件

(1) 杀毒软件的概念

杀毒软件也称反病毒软件或防毒软件，是用于消除计算机病毒、特洛伊木马和恶意软件等计算机威胁的一类软件。

杀毒软件通常集成监控识别、病毒扫描和清除、自动升级等功能,有的杀毒软件还带有数据恢复等功能,是计算机防御系统(包含杀毒软件、防火墙、特洛伊木马和其他恶意软件的查杀程序、入侵预防系统等)的重要组成部分。

杀毒软件是一种可以对病毒、木马等一切已知的对计算机有危害的程序代码进行清除的程序工具。“杀毒软件”由国内的老一辈反病毒软件厂商起的名字,后来由于和世界反病毒业接轨统称为“反病毒软件”“安全防护软件”或“安全软件”。集成防火墙的“互联网安全套装”“全功能安全套装”等用于消除计算机病毒、特洛伊木马和恶意软件的一类软件,都属于杀毒软件范畴。杀毒软件通常集成监控识别、病毒扫描和清除、自动升级等功能,有的反病毒软件还带有数据恢复、防范黑客入侵、网络流量控制等功能。

(2) 杀毒软件的原理

反病毒软件的任务是实时监控和扫描磁盘。部分反病毒软件通过在系统中添加驱动程序的方式进驻系统,并且随操作系统启动,大部分的杀毒软件还具有防火墙功能。反病毒软件的实时监控方式因软件而异。有的反病毒软件,是通过在内存里划分一部分空间,将计算机里流过内存的数据与反病毒软件自身所带的病毒库(包含病毒定义)的特征码相比较,以判断是否为病毒。有的反病毒软件则在所划分到的内存空间里面,虚拟执行系统或用户提交的程序,根据其行为或结果作出判断。

而扫描磁盘的方式,则和上面提到的实时监控的第一种工作方式一样,只是在这里,反病毒软件将会将磁盘上所有的文件(或者用户自定义的扫描范围内的文件)做一次检查。

对于杀毒软件的实时监控,其工作方式因软件而异。

有的杀毒软件在内存里划分一部分空间,将计算机中流过内存的数据与杀毒软件自身所带的病毒库(包含病毒定义)的特征码相比较,以判断是否为病毒。

有的杀毒软件在所划分到的内存空间里,虚拟执行系统或用户提交的程序,根据其行为或结果作出判断。

而扫描磁盘的方式,则和上面提到的实时监控的第一种工作方式一样,只是扫描磁盘时,杀毒软件会将磁盘上所有的文件(或者用户自定义的扫描范围内的文件)做一次检查。

(3) 杀毒软件的常用技术

① 脱壳技术。这是一种十分常用的技术,可以对压缩文件、加壳文件、加花文件、封装类文件进行分析。

② 自我保护技术。该技术基本在各个杀毒软件均含有,可以防止病毒结束杀毒软件进程或篡改杀毒软件文件。进程的自我保护有两种:单进程自我保护和多进程自我保护。

③ 修复技术。这是对被病毒损坏的文件进行修复的技术,如病毒破坏了系统文件,杀毒软件可以修复或下载对应文件进行修复。没有这种技术的杀毒软件往往删除被感染的系统文件后导致计算机崩溃而无法启动。

④ 实时升级技术。最早由金山毒霸提出,每一次连接互联网,反病毒软件都自动连接升级服务器查询升级信息,如需要则进行升级。但是目前有更先进的云查杀技术,实时访问云数据中心进行判断,用户无须频繁升级病毒库即可防御最新病毒。用户不应被厂商所说的每天实时更新病毒库的大肆宣传所迷惑。

⑤ 主动防御技术。主动防御技术是通过动态仿真反病毒专家系统来对各种程序动作

进行自动监视,自动分析程序动作之间的逻辑关系,综合应用病毒识别规则知识,实现自动判定病毒的功能,达到主动防御的目的。

⑥ 启发技术。常规所使用的杀毒方法是出现新病毒后由杀毒软件公司的反病毒专家从病毒样本中提取病毒特征,通过定期升级的方式发到各用户计算机里,达到查杀效果。但是这种方法费时费力,于是有了启发技术。该技术是在原有的特征值识别技术基础上,根据反病毒样本分析专家总结的分析可疑程序样本经验(移植入反病毒程序),在没有符合特征值比对时,根据反编译后程序代码所调用的 Win32 API 函数情况(特征组合、出现频率等)判断程序的具体目的是否为病毒、恶意软件,符合判断条件即报警提示用户发现了可疑程序,从而达到防御未知病毒、恶意软件的目的,解决了单一通过特征值比对存在的缺陷。

⑦ 智能技术。采用人工智能(AI)算法,具备"自学习、自进化"能力,无须频繁升级特征库,就能免疫大部分的加壳和变种病毒,不但查杀能力领先,而且从根本上攻克了前两代杀毒引擎"不升级病毒库就杀不了新病毒"的技术难题,在海量病毒样本数据中归纳出一套智能算法,自己来发现和学习病毒变化规律。它无须频繁更新特征库、无须分析病毒静态特征、无须分析病毒行为。

5. 常见的杀毒软件

1) 国内的杀毒软件产品

中国杀毒软件有四大巨头:瑞星、金山毒霸、江民、趋势(我国台湾地区),反响都不错,但是它们各有优缺点。

(1) 瑞星。这是国产杀软的龙头老大,其监控能力是十分强大的,但同时占用系统资源较大。瑞星采用第八代杀毒引擎,能够快速、彻底查杀各种病毒。但是瑞星的网络监控不行,最好再加上瑞星防火墙才能弥补缺陷。

(2) 金山毒霸。这是金山公司推出的计算机安全产品,监控、杀毒全面、可靠,占用系统资源较少。其软件的组合版功能强大(毒霸主程序、漏洞修补、反间谍、金山网镖),集杀毒、监控、防木马、防漏洞为一体,是一款具有市场竞争力的杀毒软件。

(3) 江民。这是一款老牌的杀毒软件。它具有良好的监控系统,独特的主动防御使不少病毒望而却步。建议与江民防火墙配套使用。该杀毒软件占用资源不是很多,是一款不错的杀毒软件。

(4) 趋势。这是国产杀毒软件的领头羊,创建于 2001 年 7 月,查杀木马能力能与卡巴斯基、Avira Antivir(小红伞)媲美。2001 年 7 月趋势科技正式进军中国市场,在上海、北京、广州、成都等地设立分支机构,以"用创新服务用户的需要"为宗旨,为中国各行业的用户提供高品质的产品与服务。迄今为止,趋势科技在中国内地已超过 160 名员工,其中在南京建立的研发中心 60 人,保证了最快速的产品及技术更新。

2) 免费杀毒软件

网络中一直流传着一种观点:出品免费杀毒软件公司规模小、技术落后、不正规,售后服务能力差。其实这是带有误导性的片面之词,曾排名世界第一位的捷克杀毒软件 AVAST,或者是来自德国的大名鼎鼎的"小红伞",这些世界顶尖公司的杀毒软件对非商业用户都是免费的。实质上免费的杀毒软件商更注重技术研发,也更具有市场魄力。它们放眼于企业级高端用户或策划面向未来的盈利模式,把投资用于技术,看重用户的体验性,目的是让更多的人安装免费软件,实际上是一种长远"投资"。比如国内的"360安全卫士""超级巡警",虽然免费,却都有着不错的口碑和广泛的忠实用户。反而恰恰是一些收费软件,明知道免费是大势所趋,却抱着"捞一把"就走的心理,把大量投资用于铺天盖地的传统广告,实际杀毒能力却不敢恭维。再者如今机器硬件性能提高,免费的杀毒软件一般占用资源比较小,而且都有不占资源的绿色版。选择一款最理想的免费杀毒软件,其杀毒效果也会匹敌甚至超过正版杀毒软件。

(1) 360安全卫士、360保险箱

作为新理念的"安全平台",360不是传统意义的杀毒软件,而是一款装机必备的杀毒辅助软件。360安全卫士是国内最受欢迎的免费安全软件,它拥有查杀流行木马、清理恶评及系统插件、管理应用软件、卡巴斯基杀毒、系统实时保护、修复系统漏洞等数个强劲功能,同时还提供系统全面诊断、弹出插件免疫、清理使用痕迹以及系统还原等特定辅助功能,并且提供对系统的全面诊断报告,方便用户及时定位问题所在,真正为每一位用户提供全方位的系统安全保护。360保险箱是360安全中心推出的账户密码安全保护软件,完全免费,采用的是主动防御技术,可以阻止盗号木马对网游、聊天等程序的侵入,主要帮助用户保护网游账户、聊天账户、网银账户、炒股账户等,防止由于账户丢失导致的虚拟资产和真实资产受到损失。与360安全卫士配合使用,保护效果加倍。360百科给用户普及安全知识,提高了大家的安全防卫意识。

(2) Avira Antivir 完全免费版(英文版)

国内有一款红透半边天的英文免费杀毒软件,它就是大名鼎鼎的"小红伞",它占用资源小,防御全面,检出率很高,让占尽地利、人和的国产杀毒软件自叹不如,传承了德国人严谨的做事风格,其面对威胁防护滴水不漏。对国内病毒木马的查杀效果不逊于卡巴斯基。功能上相当完整,可即时对任何存取文件侦测,防止计算机病毒感染;可对电子邮件和附加文件进行扫描,防止计算机病毒通过电子邮件和附加文件传播;"病毒资料库"里面则记录了一些计算机病毒的特性和发作日期等相关信息;"开机保护"功能可在计算机开机时侦测开机型病毒,防止开机型病毒感染。在扫毒方面,除了可扫描磁盘、硬盘、光盘机外,也可对网络磁盘进行扫描。也可只对磁盘、硬盘、光盘机上的某个目录进行扫描。可扫描文件型病毒、聚集病毒、压缩文件(支持ZIP、ARJ、RAR等压缩文件即时解压缩扫描)。在扫描时如发现文件感染病毒,会将感染病毒的文件隔离,待扫描完成后再一并解毒。美中不足的是"小红伞"只有英文版。

(3) 超级巡警

超级巡警是一款轻松对付"熊猫"强悍杀毒引擎,加上前沿的系统局部保险箱防御理念,再加一个独一无二的网页杀毒引擎(畅游巡警),从而形成一套前沿的立体式防御方案。而且它完全是免费的。超级巡警对付国内流行病毒尤其是来自网页的威胁堪称一流。在对付熊猫病毒的"战役"中,从国内外众多杀毒软件中脱颖而出,一战成名。超级巡警是国内第一款完全免费的杀毒软件。"保险箱技术"最初也源自超级巡警,可以局部保护系统,有针对性地保护账户密码。可以实现对陌生链接的安全单击,并可以清除网页中的恶意代码而不影响浏览。它有60万病毒、木马特征库,拥有启发预警、主动防御、arp防火墙、文件监控等全方位防御体系。其国内应用软件漏洞修补技术可以完美对付各种威胁。

(4) ClamWin 完全免费版

ClamWin 号称是功耗最低的“静音杀毒软件”。它占用资源非常少,以致让人感觉不到它的存在,是“组合式”杀毒软件用户最喜欢的软件。它的体积非常小,不会拖慢整台计算机的速度。而且除了强大的文件与电子邮件防护能力之外,它还拥有排程扫描、在线更新病毒码、及时侦测等功能,与许多知名防毒软件比起来一点也不逊色。

(5) Dr. WebCureIT 完全免费版(绿色版)

真正专业杀软发烧友对 Dr. Web(大蜘蛛)不会陌生,因为遇到病毒无法杀掉的时候,就可以用大蜘蛛。但是开始使用该软件的时候有一个 Dr. Web 的打折广告,且不能自动更新,需要每天下载。

(6) Comodo Antivirus 完全免费版

Comodo Antivirus 是一款自动检测、杀除各种流行计算机病毒、蠕虫、木马的免费杀毒软件。它支持定向检测、邮件扫描、进程监控和蠕虫屏蔽等,不支持 Windows 9X 系统。目前已经推出中文版。

同时该软件还配套高效安全的防火墙和安全浏览器等产品。

(7) Panda Internet Security 的 90 天免费版

熊猫互联网安全套装 2012 OEM 的 90 天免费版是一套包含了杀毒、防火墙、家长控制、网银保护、反垃圾邮件等安全组件的互联网安全套装! 最新版本的 Panda Internet Security 2012 经过 Panda Security 20 年来的不断创新,做出了很多改进,使的网络世界更安全、更贴心。

3) 国外杀毒软件

(1) BitDefender。BitDefender 杀毒软件是来自罗马尼亚的老牌杀毒软件,拥有 24 万种的超大病毒库,它将为计算机提供最大的保护,具有功能强大的反病毒引擎以及互联网过滤技术,为用户提供即时信息保护功能,通过回答几个简单的问题,就可以方便地进行安装,并且支持在线升级。

BitDefender 杀毒软件包括以下功能:①永久的防病毒保护;②后台扫描与网络防火墙;③保密控制;④自动快速升级模块;⑤创建计划任务;⑥病毒隔离区。

(2) Kaspersky。Kaspersky(卡巴斯基)杀毒软件来源于俄罗斯,是世界上比较优秀的网络杀毒软件,查杀病毒性能较高。卡巴斯基杀毒软件具有超强的中心管理和杀毒能力,能真正实现带毒杀毒! 提供了一个广泛的抗病毒解决方案。它提供了所有类型的抗病毒防护:抗病毒扫描仪、监控器、行为阻段、完全检验、E-mail 通路和防火墙。它支持几乎所有的普通操作系统。卡巴斯基控制所有可能的病毒进入端口,它强大的功能和局部灵活性以及网络管理工具为自动信息搜索、中央安装和病毒防护控制提供了最大的便利和最少的时间来建构抗病毒分离墙。卡巴斯基抗病毒软件有许多国际研究机构、中立测试实验室和 IT 出版机构的证书,确认了卡巴斯基具有汇集行业最高水准的突出品质。

(3) F-Secure Anti-Virus。这是来自 Linux 的故乡芬兰的杀毒软件,集合了 AVP、LIBRA、ORION、DRACO 四套杀毒引擎,其中一个就是 Kaspersky 的杀毒内核,而且青出于蓝胜于蓝,杀毒效率通常比 Kaspersky 要好。该软件采用分布式防火墙技术,对网络流行病毒尤其有效。在 *PCUtilites* 评测中超过 Kaspersky 而名列第一,但后来 Kaspersky 增加了扩展病毒库,反超 F-Secure Anti-Virus。鉴于普通用户用不到扩展病毒库,因此该杀毒软件是普通用户的一个很不错的选择。F-Secure Anti-Virus 是一款功能强大的实时病毒监测和防护系统，支持所有的 Windows 平台，它集成了多个病毒监测引擎，如果其中一个发生遗漏，就会有另一个去监测。可单一扫描硬盘或是一个文件夹或文件，软件更提供密码的保护性，并提供病毒的信息。

(4) PC-Cillin。趋势科技研发的该杀毒软件集成了个人防火墙、防病毒、防垃圾邮件等功能，最大限度地提供对桌面机的保护而不需要用户进行过多的操作。在用户日常使用及上网浏览时，进行"实时的安全防御监控"；内置的防火墙不仅可进行因地制宜的设定，"专业主控式个人防火墙"及"木马程序损害清除还原技术"的双重保障还可以拒绝各类黑客程序对计算机的访问请求；趋势科技全新研发的病毒阻隔技术，包含"主动式防毒应变系统"以及"病毒扫描逻辑分析技术"，不仅能够精准侦测病毒藏匿与化身并予以彻底清除外，还能针对特定变种病毒进行封锁与阻隔，让病毒再无可趁之机；强有力的"垃圾邮件过滤功能"可以全面封锁垃圾邮件。

(5) ESET NOD32。国外很权威的防病毒软件评测给了 NOD32 很高的分数，在全球共获得超过 40 多个奖项。产品线很长，从 DOS、Windows 9x/Me、Windows NT/XP/2000，到 Novell Netware Server、Linux、BSD 等，都有对应的版本。还可以对邮件进行实时监测，占用内存资源较少，清除病毒的速度及效果都令人满意。

(6) McAfee Virus Scan。这是全球最畅销的杀毒软件之一。该杀毒软件除了操作界面更新外，也将该公司的 WebScanX 功能合在一起，增加了许多新功能。除了侦测和清除病毒，它还有自动监视系统，会常驻在 System Tray(系统托盘)中，当从磁盘、网络上、E-mail 夹文件中开启文件时便会自动侦测文件的安全性，若文件内含病毒，便会立即警告，并作适当的处理，而且支持鼠标右键的快速选择功能，并可使用密码将个人的设定锁住。

(7) Norton Antivirus。Norton Antivirus 是一套强有力的防毒软件，它可侦测上万种已知和未知的病毒，并且每当开机时，自动防护便会常驻在 System Tray 中，当从磁盘、网络、E-mail 中开启文件时便会自动侦测文件的安全性，若文件内含病毒，便会立即警告，并作适当的处理。另外它还附有自动更新的功能，可随时下载最新的病毒码，并自动完成安装更新。

(8) AVG Anti-Virus。AVG Anti-Virus 是欧洲有名的杀毒软件，AVG Anti-Virus 功能上相当完整，可实时对任何文件检测，防止计算机病毒感染；可对电子邮件和附加文件进行扫描，防止计算机病毒通过电子邮件和附加文件传播；"病毒资料库"里面则记录了一些计算机病毒的特性和发作日期等相关信息；"开机保护"可在计算机开机时检测开机型病毒，防止病毒感染。AVG Anti-Virus 有三个版本(专业、服务器、免费)，其中有个人非营利使用的免费版本，功能完整，但是仅某部分功能是无法设定的，例如扫毒频率只能每天一次等。

(9) Norman Virus Control。Norman Virus Control 是欧洲名牌杀毒软件，为了确保计算机系统得到最好的保护，Norman 数据安全系统提供了多种防毒工具供用户选择，以满足不同需要。此产品结合了先进的病毒扫描引擎、启发式分析技术以及宏验证技术，可有效查杀已知和未知病毒。NVC 可以查杀所有类型的病毒，包括文件和引导扇区病毒，而无须使用杀毒软件重新启动计算机。

9.1.2 安装使用杀毒工具

现在的杀毒软件安装方式都很人性化，容易操作，使用起来也非常简便，以微软 Microsoft Security Essentials 软件为例。Microsoft Security Essentials(开发代号 Morro)是一款由微软公司(收购一家反病毒软件厂商)开发的免费防病毒软件。该软件可以为正版 Windows XP、Windows Vista、Windows 7 提供保护(注意：不支持 Windows 2000)，使其免受病毒、间谍软件、Rootkit 和木马的侵害。其主要功能如下。

1. 实时保护

就是在潜在威胁发展成为真正问题之前进行处理。当间谍软件、病毒或其他恶意软件企图在计算机上运行或安装时，系统会向用户发出警报，并会阻止用户打开可疑文件和程序。

2. 系统扫描

Microsoft Security Essentials 提供了全面的系统扫描功能，既有计划扫描选项，也有按需扫描选项，从而可以提供增强的安全保障。计划扫描在默认状态下处于启用状态，并且设置为在深夜两点，即系统可能闲置之时每周运行一次。有三个扫描选项。

- 快速扫描。默认情况下，快速扫描会快速检查最有可能感染恶意软件的区域，包括在内存中运行的程序、系统文件和注册表。
- 完全扫描。完全扫描会检查计算机中的所有文件、注册表以及当前运行的所有程序。
- 自定义扫描。通过自定义扫描，可以仅扫描选定的区域。

可以选择计划扫描的运行时间，在清理开始之前查看扫描结果，或按需运行扫描。如果计算机在计划扫描的预定运行时间未启动，Microsoft Security Essentials 则会在计算机启动并闲置之后尽快开始扫描。

3. 系统清理

如果 Microsoft Security Essentials 确定计算机中有潜在威胁，则会向用户发出关于这一威胁的警报通知。威胁分为"严重""高""中"和"低"四个级别，可以选择忽略威胁项、隔离威胁项，或从系统中删除威胁项。

- 隔离。Microsoft Security Essentials 会阻挡危害程度较低的威胁项，并将其转移至隔离队列，在那里可以决定是还原还是永久删除这些威胁项。通过将某个威胁项放入隔离区，可以在从系统中将其删除之前测试删除这一威胁项将会造成的影响。
- 删除。此操作将会从系统中永久删除威胁项。
- 允许。通过将威胁项添加到"允许的项目"列表中，此操作将会在以后的扫描中阻止 Microsoft Security Essentials 检测此威胁项。可以随时从"允许的项目"列表中删除威胁项。

4. Windows 防火墙集成

建立有效的防火墙是计算机保护措施的一部分。在安装过程中，Microsoft Security Essentials 会扫描计算机以确定计算机中是否启用了防火墙。如果没有防火墙保护，则可以提供相应选项以启用 Windows 防火墙。

5. 动态签名服务

要想发挥杀毒软件作用,保护措施不能落后过时。动态签名就是一种用以检查可疑程序是善是恶的方法。在可疑程序运行之前,Microsoft Security Essentials 会伴装运行该程序以确定它要做什么。这样便给程序分配了专用签名,而将对照善意程序和恶意程序数据库检查这些签名。程序即便在获得批准之后也会受到监视,以确保这些程序不会有任何潜在危险举动,例如建立意外的网络连接、修改操作系统的核心部分或下载恶意内容。

若要查找有关 Microsoft Security Essentials 可帮助防御的所有最新威胁的信息、定义更新和分析,请访问 Microsoft 恶意软件保护中心(MMPC)。

6. Rootkit 防护

Rootkit 是一些极难防范的恶意软件,而 Microsoft Security Essentials 拥有一些新型技术和改良技术来应对 Rootkit 和其他危害程度较高的威胁。内核是计算机操作系统的核心。Microsoft Security Essentials 会监视内核,以确定是否存在攻击或有害变动。Rootkit 使用隐形方式来隐藏自己,而 Microsoft Security Essentials 拥有最新反隐形技术来发现它们。例如,直接文件系统分析可帮助发现和删除 Rootkit 企图藏匿其中的恶意程序和驱动程序。

9.1.3 安装使用安全工具

为了保障计算机系统的安全,除了使用杀毒软件之外,还常使用防火墙、木马专杀工具、计算机管家等各种各样的安全工具。

1. 防火墙

防火墙(Firewall)也称防护墙,是由 Check Point 创立者 Gil Shwed 于 1993 年发明并引入国际互联网中(US5606668(A)1993-12-15)。它是一种位于内部网络与外部网络之间的网络安全系统,也是一项信息安全的防护系统,依照特定的规则,允许或是限制传输的数据通过。

所谓防火墙,指的是一个由软件和硬件设备组合而成、在内部网和外部网之间、专用网与公共网之间的界面上构造的保护屏障,是一种获取安全性方法的形象说法,它是一种计算机硬件和软件的结合,使 Internet 与 Intranet 之间建立起一个安全网关(Security Gateway),从而保护内部网免受非法用户的侵入,防火墙主要由服务访问规则、验证工具、包过滤和应用网关 4 个部分组成,防火墙就是一个位于计算机和它所连接的网络之间的软件或硬件。该计算机流入流出的所有网络通信和数据包均要经过此防火墙。

在网络中,所谓"防火墙",是指一种将内部网和公众访问网(如 Internet)分开的方法,它实际上是一种隔离技术。防火墙是在两个网络通信时执行的一种访问控制尺度,它能允许你"同意"的人和数据进入网络,同时将你"不同意"的人和数据拒之门外,最大限度地阻止网络中的黑客来访问网络。换句话说,如果不通过防火墙,公司内部的人就无法访问 Internet,Internet 上的人也无法和公司内部的人进行通信。

2. 木马查杀工具

木马查杀工具是一款免费的杀毒软件,能够帮你扫描日志,能有效拦截各种漏洞木马。可以用木马专杀工具生成系统扫描日志,把日志发布到网上,可以让高手迅速帮你解决问题。每个被非法共享文件目录,都可以在"本机共享管理"中查看并取消。该工具强大的服务管理功能包括支持启用服务、停止服务、禁止服务，查看非系统服务及服务相关文件信息等。而且查杀病毒后，会自动修复注册表、清除病毒注册表残留项。

3. 云查杀工具

自从 Google 推出“云计算”以来，IT 行业的各大厂商无一例外都卷入了一场“云中的战争”。从“云计算”延展开来，很多 IT 厂商也根据自己所处行业的实际情况推出了相应的“云计划”，像 IBM 的“蓝云计划”、EMC 的“云存储”等。值得一提的是，腾讯电脑管家凭借云查杀功能的某一特殊保护机制，是目前唯一未被“食猫鼠”阻断云安全服务的安全软件，同时也是目前唯一能够完美拦截和查杀“食猫鼠”及其全部已知变种的安全软件。腾讯电脑管家是腾讯公司推出的免费安全软件。拥有云查杀木马、系统加速、漏洞修复、实时防护、网速保护、计算机诊所、健康小助手等功能，首创“管理＋杀毒”2 合 1 的开创性功能，并依托管家云查杀引擎和第二代自研反病毒引擎“鹰眼”，以及“小红伞”杀毒引擎和管家系统修复引擎，拥有 QQ 账户全景防卫系统，针对网络钓鱼欺诈及盗号打击方面，在安全防护及病毒查杀方面的能力已达到国际一流杀软水平。已获得英国西海岸 Check Mark 认证，VB100 认证和 A～C 认证，已斩获全球三大权威评测大满贯的成绩。

思考练习

一、思考题

1. 病毒和木马有什么联系和区别？
2. 请列举你所知道的杀毒软件产品。

二、实践题

利用互联网搜索杀毒软件相关信息，比较各种杀毒软件的原理和特点，为自己的计算机选择一款适用的杀毒软件产品。

任务 9.2　系统密码的设置与破解

学习目标

为了防止非授权用户使用的计算机，为系统设置一个管理员密码是大多数用户的选择，在本任务中，将要学习如何设置操作系统密码以及如何在忘记密码的情况下，实施密码破解。

任务目标

- 掌握设置系统密码的方法。
- 掌握破解系统密码的方法。

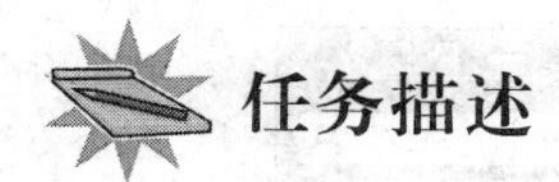

任务描述

对于使用过计算机的人们来说，设置系统密码是一项非常简单的操作，可以轻松地完成，但是在忘记密码的情况下实施破解，没有学过计算机相关技术的人可能往往束手无策。本任务中，将学习到相关知识和方法。

相关知识

1. 设置系统密码

（1）打开“开始”菜单按钮，然后单击“控制面板”，如图9-1所示。

图9-1 “开始”菜单

（2）在“控制面板”里面找到“用户账户和家庭安全”选项，单击后就可以设置开机密码了，如图9-2和图9-3所示。

（3）如果没有创建开机密码，在这里可以为账户创建密码，如图9-4所示。

（4）在设置密码的时候，为了提高安全等级，请不要使用过于简单的密码，也不要使用出生年月、手机号码等个人常用信息作为密码。

（5）如果计算机已经设置过密码，在这里可以进行修改密码的操作，如图9-5所示。

（6）重新启动计算机，使用新密码登录系统。

2. 破解系统密码

忘记系统密码往往让人非常头痛，但对于具备一些计算机专业知识的人士来说却非常简单，Windows操作系统密码的破解方式有很多，也有很多可以借用的工具。本书以PE系

图 9-2 控制面板

图 9-3 用户账户

统自带的破解软件为例来讲解操作步骤。

(1) 制作一个 U 盘启动盘。

可下载 http://laomaotao.hfhdi.top/网站上的工具,自己动手制作一个 U 盘启动盘。

(2) 将计算机设置为"U 盘启动优先",通过 U 盘引导,进入 PE 系统。

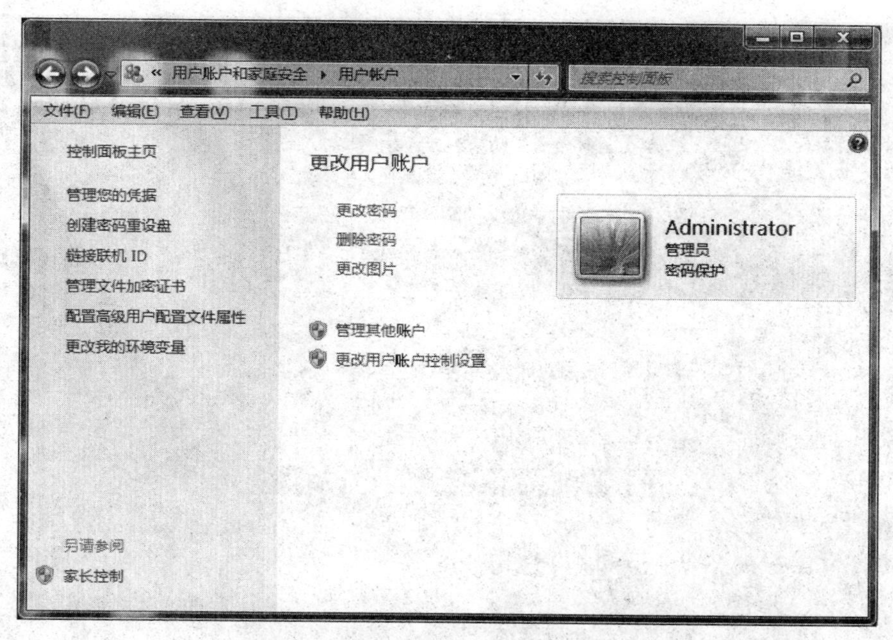

图 9-4 创建开机密码

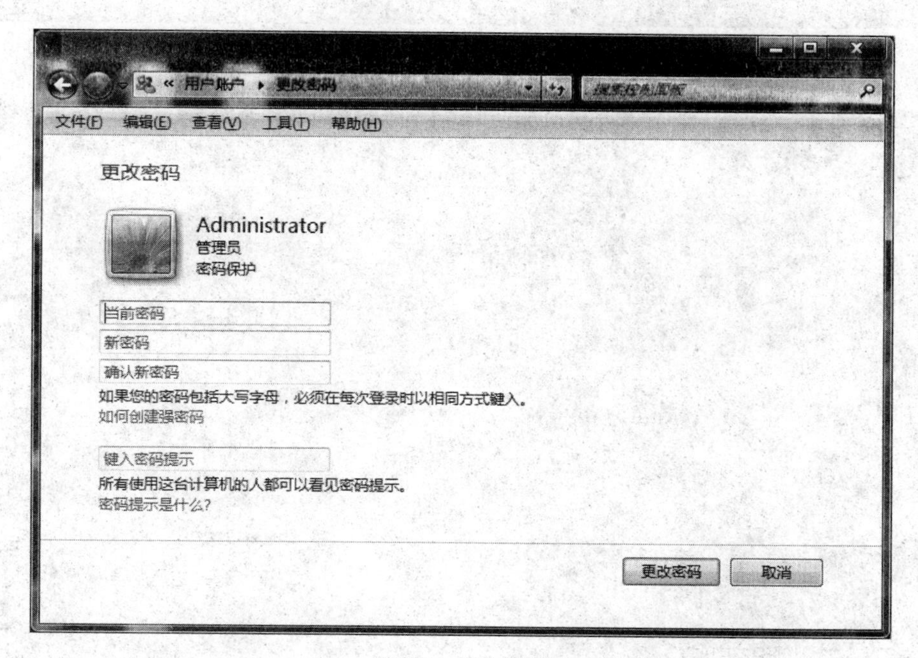

图 9-5 修改密码

(3) 在主界面中将光标移动到“【09】运行 Windows 登录密码破解菜单”处后按下 Enter 键即可，如图 9-6 所示。

(4) 在新界面中，将光标移动到“【01】清除 Windows 登录密码(修改密码)”处，如图 9-7 所示。

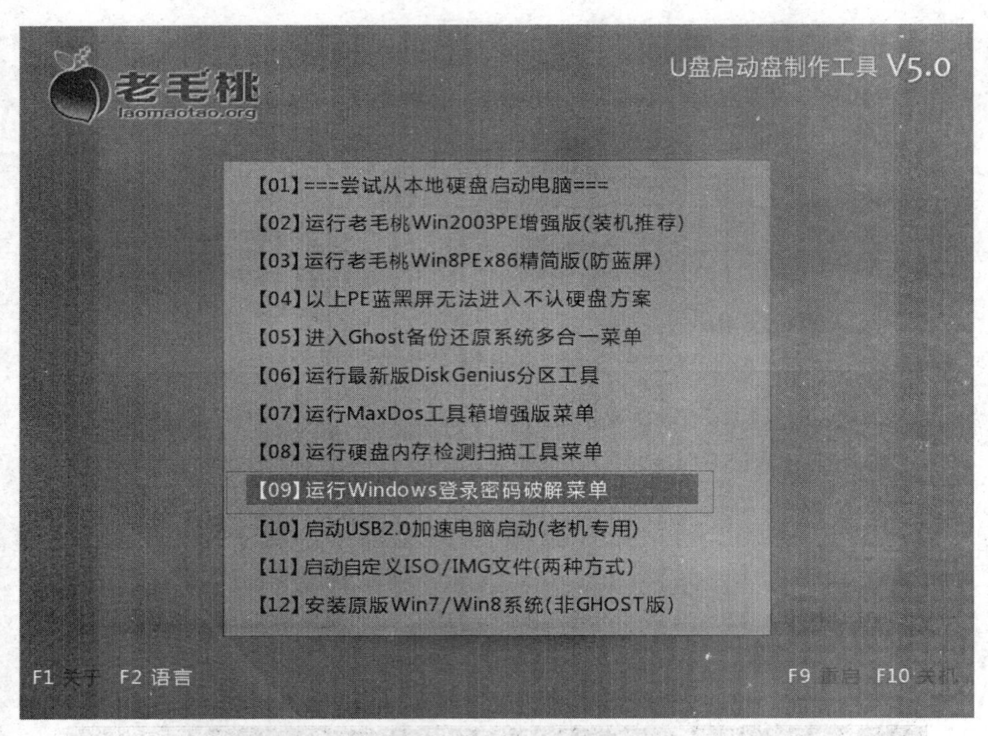

图 9-6 密码破解菜单

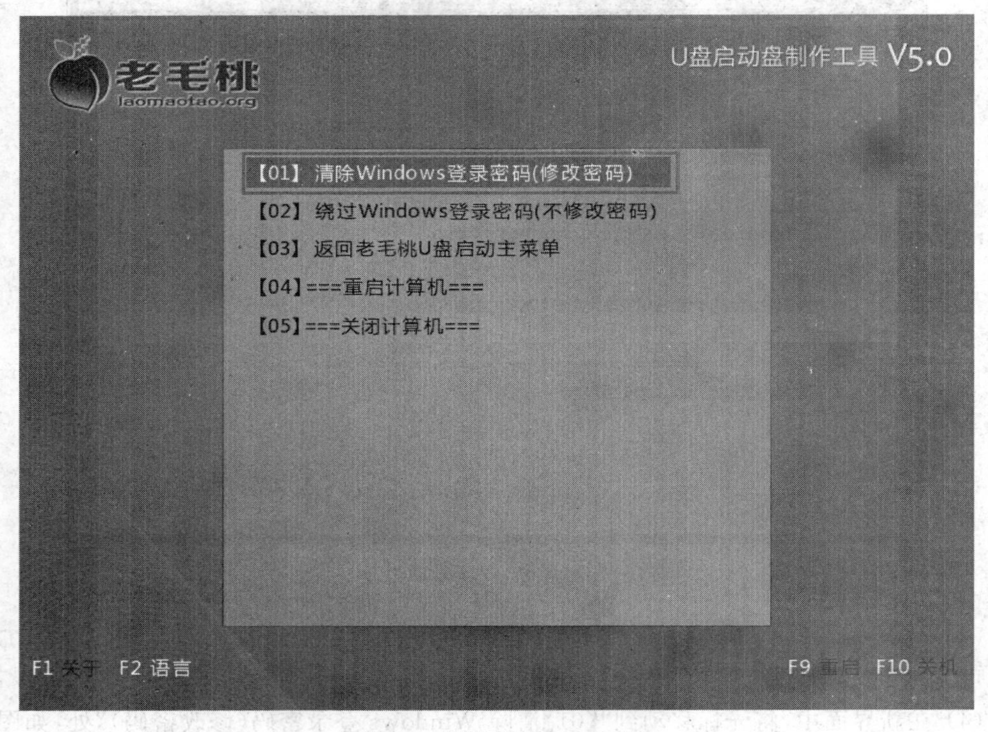

图 9-7 清除 Windows 密码

（5）当按下 Enter 键以后会出现 Windows 登录密码清理的相关选项界面，此时在“选择输入序号”位置输入序号 1，然后按 Enter 键，如图 9-8 所示。

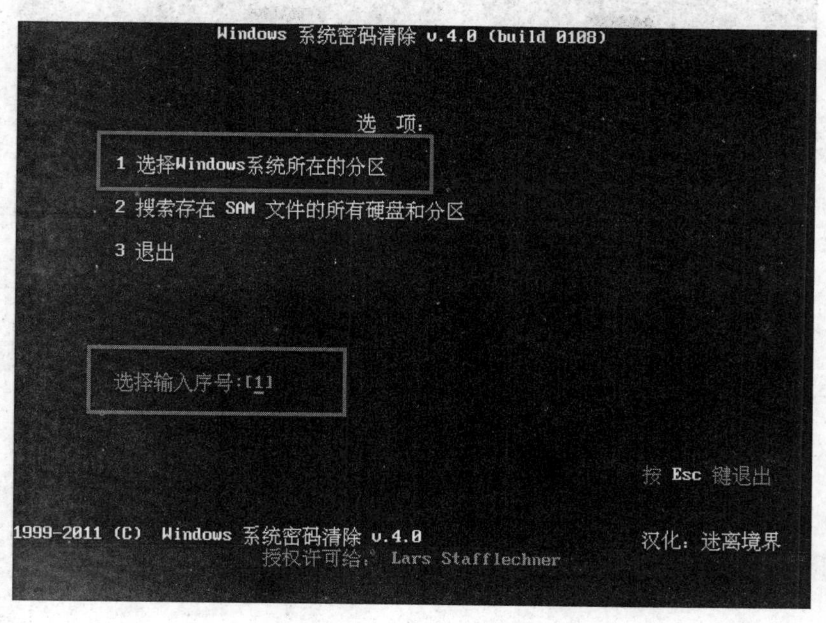

图 9-8　清理登录密码

（6）接下来在出现的逻辑驱动器列表的页面中输入序号 0，0 为计算机上的系统分区。按 Enter 键确认，如图 9-9 所示。

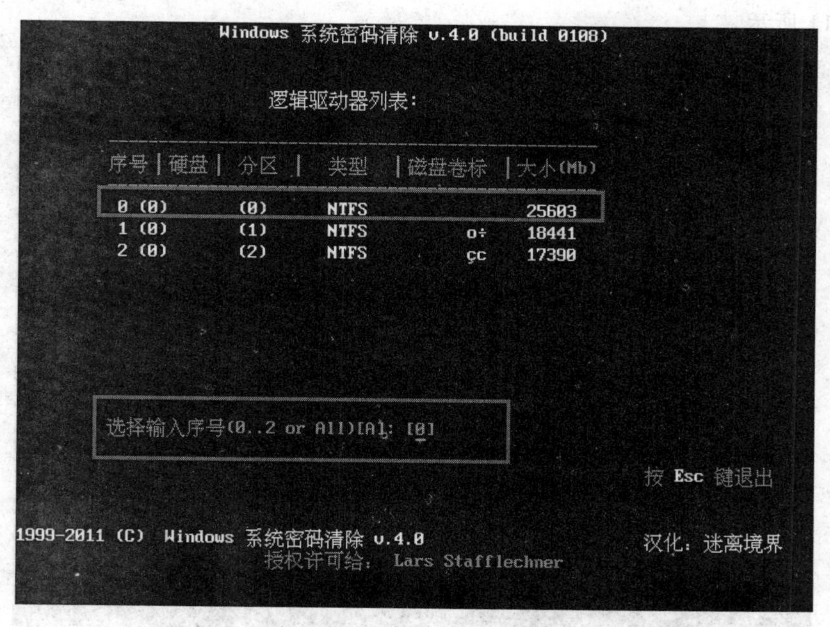

图 9-9　逻辑驱动器

（7）此时会自动搜索此分区中的文件 SAM，搜索时间大概在数秒钟之内，在提示已经搜索到一个 SAM 文件后按 Enter 键继续，如图 9-10 所示。

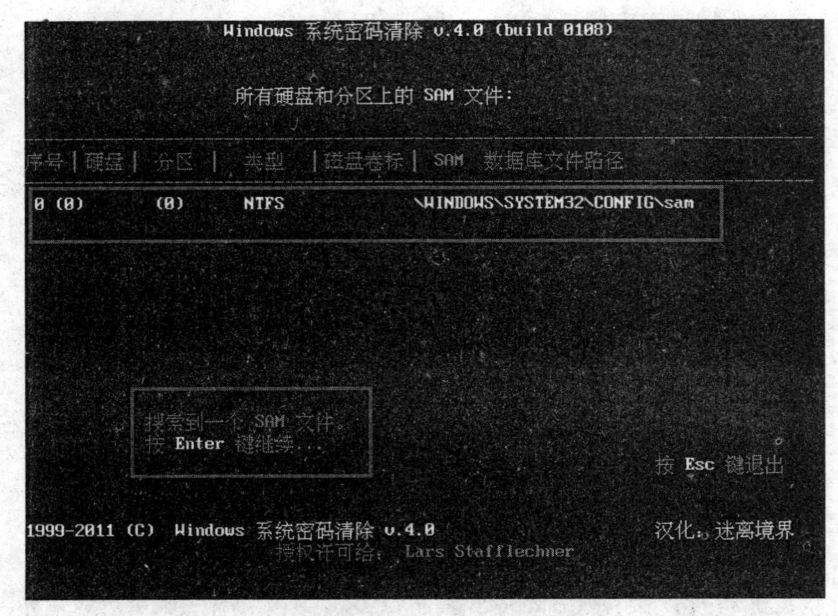

图 9-10 SAM 文件

(8) 此时所列出的是这个文件内所记录下此计算机的所有账户信息。在此寻找需要清楚登录密码的账户，通常来说 Administrator 用户是计算机上所常用的计算机账户。那么输入对应的序号 0，之后按下 Enter 键即可。接图 9-10 之后按下 Enter 键进入相关选项的界面，如图 9-11 所示。

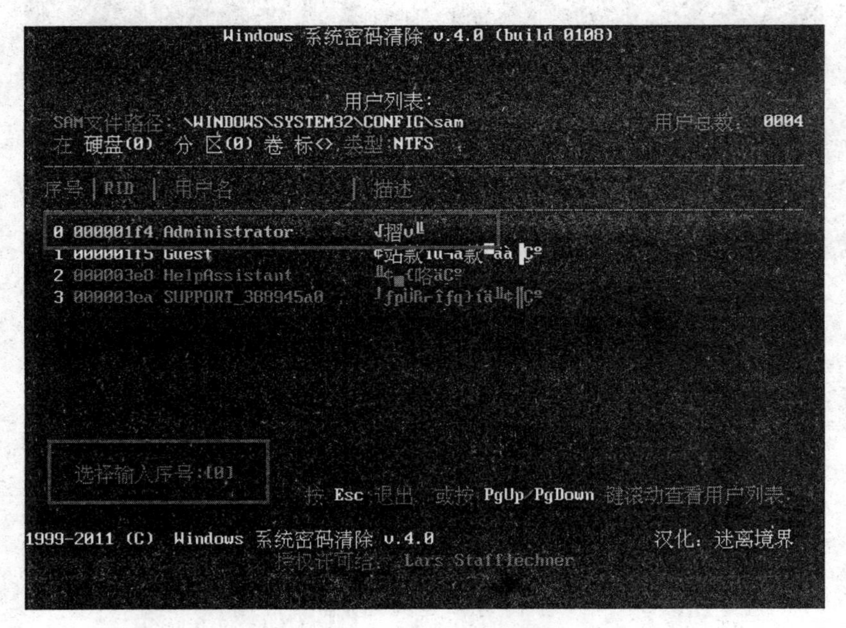

图 9-11 选择相关选项

(9) 在出现此画面时只需要按下 Y 键即可清除当前用户登录的密码。在提示已清除成功后可直接重启计算机,如图 9-12 所示。

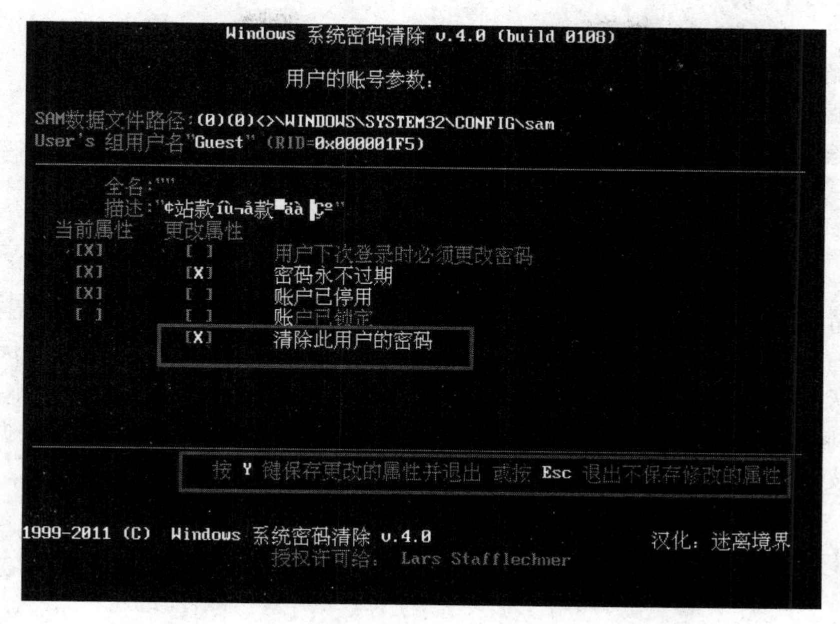

图 9-12　清除密码

思考练习

一、思考题

1. 什么是管理员密码?
2. 用户建立的账户和 Administrator 账户的区别是什么?

二、实践题

在互联网上搜索相关操作系统密码破解的方法,学习使用多种工具破解系统密码。

任务 9.3　简单数据恢复

学习目标

在使用计算机的过程中,可能会想把删除的数据找回来,也可能遇到硬盘或 U 盘出现故障,想从中把需要的数据给找出来,这就需要用到数据恢复技术。数据恢复因为面临的问题不同,采用的方法和使用的工具也各有不同。在本任务中,将学习简单的数据恢复技术,在硬盘或 U 盘出现问题的时候,找回需要的数据。

任务目标

- 了解数据恢复的原理。
- 掌握数据恢复的方法。
- 学会数据恢复软件的使用方法。

任务描述

当存储介质出现损伤或由于人员误操作、操作系统本身故障所造成的数据看不见、无法读取、丢失，或者工程师通过特殊的手段读取却在正常状态下不可见、不可读、无法读的数据。数据恢复(Data Recovery)是指通过技术手段，将保存在台式机硬盘、笔记本硬盘、服务器硬盘、存储磁带库、移动硬盘、U 盘、数码存储卡、MP3 等设备上丢失的电子数据进行抢救和恢复的技术。本任务中将学习这些知识和方法。

相关知识

9.3.1 数据恢复的原理

现实中很多人不知道删除、格式化等硬盘操作丢失的数据可以恢复，以为删除、格式化以后数据就不存在了。事实上，上述简单操作后数据仍然存在于硬盘中，懂得数据恢复原理知识的人只需简单的几步便可将消失的数据找回来，不要觉得不可思议，在了解数据在硬盘、优盘、软盘等介质上的存储原理后，你也可以自己动手将它们恢复。为了弄清数据恢复的基本原理，需要了解如下几个概念。

1. 分区

硬盘存放数据的基本单位为扇区，可以理解为一本书的一页。当装机或买来一个移动硬盘，第一步便是为了方便管理——分区。无论用何种分区工具，都会在硬盘的第一个扇区标注上硬盘的分区数量、每个分区的大小、起始位置等信息，术语称为主引导记录(MBR)，也有人称为分区信息表。当主引导记录因为各种原因(硬盘坏道、病毒、误操作等)被破坏后，一些或全部分区自然就会丢失不见了，根据数据信息特征，可以重新计算分区大小及位置，手工标注到分区信息表，“丢失”的分区回来了。

2. 文件分配表

为了管理文件存储，硬盘分区完毕后，接下来的工作是格式化分区。格式化程序根据分区大小，合理地将分区划分为目录文件分配区和数据区，就像看小说，前几页为章节目录，后面才是真正的内容。文件分配表内记录着每一个文件的属性、大小、在数据区的位置。对所有文件的操作，都是根据文件分配表来进行的。文件分配表遭到破坏以后，系统无法定位到文件，虽然每个文件的真实内容还存放在数据区，系统仍然会认为文件已经不存在。

3. 删除

向硬盘里存放文件时，系统首先会在文件分配表内写上文件的名称、大小，并根据数据区的空闲空间在文件分配表上继续写上文件内容在数据区的起始位置。然后开始向数据区写上文件的真实内容，一个文件的存放操作才算完成。

删除操作却简单得很，当需要删除一个文件时，系统只是在文件分配表内在该文件前面写一个删除标志，表示该文件已被删除，它所占用的空间已被“释放”，其他文件可以使用它占用的空间。所以，当删除文件又想找回时(数据恢复)，只需用工具将删除标志去掉，数据就恢复回来了。当然，前提是没有新的文件写入，该文件所占用的空间没有被新内容覆盖。

4. 格式化

格式化操作和删除相似，都只操作文件分配表，不过格式化是将所有文件都加上删除标志，或干脆将文件分配表清空，系统将认为硬盘分区上不存在任何内容。格式化操作并没有对数据区做任何操作，目录空了，内容还在，借助数据恢复知识和相应工具，数据仍然能够被恢复回来。

注意：格式化并不是100%地能恢复，有的情况下磁盘打不开，需要格式化才能打开。如果数据重要，千万别尝试格式化后再恢复，因为格式化本身就是对磁盘写入的过程，只会破坏残留的信息。

5. 覆盖

数据恢复工程师常说：“只要数据没有被覆盖，数据就有可能恢复回来。”

因为磁盘的存储特性，当不需要硬盘上的数据时，数据并没有被拿走。删除时系统只是在文件上写一个删除标志，格式化和低级格式化也是在磁盘上重新写一遍以数字0为内容的数据，这就是覆盖。

一个文件被标记上删除标志后，它所占用的空间在有新文件写入时，将有可能被新文件占用并覆盖上新内容。这时删除的文件名虽然还在，但它指向数据区的空间内容已经被覆盖改变，恢复出来的将是错误异常内容。同样文件分配表内有删除标记的文件信息所占用的空间也有可能被新文件名文件信息占用及覆盖，文件名也将不存在。

当将一个分区格式化后，又复制上新内容，新数据只是覆盖掉分区前的部分空间，去掉新内容占用的空间，该分区剩余空间数据区上无序内容仍然有可能被重新组织，将数据恢复出来。

同理，克隆、一键恢复、系统还原等造成的数据丢失，只要新数据占用空间小于破坏前的空间容量，数据恢复工程师就有可能恢复出需要的分区和数据。

9.3.2 数据恢复的种类

根据数据“丢失”的情况和采用的方式不同，数据恢复可以分为如下三种。

1. 逻辑故障数据恢复

逻辑故障是指与文件系统有关的故障。硬盘数据的写入和读取，都是通过文件系统来实现的。如果磁盘文件系统损坏，那么计算机就无法找到硬盘上的文件和数据。逻辑故障造成的数据丢失，大部分情况是可以通过数据恢复软件找回的。

2. 硬件故障数据恢复

硬件故障占所有数据意外故障的一半以上，常有雷击、高压、高温等造成的电路故障，高温、振动碰撞等造成的机械故障，高温、振动碰撞、存储介质老化造成的物理坏磁道扇区故障，当然还有意外丢失损坏的固件BIOS信息等。

硬件故障的数据恢复当然是先诊断,对症下药,先修复相应的硬件故障,再修复其他的软件故障,最终将数据成功恢复。

电路故障需要有电路基础,需要更加深入地了解硬盘详细的工作原理。机械磁头故障需要100级以上的工作台或工作间来进行诊断修复工作。另外,还需要一些软硬件维修工具配合来修复固件区等故障类型。

3. 磁盘阵列RAID数据恢复

磁盘阵列的存储原理这里不作讲解,可参看本站阵列知识文章,其恢复过程也是先排除硬件及软件故障,然后分析阵列顺序、块大小等参数,用阵列卡或阵列软件重组或者是使用DiskGenius虚拟重组RAID,重组后便可按常规方法恢复数据。

9.3.3 数据恢复的方法

1. 硬盘数据恢复

硬盘软件故障:①系统故障。系统不能正常启动、密码或权限丢失、分区表丢失、BOOT区丢失、MBR丢失。②文件丢失:误操作、误格式化、误克隆、误删除、误分区、病毒破坏、黑客攻击、PQ操作失败、RAID磁盘阵列失效等。③文件损坏:损坏的Office系列文件、Microsoft SQL数据库文件、Oracle数据库文件、Foxbase/FoxPro的dbf数据库文件。④损坏的邮件。Outlook Express dbx文件、Outlook pst文件。⑤损坏的媒体文件。比如MPEG、asf、RM等文件。

2. 硬盘物理故障

CMOS不认盘;常有一种"咔嚓咔嚓"的磁头撞击声;电机不转,通电后无任何声音;磁头错位造成读写数据错误;启动困难、经常死机、格式化失败、读写困难;自检正常,但"磁盘管理"中无法找到该硬盘;电路板有明显的烧痕等。

磁盘物理故障分类:①盘体故障。磁头烧坏、磁头老化、磁头芯片损坏、电机损坏、磁头偏移、零磁道坏、大量坏扇、盘片划伤、磁组变形。②电路板故障:电路板损坏、芯片烧坏、断针断线。③其他故障。固件信息丢失、固件损坏等。

3. U盘数据恢复

U盘、优盘、XD卡、SD卡、CF卡、Memory Stick、SM卡、MMC卡、MP3、MP4、记忆棒、数码相机、DV、微硬盘、光盘、软盘等各类存储设备。在硬盘、移动盘、闪盘、SD卡、CF卡等数据介质损坏或出现电路板故障、磁头偏移、盘片划伤等情况下,采用开体更换、加载、定位等方法进行数据修复。

数码相机内存卡(如SD卡、CF卡、记忆棒等)、U盘及最新的SSD固态硬盘,由于没有盘体,没有盘片,存储的数据是FLASH芯片。如果出现硬件故障,只有极少数数据恢复公司可以恢复此类介质,这是由于一般的数据恢复公司做此类介质时,需要匹配对应的主控芯片,而主控芯片在买来备件后需要拆开后才能知道,备件一拆,马上毁了,如果主控芯片不能配对,数据仍然无法恢复。即使碰巧配上主控型号,也不代表一定可以读出数据,因此恢复的成本和代价非常高。一般的数据恢复公司碰上此类介质,成功率非常低,基本上放弃,这种恢复技术和原理是大多数数据恢复的做法。但是,对于恢复Flash类的介质,已经新出现了一种数据恢复技术,可以不需要配对主控芯片,通过一种特殊的硬件设备来直接读取Flash芯片里的代码,然后配上特殊的算法和软件,通过人工组合,直接重组出Flash数据。

这种恢复方法和原理,成功率几乎接近100%。但是受制于此类设备的昂贵,同时对数据恢复技术要求很高,工程师不但要精通硬件,还需要精通软件,更要精通文件系统,因此全国只有极个别的数据恢复公司可以做到成功率接近100%,有些公司花了很高代价采购此设备后,由于工程师技术所限,不会使用,同样无法恢复。虽然从技术上解决了Flash恢复的难题,但是对客户而言,此类恢复的成本非常高,比硬盘的硬件故障恢复价格要高。2GB左右的恢复费接近千元,32GB、64GB容量的恢复费用基本上在3000～5000元。

4. UNIX数据恢复

基于Solaris SPARC平台的数据恢复,基于Intel平台的Solaris数据恢复,可恢复SCO OpernServer数据、HP-UNIX数据、IBM-AIX数据。

5. Linux数据恢复

Linux操作系统中的数据备份工作是Linux系统管理员的重要工作和职责。传统的Linux服务器数据备份的方法很多,备份的手段也多种多样。常见的Linux数据恢复备份方式仅仅是把数据通过TAR命令压缩复制到磁盘的其他区域中。还有比较保险的做法是双机自动备份,不把所有数据存放在一台计算机上,否则一旦这台计算机的硬盘物理性损坏,那么一切数据将不复存在了。所以双机备份是商业服务器数据安全的基本要求。

9.3.4 使用Easyrecovery软件进行数据恢复实战

Easyrecovery是一款非常著名的老牌数据恢复软件。该软件的功能非常强大。无论是误删除/格式化还是重新分区后的数据丢失,都可以轻松解决,其甚至可以不依靠分区表而按照簇来进行硬盘扫描。但要注意不通过分区表来进行数据扫描,很可能不能完全恢复数据,原因是通常一个大文件被存储在很多不同区域的簇内,即使找到了这个文件的一些簇上的数据,很可能恢复之后的文件是损坏的。所以这种方法并不是万能的,但其提供了一个新的数据恢复方法,适合分区表严重损坏,使用其他恢复软件不能恢复的情况下使用。Easyrecovery最新版本加入了一整套检测功能,包括驱动器测试、分区测试、磁盘空间管理以及制作安全启动盘等。这些功能对于日常维护硬盘数据来说非常实用,可以通过驱动器和分区检测来发现文件的关联错误以及硬盘上的坏道。

该软件的具体应用步骤如下。

(1) 下载并安装Easyrecovery软件,然后运行它。

(2) 选择一种合适的选项,这里选择“误删除文件”,如图9-13所示。

(3) 选择要恢复的文件和目录所在的位置,单击“下一步”按钮,如图9-14所示。

(4) 开始查找已经删除的文件,如图9-15所示。

(5) 选择要恢复的文件,如图9-16所示。

(6) 选择一个保存位置,单击“下一步”按钮,如图9-17所示。

(7) 数据恢复完成。

9.3.5 常用的防止数据丢失的方法

在使用计算机的过程中,还可以从如下几个方面,尽量做到防止数据丢失。

(1) 永远不要将文件数据保存在操作系统的同一驱动盘上。大部分文字处理器会将

图 9-13　选择“误删除文件”

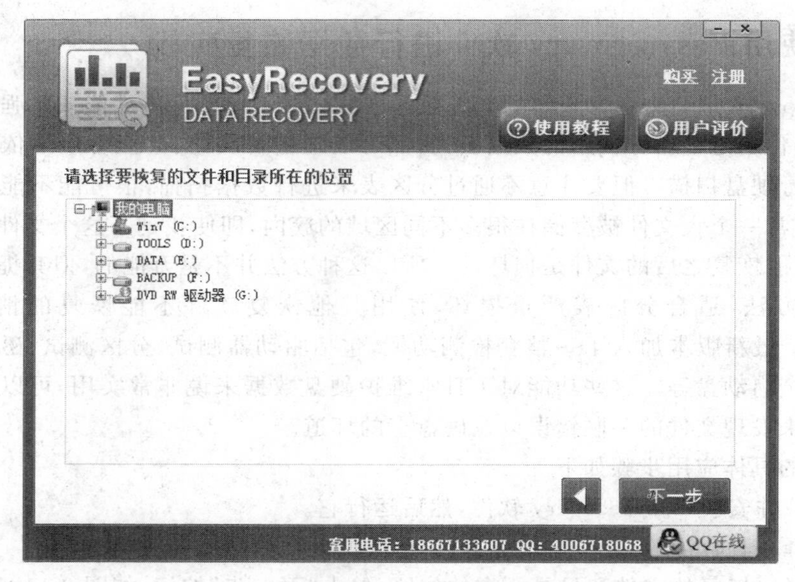

图 9-14　选择要恢复的文件和目录所在的位置

你创建的文件保存在“我的文档”中，然而这恰恰是最不适合保存文件的地方。对于影响操作系统的大部分计算机问题（不管是因为病毒问题还是软件故障问题），通常唯一的解决方法就是重新格式化驱动盘或者重新安装操作系统，如果是这样，驱动盘上所有数据都会丢失。

（2）一个成本相对较低的防止数据丢失的解决方法就是在计算机上安装第二个硬盘，当操作系统被破坏时，第二个硬盘驱动器不会受到任何影响。如果你需要购买一台新计算机时，这个硬盘还可以安装在新计算机上，而且这种硬盘安装非常简便。如果你对安装第二

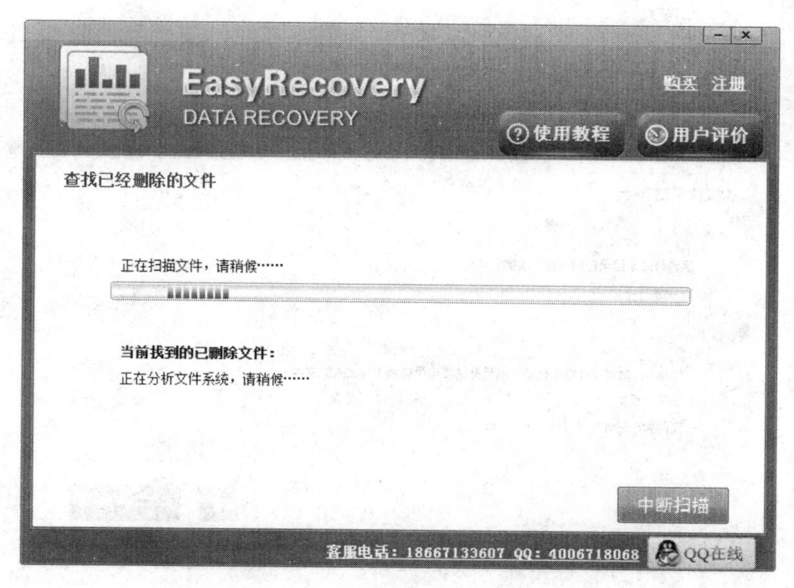

图 9-15　查找已经删除的文件

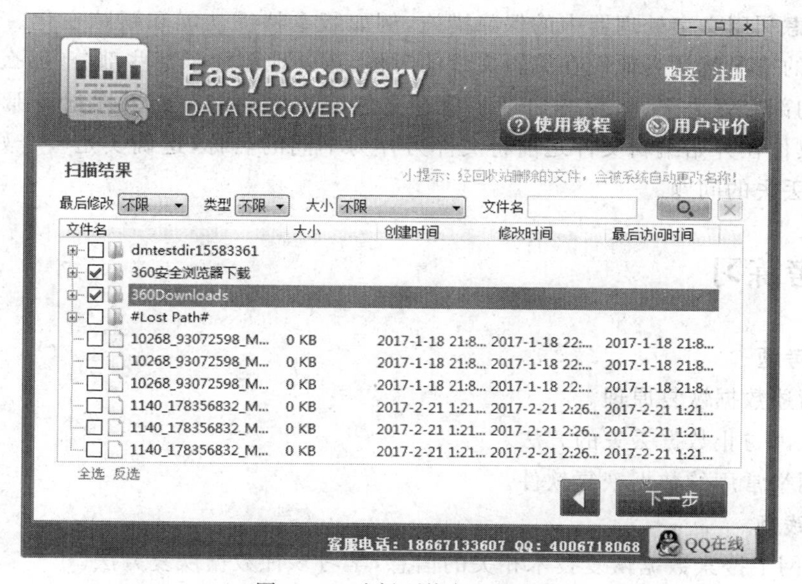

图 9-16　选择要恢复的文件

个驱动盘的方法不认可，另一个很好的选择就是购买一个外接式硬盘，外接式硬盘操作更加简便，可以在任何时候用于任何计算机，而只需要将它插入 USB 端口或者 Firewire 端口。

（3）定期备份文件及数据，不管它们被存储在什么位置。将文件全部保存在操作系统所在磁盘中是不安全的，应该将文件保存在不同的位置，并且需要定期创建文件的备份，这样就能保障文件的安全性。如果你想要确保能够随时取出文件，那么可以考虑进行二次备份，如果数据非常重要，甚至可以考虑在防火层保存重要的文件。

（4）提防用户错误。虽然不愿意承认，但是很多时候是因为自己的问题而导致数据丢

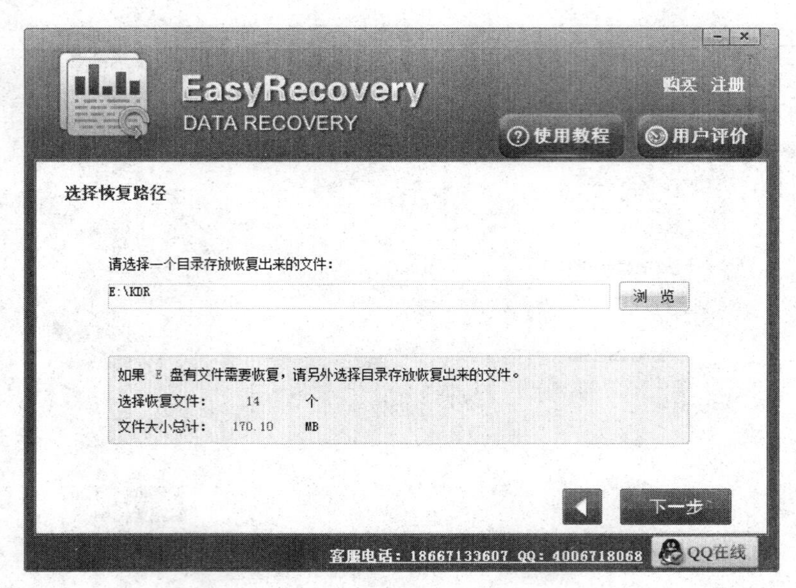

图 9-17 选择一个保存位置

失。可以考虑利用文字处理器中的保障措施，例如版本特征功能和跟踪变化。用户数据丢失的最常见的情况就是当他们在编辑文件的时候，意外地删除了某些部分，那么在文件保存后，被删除的部分就丢失了，除非启用了保存文件变化的功能。如果你觉得那些功能很麻烦，那么建议你在开始编辑文件之前将文件另存为不同的名称，这确实是一个好办法，也能够解决数据丢失的问题。

思考练习

一、思考题

1. 请简述数据恢复原理。
2. 请说出防止数据丢失的方法。
3. 请列举常用的数据恢复软件。

二、实践题

在互联网上搜索数据恢复技术相关的信息，学习多种数据恢复方法。

任务 9.4 系 统 备 份

学习目标

系统备份属于数据备份的一种。数据备份是容灾的基础，是为了防止系统出现操作失误或系统故障而导致数据丢失，是将全部或部分数据从应用主机的硬盘或阵列复制到其他的存储介质的过程。系统备份通常可以理解为通过 Ghost 软件把系统盘(一般指 C 盘)整个盘的所有文件数据压缩成一个以扩展名为.gho 的镜像文件(视为压缩包)。在本任务中,将学习如何使用 Ghost 软件和 Windows 7 系统自带备份功能进行系统的备份。

任务目标

- 了解操作系统备份的原理。
- 掌握 Windows 7 操作系统的备份功能的使用方法。
- 掌握使用 Ghost 软件进行系统备份的方法。

任务描述

当操作系统出现问题的时候,计算机就无法再做什么工作了,有些时候甚至都无法启动,人们往往束手无策。如果你具备一些系统备份方面的知识和技术,就可以很快运用这些知识和技术快速让计算机起“死”回生。接下来学习两种系统备份方法,在掌握这些方法之后,可以根据遇到的具体情况来灵活处理系统问题。

相关知识

9.4.1 基本概念

数据一般分为两类,一是指软件以及用户产生的文档等数据;二是指磁盘存储的结构,如文件系统以及分区信息。操作系统及所在区域同时包含了这两者,所以对操作系统的保护就显得十分重要。在日常的使用过程中,计算机系统面临各种各样的安全问题,几乎无法保证操作系统不会出现问题。对数据的保护,最基本的方法就是备份。当数据出现丢失和损坏,就可以通过备份的数据进行还原,从而将损失降低到最低程度。

9.4.2 系统备份方法

1. 使用 Windows 7 系统自带的备份功能

当系统出现问题的时候,很多人首先想到的就是重装系统,虽然随着技术的发展,系统安装已经越来越简单,但从安装新的系统到下载安装各种应用软件,相对来说还是比较费时费力。如果能在系统安装完成,安装设置各种应用软件之后,对系统做一个备份,以后计算机出现了一些问题,可以把系统恢复到刚安装时的状态。

这里首先使用 Windows 7 的两种备份功能来实现系统备份。Windows 7 系统自带了系统备份功能和其映像备份功能,两者略有不同,映像备份是整个分区的备份,而系统备份是备份系统文件和重要文件。

(1) 使用 Windows 7 的映像备份功能实现备份

① 选择“开始”菜单,打开“控制面板”,如图 9-18 所示。

② 在出现的功能选择中,单击“备份和还原”选项,如图 9-19 所示。

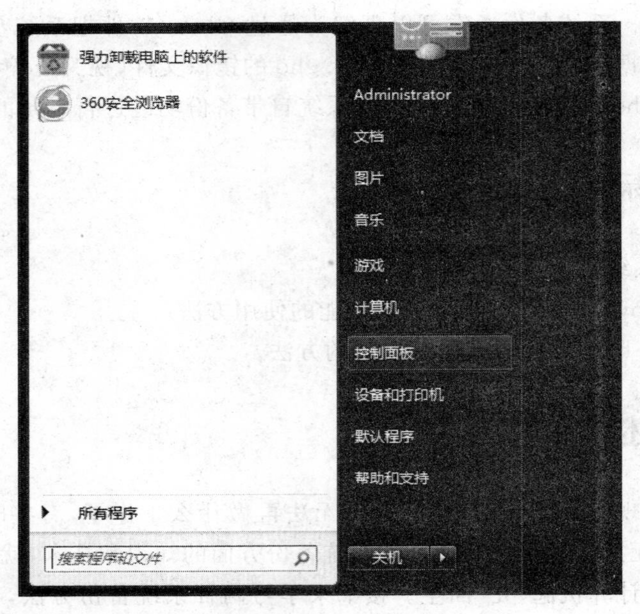

图 9-18　打开“控制面板”

图 9-19　单击“备份和还原”选项

③ 选择“创建系统映像”，如图 9-20 所示。

④ 选择保存备份的磁盘。因为要对操作系统做备份，所以不要选择 C 盘来保存备份。然后单击“下一步”按钮，如图 9-21 所示。

⑤ 单击“开始备份”按钮，就可以对 C 盘也就是系统盘做备份了，如图 9-22 和图 9-23 所示。

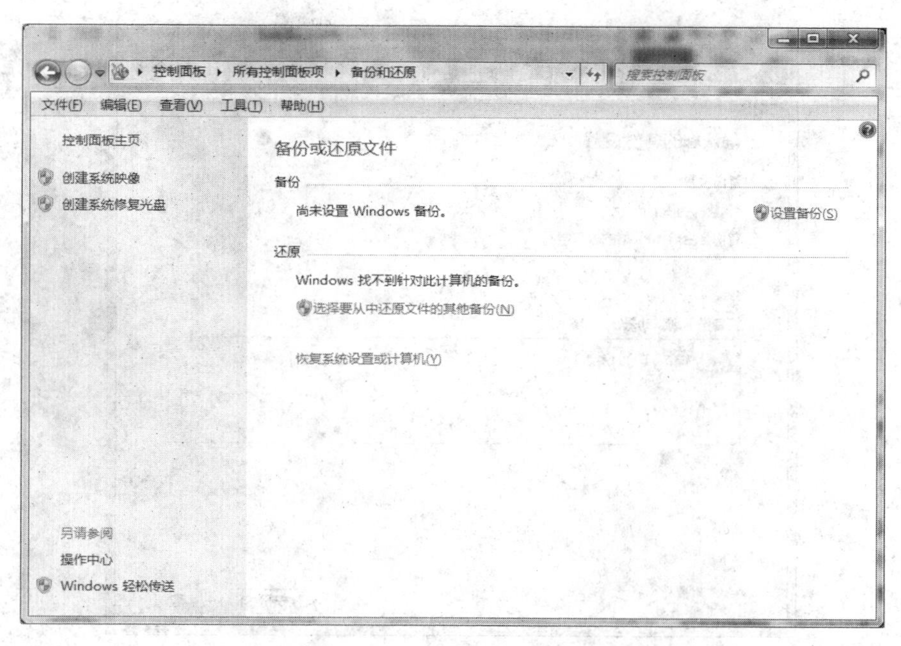

图 9-20 选择“创建系统映像”

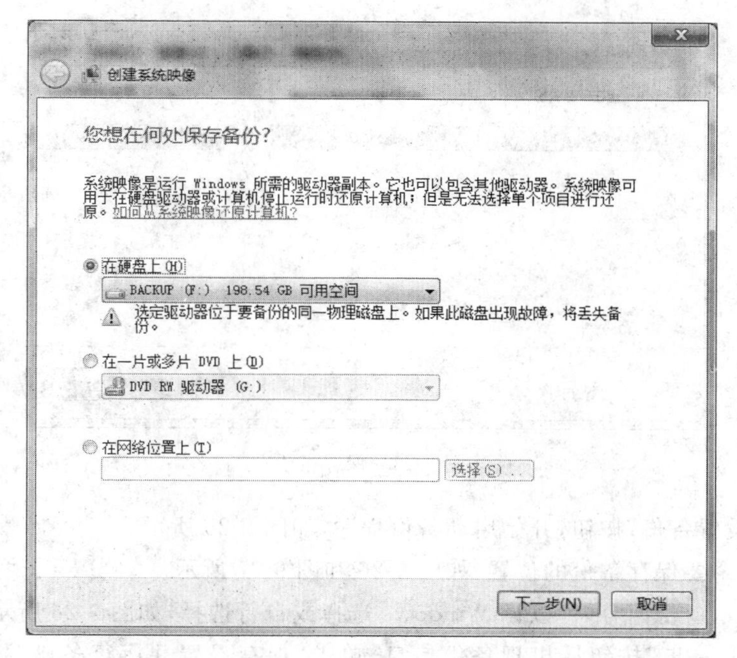

图 9-21 选择保存备份的磁盘

⑥ 系统备份完以后，会提示是否创建系统修复光盘，如果有刻录机，就可以刻录一张系统修复光盘；如果没有空光盘和刻录机则选择“否”。

(2) 使用 Windows 7 的系统备份功能实现备份

① 选择“开始”菜单，打开控制面板，单击“备份和还原”选项，出现如图 9-24 所示界面。

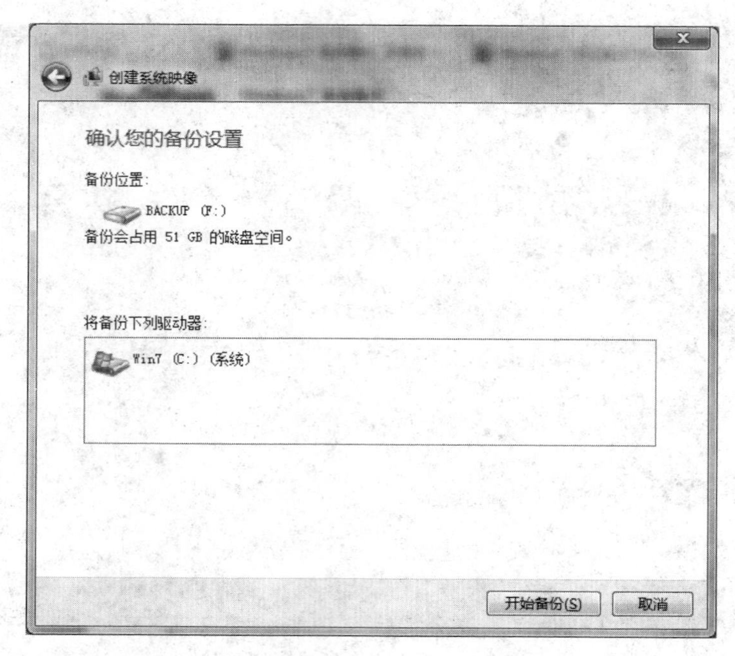

图 9-22 开始备份

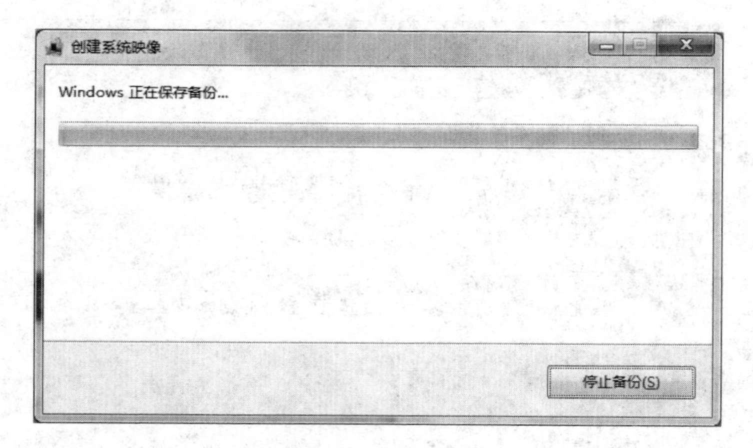

图 9-23 保存备份

② 单击"设置备份"按钮，开始启动备份程序，如图 9-25 所示。

③ 选择一个要保存备份的位置，如图 9-26 和图 9-27 所示。

④ 接着提示备份内容，可以让 Windows 选择或自行选择，如图 9-28 所示。

⑤ 单击"下一步"按钮后出现备份信息，单击"保存设置并运行备份"按钮，如图 9-29 所示。

⑥ 会看到备份的进度条，请耐心等待，如图 9-30 所示。

⑦ 备份完成，显示备份的大小。此时可以管理备份空间，更改计划设置等。

这两种方法的缺点是如果以后系统出现问题，无法进入系统，则就无法恢复系统了。

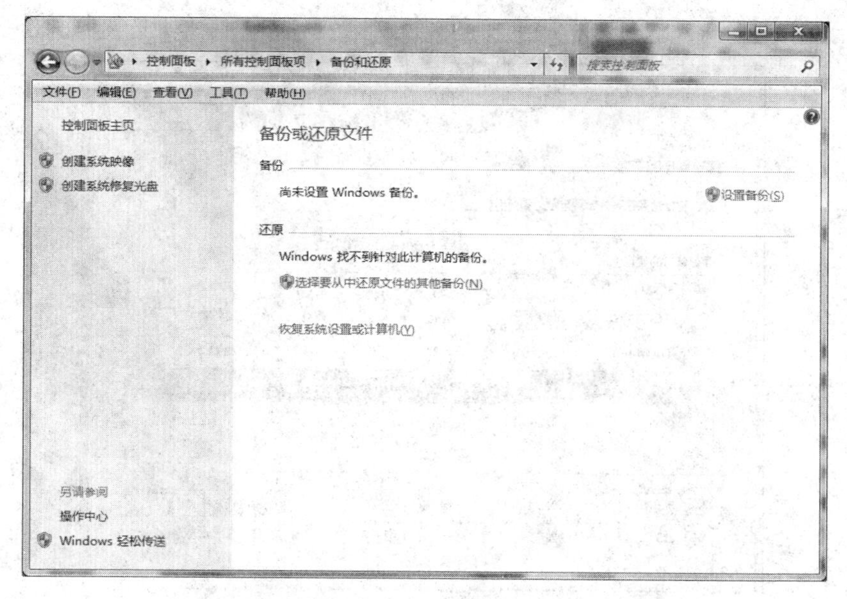

图 9-24 “备份和还原”界面

图 9-25 启动备份程序

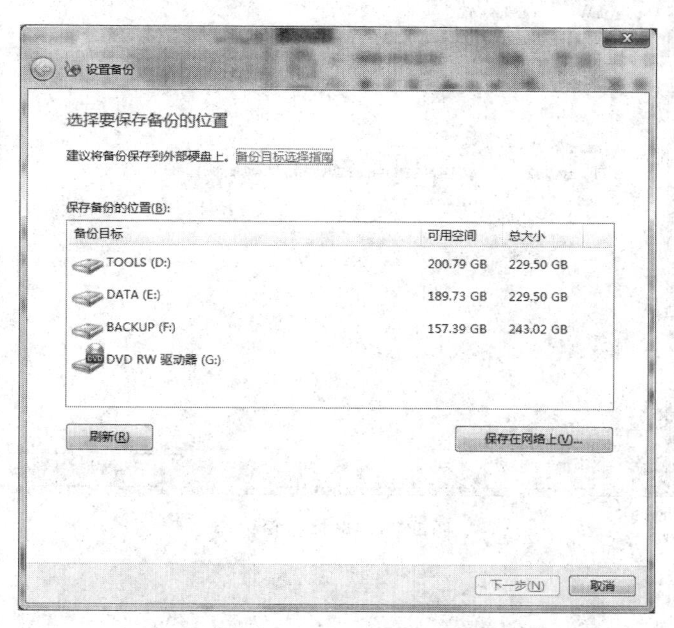

图 9-26 选择一个要保存备份的位置

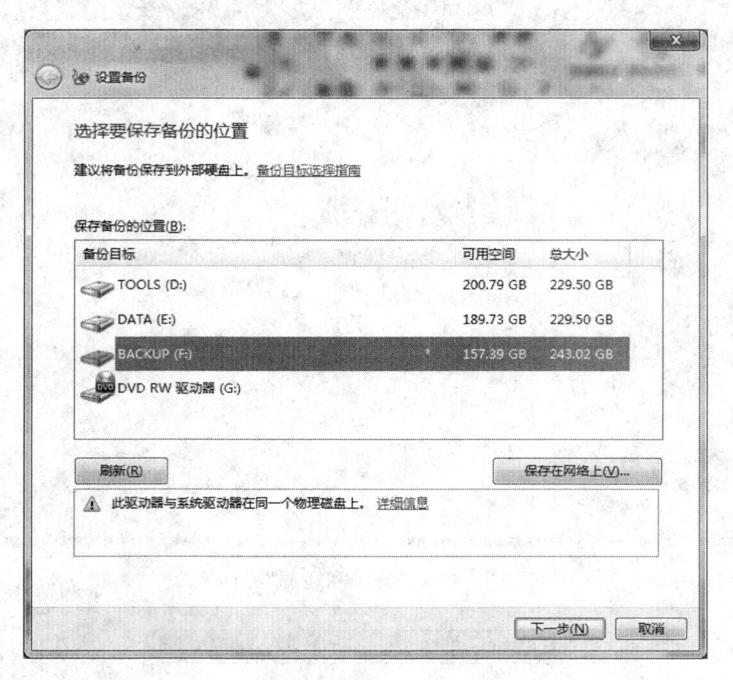

图 9-27 选择 F 盘

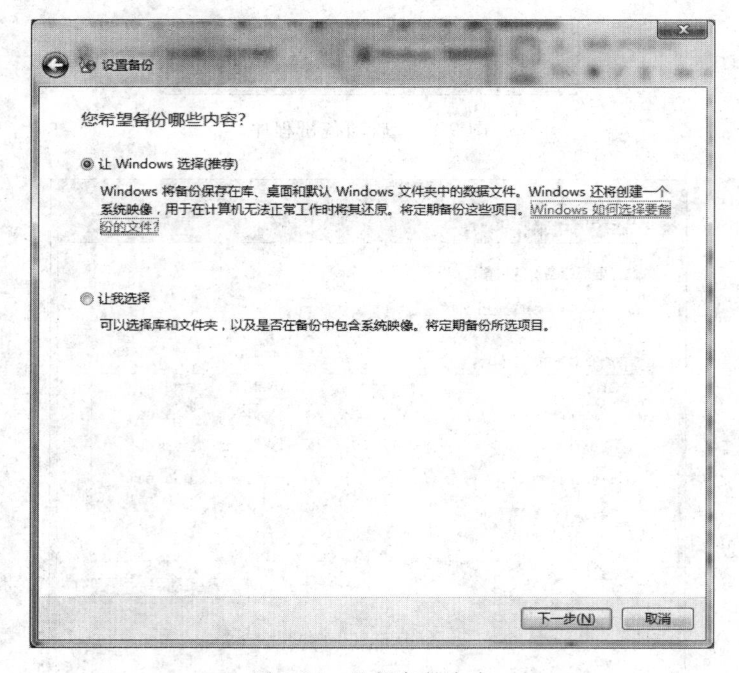

图 9-28 选择备份内容

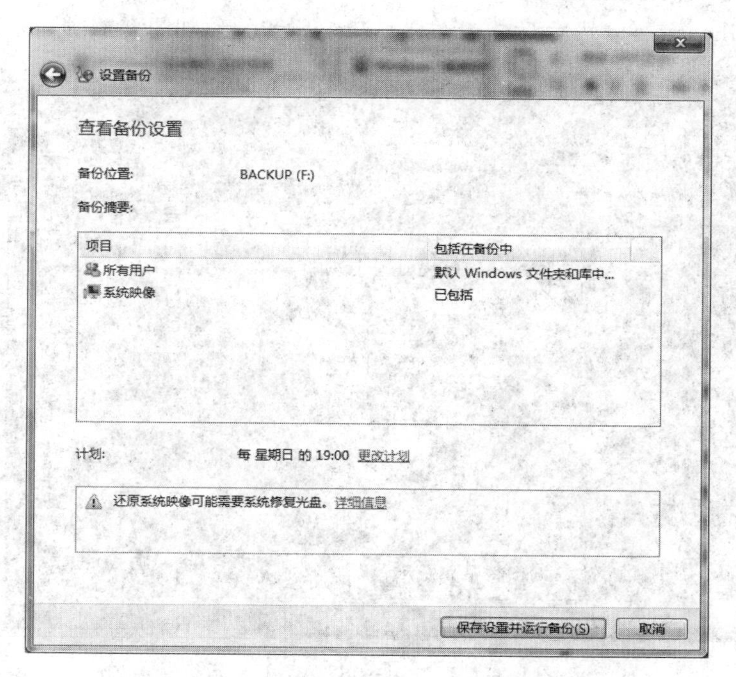

图 9-29　单击“保存设置并运行备份”按钮

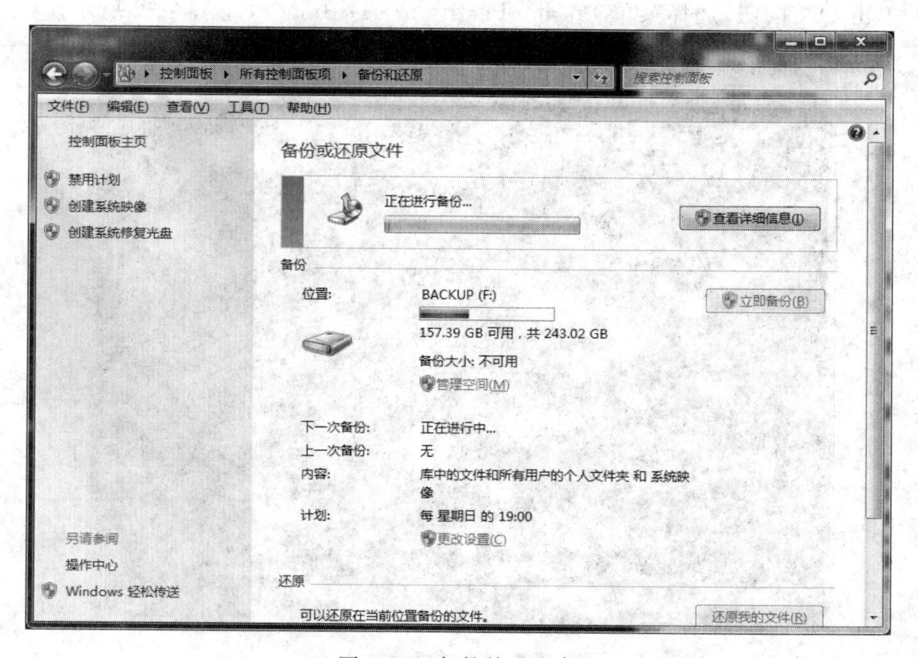

图 9-30　备份的进度条

3. 使用 Ghost 软件备份系统

（1）解压 Ghost 软件，然后双击 ghost32. exe 开始运行，如图 9-31 所示。

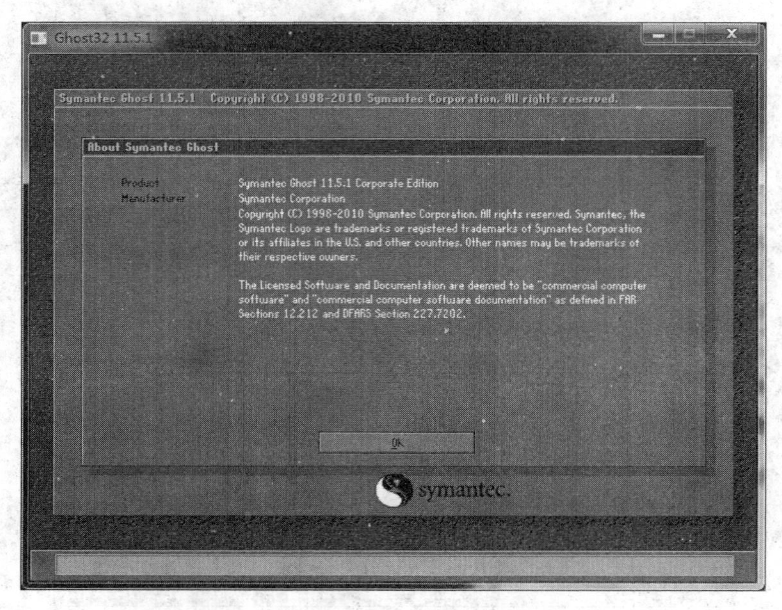

图 9-31　双击 ghost32. exe 开始运行

（2）单击 OK 按钮，选择菜单 Local→Partition→To Image，如图 9-32 所示。

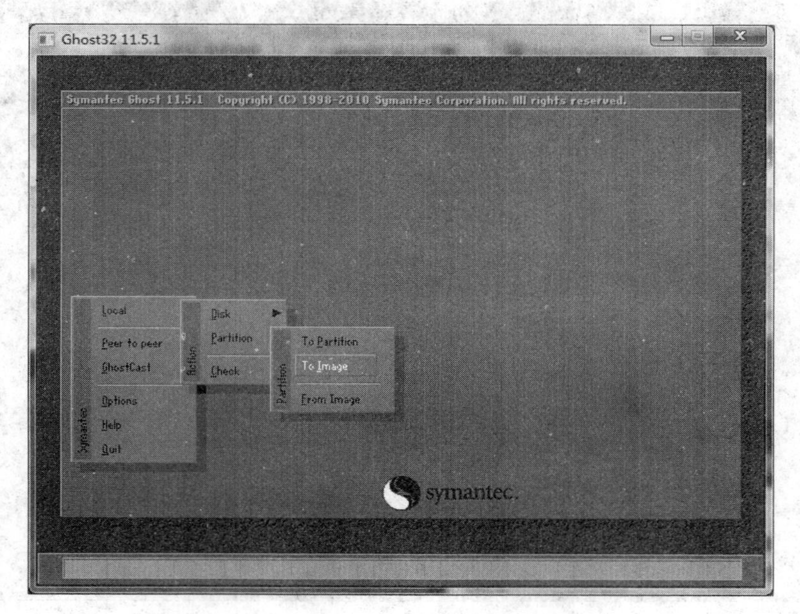

图 9-32　选择菜单

（3）选择备份硬盘，单击 OK 按钮，如图 9-33 所示。

（4）选择备份分区，再单击 OK 按钮，如图 9-34 所示。

（5）选择要将备份保存在哪个磁盘，为了防止错误操作，导致原有的数据丢失，可以建

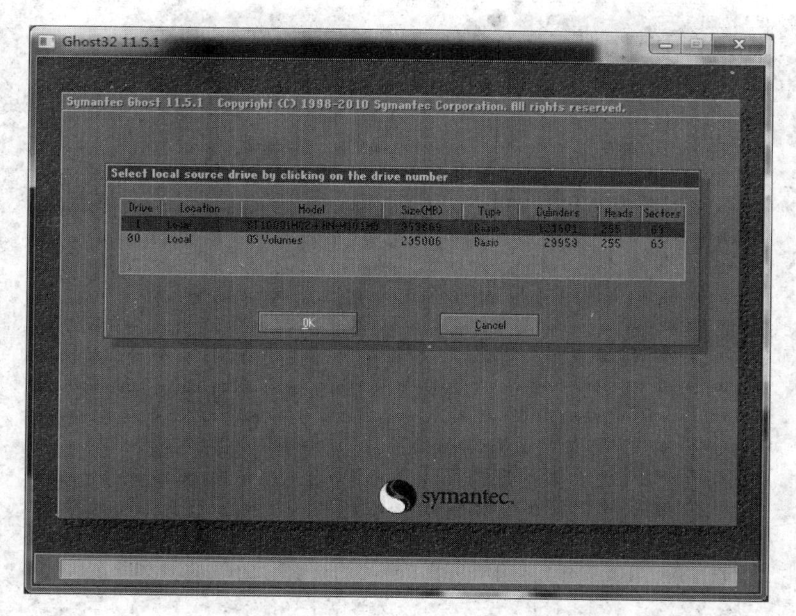

图 9-33 选择备份硬盘

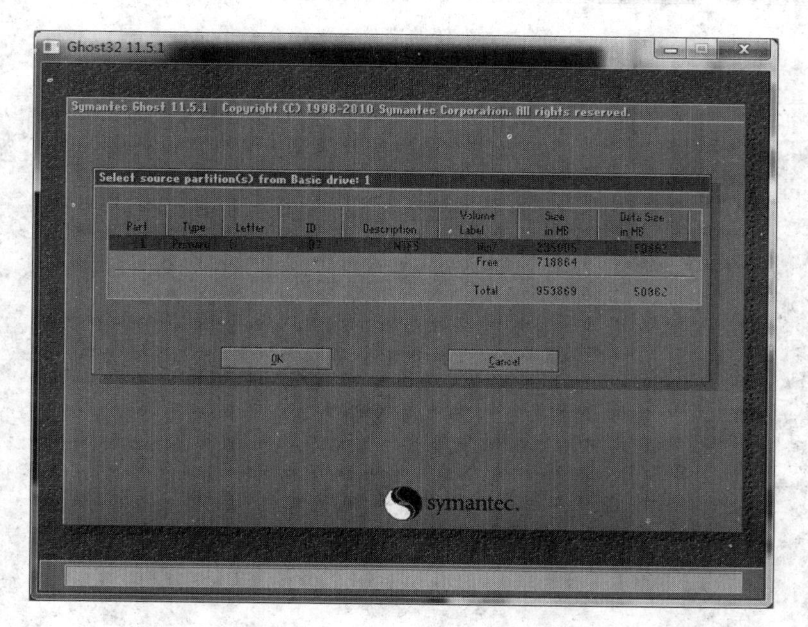

图 9-34 选择备份分区

立一个新的文件夹来保存备份文件，如图 9-35 所示。

(6) 为备份文件命名，建议用当前的日期作为备份文件名，然后单击 Save 按钮，如图 9-36 所示。

(7) 选择是否压缩映像文件，单击 Fast 按钮，如图 9-37 所示。

(8) 单击 Yes 按钮，如图 9-38 所示。

图 9-35　建立一个新的文件夹来保存备份文件

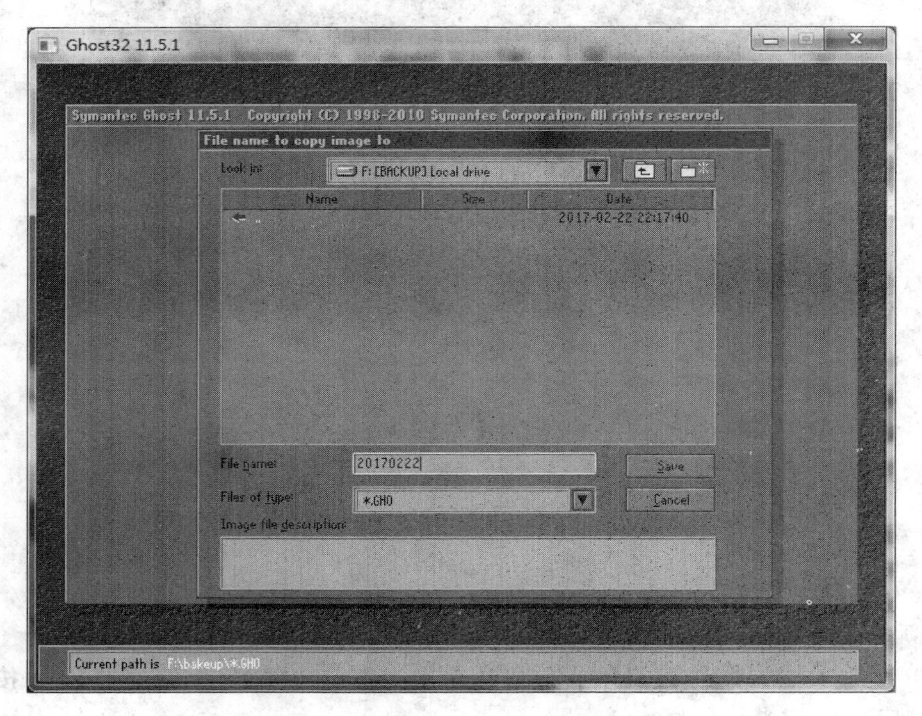

图 9-36　保存备份

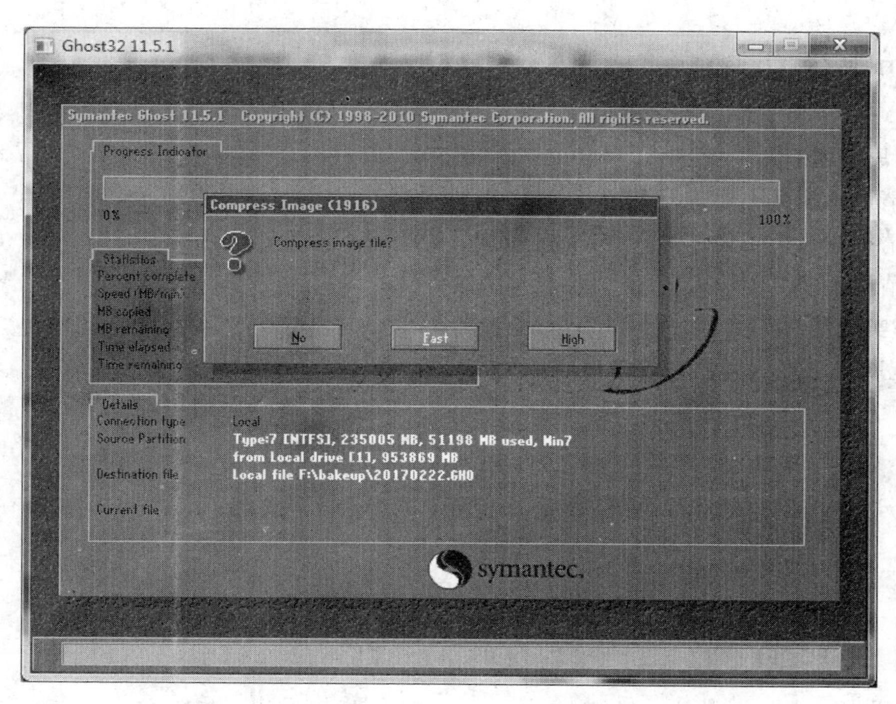

图 9-37 选择是否压缩映像文件

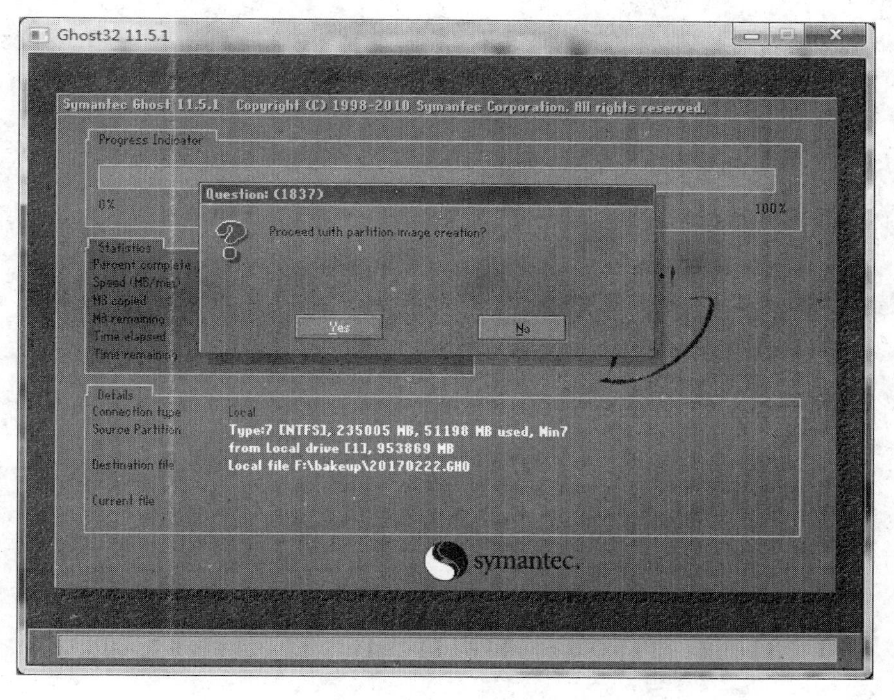

图 9-38 完成备份

(9) 等待执行完成,系统就备份好了。

思考练习

一、思考题

1. 请说出为什么要进行系统备份。

2. 请描述系统备份的原理。

3. 请说出 Windows 7 中系统备份和映像备份的区别。

二、实践题

在互联网上搜索操作系统备份的各种方法，掌握不同操作系统的备份方法。

项目 10　笔记本电脑的使用与维护

任务 10.1　认识笔记本电脑

学习目标

随着芯片技术的快速发展，使笔记本电脑的性能日益提高，越来越多的用户倾向于选择笔记本电脑。认识笔记本电脑的组成原理及结构，对大家在日常生活、学习中有很大帮助。

任务目标

- 认识笔记本电脑的基本部件。
- 了解笔记本电脑的品牌。
- 了解笔记本电脑的组成及原理。

任务描述

笔记本电脑(Notebook Computer，NB)，中文又称笔记本(Notebook)、手提电脑或膝上电脑，是一种小型、可以方便携带的个人计算机，通常重达 1～3kg(也有部分机种可能重达4～6kg，视不同品牌或型号而定)。当前的发展趋势是体积越来越小，重量越来越轻，而功能却更加强大。接下来通过讲解来进一步认识笔记本电脑。

相关知识

下面来认识笔记本电脑的外观。

笔记本电脑外观的顶盖工艺方式，从早期喷漆磨砂、膜内转印(IMR 技术)，到现在的钢琴烤漆、金属拉丝、阳极氧化处理，还有新兴的 NIL 技术(纳米光刻)等新式工艺，不同的工艺造就了不同的视觉、触觉感受，当然，使用效果也是各有不同。

1. 笔记本电脑前视图

笔记本电脑前视图如图 10-1 所示。

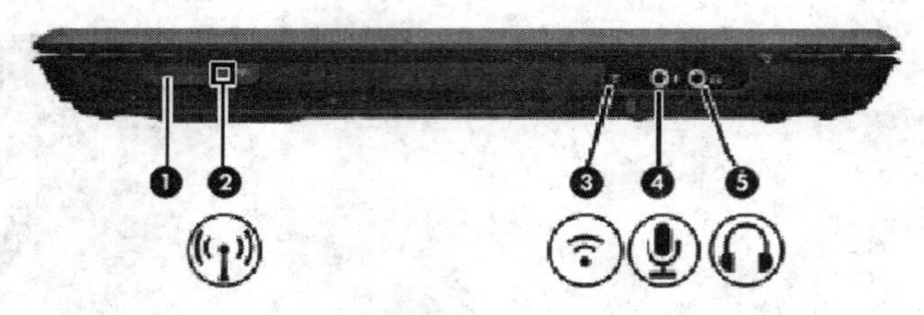

图 10-1 笔记本电脑前视图

(1) 无线设备开关

启用或禁用无线功能，但不建立无线连接。注意要建立无线连接，必须设有无线网络。

(2) 无线指示灯

蓝色：已经打开了集成的无线设备，如无线局域网(LAN)设备或蓝牙(Bluetooth)设备。

红色：关闭了集成无线设备。

(3) 用户红外线收发镜

用于将笔记本电脑与遥控器连接起来。

(4) 音频输入(麦克风)插孔

连接可选的笔记本电脑头戴式受话器麦克风、立体声阵列麦克风或单声道麦克风。

(5) 音频输出(耳机)插孔

与可选的有源立体声扬声器、耳机、耳塞、头戴式受话器或电视音频装置相连后，发出声音。

2. 笔记本电脑后视图

当温度过热时，笔记本电脑的内部风扇自动启动以冷却内部组件，防止过热。在正常运行过程中，内部风扇通常会循环打开和关闭。

通风孔利用气流进行散热，以免内部组件过热。为了防止过热，不要阻塞通风孔。使用时，应将笔记本电脑放置在坚固的平面上，不要让坚硬物体(例如旁边的打印机)或柔软物体(例如枕头、厚毛毯或衣物)阻挡空气流通，如图 10-2 所示。

图 10-2 笔记本电脑后视图

3. 笔记本电脑右视图

笔记本电脑右视图如图 10-3 所示。

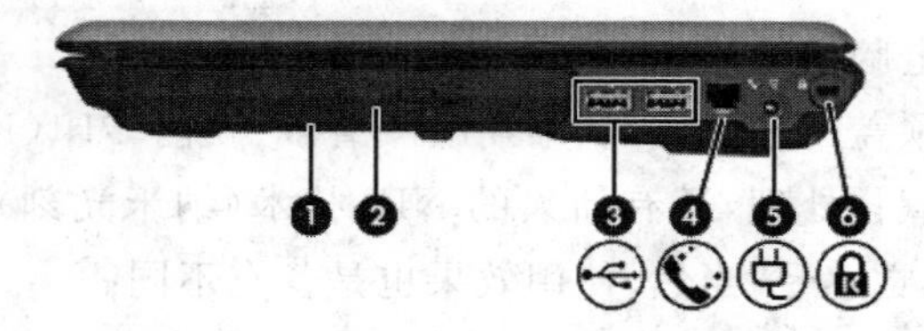

图 10-3 笔记本电脑右视图

(1) 光驱。

(2) 光驱指示灯。闪烁时表示正在使用光驱。

(3) 2 个 USB 端口,连接后可选择 USB 设备。

(4) RJ-11(调制解调器)插孔,连接调制解调器电缆(电话线)。

(5) 电源连接器,连接交流电源适配器。

(6) 安全保护缆锁槽口,在笔记本电脑上连接安全保护缆锁选件。

注意:安全保护缆锁只能作为一种防范措施,并不能防止笔记本电脑被盗或使用不当。

4. 笔记本电脑左视图

笔记本电脑左视图如图 10-4 所示。

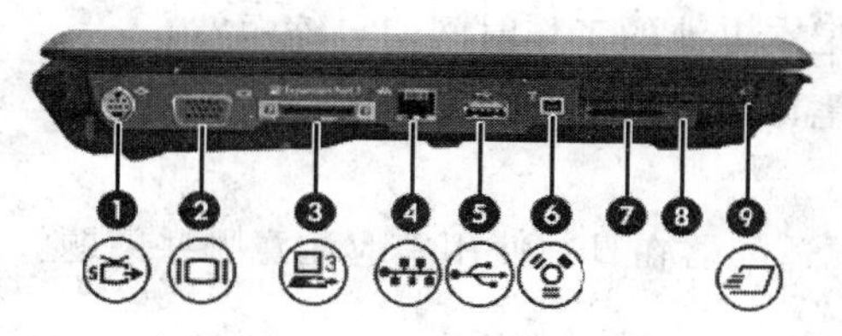

图 10-4　笔记本电脑左视图

(1) S-Video 输出插孔。连接可选的 S-Video 设备,例如电视、VCR、可携式摄像机、高架投影机或视频捕获卡。

(2) 外接显示器端口。连接外接显示器或投影机。

(3) 扩展端口。将笔记本连接到扩展产品选件上。

(4) RJ-45(网络)插孔,连接网线。

(5) USB 端口,连接可选的 USB 设备。

(6) 1394 端口,连接可选的 IEEE 1394 或 1394a 设备,例如便携式摄像机。

(7) 读卡器,支持以下可选的数字卡格式:SD 存储卡、MMC 卡、SDI/O 卡、记忆棒、Memory Stick Pro 记忆棒、XD 图形卡和 M 形 XD 图形。

(8) 读卡器指示灯。亮起时表示正在访问数字卡。

(9) ExpressCard 插槽,支持可选的 ExpressCard/54 卡。

5. 笔记本电脑底视图

笔记本电脑底视图如图 10-5 所示。

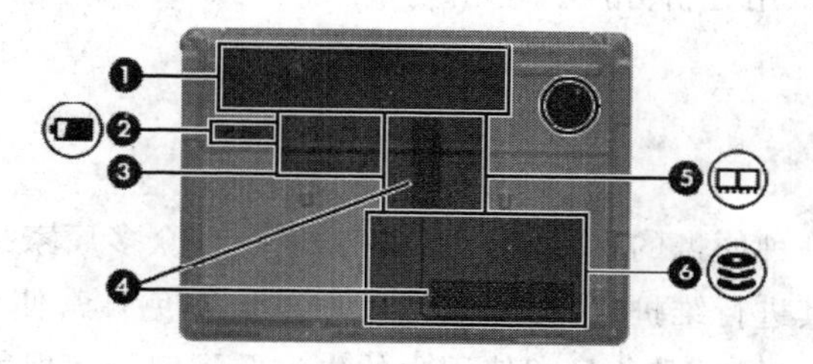

图 10-5　笔记本电脑底视图

(1) 电池架,可安装充电电池。

(2) 电池释放锁定器,释放电池架中的电池。

(3) 小型卡盒,安装小型设备如无线 LAN 设备。

(4) 散热孔,用于将笔记本内部产生的热量散发出来。

(5) 内存模块盒,内含内存模块插槽,可升级和添加内存。

(6) 硬盘驱动器托架,内部安装有硬盘。

思考练习

一、思考题

1. 如何携带和保存笔记本电脑?
2. 哪些应用会使笔记本电池的工作时间明显缩短?
3. 如何保养和维护笔记本液晶屏?

二、实践题

笔记本的光驱及电源适配器在日常使用中应注意哪些问题?

任务 10.2 笔记本电脑的组成及其性能

学习目标

笔记本电脑的组成结构与台式机比较相似,主要包括显示器、主板、CPU、显示卡、硬盘、内存、光驱、鼠标、键盘、电池和电源适配器等部件,认识、掌握基本原件对于后期维护很重要。

任务目标

- 掌握注册表的查找方法。
- 掌握注册表的键值增加、删除及修改的方法。
- 掌握注册表的常用分析方法。

任务描述

笔记本电脑作为一种便携的移动式计算设备,用户在众多厂家品牌计算机中如何选择,如何在使用过程中对其进行维护,怎样才能使用户尽量避免日常使用中的失误而导致笔记本瘫痪,怎样才能使用户尽量避免日常使用中的失误及了解如何保养笔记本,观察自己的笔记本电脑并能通过网络进行信息的搜索,了解笔记本电脑的构成部件及笔记本电脑的品牌,设计表格记录各品牌笔记本电脑最新的产品型号及价格,并为自己设计购买方案,这些都需要了解相关知识。

相关知识

10.2.1　笔记本电脑的组成及其性能

下面介绍笔记本电脑的组成。

1. 外壳

笔记本电脑的外壳除了美观外，对于内部器件也起到保护作用。较为流行的外壳材料有工程塑料、镁铝合金、碳纤维复合材料（碳纤维复合塑料）。其中碳纤维复合材料的外壳兼有工程塑料的低密度、高延展及镁铝合金的刚度与屏蔽性，是较为优秀的外壳材料。如图10-6所示为笔记本电脑的主要组成设备。

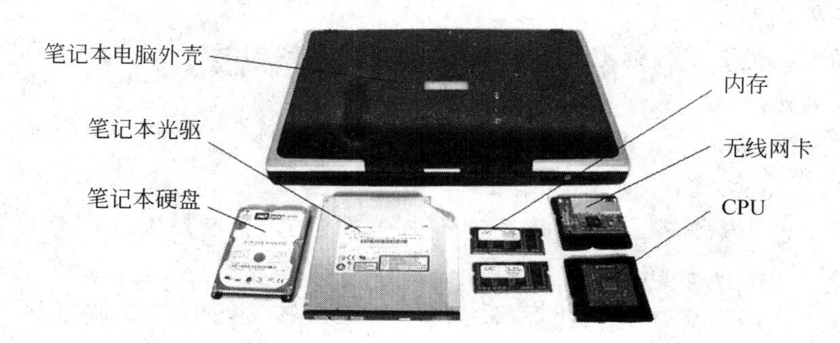

图10-6　笔记本电脑的主要组成设备

2. 液晶屏

笔记本电脑使用的是液晶屏（LCD）作为标准输出设备，其分类大致有STN、薄膜电晶体液晶显示器（TFT）等。现今常用液晶屏较为优秀的有夏普（SHARP）公司的“超黑晶”及东芝公司的“低温多晶硅”等，这两款都是薄膜电晶体液晶显示器（TFT）液晶屏，如图10-7所示。

图10-7　笔记本电脑液晶屏

3. 处理器

处理器是个人计算机的核心设备，笔记本电脑也不例外。与台式计算机相比，笔记本的处理器除了速度等性能指标外还要兼顾功耗。不但处理器本身是能耗大户，而且笔记本电脑的整体散热系统的能耗也不能忽视。目前笔记本的处理器主要有Intel和AMD两大阵营。图为笔记本的处理器，如图10-8所示。

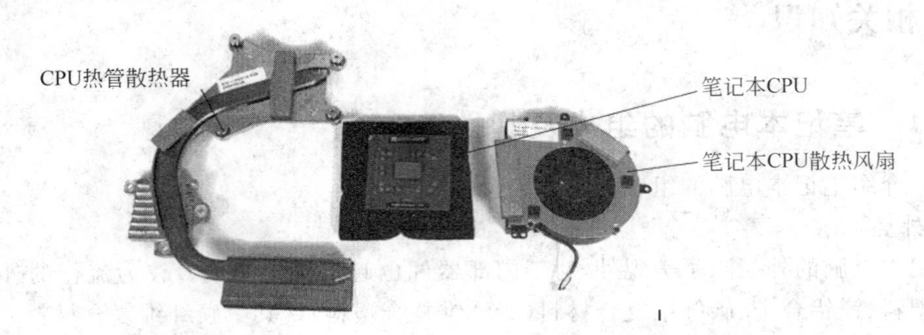

图10-8　笔记本电脑CPU及散热装置

(1) Intel处理器

目前市场上的绝大多数笔记本电脑都是采用了Intel的酷睿处理器，按架构不同，分为两个不同的系列。

- 酷睿二代(Sandy Bridge架构)系列：主要产品型号包括Core i3 2330M、Core i3 2350M、Core i5 2430M、Core i5 2450M等。
- 酷睿三代(Ivy Bridge架构)系列：主要产品型号包括Core i3 3110M、Core i5 3210M、Core i7 3610M等。

其中酷睿三代的产品性能相比酷睿二代有了很大改进，如CPU制程从32nm升级为22nm，CPU中集成的显示核心性能也更为强大等。

除了上述用于主流笔记本电脑的CPU之外，Intel还推出了主要用于超极本的超低电压CPU，这类CPU的产品型号后面一般都带有字母U，表示超低电压，如Core i5-3317U、Core i7-3517U等，这类CPU的功耗只有17W，相比前面两个系列的CPU，功耗要低一半左右。

(2) AMD处理器

AMD目前用于笔记本电脑的CPU主要是融合了CPU与GPU的APU(Accelerated Processing Unit，加速处理器)，与Intel的酷睿CPU相对应，APU的最大特色也是其中集成的显示核心，使APU同时具有高性能处理器和最新独立显卡的处理性能。

APU目前主要包括以下产品型号：A4 3305M、A6 4400M、A8 4500M、A10-4600M。

APU中集成的显示核心相比酷睿CPU中集成的显示核心，性能更为强大，所以APU的性价比相对要更高一些，如果要选购采用集成显卡的笔记本电脑，不妨优先考虑APU。

4. 显卡

显卡在笔记本电脑中的重要性仅次于CPU，是选购笔记本电脑时要重点考虑的因素。在目前的笔记本电脑中大都采用了独立显卡，决定显卡性能的关键因素取决于显示芯片和显存。

显示芯片主要包括nVIDIA的GeForce和AMD(ATI)的Radeon两大系列，在目前的笔记本电脑中配置的显卡主要包括以下型号。

(1) nVIDIA GeForce系列

高端：GeForce 635M、GeForce 550M

中端：GeForce 630M、GeForce 540M

低端：GeForce 620M、GeForce 610M

（2）AMD Radeon 系列

高端：Radeon HD 7690M

中端：Radeon HD 6630M

低端：Radeon HD 7550M、Radeon HD 7470M、Radeon HD 6470M

入门级：Radeon HD 7370M、Radeon HD 6450M

由于无论在 Inetl 的酷睿 CPU 还是 AMD 的 APU 中都已集成了显示核心，而且性能较之以前大为增强。对于一些配置入门级显卡的笔记本电脑，其价格相比集成显卡的笔记本要高出不少，但性能并没有多少提升，反而独立显卡还会带来增大发热量等诸多问题，所以在选购时可以回避此类产品。

显存在显卡中的地位仅次于显示芯片，决定显存性能的相关参数主要有容量、频率、位宽。

显存容量越大，就可以为 GPU 提供更多的存放临时数据的空间，目前显存的容量大都为 256MB、512MB、1GB 甚至更高。

显存的工作频率主要是由显存的类型决定的，频率越高，显存的工作速度越快。目前绝大多数显卡都是采用的 GDDR3 或 GDDR5 显存，频率大概在 800～4000MHz 的范围。

显存位宽是显存在一个时钟周期内所能传输的数据位数，同 CPU 的字长类似，位数越大则所能传输的数据量越大。目前显存位宽主要有 64 位、128 位和 256 位三种。

很多人在选购显卡时习惯以显存容量作为主要参考依据，这明显是以偏概全，决定显卡性能的首要因素是显示芯片，其次才是显存。而且即使显存也应全面考虑容量、频率、位宽等参数，所以对显卡的选购应全面了解以上参数。

5. 硬盘

硬盘的性能对系统整体性能有至关重要的影响。在容量方面，虽然笔记本电脑的硬盘还赶不上台式机的硬盘容量，但其发展速度很快，常见的笔记本电脑硬盘容量有 320GB、500GB 和 750GB 等，如图 10-9 所示的是西部数据的 WD 500GB 笔记本电脑硬盘的正反面。

笔记本电脑硬盘的转速多为 5400 转，有个别笔记本电脑以配置 7200 转硬盘作为卖点，转速更高的硬盘虽然提高了速度，但同时也带来了更大的发热量，所以对这类笔记本应重点关注其散热效果如何。

图 10-9　笔记本电脑硬盘

6. 主板

笔记本电脑的主板是各组成部分中体积最大的核心部件，也是 CPU、内存和显卡等各种配件的载体。由于笔记本电脑追求轻薄和便携等特性，所以绝大多数元件都是贴片式设计，电路的密集程度和集成程度都很高，目的就是最大限度地减小体积和重量，如图 10-10 所示是笔记本电脑的主板实物外形。

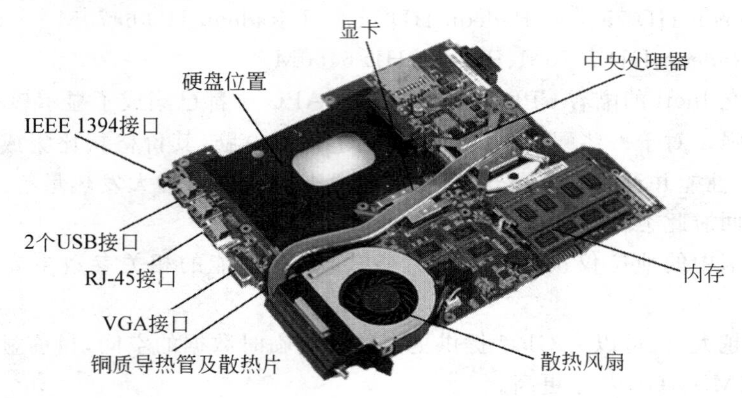

图 10-10　笔记本电脑主板

7. 内存

由于笔记本电脑整合度高，设计精密，对于内存的要求比较高，笔记本内存必须符合小巧的特点，需采用优质的元件和先进的工艺，拥有体积小、容量大、速度快、耗电低、散热好等特性。出于追求体积小巧的考虑，大部分笔记本电脑最多只有两个内存插槽，如图 10-11 所示。

目前，绝大多数笔记本电脑都采用了容量为 2GB 或 4GB 的 DDR3 内存，频率为 1066MHz 或 1333MHz。

8. 电池

电池不仅是笔记本电脑最重要的组成部件之一，而且在很大程度上决定了它使用的方便性。对笔记本电脑来说，轻和薄的要求使得对电池的要求也非同一般。笔记本电脑的电池是可充电电池，有了充电电池的电量供应，笔记本电脑才能充分体现出可移动的特性。

目前，绝大多数笔记本电脑电池采用的是锂离子电池，整块电池中采用多个电池芯通过串联或并联的堆叠方式来达到笔记本电脑所需的电池容量，如图 10-12 所示就是常见的笔记本电脑电池。

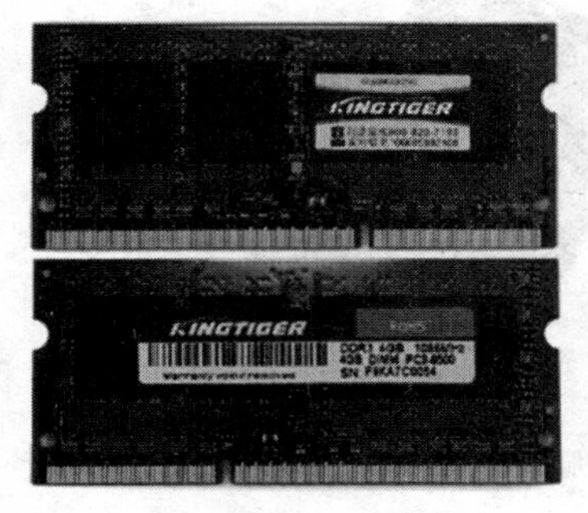

图 10-11　笔记本电脑内存(正反面)

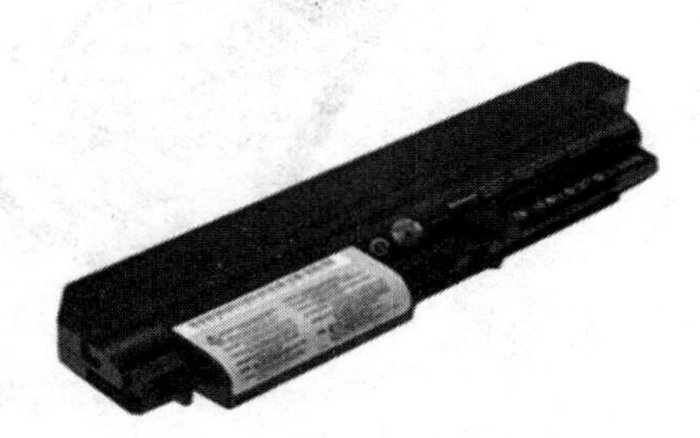

图 10-12　笔记本电脑电池

9. 电源适配器

笔记本电脑的电源适配器主要作用有两个：一是为笔记本电池充电；二是在无电池供电情况下获取电能，其外观如图 10-13 所示。

10.2.2　笔记本电脑的常见品牌

目前笔记本电脑的一线品牌主要是联想(Lenovo)、戴尔(Dell)、宏碁(Acer)、惠普(HP)、华硕(ASUS)；二三线品牌包括三星、东芝、索尼、苹果、方正、神舟等。

不同品牌的计算机虽然在做工设计和服务支持等方面存在较大的差异，但综合价格、质量各方面因素，还是各个一线品牌的产品占据了较大的市场占有率，也是大多数人在购买计算机时的主要选择。下面就对这些一线品牌做一下简单介绍。

图 10-13　笔记本电脑电源适配器

1. 联想(Lenovo)

联想属于国内第一品牌，在中国最为深入人心，品牌号召力很强，其售后服务非常完善，但缺点是产品性价比不高。联想的产品分为商用机 Thinkpad 和家用机 Ideapad 两大阵营，其中 Thinkpad 做工跟定位都是面向高端，价格也比较贵，普通用户大都选择 Ideapad。

Ideapad 又分为 Y、Z、G 等不同的产品系列，其中 Y 系列是纯影音娱乐游戏机型，也是 Ideapad 中定位最高的一个产品系列；G 系列则主要面向低端，性价比很高，但外观和做工一般；Z 系列处在 Y 和 Z 系列之间，各方面较为均衡。

2. 戴尔(Dell)

戴尔作为国际知名品牌，其产品在做工、质量、售后等各个方面都比较到位，配置合理，价格适中。

3. 宏碁(Acer)

宏碁虽是我国台湾地区厂商，但却是国际大品牌，其产品在全球的占有率比较高。宏碁计算机的最大特色是性价比较高，产品在各个方面也都中规中矩。

4. 惠普(HP)

惠普是老牌国际厂商，收购康柏后在笔记本方面的实力很强，其笔记本电脑的市场占有率曾一度全球第一。但同 IBM 一样，最近惠普欲剥离其 PC 部门，估计其产品在市场中也将越来越少。

5. 华硕(ASUS)

华硕是我国台湾地区知名厂商，其产品一直以质量稳定可靠著称，而且在散热方面尤为出色，但其产品一般性价比也不高。

10.2.3　笔记本电脑的维护

笔记本电脑由于集成度高，经常处于移动状态，以及散热空间狭小等原因，软硬件故障率大大超过台式机，同时由于笔记本电脑部件的差异性，互换性差，与台式机相比软硬件维护要困难得多。

判断以下问题引起的故障如何解决。

（1）由于驱动程序类故障而引起的笔记本电脑软件故障。

（2）由于操作系统类故障而引起的笔记本电脑软件故障。

（3）由于应用程序类故障而引起的笔记本电脑软件故障。

10.2.4 笔记本电脑硬件故障的维修

根据故障维修的难易程度和维修对象的不同，笔记本电脑硬件故障的维修可以分为三个级别。

一级维修：也叫板卡级维修。其维修对象是计算机中某一设备或某一部件，如主板、电源、显示器等，而且包括计算机软件的设置。在这一级别，其维修方法主要是通过简单的操作（如替换、调试等），来定位故障部件或设备，并予以排除。

二级维修：是一种对元器件的维修。它是通过一些必要的手段（如测试仪器）来定位部件或设备中的有故障的元器件，从而达到排除故障的目的。

三级维修：也叫线路维修，就是针对电路板上的故障进行维修。

10.2.5 笔记本电脑维修指导原则

1. 拆装前的注意事项

（1）拆卸前关闭电源，并拆去所有外围设备，如AC适配器、电源线、外接电池、PC卡及其他电缆等。因为在电源关闭的情况下，一些电路、设备仍在工作，如直接拆卸可能会引发一些线路的损坏。

（2）当拆去电源线和电池后，打开电源开关，一秒钟后再关闭，以释放掉内部直流电路的电量。断开AC适配器，拆下PC卡、软驱、CD-ROM。

（3）按照正确的方法拆装笔记本电脑。

（4）不要对计算机造成人为损伤。

（5）拆卸各类电缆（电线）时，不要直接拉拽，而要握柱其端口再进行拆卸。

（6）不要压迫硬盘或光驱。

（7）安装时遵循拆卸的相反程序。

（8）维修人员应佩戴相应器具（如静电环等）。

2. 笔记本电脑维修判断思路指导

（1）笔记本维修判断的原则、方法

① 特别要注意使用者的使用环境，包括硬件环境、软件环境和周围环境。

② 对于所见到的现象，要根据已有的知识和经验进行认真的思考、分析，在进行充分的思考与分析之后才可动手操作，尽量运用已有的测试工具进行检测。对于不明白的问题应向有经验或技术水平较高的人员咨询。

③ 维修判断必须先从软件入手，最后考虑硬件的问题并结合相关工具进行测试。

④ 必须充分地与使用者沟通，了解使用者的操作过程、出故障时所进行过的操作、使用者使用计算机的水平等。

⑤ 当出现大批量的相似故障时，一定要对周围的环境、连接的设备，以及与故障部件相关的其他部件或设备进行认真的检查，以排除引起故障的根本原因。另外，要审查使用者的操作环境，如安放计算机的台面是否稳固、操作是否符合要求等。

（2）维修判断方法、思路

① 维修判断总是从最简单的事情做起：如先查看外观、连接，再看软件的设置、安装，最后检查部件或设备。

② 观察法。观察是维修过程中的第一要法，它贯穿于整个维修过程中。观察不仅要认真，而且要全面。

③ 隔离法。这种方法与下面的最小系统法类似。也就是先将有可能干扰故障判断或怀疑有故障的功能屏蔽掉，以突出故障本身的一种判断方法。这种方法不仅用于硬件维修，还可用于软件维修。

④ 最小系统法。最小系统是指在满足特定应用的条件下，使用最少的部件配置来进行维修判断的方法。

⑤ 替换法。用好的硬件设备替换疑似故障设备。

3. 笔记本电脑硬件的故障与排除

（1）笔记本电脑故障判断方法

① 检查外部设备是否正常工作。

② 根据故障现象来分析故障产生的原因，进而判断故障的类型，即属于软件设置方面的故障还是属于硬件方面的故障。

（2）笔记本常见硬件故障及处理

① CPU 超频引起的故障

现象：出现的故障包括开机后无法进入操作系统，开机后无故连续重启，进入系统后出现蓝屏或突然死机等。

分析与处理：如果是因为笔记本电脑的 CPU 超频引发的故障，只需进入 BIOS 将设置的参数信息恢复到默认值即可排除故障。

注意：笔记本电脑最好不要进行超频，如果超频不当，还有可能造成元件的损坏。

② 散热不良导致的故障

现象：由于散热口灰尘太多或因通风不畅而引起 CPU 温度过高，导致计算机出现蓝屏或死机现象。

分析与处理：把笔记本电脑 CPU 的温度一般设在 60～70℃。如果发现温度过高，则拆卸下底部的保护盖，对散热扇进行清理即可。

③ 升级笔记本电脑内存后出现的故障

现象：开机时出现报警或无法开机；内存容量显示不正确；运行一段时间后，无故出现死机现象。

分析与处理：首先打开笔记本电脑内存的保护盖；其次将内存条重新拔插，并确认安装到位；再次使用测试软件查询主板支持的最大内存容量，并检测内存的兼容性，如果发生不一致的现象则更换为相同规格的内存条即可。

4. 笔记本电脑软件故障及排除

（1）由驱动程序类故障引起的笔记本电脑软件故障。

解决办法：重装相应驱动程序。

（2）由操作系统类故障引起的笔记本电脑软件故障。

解决办法：重装系统。

(3) 由应用程序类故障引起的笔记本电脑软件故障。

解决办法：重装应用软件。如果故障不能彻底解决，还需要重装系统。

对于软件类故障，一条处理故障的经验是如果允许重装系统，其修复系统的效率甚至超过对软件的排查修复。

思考练习

一、思考题

1. 目前笔记本的处理器主要有哪两大阵营？
2. 选购笔记本电脑时要重点考虑的因素有哪些？
3. 目前的笔记本电脑中大的独立显卡应该如何配置？

二、实践题

1. 笔记本电脑的硬件与台式机的硬件有何差异？
2. 笔记本电脑在日常使用过程中需要注意哪些方面的保养？
3. 简述笔记本电脑升级内存和硬盘的过程。

项目 11　注　册　表

任务 11.1　认识注册表

学习目标

注册表是 Windows 操作系统用来存储计算机配置信息的数据库，它以分层的结构存储着 5 个方面的信息，即计算机的全部硬件配置、软件配置、当前配置、动态状态以及用户特定设置信息，用来帮助 Windows 操作系统对硬件、软件以及用户环境进行控制。下面将详细介绍注册表的使用方法。

任务目标

- 了解注册表的基本知识。
- 掌握注册表的备份和恢复方法。
- 了解注册表的逻辑结构。

任务描述

本任务主要了解注册表的基本内容，掌握注册表的备份与恢复技巧，并对注册表的逻辑结构有一定的认识。

相关知识

11.1.1　注册表的基本知识

注册表(Registry)是 Microsoft Windows 中的一个重要的数据库，用于存储系统和应用程序的设置信息。早在 Windows 3.0 推出 OLE 技术的时候，注册表就已经出现。随后推出的 Windows NT 是第一个从系统级别广泛使用注册表的操作系统。但是，从 Microsoft Windows 95 操作系统开始，注册表才真正成为 Windows 用户经常接触的内容，并在其后的操作系统中继续沿用至今。

注册表是 Windows 操作系统的核心，存放着计算机硬件的全部配置信息、系统和应用软件的初始化信息、应用软件和文档文件的关联关系、各种网络状态信息和每个用户的配置文件。注册表直接控制着 Windows 的启动、应用程序的运行。也可以说计算机上所有针对硬件、软件、网络的操作都是源于注册表的。

注册表里面所有的信息平时都是由 Windows 操作系统自主管理的，但是也可以通过软件或手工对它进行修改。通过修改注册表，可以对系统进行限制、优化，对软硬件的设置或属性进行优化、删除等。

深刻了解注册表，可以帮助用户非常轻松地排除因计算机文件损坏而导致的计算机故障并能够通过优化注册表来提高系统的性能，其意义如下。

(1) 处理计算机常见故障

Windows 系统采用注册表后，虽然系统的可靠性大大提高，但是经常会出现因注册表损坏而导致无法正常启动或应用程序无法正常运行的故障。比如无法找到 *.dll 文件，程序部分丢失等。在用户熟悉注册表后，这些问题就能迎刃而解了。

(2) 提高计算机系统性能

了解注册表后，用户可以通过修改注册表中的键值对注册表进行优化，进而提高系统的性能。

(3) 便于计算机网络管理

注册表的采用使用 Windows 在安全可靠方面有了很大的提高。注册表以分层格式存储配置，将所有的.ini 文件包括在注册表内，便于网络管理员使用管理工具提供本地或远程配置与管理。

11.1.2 注册表的备份和恢复

注册表关系到整个系统软硬件资源能否正常执行，因此需要掌握注册表备份及恢复的方法。

1. 备份

(1) 首先打开注册表编辑器，选择“开始”菜单并打开“运行”命令对话框，在下拉列表框中输入 regedit，如图 11-1 所示，单击“确定”按钮，进入注册表工作界面，如图 11-2 所示。

图 11-1 “运行”对话框

(2) 选择菜单“文件”→“导出”命令，弹出如图 11-3 所示的“导出注册表文件”对话框，选择存储备份文件的目录，这里选择“D:\bake”；再在“文件名”文本框中输入备份文件的名

图 11-2 注册表编辑器

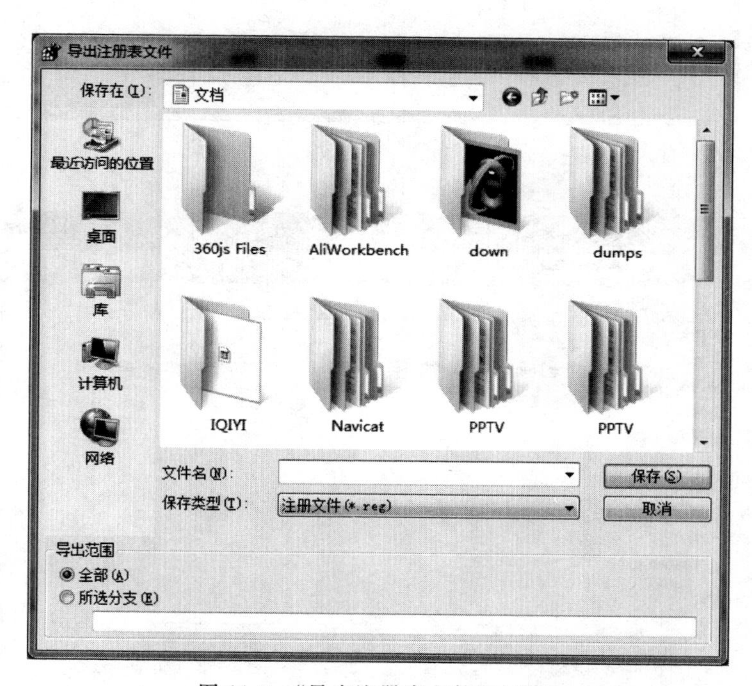

图 11-3 “导出注册表文件”对话框

称，如图 11-4 所示。

(3) 单击“保存”按钮，完成注册表的备份。

2. 恢复

当计算机出现问题，需要恢复到正常时的系统状态，注册表的恢复功能就可以起到作用。

(1) 首先打开注册表编辑器，选择“开始”菜单，再打开运行对话框并输入 regedit 打开注册表编辑器。

(2) 选择菜单“文件”→“导入”命令，弹出如图 11-5 所示对话框，选择存储备份文件的目录，这里选择“D: \bake”，再单击“打开”按钮。

图 11-4 保存文件

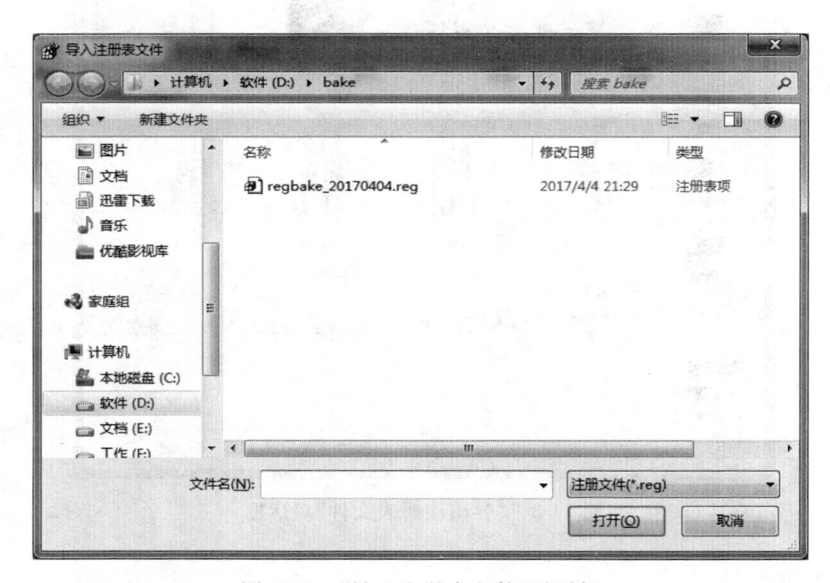

图 11-5 “导入注册表文件”对话框

(3) 等待注册表导入进度完成,如图 11-6 所示,则即完成了注册表的恢复。

图 11-6 注册表的进度

11.1.3　注册表的逻辑结构

在了解注册表的逻辑结构之前，先了解注册表中的以下基本术语。

(1) HKEY：即“根键”或“主键”，图标与资源管理器中文件夹的图标有点类似。

(2) key(键)：包含了附加的文件夹和一个或多个值。

(3) subkey(子键)：在某一个键(父键)下面出现的键(子键)。

(4) branch(分支)：代表一个特定的子键及其所包含的一切。一个分支可以从每个注册表的顶端开始，但通常用以说明一个键及其所有的内容。

(5) value entry(值项)：带有一个名称和一个值的有序值。每个键都可包含任何数量的值项。每个值项均由三部分组成：名称、数据类型、数据。

(6) 字符串(REG_SZ)：顾名思义，一串 ASCII 码字符，如"Hello World"，是一串文字或词组。在注册表中，字符串值一般用来表示文件的描述、硬件的标识等。通常它由字母和数字组成。注册表总是在引号内显示字符串。

(7) 二进制(REG_BINARY)：如 F03D990000BC，是没有长度限制的二进制数值，在注册表编辑器中，二进制数据以十六进制的方式显示出来。

(8) 双字(REG_DWORD)：从字面上理解应该是 Double Word，双字节值。由 18 个十六进制数据组成，可用以十六进制或十进制的方式来编辑，如 D1234567。

(9) Default(默认值)：每一个键至少包括一个设置好的值项，它总是一个字符串。

注册表的逻辑结构是指注册表在注册表编辑器中所展示的结构体系，这也是普通用户对注册表最直观的认识，其逻辑结构如图 11-7 所示。

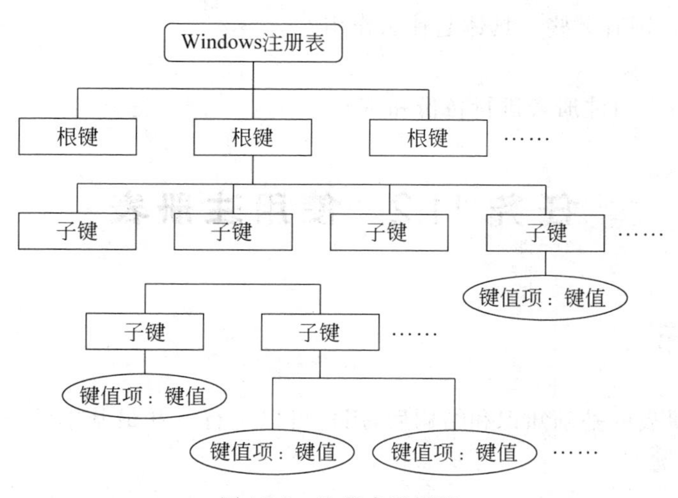

图 11-7　注册表逻辑图

注册表共有 5 个根键，每一个跟键的具体作用如下。

(1) HKEY_CLASSES_ROOT。该根键中保存了使系统及其中的硬件、软件正常运行所需的设置。以便在系统工作过程中实现对各种文件和文档信息的访问。具体内容包括已注册的文件扩展名、文件类型、文件图标、从 win. ini 文件中引入的扩展名的数据等，此外还包括诸如“我的电脑”“回收站”及“控制面板”等标志。该根键的数据适用于所有用户。

(2) HKEY_CURRENT_USER。该根键中保存了当前登录用户的配置信息及登录信息,实际上它就是根键 HKEY_USERS 中 Default 分支下的一部分内容。如果在 HKEY_USERS\.default 分支下没有用户登录的其他内容,那么这两个根键所包含的内容是完全相同的。

(3) HKEY_LOCAL_MACHINE。该根键包含了本地计算机(相对于网络环境而言)系统软件和硬件的全部信息。当系统硬件配置和软件设置发生变化时,该根键下的相关项也会发生相应的变化,其中的数据适合于所有用户。

(4) HKEY_USERS。该根键中包含了用户根据个人爱好所设置的诸如桌面、背景、"开始"菜单程序项、应用程序快捷键、显示字体及显示器节能设置等信息。其中的大部分设置都可以通过控制面板进行修改,有经验的用户也可以直接在注册表中对这些设置进行修改。

(5) HKEY_CURRENT_CONFIG。该根键包含所有连接到本计算机上的硬件的配置数据,这些数据会根据当前计算机连接的网络类型、硬件配置以及安装的应用软件的不同而有所变化。它实际上是指向 HKEY_LOCAL_MACHINE\Config 分支的指针,其下的主键及内容与 HKEY_LOCAL_MACHINE\Config\0001 分支下的主键和内容是完全相同的。

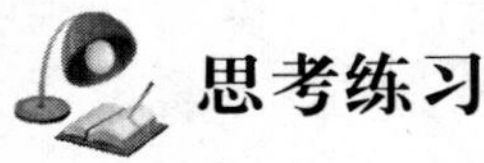

思考练习

一、思考题

1. 什么是注册表?
2. 注册表的根键有哪些?具体起什么作用?

二、实践题

在一台计算机上对注册表进行备份和恢复。

任务 11.2　使用注册表

学习目标

在了解了注册表的基础知识和结构后,用户可以进行一些最基本的操作,例如创建、删除、查找以及修改键值。

任务目标

- 掌握注册表的查找方法。
- 掌握注册表键值的增加、删除及修改的方法。
- 掌握注册表的常用分析方法。

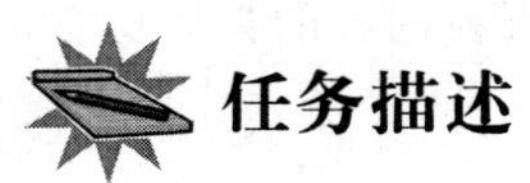

任务描述

注册表中记录了用户安装在计算机上的软件和每个程序的相关信息，用户可以通过注册表调整软件的运行性能，检测和恢复系统错误、定制桌面等，并学会注册表中简单的操作。

相关知识

11.2.1 注册表的基本操作与操作脚本

1. 查找注册表

注册表数据庞大，需要查看某个键值数据，用人工方法查找某注册表项很麻烦，此时，用户可以使用注册表编辑器提供的“查找”功能，可以快速查找到需要的信息，具体步骤如下。

(1) 按 Windows＋R 组合键，弹出“运行”对话框，在“打开”文本框中输入 regedit，然后单击“确定”按钮。

(2) 接着弹出“注册表编辑器”窗口，在打开的窗口中依次选择“编辑”→“查找”命令，如图 11-8 所示。

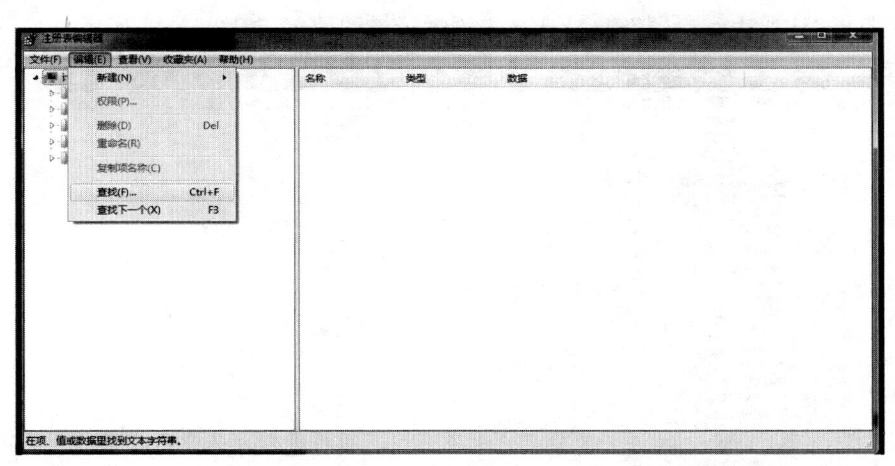

图 11-8 “查找”命令

(3) 接着弹出“查找”对话框，在“查找目标”文本框中输入 WindowMetrics，单击“查找下一个”按钮，如图 11-9 所示。

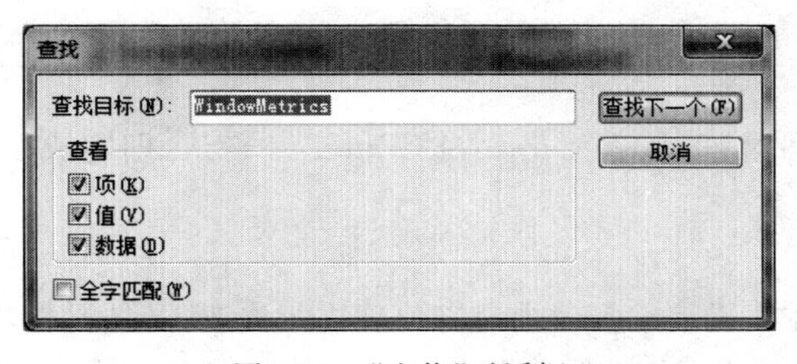

图 11-9 “查找”对话框

（4）开始搜索注册表，并显示搜索进度，稍等片刻之后，可看到被查找内容的具体位置，即是已经查找到的注册表信息，如图 11-10 所示。

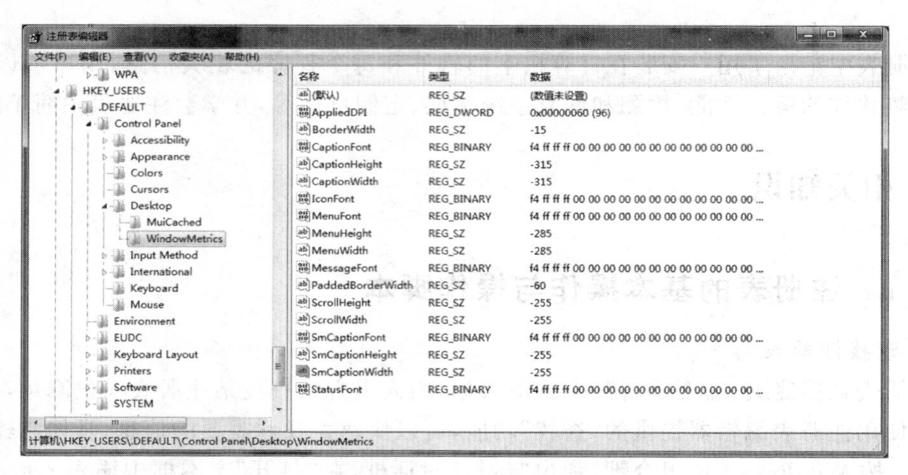

图 11-10 查找结果

2. 添加子键

有时根据需要，用户可以在注册表中添加一个新键或者键值项，具体操作步骤如下。

（1）打开“注册表编辑器”窗口，选择需添加子键的位置，如图 11-11 所示。

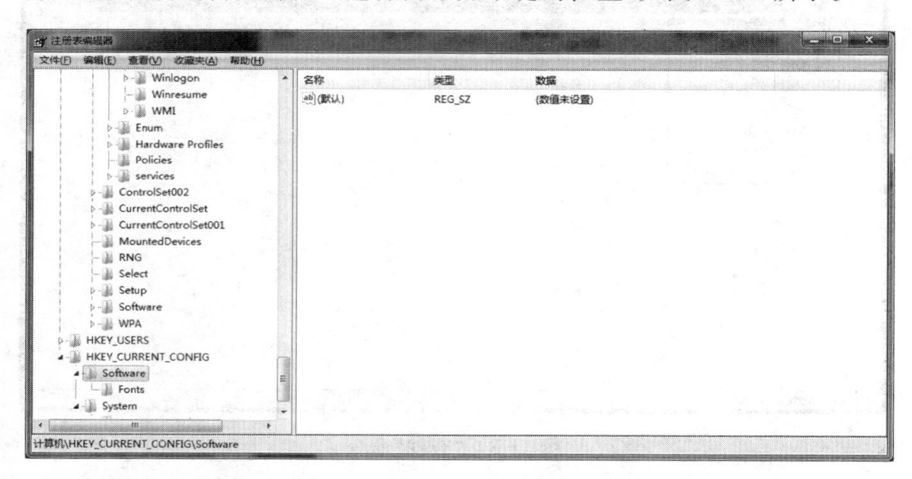

图 11-11 选择添加子键的位置

（2）依次选择“编辑”→“新建”→“项”菜单命令，如图 11-12 所示。

（3）系统会在当前选择的位置下面创建一个名称为“新项 ＃1”的新键，如图 11-13 所示。

（4）在该新键的文本框中输入 form，按 Enter 键确认，即完成了键的添加，如图 11-14 所示。

3. 修改键值

有必要时，可以在注册表编辑器中对键值项进行修改，具体操作步骤如下。

（1）打开“注册表编辑器”窗口，选择需要修改的键值项，如图 11-15 所示。

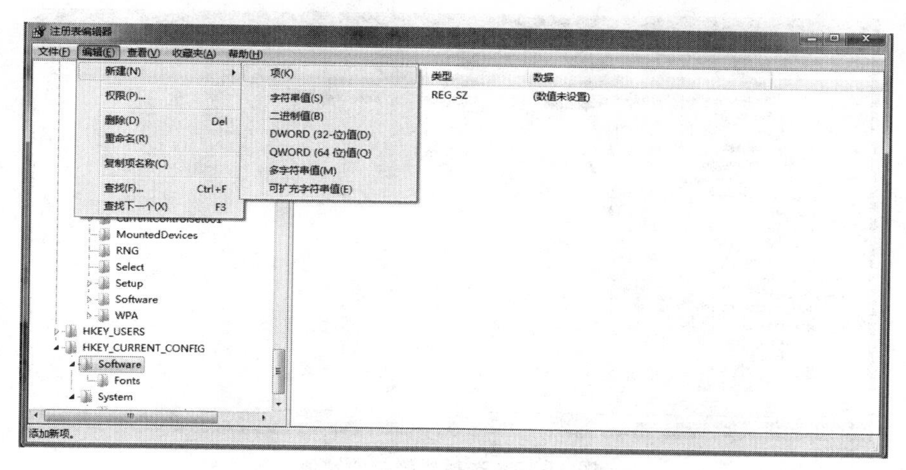

图 11-12　新建“项”的命令

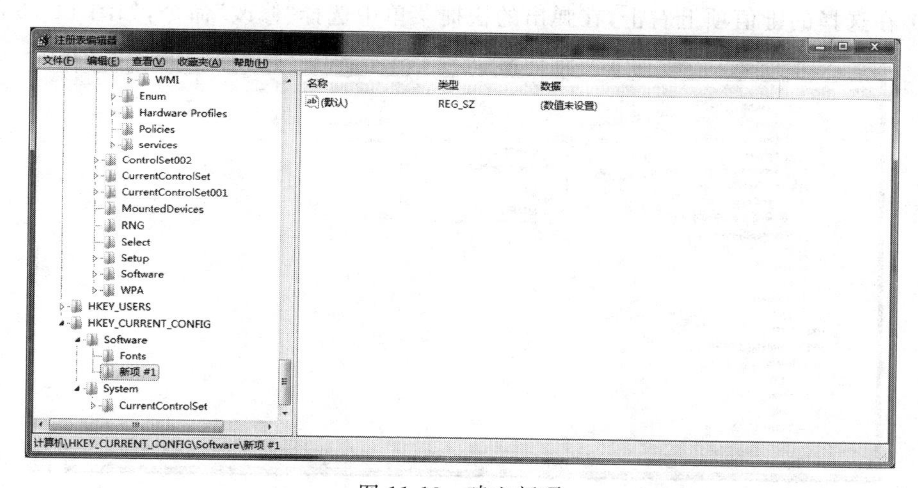

图 11-13　建立新项

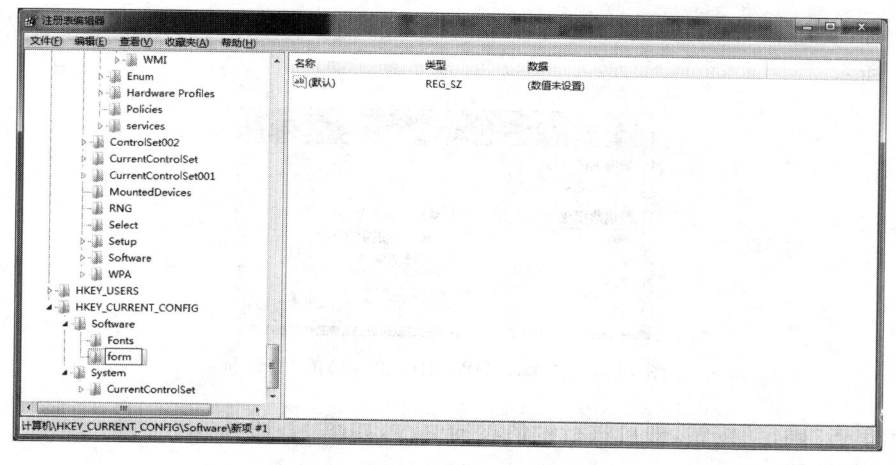

图 11-14　完成新键的添加

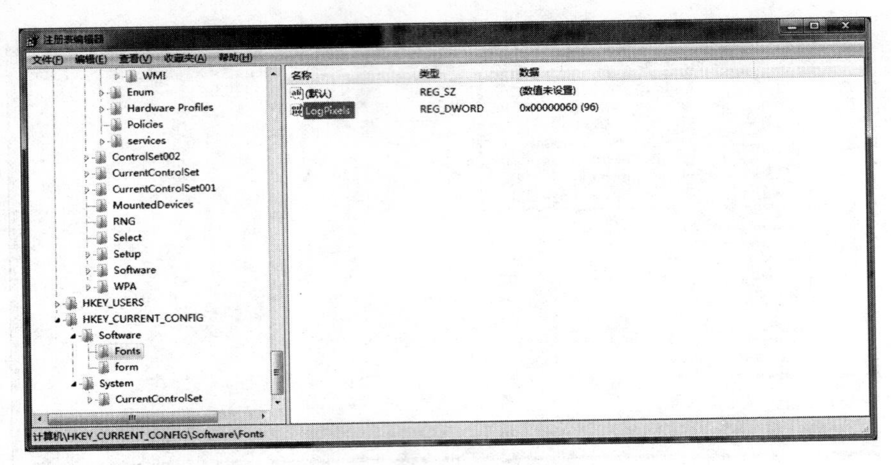

图 11-15 选择要修改的键值

(2) 在选择的键值项上右击,在弹出的快捷菜单中选择“修改”命令,如图 11-16 所示。

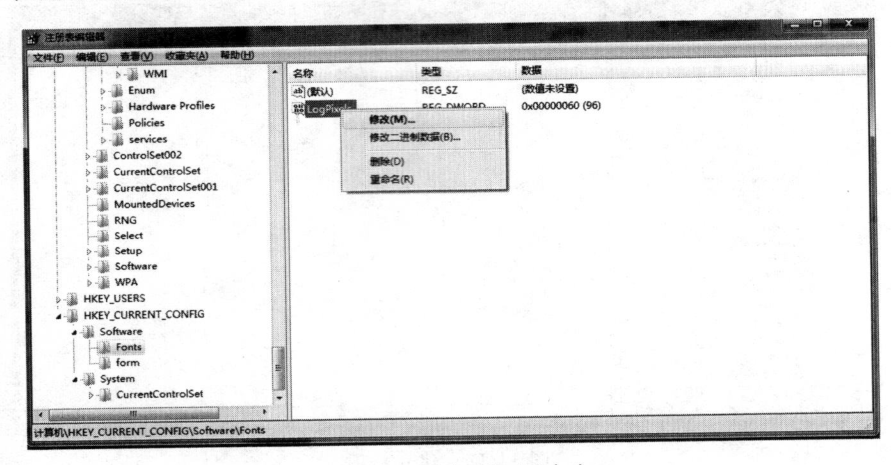

图 11-16 选择“修改”命令

(3) 弹出“编辑 DWORD(32 位)值”对话框,此时在“数值数据”文本框中输入 500,如图 11-17 所示。

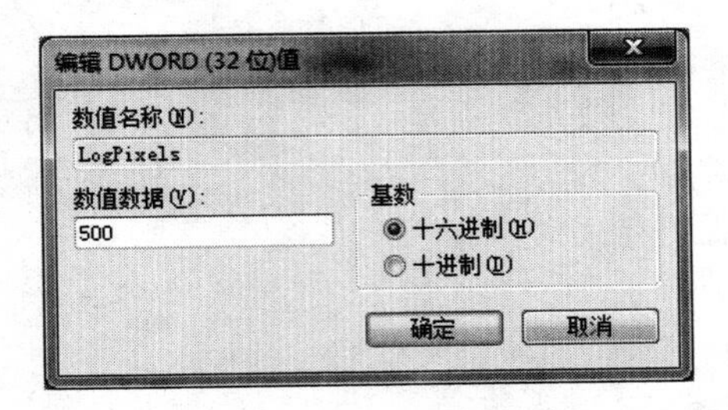

图 11-17 “编辑 DWORD(32 位)值”对话框

(4) 单击“确定”按钮,即可进行键值项的修改,如图 11-18 所示。

4. 添加键值

(1) 打开“注册表编辑器”窗口,选择需要添加键值的子键,如图 11-19 所示。

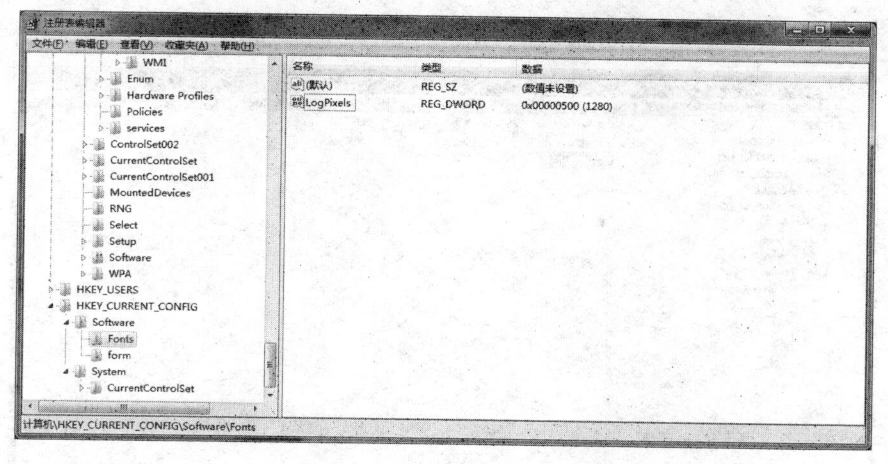

图 11-18　修改以后的键值

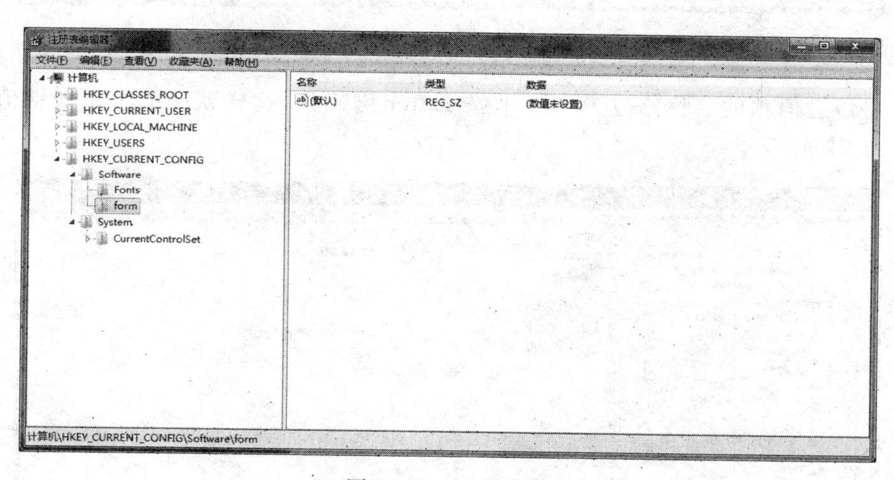

图 11-19　查找子键

（2）在选择的子键上右击，在弹出的快捷菜单中依次选择“新建”→“字符串值”命令，如图 11-20 所示。

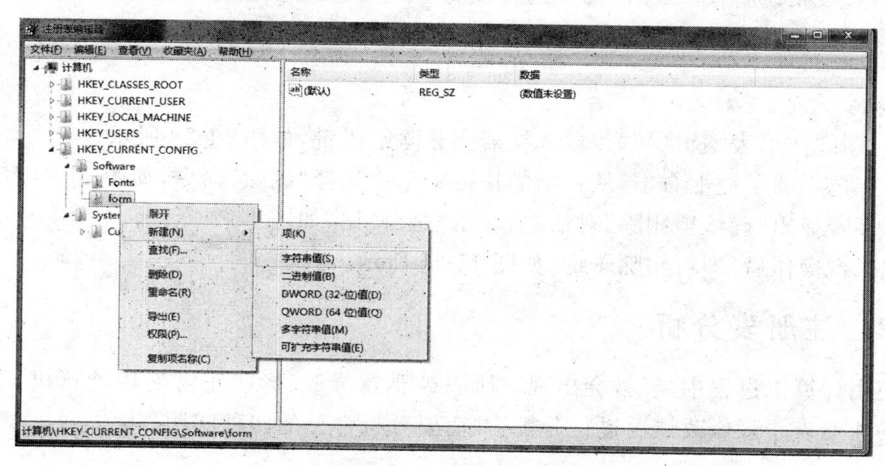

图 11-20　“字符串值”命令

(3) 在“注册表编辑器”窗口的右侧将新建一个键值项，如图 11-21 所示。

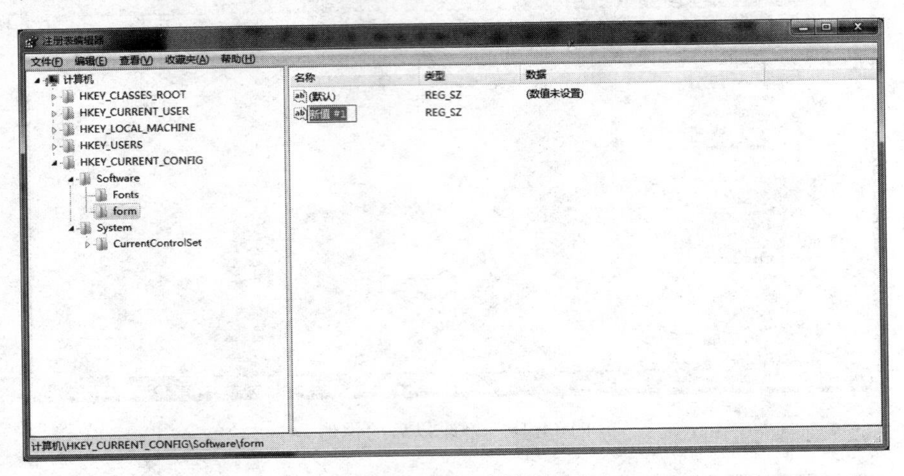

图 11-21　新建键值项

(4) 将该键值项的名称修改为“new”，按 Enter 键确认，这样就完成了添加键值项的操作，如图 11-22 所示。

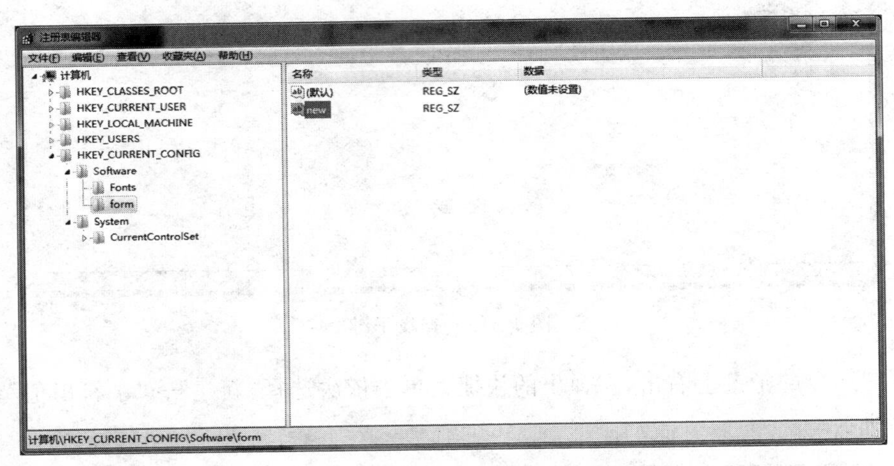

图 11-22　修改键值项的名称

5. 删除子键

(1) 打开“注册表编辑器”窗口，选择需要删除的子键，如图 11-23 所示。

(2) 在选择的子键上右击，从弹出的快捷菜单中选择“删除”命令，如图 11-24 所示。

(3) 接着弹出“确认项删除”对话框，单击“是”按钮，如图 11-25 所示。

(4) 执行操作后，即可删除子键，如图 11-26 所示。

11.2.2 注册表分析

在使用计算机过程中，经常会出现注册表被恶意修改，影响正常使用计算机，下面对经常出现的注册表恶意修改情况进行分析，并简要分析常见的四种问题。

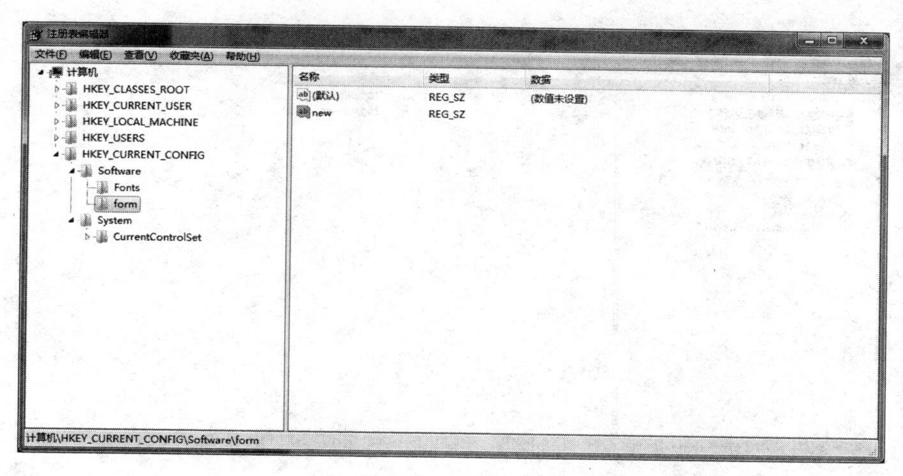

图 11-23 选定子键

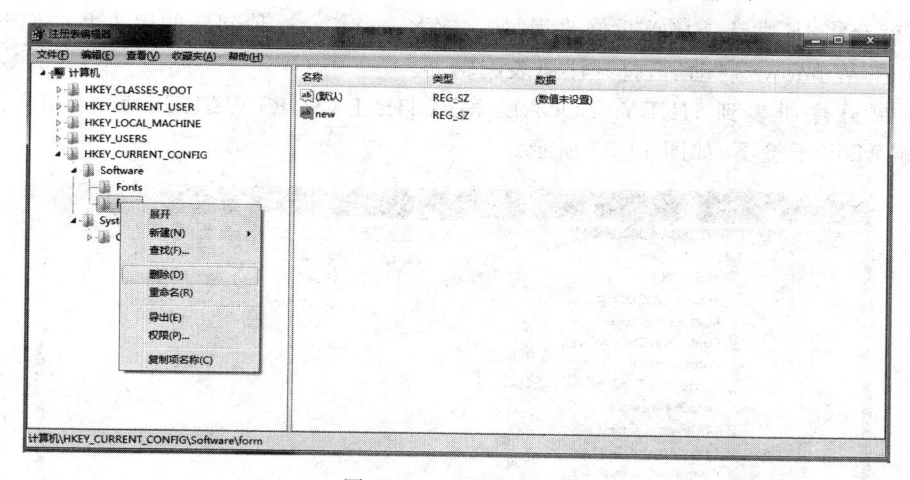

图 11-24 “删除”命令

图 11-25 “确认项删除”对话框

1. IE 默认连接首页被修改

IE 浏览器上方的标题栏被改成“欢迎访问××××网站”的样式，这是最常见的篡改手段，影响较大。受到更改的注册表项目为：

HKEY_LOCAL_MACHINE\SOFTWARE\Microsoft\Internet Explorer\Main\Start Page

HKEY_CURRENT_USER\SoftwareMicrosoft\Internet Explorer\Main\Start Page

通过修改“Start Page”的键值，来达到修改浏览者 IE 默认连接首页的目的，如浏览“×

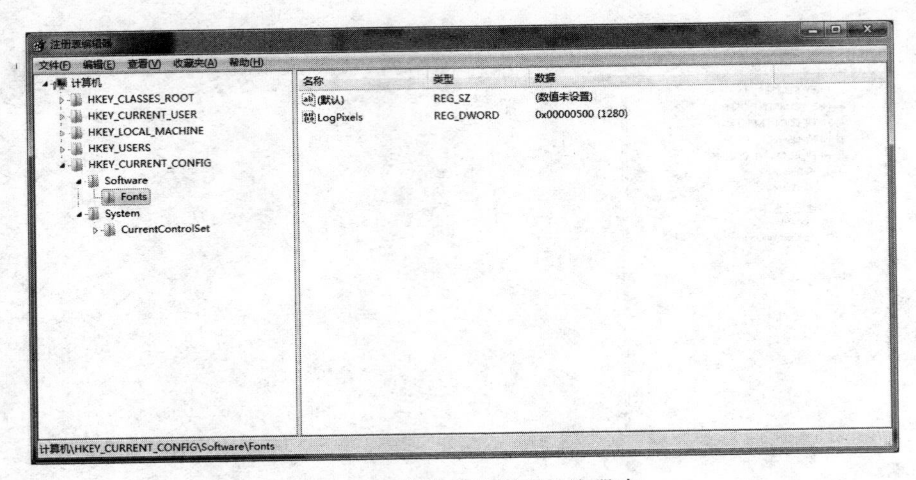

图 11-26　删除子键以后的注册表

×××”就会将 IE 默认连接首页修改为“××××.com”。这种问题的解决办法如下。

(1) 在 Windows 启动后，打开注册表编辑器。

(2) 展开注册表到 HKEY_LOCAL_MACHINE\SOFTWARE\Microsoft\Internet Explorer\Main 子键下，如图 11-27 所示。

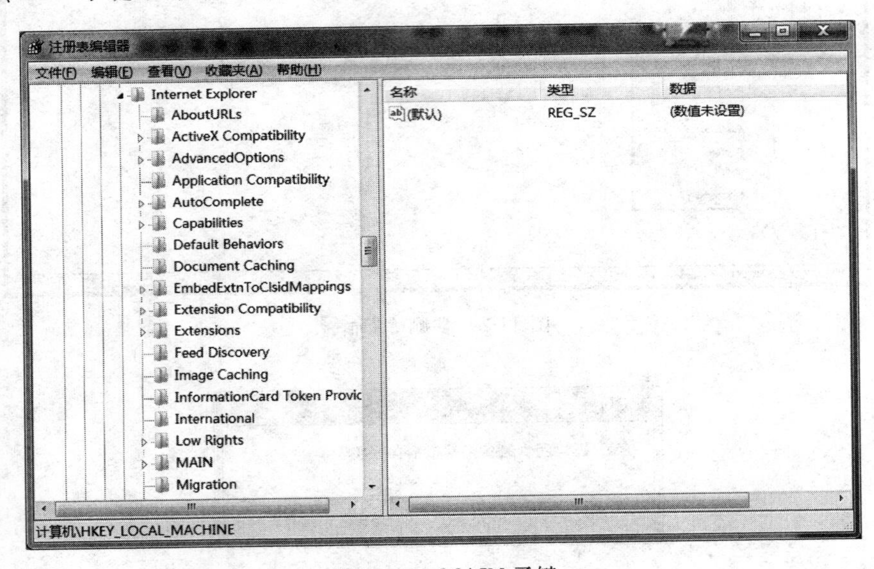

图 11-27　MAIN 子键

(3) 单击 MAIN，在右半部分窗格中找到串值 Start Page 并双击，将 Start Page 的键值改为“about：blank”，如图 11-28 所示。

(4) 同理，展开注册表到 HKEY_CURRENT_USER\Software\Microsoft\Internet Explorer\Main 子键下，在右半部分窗格中找到串值 Start Page，然后按步骤(2)中所述方法处理。

(5) 退出注册表编辑器，重新启动计算机即可。

提示： 特殊情况下，当 IE 的起始页变成了某些网址后，就算你通过选项设置修改好了，

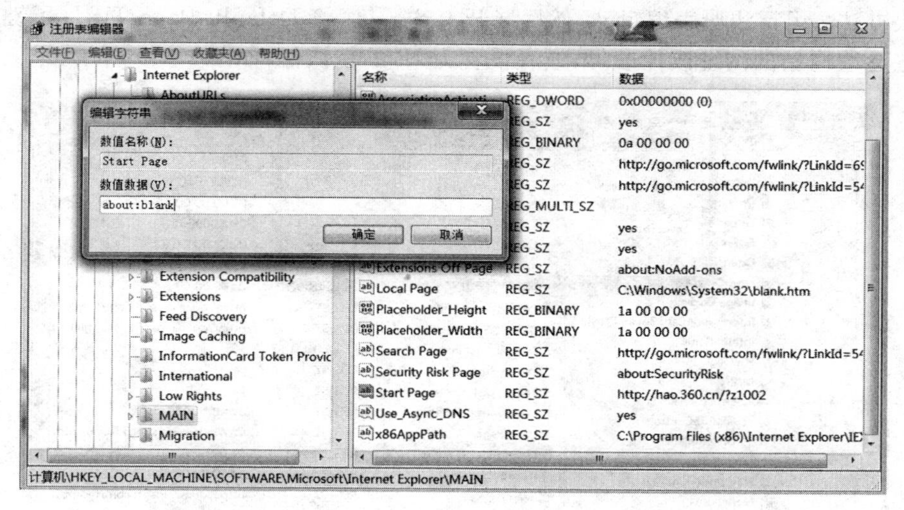

图 11-28　修改 Start Page

重启以后又会变成这些网址。原因是这些网站在你的计算机里加了一个自运行程序，它会在系统启动时将 IE 起始页设成他们的网站。

解决办法：运行注册表编辑器，依次展开 HKEY_LOCAL_MACHINE\Software\Microsoft\Windows\CurrentVersion\Run 键，然后将其下的 registry.exe 子键删除，再删除自运行程序“C:\Program Files\registry.exe”，最后在 IE 选项中重新设置起始页即可。

2．篡改 IE 的默认页

某些 IE 被改了起始页后，即使设置了“使用默认页”后仍然无效，这是因为 IE 起始页的默认页也被篡改了。具体来说就是以下注册表项被修改了：HKEY_LOCAL_MACHINE/Software/Microsoft/Internet Explorer/MainDefault_Page_URL 这个子键的键值即为起始页的默认页，如图 11-29 所示。

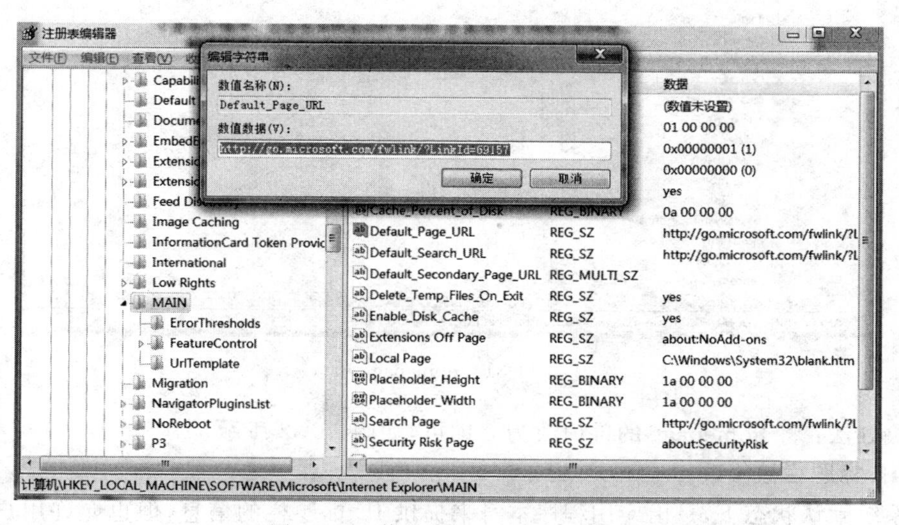

图 11-29　修改 Default_Page_URL

解决办法：运行注册表编辑器，然后展开上述子键，将 Default_Page_URL 子键的键值中的那些篡改网站的网址改掉即可，或者设置为 IE 的默认值，如图 11-30 所示。

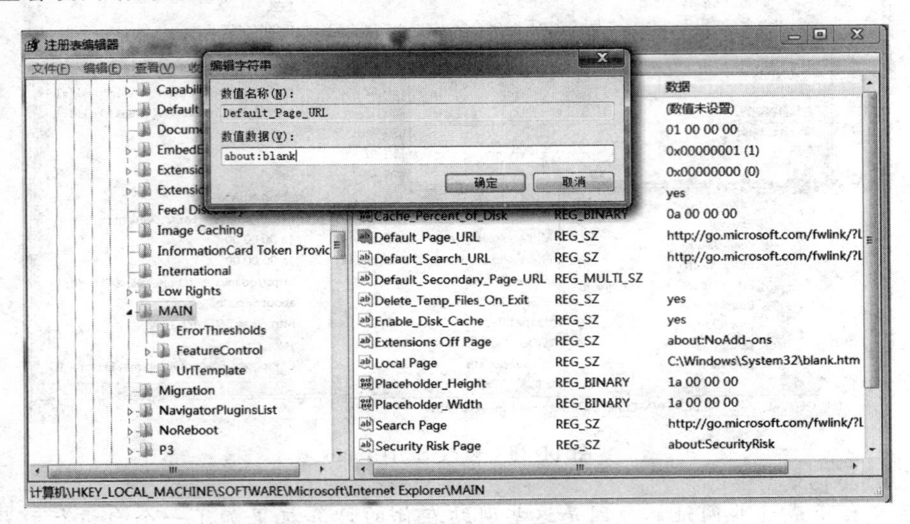

图 11-30　设置 IE 的默认值

3. IE 的默认首页灰色按钮不可选

这是由于注册表 HKEY_USERS/.DEFAULT/Software/Policies/Microsoft/Internet Explorer/Control Panel 下的 DWORD 值 homepage 的键值被修改的缘故。原来的键值为 0，被修改为 1(即为灰色不可选状态)，如图 11-31 所示。

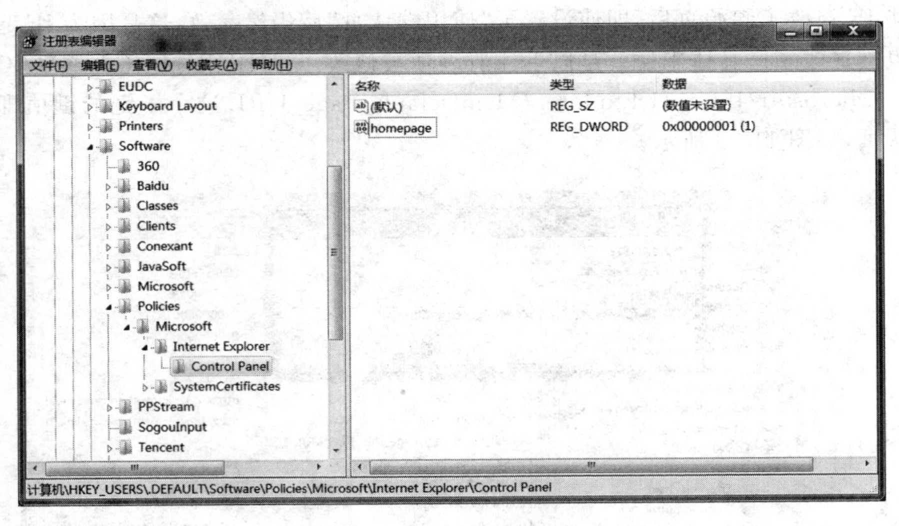

图 11-31　homepage 项

解决办法：将 homepage 的键值改为 0 即可，如图 11-32 所示。

4. IE 标题栏被修改

在系统默认状态下，是由应用程序本身来提供 IE 标题栏的信息，但也允许用户自行在上述注册表项目中添加信息，而一些恶意的网站正是利用了这一点来得逞的：它们将串值 Window Title 下的键值改为其网站名或更多的广告信息，从而达到改变浏览者 IE 标题栏

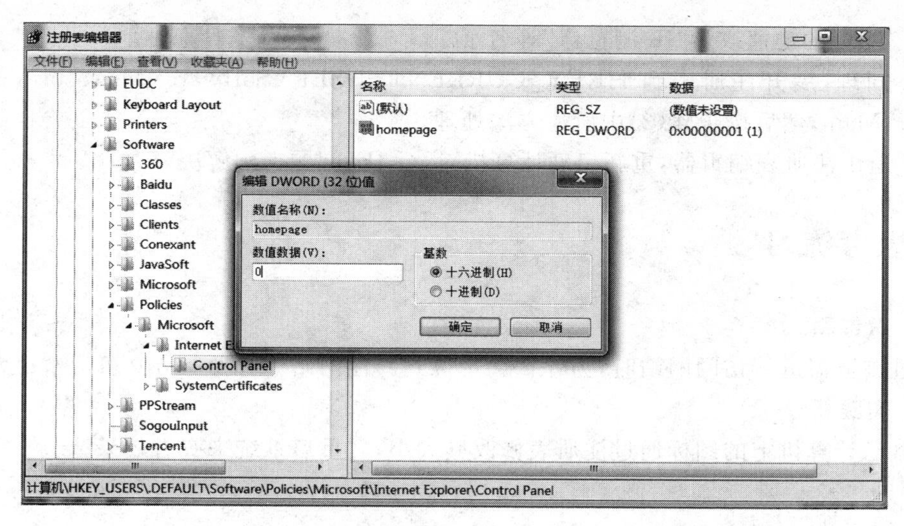

图 11-32 修改 homepage 的值

的目的。受到更改的注册表项目为：

HKEY_LOCAL_MACHINE\SOFTWARE\Microsoft\Internet Explorer\Main\Window Title

HKEY_CURRENT_USER\Software\Microsoft\Internet Explorer\Main\Window Title

如图 11-33 所示。

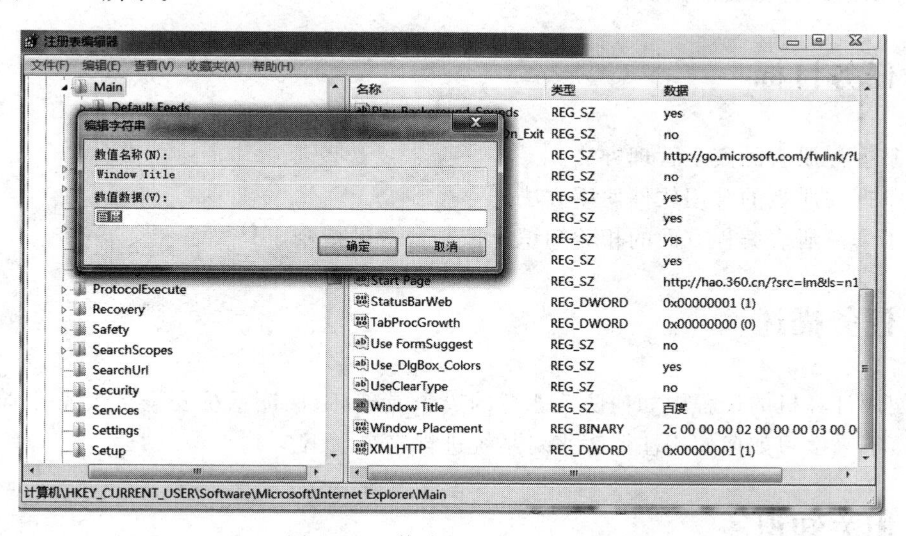

图 11-33 修改 Window Title 值

解决办法：

(1) 在 Windows 启动后，选择“开始”→“运行”菜单项，在“运行”对话框的“打开”栏中键入 regedit，然后单击“确定”按钮。

(2) 展开注册表到 HKEY_LOCAL_MACHINE\SOFTWARE\Microsoft\Internet Explorer\Main 下，在右半部分窗格中找到串值“Window Title”，将该串值删除即可；或将

Window Title 的键值改为"IE 浏览器"等名字。

(3) 同理，展开注册表到 HKEY_CURRENT_USER\Software\Microsoft\Internet Explorer\Main，然后按步骤(2)中所述方法处理。

(4) 退出注册表编辑器，重新启动计算机，运行 IE，问题得到解决。

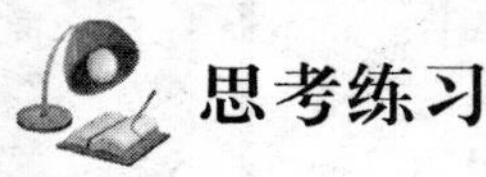

一、思考题

通过浏览器进行访问网站时，为什么会定位到其他网站？有哪些方法可以解决？

二、实践题

将自己计算机上的图标通过注册表修改其大小，并重启系统来查看效果。

任务 11.3　注册表的安全操作

需要掌握注册表使用权限的管理，以及通过工具软件对注册表进行管理和分析，并了解常用的注册表编程方面的知识。

任务目标

- 掌握注册表的安全管理方法。
- 掌握注册表的常用软件使用方法。
- 了解注册表编程方面的相关知识及控制台常见指令。

任务描述

在使用计算机的过程中如何防范恶意的攻击或破坏、保证系统安全是大家非常关心的话题。接下来学习如何使用注册表来对系统进行安全加固。

相关知识

11.3.1　注册表安全

在默认的情况下，注册表只能由 Administrator 或者 Power Users 组的成员进行编辑，同时这些组的所有用户都有相同的访问权。为添加更多的用户及组具有安全设置的修改能力，管理员可以通过权限设置来为计算机的其他用户分配对应的注册表使用权限。

操作步骤如下。

(1) 选择"开始"菜单的"运行"命令，在弹出的"运行"对话框中输入 regedit，单击"确定"按钮，系统将打开"注册表编辑器"窗口。

(2) 如果希望为某个用户和组分配单独主键或子键的使用权限，可在注册表编辑器中先选定该根键或子键分支，比如选定当前用户 HKEY_CURRENT_USER。

(3) 打开注册表编辑器的"编辑"菜单，选择"权限"命令，如图 11-34 所示，打开"HKEY_CURRENT_USER 的权限"对话框，如图 11-35 所示。

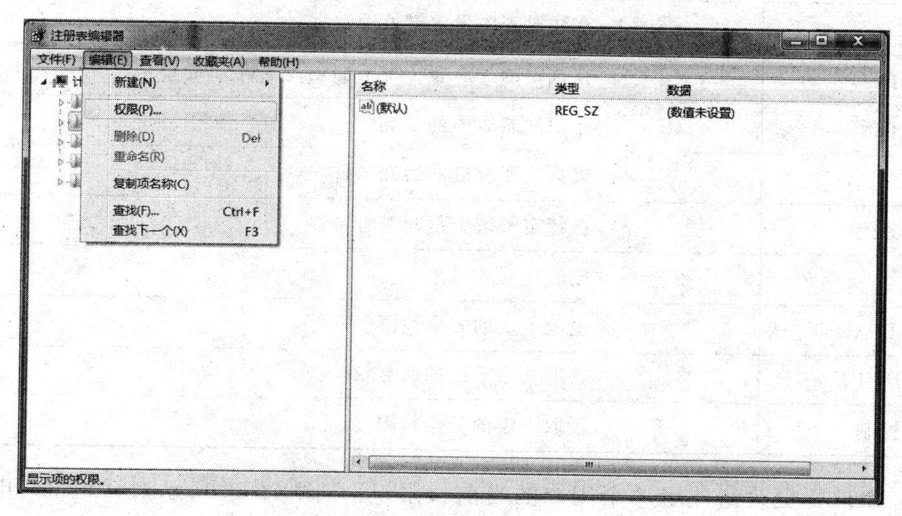

图 11-34　"权限"命令

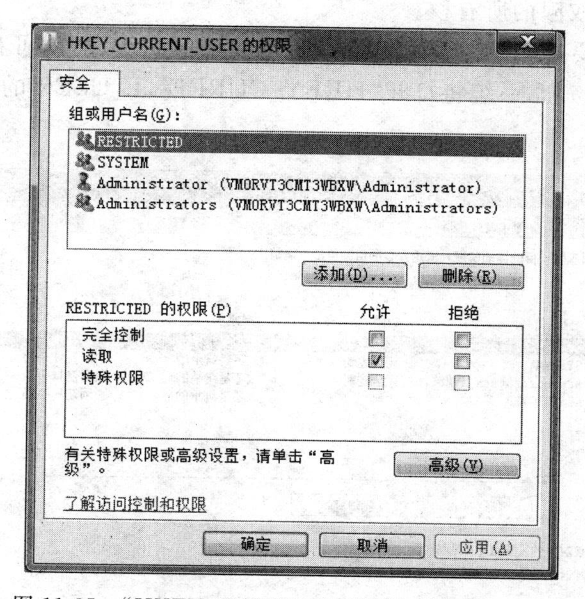

图 11-35　"HKEY_CURRENT_USER 的权限"对话框

说明：在该对话框中，系统列出了当前的权限设置情况。可设权限为"读取"和"完全控制"，其中"读取"权限允许用户查看注册表的内容，但不能对其进行修改，这是 Everyone 组的默认权限设置；而“完全控制”权限允许读取和修改注册表中的任何项目，其中包括编辑、添加或删除等操作。此权限也包括其他用户编辑注册表的权限，并可取得主键或子键分支的“所有权”。表 11-1 列出了特别的访问权限及其功能解释。

表 11-1　访问权限的解释

特殊权限	功能解释
查询数值	从注册表子键分支中读取键值项的数据
设置数值	在注册表中设定键值项数据
创建子键	在选定的注册表子键下面创建子键分支
枚举子键	标识注册表中的子键
通知	来自注册表键的通知事件
创建链接	在特定子键中创建符号链接
删除	删除注册表对象
写入 DAC	更改子键的安全权限
写入所有者	获取一个子键的所有权
读取控制	读取子键的安全权限

(4) 如果要更改组或者单个用户的当前权限，可在图 11-35 所示对话框的“组或用户名”列表框中将其选定，然后在“××的权限”列表框中通过“允许”和“拒绝”复选框来添加或取消组或用户对某一权限的所有权。

(5) 如果用户需要对某个组或用户进行特殊权限的高级设置，可在如图 11-35 所示的对话框中单击“高级”按钮，系统将打开“HKEY_CURRENT_USER 的高级安全设置”对话框，如图 11-36 所示。

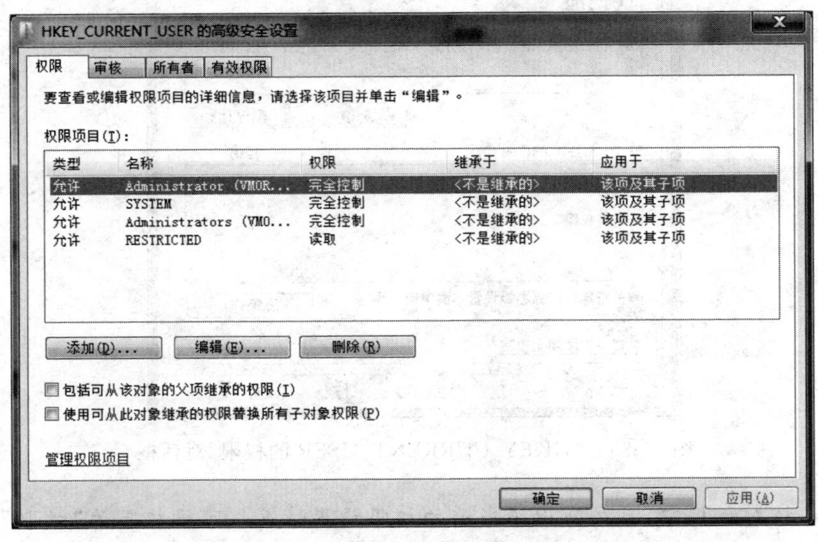

图 11-36　用户的高级安全设置

(6) 在“HKEY_CURRENT_USER 的高级安全设置”对话框的“权限”选项卡中单击“添加”按钮，打开“选择用户或组”对话框，如图 11-37 所示。

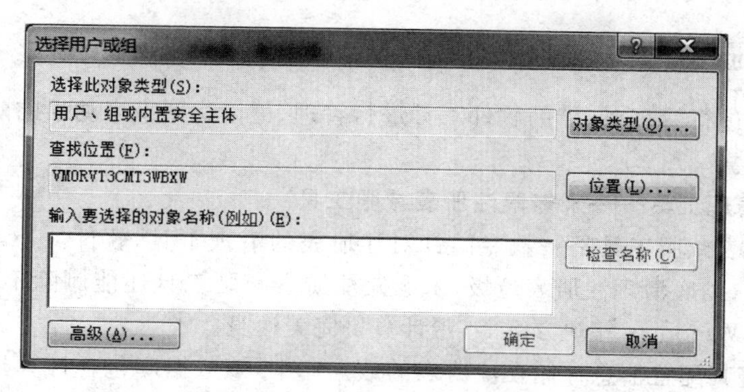

图 11-37 “选择用户或组”对话框

(7) 在该对话框的“输入要选择的对象名称(例如)(E)”文本框中输入需要进行特殊权限设置的用户或组的名称。如果需要设置特殊权限的用户或组不在当前域中，可通过“位置”按钮重新指定其所在的域。最后单击“确定”按钮后，系统将打开“HKEY_CURRENT_USER 的权限项目”对话框，如图 11-38 所示。

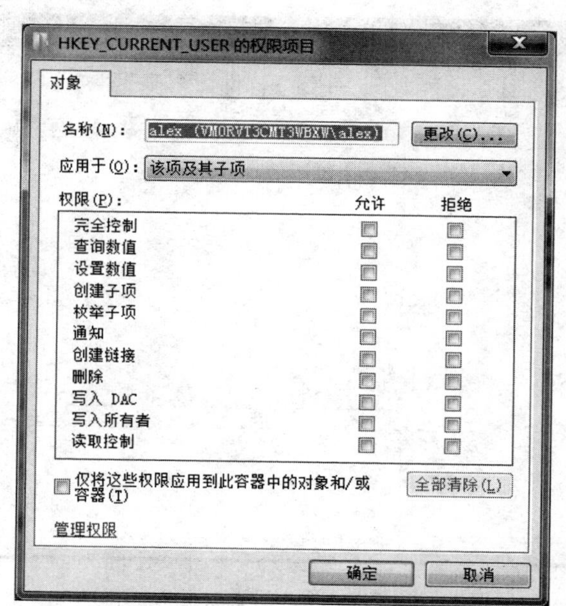

图 11-38 “HKEY_CURRENT_USER 的权限项目”对话框

(8) 在“HKEY_CURRENT_USER 的权限项目”对话框中，需要首先在“应用于(O)”下拉列表中选择权限的应用范围，其中可选项包括：只有该项、该项及其子项、只有子键。随后就可在“权限”列表框中对特殊权限进行设置，同样是通过“允许”和“拒绝”复选框的启用和禁用来完成的。

(9) 完成了特殊权限的设置后，单击“确定”按钮以使设置生效。

提示：以 Administrator 身份直接登录自己系统的用户(本地登录，并非域成员)可对自己的本地注册表进行任意修改，这会造成严重的安全和管理问题。为防止用户作为管理员以本地方式登录，请在每台计算机上更改 Administrator 账户的密码。

11.3.2 注册表相关软件

在对注册表进行管理时，借助软件工具进行管理，可以达到事半功倍的效果。下面介绍几款好用的工具。

1. 注册表清理工具——米老鼠注册表减肥工具

米老鼠注册表减肥工具是一款专门针对注册表的清理工具，软件大小不足 1MB，轻巧实用，能帮助用户彻底清理注册表垃圾，米老鼠注册表减肥工具还能删除不使用的时区、区域、登录的软件、Windows 外观方案等，帮计算机完美瘦身。

Windows 将其配置信息存储在注册表的数据库中，该数据库包含计算机中每个用户的配置文件、有关系统硬件的信息、安装的程序及属性设置，Windows 在其运行中不断引用这些信息。但是有时在使用过程中会产生一些垃圾，从而导致计算机的运行速度变慢。所以注册表清理软件就随之而生了。米老鼠注册表减肥是一款针对注册表而制作的软件。米老鼠注册表减肥可以快速清除注册表垃圾，可删除不使用的时区、区域、键盘布局、登录的软件、Windows 外观方案等，软件界面如图 11-39 所示。

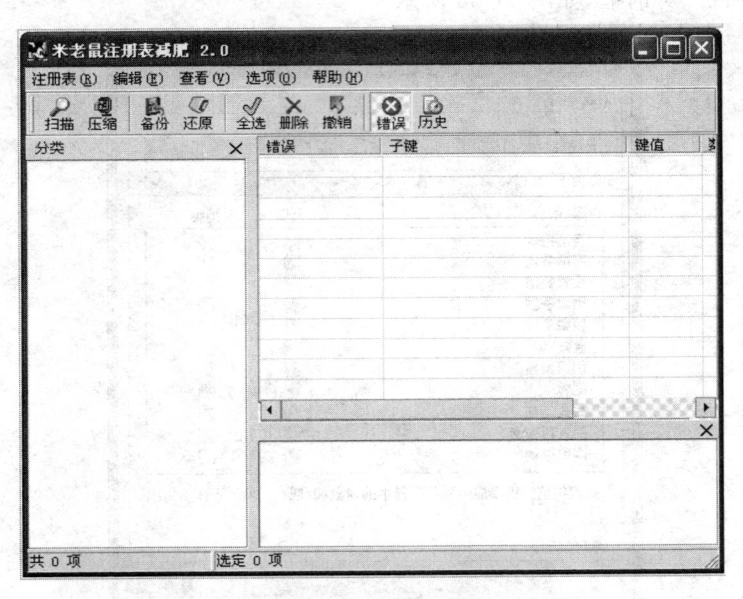

图 11-39 “米老鼠注册表减肥 2.0”窗口

使用米老鼠注册表减肥工具也很简单，只需要单击“扫描”按钮，然后会弹出一个对话框，可以选择需要扫描的项目。选择好之后，单击“下一步”按钮，就开始扫描了，如图 11-40 所示。

扫描出来结果之后，就可以清理注册表了，如图 11-41 所示。如果担心把注册表中的信息删错了，可以先选择备份，这样如果删错了就可以还原，不用担心计算机出什么问题。

2. 注册表分析工具——Regshot

Regshot 中文版是一款功能强大的注册表对比分析软件，它能为用户对比分析出不同时段注册表所存在的差异情况，通常会将其用于软件绿化版制作或者监视某个软件对注册

图 11-40　"注册表扫描"对话框

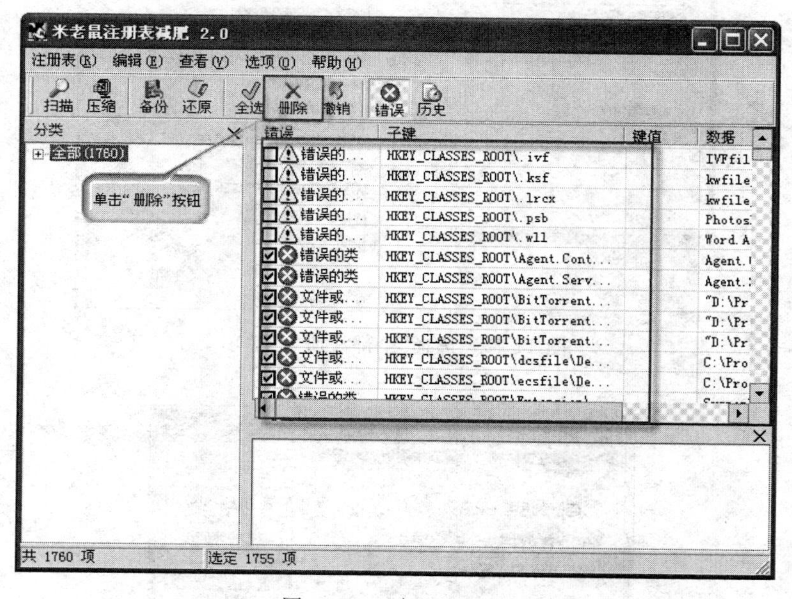

图 11-41　清理注册表

表修改的情况。软件界面如图 11-42 所示，常用操作如下。

(1) 首先用户打开"Regshot 中文版"软件窗口，初次使用需要为注册表建立快照，单击"建立快照"按钮，选择"全部注册表"选项，如图 11-43 所示。

(2) 可看到所备份注册表的键、值以及花费的时间，如图 11-44 所示。

(3) 第二次进入注册表时，可以建立快照 B，并应用"比较快照"功能，对两次生成的注册表快照进行分析，并生成注册表分析报告，如图 11-45 所示。比较键值列表后，产生如图 11-46 所示的比较报告。

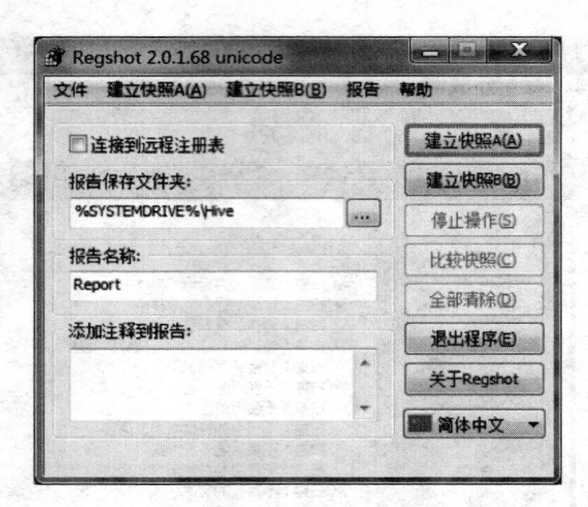

图 11-42 Regshot 界面

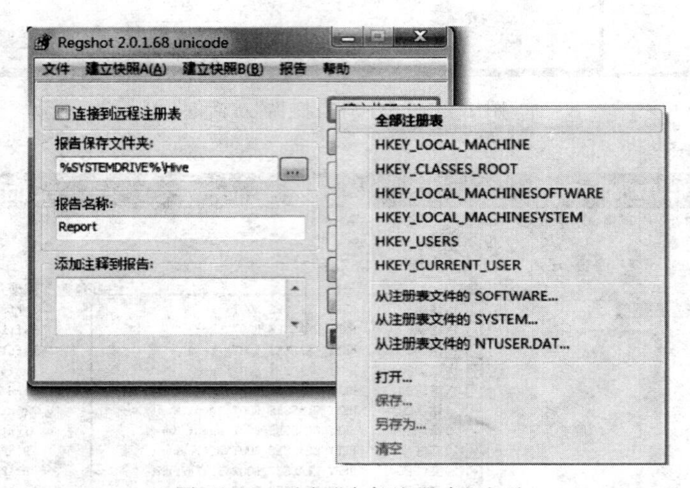

图 11-43 选择“全部注册表”选项

图 11-44 时间记录

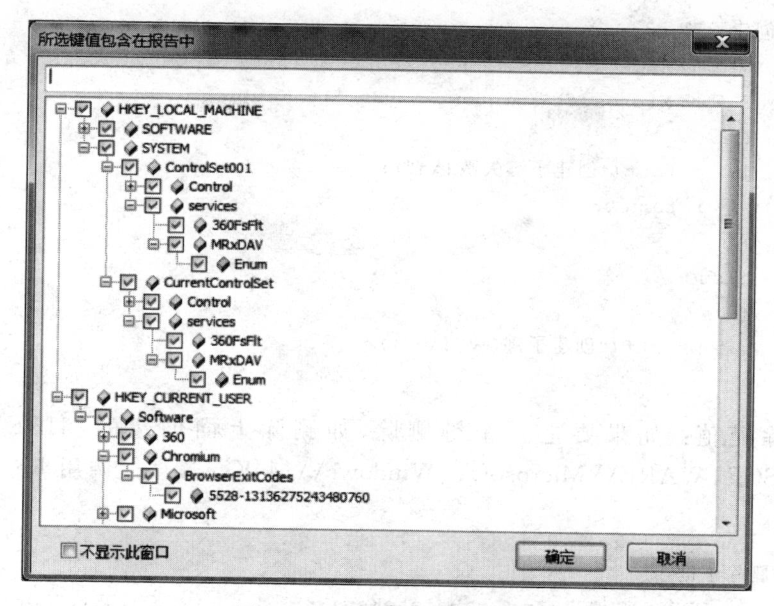

图 11-45　比较两次的注册表

快照比较报告 Regshot 2.0.1.68 unicode

综合报告		
	快照 A	快照 B
快照日期	2017/4/10 16:14:33	2017/4/10 16:20:49
计算机	VM0RVT3CMT3WBXW	VM0RVT3CMT3WBXW
用户	Administrator	alex
快照类型		
快照时间	25.71 秒	19.19 秒
键	274519	274540
值	495818	495891
文件夹	0	0
文件	0	0
已删除键	0	-
新添加键	-	15
已删除值	0	-
新添加值	-	55
已改变值	28	28
全部变化	28	98
另存为注册表文件	Report1.4.UndoReg.txt	Report1.4.RedoReg.txt
注释:		

图 11-46　注册表项比较报告

11.3.3　注册表编程与控制台命令

除了可以在“注册表编辑器”上对注册表进行操作，还可以通过编程以及控制台命令对注册表一些通用操作进行管理。

1. 注册表编程

(1) 增加键值：直接调用一个 RegCreateKey 函数实现，参数中给出要添加的键，在“HKEY_LOCAL_MACHINE SOFTWARE\\Microsoft\\Windows”下面，添加一个键“MyKey”。具体实现的代码如下。

```
1.    //创建子键
2.        if (ERROR_SUCCESS! = RegCreateKey (HKEY_LOCAL_MACHINE, L"SOFTWARE\\
            Microsoft\\Windows\\MyKey",&hKey))
3.        {
4.            printf("创建子键失败!\n");
5.            return 0;
6.        }
7.        else
8.        {
9.            printf("创建子键成功!\n");
10.       }
```

(2) 删除键值：如果要把一个键删除，如删除上面创建的“HKEY_LOCAL_MACHINE SOFTWARE\\Microsoft\\Windows\\MyKey”，直接调用 RegDeleteKey 即可，代码如下。

```
1.    //删除子键
2.        if(ERROR_SUCCESS==RegDeleteKey(HKEY_LOCAL_MACHINE,L"SOFTWARE\\
            Microsoft\\Windows\\MyKey"))
3.        {
4.            printf("删除子键成功!\n");
5.        }
6.        else
7.        {
8.            printf("删除子键失败!\n");
9.            RegCloseKey(hKey);
10.           return 0;
11.       }
```

(3) 修改键值：首先打开要修改或者创建键值的项，如果要对一个键进行修改，首先要打开这个键，调用 RegOpenKeyEx，再调用 RegSetValueExW 设置要修改的键和它的值。程序如下。

```
1.    //修改键值
2.        if(RegOpenKeyEx(HKEY_LOCAL_MACHINE,SubKey,0,KEY_ALL_ACCESS,&hKey)!=
            ERROR_SUCCESS)
3.        {
4.            printf("创建 HKEY 失败!\n");
5.            return 0;
6.        }
7.            if(RegSetValueExW(hKey,szValueName,0,REG_SZ,(const unsigned char
                *)szValueDate1,cbLen)==ERROR_SUCCESS)
8.        {
9.            printf("创建 REG_SZ 键值成功!\n");
10.       }
11.       else
```

```
12.         {
13.             printf("创建 REG_SZ 键值失败!\n");
14.             return 0;
15.         }
```

2. 控制台命令

常用的控制台命令及作用如表 11-2 所示。

表 11-2　常用控制台命令

命　令	作　用	命　令	作　用	命　令	作　用
gpedit. msc	组策略	progman. exe	程序管理器	diskmgmt. msc	磁盘碎片整理程序
nslookup. exe	IP 地址侦测器	regedit. exe	注册表	dcomcnfg. exe	磁盘管理实用程序
tsshutdn. exe	60 秒倒计时关机命令	cmd. exe	CMD 命令提示符	notepad. exe	打开记事本
lusrmgr. msc	本机用户和组	chkdsk. exe	Chkdsk 磁盘检查	ntbackup. exe	网络管理的工具向导
notepad. exe	打开记事本	osk. exe	打开屏幕键盘	secpol. msc	创建共享文件夹
cleanmgr. exe	垃圾整理	lusrmgr. msc	本机用户和组	sndvol32. exe	本地服务设置
calc. exe	启动计算器	logoff. exe	注销命令	taskmgr. exe	任务管理器
dfrg. msc	磁盘碎片整理程序	fsmgmt. msc	共享文件夹管理器	eventvwr. exe	事件查看器
chkdsk. exe	磁盘检查	mspaint. exe	画图板	write. exe	写字板
devmgmt. msc	设备管理器	mstsc. exe	远程桌面连接	rsop. msc	组策略结果集
rononce-p. exe	15 秒关机	magnify. exe	放大镜实用程序	regedit. exe	注册表
msconfig. exe	系统配置实用程序	mmc. exe	打开控制台	winchat. exe	Windows XP 自带的局域网聊天程序

思考练习

一、思考题

1. 如何利用注册表加固 Windows 2008 R2/12 服务器操作系统?
2. 如何用批处理文件来操作注册表?

二、实践题

1. 使用软件对一周内的注册表进行分析,观察其变化。
2. 使用软件将计算机上的注册表多余内容删除。

项目 12　硬件故障案例

任务 12.1　计算机基本故障处理

学习目标

在经过前面的笔记本电脑维护操作知识之后，便可以判断计算机的基本故障并掌握相应的处理方法。通过本任务的学习，使学生能排除启动与机关类故障、显示应用类故障、多媒体应用类故障、网络应用类故障、设备应用类故障、储存应用类故障和操作系统及软件应用类故障。

任务目标

- 了解主板的故障。
- 了解 BIOS 自检与开机故障。
- 了解显卡故障。
- 了解声卡故障。
- 了解硬盘故障。
- 了解内存故障。

任务描述

在日常生活中主板担负着 CPU、内存、硬盘、显卡等各种设备的连接功能，其性能直接关系到整台 PC 的稳定运行。接下来介绍其工作原理，并解决计算机的故障。

相关知识

12.1.1　主板故障

主板是计算机的基础部件之一，担负着 CPU、内存、硬盘、显卡等各种设备的连接，其性能直接关系到整台 PC 的稳定运行。在日常生活中，遇到主板的故障并不少见，常见主板故障大致有以下几种：一是加电之后无法通过自检、计算机无法正常启动；二是主板上的接口损坏，导致在检测硬盘、光驱等硬件时出现错误；三是 BIOS 无法自动保存等。

很多时候，由于散热不良等因素，还很有可能导致南北桥芯片烧毁，造成主板完全报废。但大部分情况下出现的故障并不可怕，主要是用户粗心大意造成的。

下面介绍主板故障的判断及解决方法。

1. 故障判断

（1）元器件质量引起的故障

这种故障在一些劣质的板子上比较常见，主要是指主板的某个元器件因本身质量问题而损坏，导致主板的某部分功能无法正常使用，系统无法正常启动，自检过程中出现报错等现象。图 12-1 所示为坏掉的元器件。

图 12-1 坏掉的元器件

（2）环境引发的故障

因外界环境引起的故障，一般是指人们在未知的情况下或不可预测、不可抗拒的情况下引起的。如雷击、市电供电不稳定，可能会直接损坏主板，这种情况下人们一般都没有办法预防；外界环境引起的另外一种情况，就是因温度、湿度和灰尘等引起的故障。这种情况表现出来的症状有：经常死机，重启后有时能开机有时不能开机等，从而造成机器的性能不稳定，如图 12-2 所示。

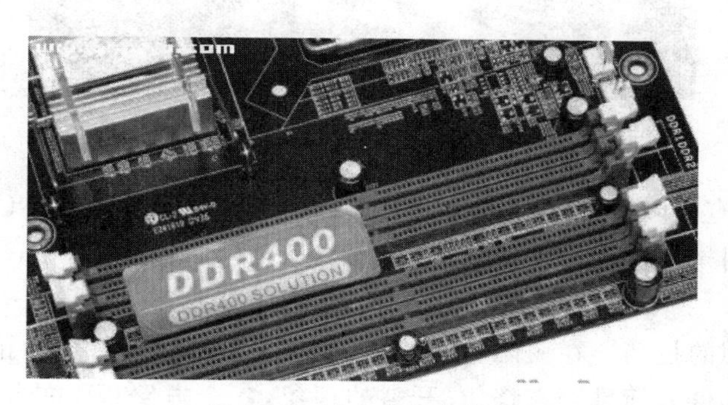

图 12-2 过多的灰尘堵塞

（3）人为故障

部分用户由于计算机操作方面的知识懂得较少，在操作时不注意操作规范及安全，这样对计算机的有些部件将会造成损伤，如带电插拔设备及板卡，安装设备及板卡时用力过度，造成设备接口、芯片和板卡等损伤或变形，从而引发故障，如图 12-3 所示。

图 12-3　错误的插拔

2. 解决主板故障常用的方法

当一台计算机出现故障时，首先要来判断故障的出处，特别是像主板这种较大的设备，单凭外在表现并不能很清楚地判断故障的位置，这里就需要通过硬件替换来详细检查故障的出处。例如：内存在自检时报错或容量不对，就可以用此方法来判断引起故障的真正原因。当确定为主板故障之后，便可以进一步地进行排查与处理。一般情况下，可以通过清理法、观察法与软件诊断法对主板进行处理。

(1) 清理法

当发现主板上积尘过多时，要先对主板进行清理。由于主板积尘过多，加之尘土吸附空气中的水分，极容易造成主板无法正常工作的故障，可用毛刷清除主板上的灰尘，如图 12-4 所示。

图 12-4　用毛刷清理过脏的主板

主板上一般接有很多的外接板卡，这些板卡的金手指部分可能被氧化，造成与主板接触不良，这种问题可用橡皮擦擦去表面的氧化层。

(2) 观察法

主要用到看、摸的技巧。在关闭电源的情况下，看各部件是否接插正确，电容、电阻引脚是否接触良好，各部件表面是否有烧焦、开裂的现象，各个电路板上的铜箔是否有烧坏的痕迹。同时，可以用手去触摸一些芯片的表面，看是否有非常发烫的现象。

(3) 复原法

对于一些更改了主板 BIOS 设置或对 CPU 超频之后的主板，可以通过恢复主板的默认设置，来排除一些常见的故障。特别是死机、重新启动这种故障，一般情况下是由于对 CPU 进行超频后所造成的，将 CPU 改成默认的频率后，一般这种故障会消失。

3. 开机时出现故障的处理

(1) 开机无显示的故障处理

开机无显示的故障是由硬件引起,这种看法有一定的片面性。在检修这类故障的时候,一般还是应该先从软故障的角度入手解决问题。开机时,若电源指示灯没有亮,一般应该怀疑外接电源没有接好或电源有问题。若开机电源指示灯亮但无显示,这种情况一般应按以下的顺序去排查故障,如图 12-5 所示。

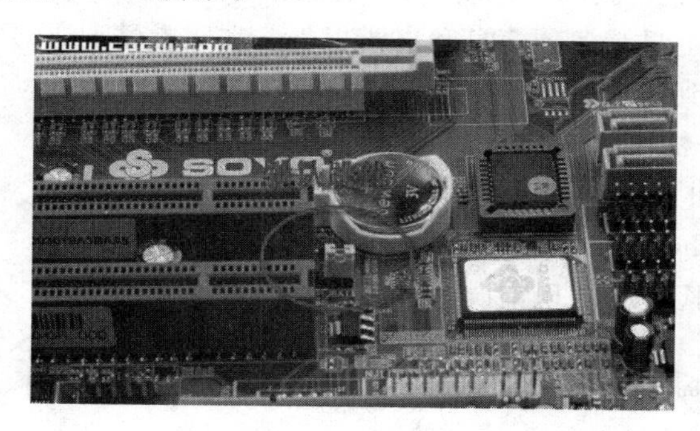

图 12-5　CMOS 清除跳线

① 通过主板的跳线(一般在 CMOS 电池的旁边,具体位置可以参看主板说明书),清除主板上 CMOS 原有的设置再开机。

② 重新安装 CPU 后再开机。

③ 将计算机硬件组成最小系统后再开机。

在经过以上三个步骤后,若开机还是没有显示,这时可以在最小系统中拔掉内存。若开机报警,则说明主板应该没有太大的问题,故障的怀疑重点应该放在其他设备上。若在拔掉内存后开机不报警,一般来说,故障原因可能出现在主板上,这时只有把主板送到专业的维修点去维修。

(2) 开机有显示但自检无法通过的故障处理

开机有显示但自检无法通过,这类故障一般都会有错误提示信息。在排除这类故障时,主要是根据该提示信息找出故障点。但这类故障一般是因为主板的某个部件损坏引起的,多数应该属于硬件故障,但也不排除软件故障引起的可能。

12.1.2　BIOS 自检和开机故障

主板在接通电源后,系统首先由 POST(Power On Self Test,上电自检)程序来对内部各个设备进行检查。在按下起动键(电源开关)时,系统的控制权就交由 BIOS 来完成,由于此时电压还不稳定,主板控制芯片组会向 CPU 发出并保持一个 Reset(重置)信号,让 CPU 初始化,同时等待电源发出的 POWER GOOD 信号(电源准备好信号)。当电源开始稳定供电后(当然从不稳定到稳定的过程也只是短暂的瞬间),芯片组便撤去 Reset 信号(如果是手动按下计算机面板上的 Reset 按钮来重启机器,那么松开该按钮时芯片组就会撤去 Reset 信号),CPU 马上就从地址 FFFF0H 处开始执行指令,这个地址在系统 BIOS 的地址范围内,无论是 Award BIOS 还是 AMI BIOS,放在这里的只是一条跳转指令,跳到系统 BIOS 中真正的启动代码处。系统 BIOS 的启动代码首先要做的事情就是进行 POST 操作,由于计算机的硬件设备很多(包括存储器、中断、扩展卡),因此要检测这些设备的工作状态是否正常。

POST执行过程大致为:加电→CPU→ROM→BIOS→System,Clock→DMA→64KB,RAM→IRQ→显卡等。检测显卡以前的过程称过关键部件测试,如果关键部件有问题,计算机会处于挂起状态,习惯上称为核心故障。另一类故障称为非关键性故障,检测完显卡后,计算机将对64KB以上内存、I/O接口、软硬盘驱动器、键盘、即插即用设备、CMOS设置等进行检测,并在屏幕上显示各种信息和出错报告。在正常情况下,POST执行过程进行得非常快,几乎无法感觉到这个过程。

1. BIOS自检及开机

故障的解决方法如下。

(1) BIOS ROM checksum error-system halted

分析:BIOS信息检查时发现错误,无法开机。

解决办法:遇到这种情况比较棘手,因为这样通常是刷新BIOS错误造成的,也有可能是BIOS芯片损坏,不管如何,BIOS都需要被修理。

(2) CMOS battery failed

分析:没有CMOS电池。

解决办法:一般来说都是CMOS没有电了,更换主板上的锂电池即可。

(3) CMOS checksum error-defaults loaded

分析:CMOS信息检查时发现错误,因此应恢复到出场的默认状态。

解决办法:这种情况发生的可能性较多,但是大部分原因都是因为电力供应造成的,比如超频失败后CMOS放电也可以出现这种情况,应该立刻保存CMOS设置以观后效;如果再次出现这个问题,建议更换锂电池。在更换电池仍无用的情况下,请将主板送修,因为CMOS芯片可能已经损坏。

(4) Press F1 to continue,Del to setup

分析:按F1键继续,或者按Del键进入BIOS设置程序。通常出现这种情况的可能性非常多,但是大部分都是告诉用户:BIOS设置发现问题。

解决办法:因为问题的来源不确定,有可能是BIOS的设置失误,也可能是检测到没有安装CPU风扇,用户可以根据这段话上面的提示进行实际操作。

(5) Hard disk install failure

分析:硬盘安装失败。

解决办法:检测任何与硬盘有关的硬件设置,包括电源线、数据线等,还包括硬盘的跳线设置。如果是新购买的大容量硬盘,也要搞清楚主板是否支持。如果以上都没有问题,那很可能是硬件出现问题,IDE口或者硬盘损坏,但是这种概率极少。

(6) Primary master hard disk fail

分析:主硬盘有错误。同样的情况还出现在IDE口的其他主从盘上,此处就不一一介绍了。

解决办法:检测任何与硬盘有关的硬件设置,包括电源线、数据线等,还包括硬盘的跳线设置。

(7) Floppy disk(s) fail

分析:软驱检测失败。

解决办法：检查任何与软驱有关的硬件设置，包括软驱线、电源线等。如果这些都没有问题，那可能就是软驱故障了。

(8) Keyboard error or no keyboard present

分析：键盘错误或者找不到新键盘。

解决办法：检查键盘连线是否正确，重新插拔键盘以确定键盘的好坏。

(9) Memory test fail

分析：内存测试失败。

解决办法：因为内存不兼容或故障所导致，所以请先以每次开机一条内存的方式分批测试，找出有故障的内存，或者送修。

2. BIOS 的更新和问题解决

(1) 升级 BIOS 应注意的问题

① 进入纯 DOS 模式，不要加载任何硬件产品的驱动，也不要运行任何程序。

② 使用和主板相符的 BIOS 升级文件，尽可能用原厂提供的 BIOS 升级文件。

③ BIOS 刷新程序和 BIOS Firewarm 要匹配。一般情况下原厂的 BIOS 程序升级文件和刷新程序是配套的，所以最好一起下载。

④ 经常有人建议在软盘上升级，可是由于软盘的可靠性不如硬盘，很可能会造成升级失败，因此，建议大家最好在硬盘上升级 BIOS。

⑤ 升级时一定要备份原 BIOS。如果升级不成功，则还有恢复的希望。

⑥ 部分主板提供商在 BIOS 程序中内置了 BIOS 更新程序，所以在升级 BIOS 前，应该在 BIOS 里把 System BIOS Cacheable 的选项设为 Disabled。

⑦ 某些主板出于保护 BIOS 的原因，设置了硬跳线以禁止 BIOS 写入，或者在 BIOS 中将 BIOS updata 选项设为 Disabled，所以在更新之前尽量检查这两项设置，否则会出现更新失败。

⑧ 写入过程中不允许停电或半途退出，所以如果有条件，尽可能使用 UPS 电源，以防不测。

(2) 升级 BIOS 过程中的问题解决

① 升级 Award BIOS 时出现提示"Insufficient memory"

分析：主要原因是常规内存不足，导致更新无法进行。

解决办法：释放一些常规内存即可。只要屏蔽掉系统 BIOS 缓存和显卡 BIOS 缓存以及各个设置中的 Shadow 即可。另外在纯 DOS 模式下不要加载 Drvspace. bin 这个文件，否则会驻入常规内存，从而造成内存不足。如果你采取了以上措施依然出现这个问题，那么可以试试 AWDFlash. exe 的"/Tiny"参数，不过这个参数只在 7.0 以上版本才提供(注意：重新启动时，在出现 Windows Starting 后按 Ctrl+F5 组合键，这样可以不加载 Drvspace. bin，节省了大约 108KB 的常规内存空间)。

② The Program File's part number does not match with your system

分析：程序代码不适合系统，或者说 BIOS 数据文件不符。

解决办法：不过只要加上"/Py"参数，更新程序将不检测 BIOS 版本是否兼容，但是这样操作的危险性较大。再次建议尽量使用原厂提供的 BIOS 数据文件和刷新程序。

③ Unknown type flash

分析：未知类型的 Flash ROM。

解决办法：这种情况一般发生在需要12V电压才能用BIOS刷新Flash ROM的情况下(一般的BIOS芯片的工作电压是5V)，或者主板使用的是不可用软件刷新的EPROM。这种情况有的主板提供跳线(EPROM就免了)，在擦写的时候将电压调整为12V才可进行。如果出现上述这些情况，那可能Flash ROM芯片已经损坏。

④ Program chip failed

分析：程序芯片失效。

解决办法：这种情况一般出现在型号为28Foo1的Intel Flash ROM芯片上。原因是此芯片中有个8KB启动块处于硬件保护状态下，所以启动块的内容是无法更新的。这种芯片一般也是需要更高的写入电压或者专用设备才能更新。

12.1.3 声卡故障

声卡是计算机的"喉舌"，有板载(集成)声卡和独立(外接)声卡之分。而又以板载声卡最为流行，由于它的廉价，使现在几乎所有的主板都有它的"身影"。而独立声卡则以高音质、CPU占用率等特点成为音乐爱好者的追求。目前它以PCI声卡为主，还有少量早期的ISA声卡。

1. 声卡故障的判断及解决

当声卡出现问题时，一般表现为播放音乐或玩游戏时音箱无声音，或出现噪声等。最常见、最方便的判断方法就是调用Windows自带的DirectX诊断工具并用声音项进行检测，就可以发现声卡是否工作正常。下面按故障出现概率从高到低的顺序来说明。

(1) 是否是不小心弄成的

先检查一下工具栏右下角的小喇叭是否出现一个红色中间带横杠的圆圈图标，如果是，那是由于不小心将声卡输出设置为"静音"所致。此时只需单击"小喇叭"图标，在出现音量调节滑块后，取消选中"静音"选项即可解决问题。

(2) 驱动程序是否正确安装字体

当工具栏右下角的"小喇叭"图标丢失、变成灰色或打上红色的"×"，或无法更改属性时，大多同声卡驱动丢失或损坏有关。可以到"控制面板"的"设备管理器"中将出现黄色问号或感叹号的项目删除，重新进行驱动程序的安装。

另外，安装Windows自带的驱动程序可能会引起不兼容。在安装声卡驱动程序时，要选择"厂家提供的驱动程序"，而不要选"Windows默认的驱动程序"。如果用"添加新硬件"的方式安装，要选择"从磁盘安装"而不要从列表框中选择。如果已经安装了Windows自带的驱动程序，可依次选择"控制面板"→"系统"→"设备管理"→"声音、视频和游戏控制器"，再选中各个设备，依次选择"属性"→"驱动程序"→"更改驱动程序"→"从磁盘安装"，这时插入声卡附带的磁盘或光盘，并安装厂家提供的驱动程序。

(3) 声卡是否与DirectX出现兼容性问题

当安装了新版本的DirectX后声卡不能发声了，则需要为声卡更换新的驱动程序，如不行，则要将DirectX卸载后重装老的版本。还有的表现为将DirectX升级成高版本后，Windows启动时有声音，用Winamp播放MP3时有声音……唯独玩游戏时没声音了。这时，可以在"诊断工具"的"声音"一项中，将"硬件的声音加速级别"从"完全加速"调整为"没有加速"即可。

(4) 声卡的安装及相关链接是否正确

由于有些杂牌机箱或者声卡制造精度不够高或者安装不牢所导致声卡的金手指与主板扩展槽没能紧密接触的问题,可以重新进行拔插,或用工具进行校正,这是独立声卡常见的故障。

另外,还需要查看音频线与声卡的连接是否正确。一般来说,对于有源音箱,应连接在声卡的"Line out"或"Speaker"端,检查一下声卡到音箱的音频线是否断线。

(5) BIOS 设置或主板跳线是否正确

要进入 BIOS,仔细查看与声卡有关的设置是否正确,着重于 IRQ 和 PNP 的设置,保证所有的 IRQ 设置为"PCI/ISA PNP"。使用板载声卡时,是否将"AC'97 Audio"等项设为 Enabled,参照主板说明书或主板上的标志看看跳线是否正确。

(6) 是否是集成声卡和外接声卡发生冲突

当添加一块外接声卡时,要记住先在 BIOS 中将板载声卡相关项设为 Disabled 或用主板的硬跳线将板载声卡屏蔽,而后再安装独立声卡。

不过在有些杂牌主板中也会发现屏蔽不了板载声卡的现象。这时可以先安装板载声卡的驱动,在"声音、视频和游戏控制器"中各个设备中选"属性",并在相应的"在此硬件配置文件中禁用"属性前打钩(表示选中),最后再安装外接声卡的驱动。

(7) 声卡与其他硬件是否发生冲突或有兼容性问题

声卡常会与带语音的 Modem 或解压卡等设备发生兼容性问题,这时可试着把声卡换一个插槽,然后重新安装声卡。另外也要检查声卡与其他插卡之间是否有资源冲突。一般而言,PCI 声卡与其他的 PCI 板卡之间由于使用 PCI 槽,会出现 IRQ 中断冲突的现象。解决办法是调整它们所使用的系统资源,使各卡互不干扰,也可尝试更换插槽的位置,看看是否能解决问题(技巧:一般不要把 PCI 声卡插在第一个或最后一个插槽)。

(8) 是否与超频有关

66MHz、100MHz 和 133MHz 是系统的标准外频,当对 CPU 进行超频时,特别是 CPU 的外频被设定在非标准外频时,使得内置声卡也处在超频工作状态,部分主板由于不具备分频功能,因而很可能会出现因工作频率过高而导致声卡不能正常工作的现象。这种情况的解决方法是将 CPU 调到标准外频。

2. 其他常见故障的处理

(1) 声卡无声

① 驱动程序默认输出为"静音"。单击屏幕右下角的声音小图标(小喇叭),出现音量调节滑块,下方有"静音"选项,单击前边的复选框,清除框内的对号,即可正常发音。

② 声卡与其他插卡有冲突。解决办法是调整 PnP 卡所使用的系统资源,使各卡互不干扰。有时打开"设备管理",虽然未见黄色的惊叹号(冲突标志),但声卡就是不发声,其实也是存在冲突,只是系统没有检查出来。

③ 安装了 DirectX 后声卡不能发声了。说明此声卡与 DirectX 兼容性不好,需要更新驱动程序。

④ 一个声道无声。检查声卡到音箱的音频线是否有断线。

(2) 声卡发出的噪音过大

① 插卡不正。由于机箱制造精度不够高、声卡外挡板制造或安装不良导致声卡不能与

主板扩展槽紧密结合,目视可见声卡上"金手指"与扩展槽簧片有错位。这种现象在 ISA 卡或 PCI 卡上都有,属于常见故障(一般可用钳子校正)。

② 有源音箱输入接在声卡的 Speaker 输出端。对于有源音箱,应接在声卡的 Line out 端,它输出的信号没有经过声卡上的功放,噪声要小得多。有的声卡上只有一个输出端,是 Line out 还是 Speaker 要靠卡上的跳线决定,厂家的默认方式一般是 Speaker,所以要拔下声卡调整跳线。

(3) 声卡无法"即插即用"

① 尽量使用新驱动程序或替代程序。

② 不支持 PnP 声卡的安装(也适用于不能用上述 PnP 方式安装的 PnP 声卡):依次选择"控制面板"→"添加新硬件"→"下一步",当提示"需要 Windows 搜索新硬件吗?"时,选择"否",然后从列表中选取"声音、视频和游戏控制器",用驱动盘或直接选择声卡类型进行安装。

(4) PCI 声卡出现爆音

这是因为 PCI 显卡采用 Bus Master 技术造成挂在 PCI 总线上的硬盘读写、鼠标移动等操作时放大了背景噪声的缘故。关掉 PCI 显卡的 Bus Master 功能,换成 AGP 显卡,将 PCI 声卡换插槽安装。

(5) 无法正常录音

① 检查麦克风有没有错插。

② 双击小喇叭。选择"属性"→"录音"选项,看看各项设置是否正确。接下来在"控制面板"→"多媒体"→"设备"中调整"混合器设备"和"线路输入设备",把它们设为"使用"状态。如果"多媒体"→"音频"中"录音"选项是灰色,在"添加新硬件"→"系统设备"中添加"ISA Plug and Play bus",索性把声卡随卡工具软件安装后重新启动。

(6) 无法播放 WAV 音乐、MIDI 音乐

不能播放 WAV 音乐现象比较罕见,常常是由于"多媒体"→"设备"下的"音频设备"不止一个,禁用一个即可。无法播放 MIDI 文件则可能有以下 3 种可能。

① 早期的 ISA 声卡可能是由于 16 位模式与 32 位模式不兼容造成 MIDI 播放的不正常,通过安装软件波表的方式应该可以解决。

② 如今流行的 PCI 声卡大多采用波表合成技术,如果 MIDI 部分不能放音则很可能因为没有加载适当的波表音色库。

③ Windows 音量控制中的 MIDI 通道被设置成了静音模式。

12.1.4 显卡故障

一般是由于显示器或显卡不支持高分辨率而造成的。

下面介绍常见的显卡故障的判断及解决方法。

(1) 独立显卡与插槽接触不良

此类故障一般是由主板的显卡插槽和显卡金手指之间,以及显卡的接口和显示器 VGA 接口之间出现了接触不良造成的。而故障表现主要为前者开机后出现报警提示或者黑屏,后者则以开机屏显示不正常为主。

当计算机开机后出现报警提示或黑屏故障时,首先要检查一下显卡插槽的接触情况,比

如除尘，擦拭显卡的“金手指”，检查显卡的固定挡板是否弯曲变形、“金手指”与插槽接口处是否平稳、固定显卡挡板的螺丝是否过松或过紧等。对于使用集成显卡的主板来说，如果出现了黑屏、死机现象，还需要检查一下内存条是否插在了标注为 DIMM 1 的第一条内存插槽上。因为一些主板的集成显卡在共享系统内存时，往往只能共享插在第一条内存插槽上的内存。

当 VGA 接口出现接触不良时，显示器就会出现缺色、偏色、图像撕裂，甚至出现提示“没有视频信号输入”等故障现象。在采用“替换法”排除了显示器造成故障可能性的前提下，通过仔细检查显卡的 VGA 插针，以及连接电缆的通断情况，就能很快找出故障原因并加以排除。

(2) 显卡与主板不兼容

此类显卡故障的表现比较特殊，主要可分为硬件和软件两种类型。

软件不兼容故障的主要特征是显示异常。造成这种情况的直接原因，主要是因为显卡的驱动程序安装不正确、驱动程序存在 BUG，或设置不正确而引发工作不正常造成的。比如：以前能载入显卡驱动程序，但在显卡驱动程序载入后进入系统时死机。这种情况可采用先更换其他型号的显卡，在载入其驱动程序后关机，并插入该显卡的方式即可予以解决。倘若仍然不能解决故障，则说明是注册表存在问题，此时可通过恢复注册表或重新安装操作系统来解决。

如果出现文字、画面显示不完全的情况，也可按上述方案尝试解决。倘若画面能够看清，一般只需要删除显卡的驱动程序，重新安装正确的显卡驱动即可解决问题。另外，如果在进入系统后出现花屏、字迹不清的情况，则可能是显示器、显卡不支持该显示分辨率。此时，可在开机后切换到安全模式，然后在“桌面”上进入显示属性设置界面中进行相关的设置。

(3) 开机后显示器无显示

计算机在开机后，显示器指示灯没问题，屏幕上没有图像，但硬盘灯亮，计算机好像也可以正常读硬盘，通过系统启动的声音判断，已进入了操作系统。

解决办法：通过这种现象说明计算机主机正常，问题应该出在显示器和显卡上。此时应检查显示器和显卡的连线是否正常，连接接头是否正常，并且关机后将数据线拔下再重新插好。如果显示器仍不显示，再拆开机箱，重新插拔显卡，并且把显示器和显卡连在其他的计算机上测试，以此判断是显示器还是显卡出现了问题。

(4) 启动时长鸣

解决办法：开机时显示器黑屏，且主机箱内的喇叭发出一声长二声短或三声短的蜂鸣声，表明显卡出现问题。这时就需要打开机箱，检查显卡有没有正确、紧密地插在主板的 AGP 插槽上，显卡 AGP 插槽内是否有异物。如果显卡使用的时间较长，还要检查显卡的“金手指”是否被氧化或有污物，并用一块干净的高级橡皮将“金手指”擦干净。如果上述方法仍不能解决问题，可以更换其他显卡进行测试。

(5) 因显卡过热导致出现花屏、黑屏

计算机在使用一段时间以后，就会出现花屏甚至死机，有时重新启动，结果出现了黑屏的现象。

解决办法：出现这种现象很可能是显卡散热状况不好，造成显卡芯片温度过高。可以打开机箱并启动计算机，在系统运行时用手触摸显卡芯片的背面及显存。如果显卡的温度较高，则说明显卡的散热性不好，最好更换或重新安装显卡主芯片上的散热风扇或散热片，并给显存加上散热片，以降低它运行时的温度。

(6) 显卡“金手指”被氧化造成黑屏

故障现象：一台计算机大约闲置三个月没有被使用，但最近需要使用时，却出现了黑屏的故障，而且计算机没有发出任何声音，但三个月前计算机可以正常运行。

解决办法：由于计算机在三个月前可以正常使用，而在闲置的三个月内没有移动位置，也没有对硬件进行任何改动，这可能是显卡的“金手指”被氧化或“金手指”上有灰尘，从而导致显卡与插槽接触不良出现的故障。这种故障解决起来比较简单，打开机箱，将显卡拆下来，用一块高级橡皮轻轻擦拭显卡上的“金手指”，将“金手指”上的氧化膜和污物全部擦除，再安装到计算机上，并保证显卡良好插到插槽中，再重新开机，故障一般就会被排除了。

12.1.5 硬盘故障

作为 PC 中唯一的存储设备，硬盘出现故障的概率并不大。但由于硬盘中储存有大量的数据，一旦硬盘出现故障，如果处理不慎，则很可能造成相当严重的后果。一般而言，硬盘的故障分为软性故障与硬件故障两大类。软件故障一般是由于误操作、受病毒破坏等原因造成的，硬盘的盘片与盘体均没有任何问题，仅需要一些工具和软件即可以修复。而硬件故障发生后，处理起来就相对比较麻烦。

所谓的硬故障即硬盘物理性故障，是由于硬盘的机械零件或电子元器件物理性损坏而引起的。机械零件与电子元器件出现故障的概率并不大。硬盘常见的硬故障是出现坏道，其中最为严重的特例表现为零磁道损坏。硬盘的坏道又分为逻辑坏道和物理坏道。硬盘的逻辑坏道为逻辑性故障，通常为软件操作或使用不当造成的，可利用软件或者直接高级格式化即可修复。

硬盘的物理坏道为物理性故障，表明硬盘磁道产生了物理损伤，是无法用软件或者高级格式化来修复的，只能通过更改或隐藏硬盘扇区来解决。逻辑坏道对硬盘影响不大，如果已经做好了备份，无法解决时重装系统即可。而物理坏道则不同，是具有“传染性”的，一旦发现物理坏道就表示硬盘有严重质量问题或者硬盘寿命快到了，应赶紧做好备份工作，以避免宝贵资料的损失。

下面介绍硬盘故障的判断及解决方法。

(1) 系统不认硬盘

系统从硬盘无法启动，从其他盘启动也无法进入 C 盘，使用 CMOS 中的自动监测功能也无法发现硬盘的存在。这种故障大都出现在连接电缆或 IDE 端口上。硬盘本身故障的可能性不大，可通过重新插接硬盘电缆或者改换 IDE 口及电缆等进行替换试验，就会很快发现故障的所在。

如果新接上的硬盘也不被接受，一个常见的原因就是硬盘上的主从跳线，如果一条 IDE 硬盘线上接两个硬盘设备，就要分清楚主从关系。

(2) 硬盘无法读写或不能辨认

这种故障一般是由于 CMOS 设置故障引起的。CMOS 中的硬盘类型正确与否直接影响硬盘的正常使用。现在的机器都支持 IDE Auto Detect 的功能，可自动检测硬盘的类型。

当硬盘类型错误时，有时干脆无法启动系统；有时能够启动，但会发生读写错误。比如 CMOS 中的硬盘类型小于实际的硬盘容量，则硬盘后面的扇区将无法读写，如果是多分区状态，则个别分区将丢失。

还有一个重要的故障原因，由于目前的 IDE 都支持逻辑参数类型，硬盘可采用 Normal、LBA、Large 等模式，如果在 Normal 模式下安装了数据，而又在 CMOS 中改为其他的模式，则会发生硬盘的读写错误故障，因为其影射关系已经改变，将无法读取硬盘原来的正确位置。

(3) 系统无法启动

可能是以下方面的原因引起的。

① 主引导程序损坏。

② 分区表损坏。分区表损坏还有一种形式，这里姑且称为"分区影射"，具体的表现是出现了一个和活动分区一样的分区，同样包括文件结构、内容、分区容量。假如在任意区对分区内容作了变动，都会在另一处体现出来，好像是影射的影子一样。有人曾遇过这样的问题，6.4GB 的硬盘变成 8.4GB(映射了 2GB 的 C 区)。

③ 分区有效位错误。

④ DOS 引导文件损坏。DOS 引导文件损坏处理起来最简单，用启动盘引导后，向系统传输一个引导文件就可以了。主引导程序损坏和分区有效位损坏一般也可以用 FDISK/MBR 命令强制覆写解决。分区表损坏就比较麻烦了，因为无法识别分区，系统会把硬盘作为一个未分区的裸盘处理，因此造成一些软件无法工作。

这种问题比较尴尬，但不影响使用，不修复也不会有事。对付这种问题，只有用 GHOST 覆盖和用 NORTON 的拯救盘恢复分区表。

(4) 开机时硬盘无法工作

这种故障往往比较麻烦。产生这种故障的主要原因是硬盘主引导扇区数据被破坏，表现为硬盘主引导标志或分区标志丢失。这种故障的罪魁祸首往往是病毒，它将错误的数据覆盖到了主引导扇区中。市面上一些常见的杀毒软件都提供了修复硬盘的功能，大家不妨一试。

(5) SATA 硬盘提示"写入缓存失败"

硬盘在开机时可以正常读取，过一段时间之后(20 分钟左右)就提示"写入缓存失败"，然后就无法读取了；不过，重启计算机又可以继续使用，过一会儿又重复上述现象。

SATA 硬盘是不分"主/从盘"的，可以在 BIOS 中指定从哪块硬盘启动。这种故障有两种可能的原因。一种是硬盘数据线接触不良；另一种则是 SATA 硬盘本身可能出现了问题。对于前者，通常是由于 SATA 插槽与插头松动所致，可以想办法加固一下(如使用橡皮盘捆起来或小纸片垫一下)，看能否解决。对于后者而言，可能是硬盘本身过热或芯片故障所致。如果硬盘本身过热，可以想办法安装硬盘散热器。如果是芯片有问题，只能送专业部门维修了。

(6) 安装双硬盘时盘符交错

在使用双硬盘时，在多分区的情况下，主硬盘的主分区被计算机认为是 C 盘，而第二硬盘的主分区则被认为是 D 盘，接下来第一硬盘的其他分区依次从 E 盘开始排列，再向后面是第二硬盘的其他分区接着第一硬盘的最后盘符依次排列。

要使加第二硬盘后盘符不发生变化，解决办法有两个。如果用的是 Windows，则在 CMOS 中将第二硬盘设为 NONE 即可，但是在纯 DOS 下不认第二硬盘，这是第一种方法。第二种方法是接上双硬盘后，给第二个硬盘重新分区，删掉其主 DOS 分区，只分扩展分区，这样盘符也不会交错。当然若第一硬盘只有一个分区，也不存在盘符交错的问题。此外，还可能使用计算机硬盘厂商提供的辅助软件重新设定硬盘盘符。

(7) 整理磁盘碎片时出错

当运行磁盘碎片整理程序时，D 盘进行到 10%时出现“因为出错，Windows 无法完成驱动器的整理操作……”的提示。

磁盘碎片整理实际上是要把磁盘文件在磁盘上的物理位置作调整和移动。为了保证磁盘碎片整理完成之后，所有的文件都能够正常地工作，必须保证文件存入的新位置中的柱面和扇区没有缺陷。

因此一般在进行磁盘碎片整理之前，最好做一次磁盘扫描，以便剔除或修复有缺陷的磁盘区域。可能是由于在进行磁盘碎片整理之前，没有做磁盘扫描，而在整理过程中发现有某些缺陷，使得整理磁盘不能继续进行。磁盘上的某些缺陷(如果不是物理损伤)是可以修复的。

(8) 计算机硬盘有异常响动

计算机机箱加了一个风扇，另外还进行了超频，开始几天会出现硬盘怪响，后来只要开机 10 多分钟后，硬盘就发出两声很响的“咔咔”声。响声过后出现死机或硬盘不断读数据的情况。按 Ctrl+Alt+Del 组合键无反应。

解决方法：首先拆下硬盘，接到另外一台计算机上，扫描后发现硬盘并没有坏扇区。作为主盘启动使用也一切正常，说明故障并不是由硬盘引起的。拔下风扇电源插头，降频后使用一个多小时都未再出现硬盘怪响，也未再死机，说明故障是由于电源供电不足引起的，换上一个电源后，运行一切正常。

(9) 卸下非引导硬盘后不启动

计算机在启动时屏幕提示“Secondary master hard disk fail?”，出现该提示是因计算机第 2 根数据线上的主盘被卸下，而未在 CMOS 中重新检测硬盘，或未去掉所卸下硬盘的参数造成的。只要在 CMOS 中重新检测硬盘，或在 Standard CMOS Setup 部分选中 Secondary Master 选项，把此选项的值改为 None 并保存设置即可。

(10) 硬盘散热不好

在计算机运行一段时间后，发现硬盘表面非常烫手，性能也受到一定的影响，经常会由于温度过高而引起频繁死机。如何给硬盘降温?

处理该问题最简单的方法是在硬盘的左右两侧均匀地涂上硅脂，当把硬盘固定在机箱的仓位架上时，热量可以通过硬盘两侧与金属架的接触传到机箱上，从而通过机箱外壳释放出来。这种把机箱当作散热器的方法简单而实用。另外也可以买个专门的硬件散热器，不过建议不要用带风扇的劣质散热器，因为即使很轻微的风扇转动，也会对高速转动中的硬盘造成致命的伤害。所以推荐为硬盘加装带风扇的散热器，或在没有接触硬盘的机箱架上加装风扇来为它散热。

(11) 硬盘因受潮而不能使用

计算机长时间未使用，当系统启动时内存自检正常，自检完后，读硬盘时声音大而沉闷，并显示“1701Error. Press F1 key to continue.”，按 F1 键后出现提示“Boot disk failure type key to retry”，当击键重试时死锁。

系统提示“1701”错误代码，表示在加电自检过程中已经检测到硬盘存在故障，用高级诊断盘测试硬盘，但系统不承认已装硬盘。根据上述情况初步判断故障是由硬件引起。打开机箱，将连接硬盘驱动器的信号电缆插头、控制卡等重新插紧，开机重试，故障仍然存在。考虑到长时间未开机使用，引起硬盘及硬盘适配器等元件受潮损坏的可能性较大，于是关掉电源开关，用电吹风对各部件进行加热，当加热后重新启动计算机时，故障消失。

12.1.6 内存故障

内存是计算机中重要的部件之一，它是与 CPU 进行沟通的桥梁。计算机中所有程序的运行都是在内存中进行的，因此内存的性能对计算机的影响非常大。内存(Memory)也被称为内存储器，其作用是用于暂时存放 CPU 中的运算数据，以及与硬盘等外部存储器交换的数据。只要计算机在运行中，CPU 就会把需要运算的数据调到内存中进行运算。当运算完成后 CPU 再将结果传送出来，内存的运行也决定了计算机的稳定运行。

内存故障是计算机硬件的常见故障，主要有以下几种原因：内存与主板兼容性不好；主板的内存插槽质量低劣；内存中出现芯片故障。

下面介绍故障的判断及解决方法。

(1) 开机无显示

此类故障一般是因为内存条与主板内存插槽接触不良造成的，只要用橡皮擦来回擦拭其金手指部位即可解决问题(不要用酒精等清洗)，另外内存损坏或主板内存槽有问题也会造成此类故障。

由于内存条原因造成开机无显示故障，主机扬声器一般都会长时间蜂鸣(针对 Award Bios 而言)。

(2) Windows 注册表经常无故损坏，提示用户恢复

此类故障一般都是因为内存条质量不佳引起的，很难予以修复，唯有更换内存条。

(3) Windows 经常自动进入安全模式

此类故障一般是由于主板与内存条不兼容或内存条质量不佳引起的，常见于高频率的内存用于某些不支持此频率内存条的主板上，可以尝试在 CMOS 设置内降低内存读取速度看能否解决问题，如果不行，就只有更换内存条了。

(4) 随机性死机

此类故障一般是由于采用了几种不同芯片的内存条，由于各内存条速度不同而产生一个时间差从而导致死机，对此可以在 CMOS 设置内降低内存速度予以解决，否则唯有使用同型号内存。还有一种可能就是内存条与主板不兼容，此类现象一般少见，另外也有可能是内存条与主板接触不良而引起计算机随机性死机。

(5) 内存加大后系统资源反而降低

此类现象一般是由于主板与内存不兼容引起的，常见于高频率地将内存条用于某些不支持此频率的内存条的主板上，当出现这样的故障后可以试着在 COMS 中将内存的速度设置得低一点试试。

(6) 运行某些软件时经常出现内存不足的提示

此现象一般是由于系统盘剩余空间不足造成的，可以删除一些无用文件，多留一些空间即可，一般保持在300MB左右为宜。

(7) 从硬盘引导安装Windows进行到检测磁盘空间时，系统提示内存不足

此类故障一般是由于用户在config. sys文件中加入了emm386. exe文件，只要将其屏蔽即可解决问题。

(8) 内存接触不良导致开机无显示

有时打开计算机电源后显示器无显示，并且听到持续的蜂鸣声。有的计算机会表现为一直重启。

此类故障一般是由于内存条和主板内存槽接触不良所引起的。

排除故障的方法是：拆下内存，用橡皮擦来回擦拭金手指部位，然后重新插到主板上。如果多次擦拭内存条上的金手指并更换了内存槽，故障仍不能排除，则可能是内存损坏，此时可以另外找一条内存来试试，或者将本机上的内存换到其他计算机上测试，以便找出问题的原因。

(9) 内存故障引起不能开机

对内存故障的判断，大致可以分为两种情况。一种情况是无法开机，显示器无任何显示，但电源风扇有反应，机箱喇叭会发出持续不断的鸣叫声；另一种情况是可以开机启动，但系统运行不正常。比如经常出现前面提到的"非法操作"和"注册表错误"的提示。

前一种故障很明显是内存损坏或安装错误引起的。后一种则是内存的不稳定造成的，大多数情况都属于内存质量有问题。

由于内存是很重要的配件，系统对内存的检测也很仔细。在启动过程中，主板BIOS程序会对内存进行检测，一旦内存有严重质量问题，就会给出提示并停止启动。

一旦内存有问题，首先应该关机并拔下内存条，仔细看看内存芯片表面是否有被烧毁的迹象，金手指、电路板等处是否有损坏的迹象。如果内存无损坏，则应检查内存安装是否正确，是否插到位。可以将内存拔出，将金手指用橡皮擦或无水酒精仔细擦拭，待酒精挥发后再重新仔细插入内存插槽内。另外，主板内存插槽的损坏也会导致内存无法正常使用。

(10) 内存过热而导致死机

一台正常运行的计算机上突然提示"内存不可读"，然后是一串英文提示信息。这种问题经常出现，而且出现的时间没有规律，但天气较热时出现此故障的概率较大。

由于系统已经提示了"内存不可读"，所以可以先从内存方面来寻找解决问题的办法。由于天气热时该故障出现的概率较大，一般是由于内存条过热而导致系统工作不稳定。

对于该问题的处理，可以自己动手加装机箱风扇，以加强机箱内的空气流通，还可以给内存加装铝制或者铜制的散热片来解决。

(11) 内存检测时间过长

随着计算机基本配置内存容量的增加，开机内存自检时间越来越长，有时可能需要进行几次检测才可检测完内存，此时用户可使用Esc键直接跳过检测。

排除故障的方法是：开机时，按Del键进入BIOS设置程序，选择BIOS Features Setup选项，把其中的Quick Power On Self Test设置为Enabled，然后存盘退出，系统将跳过内存

自检。或使用 Esc 键手动跳过自检。

(12) 因内存问题会导致的系统故障

因内存引起的计算机故障通常有以下现象。

① Windows 系统运行不稳定,经常产生非法错误。

② Windows 注册表经常无故损坏,提示要求用户恢复。

③ 安装 Windows 并进行到系统配置时产生一个非法错误。

④ Windows 启动时,在载入高端内存文件 himem. sys 时系统提示某些地址有问题。

⑤ Windows 经常自动进入安全模式。

出现上述故障的原因一半是由于内存芯片质量不良或软件原因引起,如果确定是内存条原因,只有更换一条。

此类故障一般是由于主板与内存条不兼容或内存质量不佳引起的,常见于 PCI33 内存用于某些不支持 PCI33 内存条的主板上。可以尝试在 BIOS 设置中降低内存的读取速度来解决,如果不行,就只有更换内存条了。

任务 12.2 计算机外围设备的故障处理

学习目标

计算机的外围设备可以使计算机和其他机器之间,以及计算机与用户之间建立联系,将外界的信息输入计算机;取出计算机要输出的信息;存储需要保存的信息和编辑整理外界信息以便输入计算机。

任务目标

- 了解光驱故障的判断及解决方法。
- 了解鼠标故障的判断及解决方法。
- 了解键盘故障的判断及解决方法。
- 了解打印机故障的判断及解决方法。
- 了解显示器故障的判断及解决方法。
- 了解计算机重启故障的判断及解决方法。

任务描述

所谓多操作系统,是指多个操作系统同时并存在一台计算机上。使用多操作系统可将不同类型的工作分配到不同的操作系统中完成。多操作系统的安装比单操作系统要复杂一些,如一般会使用启动管理器来选择启动不同的操作系统。

相关知识

12.2.1 光驱故障

计算机光驱故障是指光驱安装及开机自检时，不能检测到光驱，或光驱的指示灯不停地闪烁、不能读盘或读盘性能下降，或光驱盘符消失。光驱读盘时蓝屏死机或显示“无法访问光盘，设备尚未准备好”等提示框等。

下面介绍光驱故障的判断及解决方法。

（1）元器件质量引起的故障。这种故障在一些劣质的光驱上比较常见，主是指主板的某个元器件因本身质量问题而损坏，导致光驱的某部分功能无法正常使用，自检过程中有报错等现象。此时就需要维修或更新主板。

（2）光驱连线不当造成的。光驱排线的连接不牢靠或光驱的供电线没有插好，如图 12-6 所示。此时需重新连线。

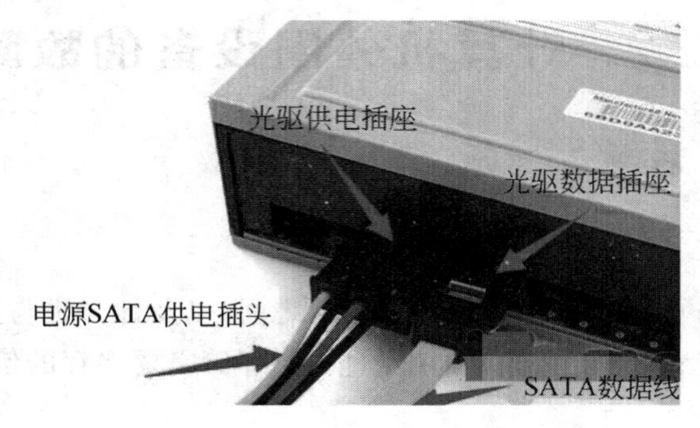

图 12-6　光驱连线

（3）BIOS 设置的问题。如果开机自检到光驱这一项时出现停止或死机，有可能是 BIOS 设置中的光驱工作模式设置有误所致，如图 12-7 所示。可以重新设置。

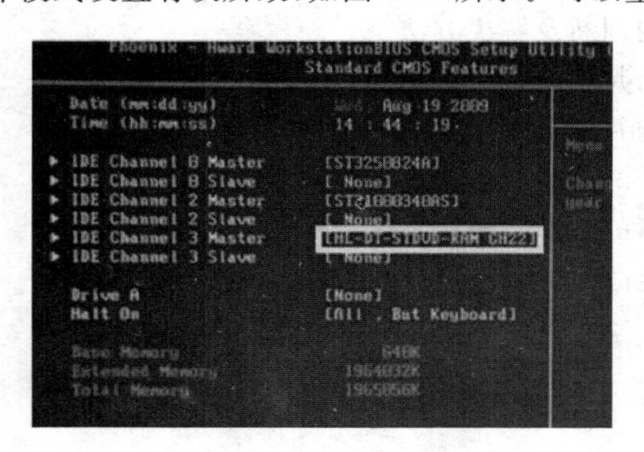

图 12-7　光驱 BIOS 设置

（4）驱动的问题。在 Windows 系统中，当主板驱动因病毒或误操作而引起丢失时，会使 IDE 控制器不能被系统正确识别，从而引起光驱的故障。此时查杀病毒后重新安装驱动程序即可。

(5) 开机自检到光驱这一项时出现停止或死机。此时只要将所有用到的 IDE 接口设置为 AUTO,就可以正确地识别光驱工作模式了,如图 12-8 所示。

(6) 在 Windows 系统中,IDE 控制器不能被系统正确识别。这时只要重新安装主板驱动就可以了。

(7) Windows 识别出多个光驱,这会在 Windows 启动时发生蓝屏现象。只要进入 Windows 安全模式(依次选择“我的电脑”→“属性”→CD-ROM)删除多出的光驱,问题就解决了。

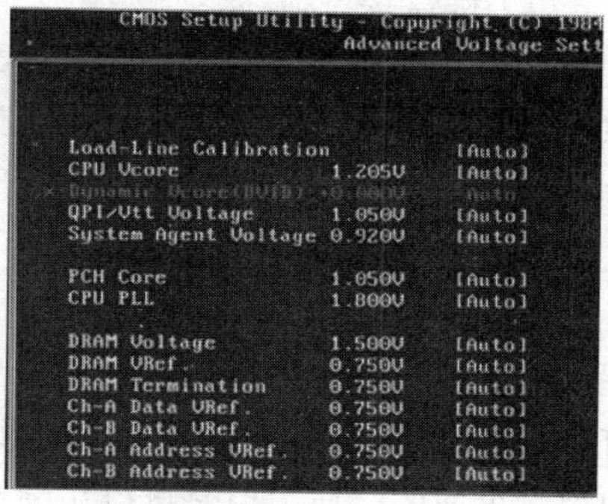

图 12-8　光驱工作模式设置

12.2.2　鼠标故障

鼠标是计算机的一种输入设备,也是计算机显示系统纵、横坐标定位的指示器,因形似老鼠而得名“鼠标”。鼠标的使用是为了使计算机的操作更加简便快捷,来代替用键盘输入的复杂指令。鼠标故障是指鼠标接入计算机无法正常使用和工作,这其中就包括系统原因、鼠标本身问题、硬件问题或者是系统安装某些程序所导致。

下面介绍鼠标故障的判断及解决方法。

(1) 移动缓慢

移动鼠标时,屏幕上的光标移动缓慢,一般是因为发光管和光敏管上灰尘太多引起的,清洁掉上面的灰尘,通常就可以恢复正常了。

(2) 按键失灵

移动不灵活是鼠标最常见的情况之一,此现象是由鼠标内微动开关引起的,左键最易坏,处理也比较简单,一般可以用中键的微动开关来换掉损坏的开关,也可以在计算机中通过设置将右手鼠标更改成左手鼠标来应急。

(3) 鼠标完全失灵

因为鼠标一直在移动中,信号线容易发生折断的现象,可以将鼠标一端的线剪掉一小段重新接线,可以解决故障。也有软件方面的问题,比如病毒、没正确安装好驱动程序等,这时,要清理计算机里的病毒,检查驱动程序有没有装好,同时更换鼠标。

12.2.3　键盘故障

键盘是最常用也是最主要的输入设备,通过键盘可以将英文字母、数字、标点符号等输入计算机中,从而向计算机发出命令、输入数据等。键盘是计算机非常重要的外接设备之一,如果键盘出现故障或者键盘不灵敏,都会导致无法正常使用计算机。

(1) 键盘上的有些按键不能输入

这种情况的原因可能是该键键座内的弹簧失效或是按键内被灰尘污染。只要打开键盘,用干的毛巾擦一下按键与金属接触的地方即可。如果是弹簧坏了,就小心地扭正它,实在不行换一个就可以解决问题了。

(2) 键盘输入错误信息

这说明大多数键是正常的,一般是因为按键的连线松动或脱落,才导致造成键码串位了。只要打开键盘,检查按键连线,查出故障位置,把它调整正确,最后拧紧螺丝即可。

（3）键盘接口损坏

一般键盘是由南桥通过专用的外设芯片控制的，也有的是直接通过南桥芯片控制的。如果外设芯片损坏时，也会表现为键盘不能使用；如果键盘、鼠标和USB接口的供电不正常，也会表现为键盘不能使用；也有因为键盘接口接触不良造成键盘时而能用、时而不能用，这时需要更换新键盘。

（4）键盘灰尘过多

拔下键盘与主机连接的电缆插头，然后把键盘正面向下放到工作台上，拧下底板上的螺钉，就可以取下键盘后盖板了。如果是清理键盘的内部，不可以用水清洗，因为水很容易腐蚀键盘里面的金属。但是可以用酒精清洗，也可以用油漆刷或油画笔扫除电路板和键盘按键上的灰尘。

12.2.4 打印机故障

打印机（Printer）是计算机的输出设备之一，用于将计算机处理结果打印在相关介质上。衡量打印机好坏的指标有三项：打印分辨率、打印速度和噪声。打印机的种类很多，按打印元件对纸是否有击打动作，分击打式打印机与非击打式打印机。按打印字符结构，分全形字打印机和点阵字符打印机。打印机故障通常包括卡纸、打印时墨迹稀少、打印机输出空白纸等。

下面介绍打印机故障的判断及解决方法。

（1）打印机输出空白纸

对于针式打印机，引起打印纸空白的原因大多是由于色带油墨干涸、色带拉断、打印头损坏等，应及时更换色带或维修打印头。对于喷墨打印机，引起打印空白的故障大多是由于喷嘴堵塞、墨盒没有墨水等，应清洗喷头或更换墨盒；而对于激光打印机，引起该类故障的原因可能是显影辊未吸到墨粉（显影辊的直流偏压未加上），也可能是感光鼓未接地，使负电荷无法释放，激光束不能在感光鼓上起作用。

（2）打印时墨迹稀少

如果喷头堵塞得不是很厉害，那么直接执行打印机上的清洗操作即可。如果多次清洗后仍没有效果，则可以拿下墨盒（对于墨盒与喷嘴不是一体的打印机，需要拿下喷嘴，但需要仔细），把喷嘴放在温水中浸泡一会儿。注意，一定不要把电路板部分也浸在水中，否则后果不堪设想，用吸水纸吸走沾有的水滴，装上后再清洗几次喷嘴就可以了。

（3）打印纸输出变黑

对于针式打印机，引起该故障的原因是色带脱毛、色带上油墨过多、打印头脏污、色带质量差和推杆位置调得太近等。检修时应首先调节推杆位置，如故障不能排除，再更换色带，清洗打印头，一般即可排除故障。对于喷墨打印机，应重点检查喷头是否损坏、墨水管是否破裂、墨水的型号是否正常等；对于激光打印机，则大多是由于电晕放电丝失效或控制电路出现故障，使得激光一直发射，造成打印输出内容全变黑。因此，应检查电晕放电丝是否已断开或电晕高压是否存在、激光束通路中的光束探测器是否工作正常。

（4）打印时字迹一边清晰而另一边不清晰

对于喷墨打印机，可能有两方面原因，墨盒墨尽、打印机长时间不用或受日光直射而导致喷嘴堵塞。解决方法是可以换新墨盒或注墨水。如果墨盒未用完,可以断定是喷嘴堵塞,方法是取下墨盒(对于墨盒喷嘴不是一体的打印机,需要取下喷嘴),把喷嘴放在温水中浸泡一会儿,注意一定不要把电路板部分浸在水中,否则后果不堪设想。

对于针式打印机,可能有以下几方面原因:打印色带使用时间过长;打印头长时间没有清洗,脏物太多;打印头有断针;打印头驱动电路有故障。解决方法是先调节一下打印头与打印辊间的间距。故障不能排除,可以换新色带;如果还不行,就需要清洗打印头了。方法是卸掉打印头上的两个固定螺钉,拿下打印头,用针或小钩清除打印头前、后夹杂的脏污,一般都是长时间积累的色带纤维等,再在打印头的后部看得见针的地方滴几滴仪表油,以清除一些脏污。不装色带空打几张纸,再装上色带,这样问题基本就可以解决。如果是打印头断针或是驱动电路问题,就只能更换打印针或驱动管了。

(5) 打印纸上重复出现污迹

针式打印机重复出现脏污的故障大多是由于色带脱毛或油墨过多引起的,更换色带盒即可排除;喷墨打印机重复出现脏污是由于墨水盒或输墨管漏墨所致;当喷嘴性能不良时,喷出的墨水与剩余墨水不能很好断开而处于平衡状态,也会出现漏墨现象;而激光打印机出现此类现象有一定的规律性,由于一张纸通过打印机时,机内的 12 种轧辊转过不止一圈,最大的感光鼓转过 2～3 圈,送纸辊可能转过 10 圈。当纸上出现间隔相等的污迹时,可能是由脏污或损坏的轧辊引起的。

12.2.5　显示器故障

显示器(display)通常也被称为监视器。显示器是属于计算机的 I/O 设备,即输入/输出设备。它是一种将一定的电子文件通过特定的传输设备显示到屏幕上后再反射到人眼的显示工具。显示器是很容易出现故障的一个设备。显示器不同于其他设备,内部有上万伏高压,私自拆卸有很大的危险。遇到无法显示的情况后应先检查主机和连线,在确定是显示器故障后,最好请专业人员进行维修,如图 12-9 所示。

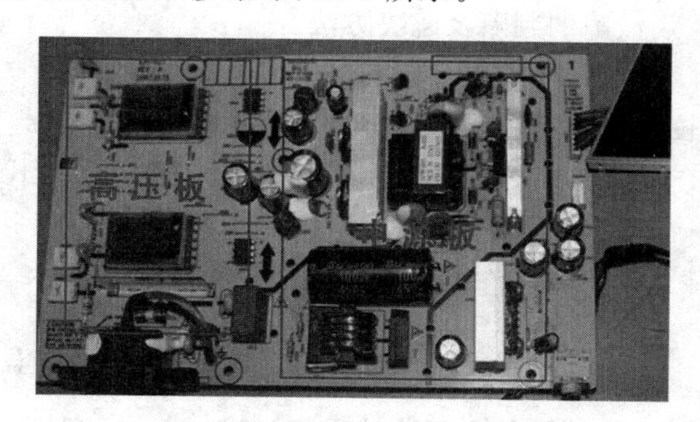

图 12-9　显示器的高压板和电源板

下面介绍显示器故障的判断及解决方法。

(1) 磁场干扰

如果显示器附近有磁性物质,则会使显示器局部变色,严重的还会对显示器造成永久损坏。当出现磁场故障时,首先应当远离磁场,使用显示器自带的消磁功能进行消磁工作。

(2) 开、关频繁

显示器的开和关之间最好能间隔一两分钟，以防止开、关太快使得显示器频繁产生瞬间高压而烧毁显示器。

(3) 使用不当

显示器上都有调节按钮，在使用过程中对按钮不能用力过猛。拔插显示电源信号线时，操作不当也容易对显示器造成损坏。

(4) 防尘防潮

显示器故障里很大一部分都是由于灰尘和潮湿引起的。应该及时将显示器移到干燥且灰尘少的环境中。如果条件允许，应当用布将显示器和主机盖上，以便减少灰尘。

(5) 选用好的电源

显示器内部的电子元件经不起瞬时高压的冲击，一旦电源电压不稳就会对显示器造成永久伤害，所以应选购好的电源或一个 UPS。

(6) 液晶显示器为什么会出现彩色线条

液晶显示器屏幕出现彩色线条的原因一般有两种：首先，如果满屏都是彩色线条，或是随着显示内容的变换而出现彩色线条，通常它们的位置不固定，一般并不会塞满整个屏幕，这种状况大多数是由于显卡有问题而导致的，例如显存过热或驱动程序错误。处理方法：重新安装并设置驱动程序，同时清洁显卡风扇或散热片并加强机箱散热。其次，如果是一根或多根布满整个屏幕的线条，即使显示内容有变化，线条的位置与颜色并不跟着变化，其原因大多是液晶屏的控制芯片或排线有问题，这样的问题通常只能及时送修。

12.2.6 计算机重启故障

计算机重启故障是指非人为的重启计算机，而且计算机重启的原因很多，具体原因一般从计算机的状态可以看出。

下面介绍计算机重启故障的判断及解决方法。

(1) 软件

① 病毒破坏。比较典型的就是前一段时间对全球计算机造成严重破坏的"冲击波"病毒，发作时还会提示系统将在 60 秒后自动启动。其实，早在 DOS 时代就有不少病毒能够自动重启计算机。

遭到病毒破坏时除了用杀毒软件杀毒以外。对于无法清除的木马，只能通过安装系统来解决。

② 系统文件损坏。当系统文件被破坏时，系统在启动时会因此无法完成初始化而强迫重新启动。当再次开机时，计算机就会不断地重复启动。解决这种问题的办法是覆盖有问题的文件或重新安装系统。

③ 定时软件重启系统。如果在"计划任务栏"里设置了重新启动或加载某些工作程序时，当定时时刻到来时，计算机也会再次启动。对于这种情况，可以打开"启动"项，检查里面有没有自己不熟悉的执行文件或其他定时工作程序，将其屏蔽后再开机检查。当然，也可以在"运行"对话框里直接输入 Msconfig 命令选择启动项。

(2) 硬件

① 市电电压不稳。市电电压不稳时当计算机的功率增大时就会启动电压保护,从而重启计算机。此时可购置 UPS 电源或 130～260V 的宽幅开关电源。

② 计算机电源的功率不足或性能差。电源是一台计算机的动力所在,电源功率不足,会导致许多莫名其妙的问题,有时打开启动画面就不动了,有时会在启动过程中自动重启,总之进入系统的过程不太顺利。此时建议更换电源。

③ 主板故障。这种故障在一些劣质的板子上比较常见,主要是主板的某个元器件因本身有质量问题而损坏,导致主板的某部分功能无法正常使用,系统无法正常启动。此时只有维修或更换主板了。

思考练习

一、思考题

1. 什么是计算机重启故障?请列举你所见过的计算机重启故障。
2. 请列举你所见过的 BIOS 升级过程中的问题排除方法。
3. 请列举你所见过的主板故障的排除方法。
4. 如何正确判断声卡的故障?
5. 请列举你所见过的光驱故障。
6. 请列举你所见过的鼠标故障。
7. 请列举你所见过的键盘故障。
8. 请列举你所遇到的打印机故障。
9. 请列举你所见过的显示器故障。
10. 如何正确判断显卡故障?
11. 常见的内存故障的产生原因是什么?如何正确判断内存的故障?

二、实践题

1. 常见计算机重启类故障分析与排除。
2. 常见主板类故障分析与排除。
3. 常见 BIOS 类故障分析与排除。
4. 常见声卡类故障分析与排除。
5. 常见光驱类故障分析与排除。
6. 常见鼠标类故障分析与排除。
7. 常见键盘类故障分析与排除。
8. 常见打印机类故障分析与排除。
9. 常见显示器类故障分析与排除。
10. 常见显卡类故障分析与排除。
11. 常见硬盘类故障分析与排除。
12. 常见内存类故障分析与排除。

项目 13 计算机维修服务规范

任务 13.1 计算机维修方法

随着计算机技术应用的日益普及,其相关维修维护及故障诊断工作也显得尤为重要。计算机维修技术是在日积月累的实践中积累而成熟的,并通过分享而传播。本项目中首先分析了计算机维修方法和基本原则,阐述了常见的计算机故障诊断,最后以典型案例探讨了对计算机故障进行维护的技巧,给广大计算机使用者提供一定的理论参考。

任务目标

- 了解微型计算机故障的分类。
- 了解计算机维修的基本原则与方法。

计算机已成为不可缺少的工具,而且随着信息技术的发展,在计算机使用中面临着越来越多的系统维护和管理问题,如系统硬件故障、软件故障、病毒防范、系统升级等,如果不能及时有效地处理好,将会给正常工作、生活带来影响。为此,提供全面的计算机系统维护服务,即可以较低的成本换来较为稳定的系统性能。

电子计算机进行维修判断要从最简单的事情做起,一方面是指观察;另一方面是指简捷的环境。根据观察到的现象,要“先想后做”。在大多数的计算机维修判断中,必须“先软后硬”。在维修过程中要分清主次,即“抓主要矛盾”。在复现故障现象时,有时可能会看到一台计算机不止有一个故障现象,有时会有两个或两个以上的故障现象。

13.1.1 微型计算机故障分类

微型计算机(以下简称微机)系统是由硬件和软件系统组成的,微机故障既可能出在硬件也可出现在软件。实践证明：80%以上的微机系统故障出现在软件部分，而只有少部分是由硬件引起的。对于软件来说，用户在保存好自己的数据和文档的前提下，可以随时根据自己的需求安装或卸载不同的应用软件，因此相关故障处理比较容易，重点在于如何永久性地保障操作系统的正常工作。

1. 硬件故障

硬件故障是由微机的硬件部件因质量或连接等问题引起，需要对故障部件进行定位、维修或替换，所以硬件故障的处理相对复杂。

1）电路故障或电子元器件故障

电子元器件是元件和器件的总称。电子元件是指在工厂生产加工时不改变分子成分的成品，如电阻器、电容器、电感器。因为它本身不产生电子，它对电压、电流无控制和变换作用，所以又称无源器件。电子器件是指在工厂生产加工时改变了分子结构的成品，如晶体管、电子管、集成电路。因为它本身能产生电子，对电压、电流有控制、变换作用（放大、开关、整流、检波、振荡和调制等），所以又称有源器件。

目前，电子元器件广泛地应用于电子设备中，电子设备的绝大部分故障都是由电子元器件故障引起的。熟悉了电子元器件的故障类型，检测出电子元器件的相关参数，就能够进一步判断出电子元器件是否正常有效。

（1）电阻类元器件故障

电阻在电子设备中使用的数量很大，在电路中起限流、分流、降压、负载、与电容配合作滤波及阻抗匹配等作用，由于电阻失效而导致电子设备故障比例约占15%。电阻器故障可分为两大类，即致命失效和漂移参数失效。据统计，85%～90%的电阻属于致命失效，如断路、机械损伤、接触损坏、短路、绝缘、击穿等。只有10%左右的电阻是由阻值漂移导致失效，短路失效则更为少见。

（2）电容类元器件故障

电容器常见的故障模式主要有击穿、开路、参数退化、电解液泄漏及机械损伤等。其中，击穿是较为常见的一种故障模式，另外，潮湿、老化、热分解、电极材料的金属离子迁移、残余应力存在或变化、表面污染、材料的金属化电极的自愈效应、工作电解质的挥发和变稠、电极的电解腐蚀或化学腐蚀以及杂质或有害离子的影响等则是造成电容电参数退化故障的诸多原因。

（3）电感类元器件故障

在这类元件中主要包括电感、变压器、振荡线圈和滤波线圈等。其故障大多是由于外界原因所引起的，如由于负载短路而导致流过线圈的电流过大、变压器温度升高，从而导致线圈短路、断路或绝缘击穿。如由于通风不良、温度过高或受潮导致的漏电或绝缘击穿的现象。

（4）集成模块、电路类故障

集成块类故障主要由于电极开路、电极短路、引线折断、机械磨损和封装裂缝和可焊接性差等原因导致的。而集成电路则由于其内部结构的复杂、功能的多样，从而导致其任何一部分损坏都无法正常工作。其故障类型包括彻底损坏和热稳定性不良。

2）机械故障

所谓机械故障，就是指机械系统（零件、组件、部件或整台设备乃至一系列的设备组合）

已偏离其设备状态而丧失部分或全部功能的现象。如某些零件或部件损坏，致使工作能力丧失；发动机功率降低；传动系统失去平衡和噪声增大；工作机构的工作能力下降；燃料和润滑油的消耗增加等，当其超出了规定的指标时，均属于机械故障。

机械的故障表现在它的结构上，主要是它的零件损坏，如零件的断裂、变形、配合件的间隙增大或过盈可以丧失，固定和紧固装置的松动和失效等。

机械故障是与磨损、腐蚀、疲劳、老化等机理分不开的。根据机械故障形成的一般过程，机械故障主要有以下一些特性。

(1) 潜在性

机械在使用中会出现各种损伤，损伤引起零部件结构参数发生变化，当损伤发展到使零部件结构参数超出允许值时，机械即出现潜在故障。由于机械设计考虑一定的安全系数，即使某些零部件的结构参数超出允许值后，机械的功能输出参数仍在允许的范围内，机械并未发生功能故障。同时，通过润滑、清洁、紧固、调整等手段，可以消除或减缓损伤的发展，使潜在故障得到一定程度的控制甚至消除。因此，从潜在故障发展到功能故障一般具有较长的一段时间，机械故障的潜在性可通过维护来减少功能故障的发生，从而大大延长了机械的使用寿命。

(2) 渐发性

由于机械的磨损、腐蚀、疲劳、老化等过程的发生与时间关系密切，因此而引起的机械故障也与时间有关。机械使用中损伤是逐步产生的，零部件的结构参数也是缓慢变化的，机械性能也是逐渐恶化的。机械使用时间越长，发生故障的概率就越大，故障发生的概率与机械运转的时间有关，由于故障的渐发性这一特性，使多数的机械故障可以预防。

(3) 耗损性

机械磨损、腐蚀、疲劳、老化等过程伴随着能量与质量的变化，其过程是不可逆转的。表现为机械老化程度逐步加剧，故障越来越多。随着使用时间的增加，局部故障的排除虽然能恢复机械的性能，但机械的故障率仍不断上升，同时损伤的消除也是不完全的，维修不可能使机械的性能恢复到使用前的状态。

(4) 模糊性

机械使用中，由于受到各种使用及环境条件的影响，其损伤与输出参数的变化都具有一定的随机性与分散性。同时，由于材料与制造等因素的影响，机械的各种极限值、初始值也具有不同的分布，同一机械在不同的使用环境下，输出参数随时间也具有不同的分布，从而导致参数变化及故障判断标准都具有一定的分散性，使机械故障的发生与判断标准都具有一定的模糊性。

(5) 多样性

机械使用中，由于磨损、腐蚀、疲劳、老化过程的同时作用，同一零部件往往存在多种故障机理，产生多种故障模式，例如轴的弯曲变形、磨损、疲劳断裂等。这些故障不仅故障机理与表现形式不同，而且分布模型及在各级的影响程度也不同，使故障呈现出多样性。

3) 存储介质损坏

存储介质是指存储数据的载体。比如软盘、光盘、DVD、硬盘、闪存、U盘、CF卡、SD卡、MMC卡、SM卡、记忆棒(Memory Stick)、xD卡等。目前最流行的存储介质是基于闪存(Nandflash)的，比如U盘、CF卡、SD卡、SDHC卡、MMC卡、SM卡、记忆棒、xD卡等。

(1) CD、CD-R、CD-RW

光盘的数据和文件读取不出来,或者光盘已经不能被识别,排除因为某些光驱对盘片比较“挑剔”的原因以外,有几个主要的原因。

① 光盘的表面有污渍

当光盘沾染到一些污渍,例如灰尘、油渍等,光盘内的文件就有可能无法读取。用专门的无尘纸擦拭就可以解决,如果污渍比较顽固,可以稍微沾一点酒精进行擦拭。而平时清洁所用的一些洗涤剂是不可以用的,它们内含酸性或者是碱性物质,对于光盘的表面有腐蚀作用,会进一步加深对光盘的损害。

② 光盘有损伤

这可能是非常常见的原因,而且通常比较明显,有时候在光盘表面就可以看到有划痕和刮伤。

③ 光驱温度过高

如果光盘在刚开始用的时候可以读取,使用正常,而在连续使用一段时间以后却无法读取了,有可能是因为光驱在连续工作以后温度过高引起的。

④ 光驱的读写头脏了

光驱的读写头使用一段时间以后,有可能脏了,也会造成无法读取光驱。读写头因为在光驱的内部,不好作清洁,只有把光驱的外壳拆下来,用棉签蘸酒精擦拭读写头,反复多擦几次会有效果。

(2) U 盘和 USB 设备

没有安装或者安装了不正确的驱动程序。对于 Windows 而言,不同版本会存在一些差异,对于 Windows Me、Windows 2000/XP 来说,系统一般都带有相应的驱动程序,因此可以放心使用,而 Windows 98 的兼容性差一些,需要使用 U 盘自己带的驱动程序,才可能正常使用。如果是这种情况,表现为系统中显示没有找到 U 盘。

USB 端口出现了问题,虽然这种概率不太高,但还是有可能的,可以换一个端口试试。U 盘或者文件有一部分损坏了,无法读取文件。

(3) 数码相机的内存卡

① 修复受到损坏或者被删除的文件。

② 修复受到损坏的介质中的文件。

4) 光电器件污染

半导体异质结构和量子结构材料仍将是光电功能材料研发的主流。以硅材料为主体、化合物半导体材料及新一代高温半导体材料共同发展的局面在 21 世纪将成为集成电路产业发展的主流。光电器件表面有灰尘或脏物会影响光的接收和光电信号的转换。

5) 接触不良

日常生活中的“接触不良”,主要发生在家用电器上,电灯不亮了,计算机启动不了,往往是线路接触不良,电流受阻的缘故。再严重些,就是短路,如电路中电势不同的两点直接碰接或被阻抗形成短路,这时电流强度很大,可能损坏电气设备甚至引起火灾。

一般情况下是指在线路的连接处因为灰尘等异物或金属产生氧化物而导致线路连接处完全断开,或电阻异常增大,从而使电器或电路不能正常工作。

2. 软件故障

(1) 人为操作失误

在文件复制或另存过程中，如果微机给出覆盖提示信息，一定要谨慎行事；当用户打开个人文档时，发现数据信息丢失，切记要选择"不存盘退出"，并且不要再向硬盘里复制数据信息。以上情况在用户不熟悉操作系统的文件组成和结构情况下特别严重。

(2) 系统长期缺少维护

在计算机运行中，没有定期清理非正常关机造成的垃圾文件(.tmp"文件)，除此之外就是应用软件的安装和卸载造成注册表容量增大。

(3) 病毒破坏

与医学上的"病毒"不同，计算机病毒不是天然存在的，是某些人利用计算机软件和硬件所固有的脆弱性编制的一组指令集或程序代码。它能通过某种途径潜伏在计算机的存储介质(或程序)里，当达到某种条件时即被激活，通过修改其他程序的方法将自己的精确复制或者可能演化的形式放入其他程序中，从而感染其他程序，对计算机资源进行破坏。

(4) 存储介质损坏

存储介质是指存储数据的载体。比如软盘、光盘、DVD、硬盘、闪存、U 盘、CF 卡、SD 卡、MMC 卡、SM 卡、记忆棒(Memory Stick)、xD 卡等。目前最流行的存储介质是基于闪存的。存储介质被损坏时会导致数据文件无法正常读写。

(5) 软件系统资源占用冲突

这种情况的原因是板卡驱动软件占用相同的 IRQ，导致双方无法工作(常见的是显卡和网卡)；另外则是安装了两个以上功能相似的应用软件。

(6) 内存及电源故障

内存某单元出现故障问题时导致死机，而电源故障则会发生供电不足的现象。

13.1.2 计算机维修的基本原则及方法

1. 计算机维修的基本原则

(1) 维修原则

① 先想好怎样做、从何处入手，再实际动手。

② 对于所观察到的问题，尽可能地先查阅相关的资料，看有没有相应的技术需要、使用特点等。依据查阅到的资料，结合要谈到的内容，再着手维修。

③ 在分析判断的过程中，要依据自身已有的知识、经验来进行判断，对于个人不太明白或根本不明白的，必须要先向有经验的同事或技术支持工程师咨询，寻求帮助。

(2) 从简单的事情做起

① 计算机周围的环境情况——位置、电源、连接、别的设备、温度与湿度等。

② 计算机所表现的问题、显示的内容及它们与正常情况下的异同。

③ 计算机内部的环境情况——灰尘、连接、器件的颜色、部件的形状、指示灯的状态等。

④ 计算机的软硬件配置——安装了何种硬件，资源的使用情况；使用的是何种操作系统，其上又安装了何种应用软件；硬件的设置驱动程序版本等。

(3) 抓主要矛盾

在出现故障问题时，有时可能会观察一台故障机不止有一个故障问题，而是有两个或两个以上的故障问题(如启动过程中没有显示但机器也在启动，同时启动完后，有死机的问题等)，此时，应该先判断、维修主要的故障问题，当修复后，再维修次要故障问题，有时可能次要故障问题已不需维修了。

(4) 先软后硬、先内后外

依据整个维修判断的过程看，先判断是不是为软件故障，再检查软件疑问。当确定软件环境是正常时，可能故障没有消失，然后依据硬件方面着手检查。

2. 计算机维修的基本方法

(1) 维修方法

观察是维修判断过程中第一要法，它贯穿于整个维修过程中。观察不仅要认真，而且要全面。要观察的内容包括以下方面。

① 周围的环境。

② 硬件环境，包括接插头、座和槽等。

③ 软件环境。

④ 用户操作的习惯、过程。

(2) 最小系统法

最小系统是指从维修判断的角度能使计算机开机或运行的最基本的硬件和软件环境。最小系统法有两种形式。

① 硬件最小系统。由电源、主板和 CPU 组成。在这个系统中，没有任何信号线的连接，只有电源到主板的电源连接。在判断过程中是通过声音来判断这一核心组成部分是否可正常工作。

② 软件最小系统。由电源、主板、CPU、内存、显示卡/显示器、键盘和硬盘组成。这个最小系统主要用来判断系统是否可完成正常的启动与运行。在软件最小系统下，可根据需要添加或更改适当的硬件。如，在判断启动故障时，由于硬盘不能启动，想检查一下能否从其他驱动器启动。这时，可在软件最小系统下加入一个软驱或干脆用软驱替换硬盘来检查。又如，在判断网络问题时，就应在软件最小系统中加入网卡等。

最小系统法主要是要先判断在最基本的软、硬件环境中，系统是否可正常工作。如果不能正常工作，即可判定最基本的软、硬件部件有故障，从而起到隔离故障的作用。最小系统法与逐步添加法结合，能较快速地定位发生在其他软件上的故障，提高维修效率。

(3) 逐步添加/去除法

逐步添加法是以最小系统为基础，每次只向系统添加一个部件/设备或软件，来检查故障现象是否消失或发生变化，以此来判断并定位故障部位。逐步去除法正好与逐步添加法的操作相反。逐步添加/去除法一般要与替换法配合，才能较为准确地定位故障部位。

(4) 隔离法

隔离法是将可能妨碍故障判断的硬件或软件屏蔽起来的一种判断方法。它也可用来将怀疑相互冲突的硬件、软件隔离开以判断故障是否发生变化的一种方法。而对于软件来说，就是停止其运行，或者将其卸载；对于硬件来说，是在设备管理器中禁用、卸载其驱动，或干脆将硬件从系统中去除。

(5) 替换法

替换法是用好的部件去代替可能有故障的部件，以判断故障现象是否消失的一种维修方法。好的部件可以是同型号的，也可能是不同型号的。替换的顺序一般为：

① 根据故障的现象或第二部分中的故障类别，来考虑需要进行替换的部件。

② 按先简单后复杂的顺序进行替换。如，先内存、CPU，后主板。又比如要判断打印故障时，可先考虑打印驱动是否有问题，再考虑打印电缆是否有故障，最后考虑打印机或并口是否有故障等。

③ 最先检查与怀疑有故障的部件相连接的连接线、信号线等，之后是替换怀疑有故障的部件，再后来是替换供电部件，最后是与之相关的其他部件。

(6) 比较法

比较法与替换法类似，即用好的部件与怀疑有故障的部件进行外观、配置、运行现象等方面的比较，也可在两台计算机间进行比较，以判断故障计算机在环境设置、硬件配置方面的不同，从而找出故障部位。

(7) 升降温法

在上门服务过程中，升降温法由于工具的限制，其使用与维修间是不同的。在上门服务中的升温法，可在用户同意的情况下，设法降低计算机的通风能力。降温的方法有以下几种。

① 一般选择环境温度较低的时段，如清早或夜里较晚的时间。

② 使计算机停机 12～24 小时以上。

③ 用电风扇对着故障机吹，以加快降温的速度。

(8) 敲打法

敲打法一般用在怀疑计算机中的某个部件有接触不良的故障时，通过振动、适当的扭曲，甚至是用橡胶锤敲打部件或设备的特定部件来使故障复现，从而判断故障部件。

(9) 对计算机产品进行清洁的建议

有些计算机故障，往往是由于机器内灰尘较多引起的，这就要求在维修过程中，注意观察故障机内、外部是否有较多的灰尘，如果灰尘多，应该先进行除尘，再进行后续的判断维修。在进行除尘操作中，以下几个方面要特别注意。

① 注意风道的清洁。风扇的清洁过程中，最好在清除其灰尘后，能在风扇轴处点一点钟表油，加强润滑。

② 注意接插头、座、槽、板卡金手指部分的清洁。金手指的清洁，可以用橡皮擦拭金手指部分，或用酒精棉擦拭也可以。插头、座、槽的金属引脚上的氧化现象的去除：一是用酒精擦拭；二是用小刀等在金属引脚上轻轻刮擦。

③ 注意大规模集成电路、元器件等引脚处的清洁。清洁时，应用小毛刷或吸尘器等除掉灰尘，同时要观察引脚有无虚焊和潮湿的现象，元器件是否有变形、变色或漏液现象。

④ 注意使用的清洁工具。清洁用的工具首先要防静电，如清洁用的小毛刷，应使用天然材料制成的毛刷，禁用塑料毛刷。其次是如使用金属工具进行清洁时，必须切断电源，且对金属工具进行泄放静电的处理。用于清洁的工具包括小毛刷、皮老虎、吸尘器、抹布、酒精

（不可用来擦拭机箱、显示器等的塑料外壳）。

⑤ 对于比较潮湿的情况，应想办法使其干燥后再使用。可用的工具有电风扇、电吹风等，也可让其自然风干。

思考练习

一、思考题

1. 计算机故障维修的原则和方法是什么？
2. 如何正确判断计算机故障？

二、实践题

常见计算机故障的分析与排除。

任务 13.2　计算机维修技术规范

学习目标

随着计算机技术应用的日益普及，其相关维修维护及故障诊断工作也显得尤为重要。计算机维修技术是在日积月累的实践中逐步成熟的，并通过分享而传播。本项目首先分析了计算机的维修步骤和注意事项，阐述了常见的数据恢复方法，最后以典型案例探讨了计算机的维修服务，给广大计算机使用者提供一定的理论参考。

任务目标

- 了解计算机维修的步骤和注意事项。
- 了解计算机维修的技术规范。

任务描述

计算机已成为我们生活及工作中不可缺少的工具，而且随着信息技术的发展，在计算机使用中面临越来越多的系统维护和管理问题，如系统硬件故障、软件故障、病毒防范、系统升级等，如果不能及时有效地处理好，将会给正常的工作、生活带来影响。为此，就需要全面的计算机系统维护服务，以便以较低的成本换来较为稳定的系统性能。

电子计算机进行维修判断须从最简单的事情做起，一方面是指观察；另一方面是指简捷的环境。根据观察到的现象，要“先想后做”。在大多数的计算机维修判断中，必须“先软后硬”。在维修过程中要分清主次，即“抓主要矛盾”。在故障现象复现时，有时可能会看到一台故障机不止有一个故障现象，而是有两个或两个以上的故障现象。

相关知识

下面介绍计算机维修的步骤和注意事项。

1. 计算机维修的步骤

1）了解情况

(1) 具体的故障现象。

① 在服务前，与客户沟通，明白故障发生前后的情况，进行初步的判断。

② 了解到故障发生前后尽可能详细的情况，以便使现场维修效率及判断的准确性得到提高。

③ 向客户说明故障情况并提供可靠的解决方案，接下来不仅能初步判断故障部位，也便于准备相应的维修备件。

(2) 在故障前后做过的操作。

(3) 故障常在何时出现，出现的频次。

(4) 软件的版本。

2）复现故障

(1) 查看用户描述的故障是否确实存在。

(2) 是否还有其他问题或是其他问题引起。

(3) 用户的操作习惯是否符合要求。

(4) 复现故障要注意安全，避免故障范围的扩大。

3）判断维修

(1) 使用各种恰当的维修方法来进行判断和维修。

(2) 维修判断要以维修基本原则为准绳，结合后面将要介绍的各类常见故障的判断要点来进行分析。

4）检验

(1) 周围环境

电源环境、别的高功率电器、电及磁场状况、机器的布局、网络硬件环境、温湿度、环境的洁净程度；安放计算机的台面是不是稳固；周边设备是不是存在变形、变色、异味等异常问题。

(2) 硬件环境

机箱内的清洁度、温湿度，部件上的跳接线设置、颜色、形状、气味等，部件或设备间的连接是不是正确，有没有错误或错接、缺针/断针等问题，网民加装的与机器相连的别的设备等一切与机器运行有关的硬件设施。

(3) 软件环境

① 系统中加载了何种软件，它们与别的软、硬件间是不是有冲突或不匹配的地方。

② 除标配软件及设置外，要观察设备、主板及系统等的驱动、补丁是不是已经安装，是不是合适；要处理的故障是不是为业内公认的 BUG 或兼容疑问；网民加装的别的应用与配置是不是合适。

③ 加电过程中的观察：元器件的温度、异味、是不是冒烟等，系统时间是不是正确。

④ 拆装部件时的观察：要有记录部件原始安装状态的好习惯，且要认真观察部件上元器件的形状、颜色、原始的安装状态等情况。

⑤ 在维修前，可能灰尘较多，或怀疑是灰尘导致的，应先除尘。

⑥ 对于个人不熟悉的应用或设备，应在认真阅读设备使用手册或别的相关文档后，才可动手操作。

⑦ 在进行维修判断的过程中，如有可能影响到公司职员所存储的数据，必须要在做好备份或保护措施、并征得使用者同意后，才可继续进行。

⑧ 当出现大批量的相似故障（不仅是可能判断为批量的故障）时，必须要对周围的环境、连接的设备，还有与故障部件相关的其他的部件或设备进行认真的检查和记录，以找出导致故障的根本原因。

⑨ 随机性故障的处理思路。随机性故障是指随机性死机、随机性报错、随机性出现不稳定问题。对于这类故障的处理思路具体如下。

A. 慎换硬件，特别是上门服务时。必须要在充分的软件调试和观察后，在必需的分析基础上进行硬件更换。没有把握时，最好在维修站内进行硬件的更换操作。

B. 以软件控制为主。控制的内容有以下方面。

- 设置 BIOS 为出厂状态（注意 BIOS 开关的位置）。
- 查杀病毒。
- 控制电源的管理。
- 控制系统的运行环境。
- 需要时做磁盘整理，包括磁盘碎片整理、没有用文件的清理及介质检查（注意，应在检查磁盘分区正常及分区中空余空间足够的情况下进行）。
- 确认有没有网民自加装的软硬件，如果有，应确认其完好性/兼容性。
- 与没有故障的机器进行对比。接下来对比的一种做法是，在一台配置与故障机相同的没有故障的机器上，逐个插入故障机中的部件（包括软件），查看没有故障的机器的变化，当在插入某部件后，没有故障的机器出现了与故障机差不多的问题，可判断该部件有故障。注意接下来的对比应做得彻底，以防漏掉可能有两种部件导致同一故障的情况。

⑩ 应努力学习相关技术知识、掌握操作系统的安装、使用做法及配置软件的使用方法等。理解各配置参数的意义与适用的范围。

5）硬件维修注意事项

（1）随时留意用户操作手册和厂商的技术资料。

（2）进行具体操作前，要保护好用户的数据。

（3）对疑难或在多台计算机上出现的类似问题要详细记录。

6）软件调试注意事项

（1）修复启动文件。

（2）调整系统配置（如启动项）。

（3）系统文件的修复。

（4）查杀病毒。

（5）注意设备驱动程序的安装顺序。

(6) 整理扫描磁盘介质。

(7) 恢复 BIOS 默认值。

2. 计算机维修技术规范

1) 静电防护

(1) 静电的概念

静电是一种常见的物理现象,俗称静态的电,就是相对观察者为静止或缓慢变化的电荷。静电是一种电能,它留存于物体表面。静电是正电荷和负电荷在局部范围内失去平衡的结果。静电是通过电子或离子的转移而形成的。

静电现象是借助于静电荷的存在和正、负电荷的相互作用所出现的现象,这种相互作用完全由电荷自身和它们的位置决定的,而不是因为电荷的运动。

(2) 静电产生的原理

通常任何物体所带有的正负电荷是等量的,当与其他物体摩擦、接触,或由于机械作用分离时,因两种物体(或同种物体)摩擦起电序列不同,正电荷和负电荷在局部范围内失去平衡,在一种物体上积聚正电荷,另一种物体上积聚负电荷,在各物体上产生静电,并在外部形成静电场。

(3) 静电的来源

静电的电荷易留存在绝缘材料上。由于这些绝缘体上载有的静电荷不易分布在物体的全部表面上或传导到另一个接触中的物体上,或从物体表面泄放掉,所以所产生的静电电压电平是非常高的。要求在 EPA(静电防护)工作区不允许存放如纸皮、普通塑料袋之类的绝缘物体。

① 摩擦:在日常生活中,任何两个不同材质的物体接触后再分离,即可产生静电,这是产生静电的最普通方法。

② 感应:针对导电材料而言,因电子能在它的表面自由流动,如将其置于一电场中,由于同性相斥,异性相吸,正负电子就会转移。

③ 传导:针对导电材料而言,因电子能在它的表面自由流动,如与带电物体接触,将发生电荷转移。

(4) 静电的危害

静电对 ESDS 器件的损害,可归纳为软失效和硬失效。

① 间歇失效:某些 ESDS 器件(如 CPU 或 EPROM)受到静电放电后,产生存储信息的丢失或功能暂时变坏,且在 ESDS 中重新输入信息后再开启能自动恢复正常运行状态。

② 翻转失效:由于静电放电,产生电气噪声经传导或辐射到含有 ESDS 器件的电路上,当 ESD 感应电压或电流超过的信号电平,其工作状态将发生翻转。

静电源(如人体或物体、静电场或静电高压尖峰)放电,超过 ESDS 器件允许的工作电压或电流值,会造成击穿或烧毁,使 ESDS 器件内部开路或短路产生完全失效。

在使用计算机的时候,往往在非常正常的使用情况下计算机突然不亮了;送去维修后,被告知是某芯片损坏了。其实以上两种情况绝大部分都是由于“静电”造成的。维修工作中找到故障芯片以后,往往无法找到故障原因,更换一个好的芯片以后,一般不会再出现故障。

(5) 静电防护的措施

防静电工作台的接地线切记与市电的接地线混淆,更不能互相替换,接地棒打入深约

60～80cm 的坑内，接地棒直径为 2cm，为 2.5m 以上，用 $6mm^2$ 以上的接地线接出至地面上的分线盘，接地棒与接地线的接点必须用高温熔接，分线盘用 $6mm^2$ 以上黑色接地线接至工作台。

① 防静电安全工作台及防静电桌垫。

台面采用压模防火板，具有永久性防静电、耐火和耐磨功能，工作台高度、水平及重心可调节，以适应不同生产要求，支架由带防静电漆的钢板制成，坚固耐用，永久性防静电，工作台附件可根据需要选择，自由装配组合。

② 防静电地板/地垫。PVC 永久性防静电塑料地板利用塑料粒子界面形成的导静电网络，使其具有永久性防静电功能，具有较好的装饰效果。

③ 防静电区域警示标志。

④ 防静电元件盒。

⑤ 防静电转运盒。

⑥ 接地工具和设备。

⑦ 离子风机。有效工作距离高达 300mm，适用于塑胶制品、精密零件、PCB 板等作业，如图 13-1 所示。

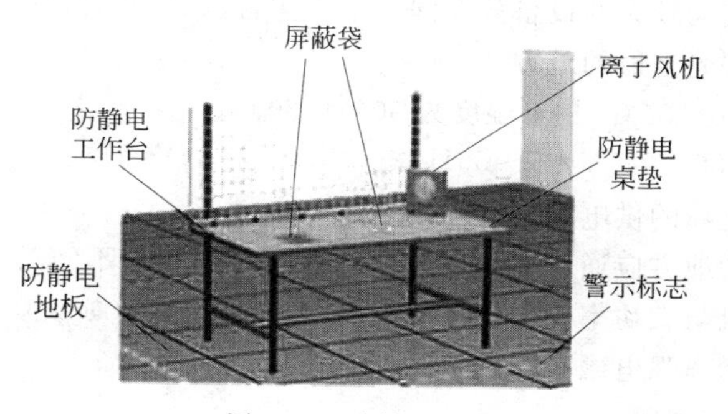

图 13-1　防静电环境

在任何时间、任何地点都可能产生静电。要完全消除静电几乎是不可能的，但可以采取一些措施控制静电在没有危害的程度内。人体是最普遍存在的静电危害源。对于静电来说，人体是导体，所以可以对人体采取接地的措施。

防静电主要的工作是防止静电放电。控制静电放电要从控制静电的产生和控制静电的消除两方面入手。控制静电的产生主要是控制工艺过程和工艺过程中材料的选择；控制静电的消除主要是加速静电的泄漏和中和。这两点共同作用才能使静电电压不超过安全阀值，以达到静电防护的目的。常用的防静电物品如图 13-2～图 13-4 所示。

图 13-2　防静电桌布

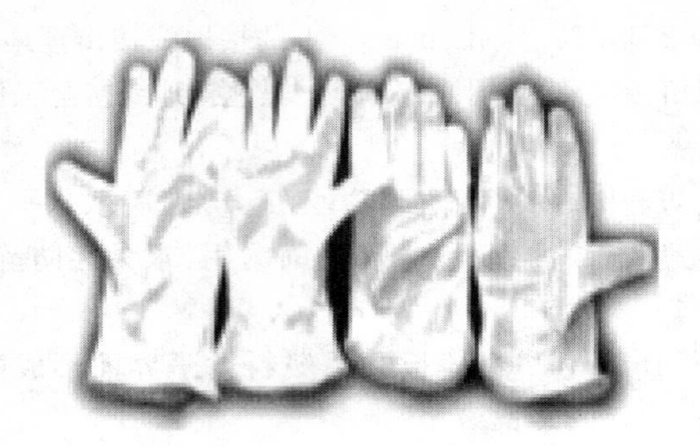

图 13-3 防静电手套

图 13-4 防静电外套

2）使用计算机的注意事项

（1）工作环境

为了保证计算机正常工作，对其使用环境要求如下。

- 计算机安放在干净平稳的工作台上。
- 最好不要与震动较大的设备放在同一个工作台（如针式打印机等）。
- 不要放置在阳光直射的地方。
- 室内温度在 10～35℃，相对湿度为 30％～80％。
- 市电要求为 180～240V，45～55Hz。
- 最好使用有地线的供电电源。
- 市电不稳定的地方应通过净化电源供电，或使用 UPS（不间断电源）。
- 不要让计算机与大功率的电气设备共用同一供电回路（如大功率空调等）。
- 计算机应该远离强电磁场。

（2）计算机启动与关闭

计算机的启动和关闭，说起来是非常简单的事情，但有一些细节往往被忽视。下面罗列开关机时要注意的一些问题。

① 关闭计算机电源后，需间隔 20 秒后才能重新开启电源。

② 对于 AT 电源，关闭计算机电源开关后，也就真正关闭了电源。现在的计算机配置的都是 ATX 机箱，而 ATX 机箱的电源，关闭电源开关后，电源还处于小电流工作状态，以便远程开机、网卡唤醒、鼠标或键盘开机，所以长时间不使用计算机，应关闭电源插座的开关。

③ 在使用数据库管理系统时，一定要返回操作系统状态（关闭所有数据库）后，再关闭计算机，否则可能丢失数据。

④ DOS 系统中，在命令提示状态“C：\>”下，就可以直接关闭机箱的电源开关，而在 Windows 7/8/10、Windows NT、Netware Server、UNIX、Xenix、Linux 等操作系统状态下，都有它们自己的关闭系统方式，不可直接关闭电源，否则会造成数据丢失或下一次启动不正常。

⑤ 在升级主板 BIOS 或显卡 BIOS 过程中，不得关闭电源，否则重启时失败。

⑥ 在一些系统出现故障时，无法正常关闭系统，对 AT 机箱只要关闭机箱电源开关即可，对于 ATX 机箱，持续按下 ATX 电源开关 5 秒，可实现强行关闭系统，重启动后，再解决

故障。

⑦ 对于 ATX 机箱，持续按下电源开关不到 4 秒，使系统处于睡眠状态，可以用键盘或鼠标唤醒。

3）数据备份

（1）数据备份的意思是重要数据（如文档、源程序文件、数据库等）或难得的软件应该保留两份或更多份，以备不测。

（2）数据备份是计算机使用者的永恒话题，备份的目的就是把数据保存在另一个存储介质上，当原始数据被损坏时，可以使用备份数据恢复。

4）物品摆放

搬运计算机时，注意轻拿轻放，不能重压，也不能强烈震动，避免淋雨。硬盘的磁头停放在硬盘的安全着陆区（硬盘最里面的柱面）容易受震动而损，都有关机后磁头自动停放在硬盘安全着陆区的功能。强烈的震动可能损坏硬盘，也可能使得主机箱的计算机组件松动（如内存、显卡等）。

（1）轻拿轻放、轻拔轻插计算机的各个组件。

（2）不得有导体（如螺丝）遗留在主机箱、显示器、打印机或电源内。

（3）不清楚的地方，如果要改变设置，应做好记录，以便能恢复到原来的状态。

（4）使用烙铁时，应该烧热后，拔掉其电源，再进行焊接操作。

（5）防止人体的静电损坏元件。

5）数据恢复技术

（1）工作原理

当文件被删除或其他原因不能访问文件时，大多数情况下文件的内容并未真正被删除，文件的结构信息仍然保留在存储介质上，除非新的数据将它覆盖了。因此只要采取相应的分析方法找回分布在存储介质上不同地方的文件碎块，并根据统计信息对这些文件碎块进行重整，就可以实现数据恢复。

当用户往需要恢复数据的存储介质上存入了新的数据，很可能需要恢复的数据被新的数据覆盖，这样无论如何也找不回想要的数据。因此，为了提高数据的修复率，一定不要再对要修复的存储介质进行新的写入操作。如果要修复的硬盘分区是系统启动分区，应该立即关闭系统，把要修复数据的硬盘作为从盘，而用另外一个硬盘来启动系统，然后进行数据恢复的尝试。数据丢失可以分为以下几种情况（不包括因为硬件的故障使存储介质完全不可访问的情况，如硬盘的控制电路故障等）。

① 硬盘数据丢失。硬盘被重新分区、格式化，硬盘克隆目标盘选择错误。

② 存储介质故障。软盘有坏道、硬盘有坏道、光盘或 Flash 盘有缺陷等。

③ 删除文件或文件夹。文件或文件夹被删除，并清空了回收站。

④ 文件损坏。由于掉电或其他原因使文件不能被打开，文件头或部分数据被损坏。

在进行数据恢复时，不要再向存储介质存入任何数据，不要对硬盘分区或格式化。当需要安装数据恢复软件时，不要安装在待恢复数据的硬盘上，因为硬盘被低级格式化后不能恢复丢失的数据。

（2）数据丢失现象及原因

计算机数据丢失的一般原因包括硬件或软件故障（包括计算机病毒），或者简单的人为操作错误。保存在存储设备中的任何信息几乎都是可恢复的。然而当信息从来没有被存储(例如,创建但不保存文件,因停电而丢失),因此是没有办法恢复的。

计算机数据丢失后的表现可能是不能引导操作系统、读盘错误、文件找不到、文件打不开、乱码、报告无硬盘分区、没有格式化等现象。可能是以下原因引起数据丢失。

① 误操作(重建硬盘分区、格式化、删除文件或文件夹)。

② 存储介质故障(软盘有坏道、硬盘有坏道、光盘或 U 盘有缺陷等)。

③ 硬盘分区表、文件分配表、目录区损坏。

④ 误克隆(如使用 GHOST 时把目标盘弄错了)。

⑤ 病毒、黑客攻击计算机。

⑥ 在访问存储介质时突然断电。

⑦ 其他可能的情况。

(3) 常用数据恢复软件

EasyRecovery Pro 6.0 是功能非常强大的数据恢复工具,如图 13-5 所示,它能够帮用户恢复丢失的数据以及重建文件系统。EasyRecovery 不会向原始驱动器写入任何数据,它是在内存中重建文件分区表并使数据能够安全地传输到其他驱动器中。该软件可以对大于 8.4GB 的硬盘进行数据恢复,支持长文件名。EasyRecovery Pro 6.0 主要适用下列情况的数据恢复。

① 硬盘被重新分区。

② 硬盘被格式化。

③ GHOST 进行硬盘复制时把目标盘弄错了。

④ 硬盘数据被病毒破坏。

⑤ 硬盘或其他存储介质上的文件或文件夹被删除。

⑥ 硬盘或其他存储介质引导记录、分区表、FAT 表、引导区、文件目录区等被破坏。

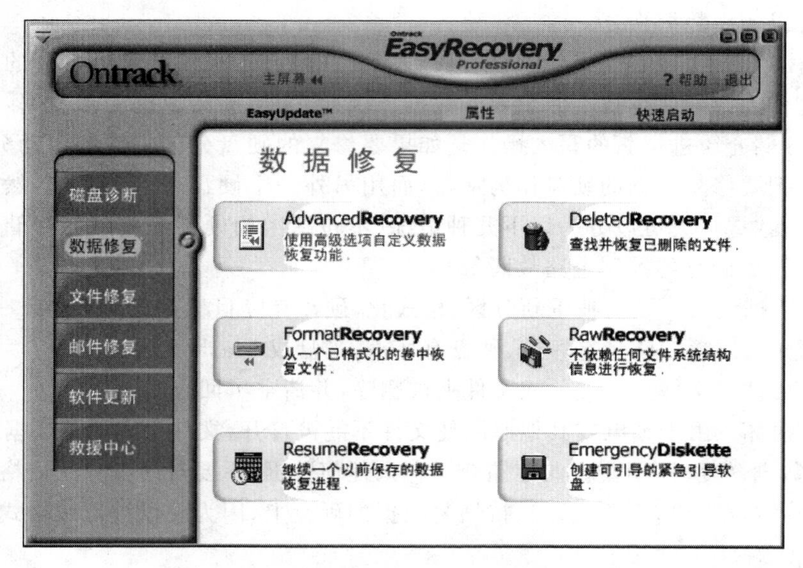

图 13-5　EasyRecovery Pro 6.0 运行主界面

RecoverNT 3.5 是基于 Windows 9x/NT/2000/XP 的具有恢复被删除文件和文件夹，以及文件修复功能的工具软件，支持对网络邻居进行数据恢复。RecoverNT 3.5 兼容 FAT 16/32、NTFS 等文件系统。RecoverNT 3.5 是一个不需要安装就可以直接执行的软件，对恢复被删除的文件、文件夹、被格式化的硬盘非常方便，主要适用于下列情况的数据恢复，如图 13-6 所示。

① 文件被删除。

② 文件夹被删除。

③ 硬盘被格式化。

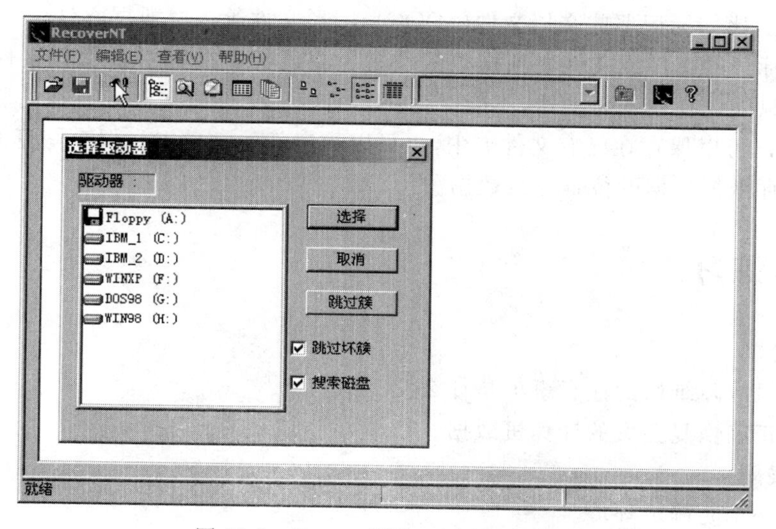

图 13-6　RecoverNT 3.5 运行主界面

BadCopy Pro 3.65 是一个可以从有缺陷存储介质上进行文件复制的工具软件，可以最大限度地挽救数据文件。BadCopy Pro 3.65 在复制文件时，它会跳过无法读取的扇区，并自动填充数据到目标文件。BadCopy Pro 3.65 主要适用的数据恢复包括硬盘、光碟、Flash 盘等读取文件出错的情况，如图 13-7 所示。

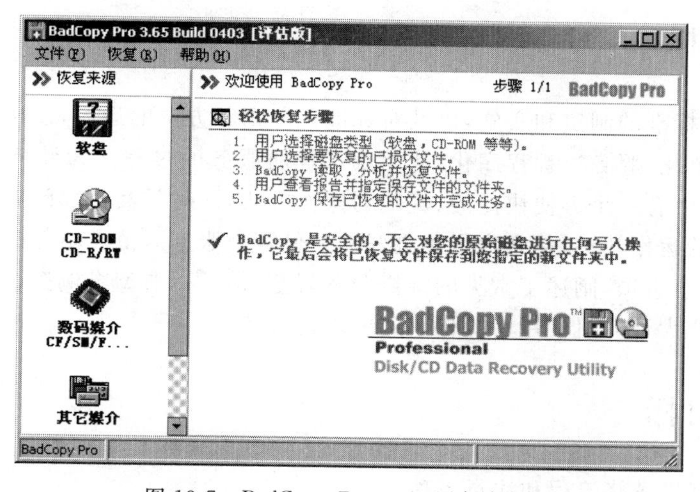

图 13-7　BadCopy Pro 3.65 运行主界面

(4) 数据恢复技巧

① 扫描硬盘。运行 EasyRecovery Pro V6.0 后，选择"数据修复"，再单击"Advanced Recovery"(使用高级选项自定义数据恢复)或"Format Recovery"(从已格式化的卷中恢复文件)或"Raw Recovery"(不依赖任何文件系统结构信息进行数据恢复，对严重损坏的分区使用此项)。然后，选择恢复数据文件所在的逻辑驱动器或物理驱动器，进行硬盘扫描后显示文件或文件夹。

② 标记文件或文件夹。EasyRecovery Pro V6.0 将修复出来的文件按后缀名进行分类(文件名和文件夹名称可能由 EasyRecovery Pro V6.0 给定)。用户对需要保存的文件或文件夹进行标记，比如标记那些文档文件(.DOC)、图形文件等重要数据文件。

③ 保存标记的文件或文件夹到指定的位置。将已标记的文件或文件夹保存到其他磁盘中(注意：只能选择其他驱动器，不能保存在当前恢复文件或文件夹所在的驱动器)，可以给定一个路径(可以保存在已有文件夹中，也可以给定新的文件夹)，保存恢复的数据文件。

④ 在保存恢复数据的位置寻找数据。

思考练习

一、思考题

1. 计算机故障维修的注意事项是什么?
2. 如何正确恢复丢失的计算机数据?

二、实践题

1. 搭建一个防静电环境。
2. 使用 EasyRecovery Pro 进行数据恢复。

任务 13.3 计算机维修客户服务规范

学习目标

通过对服务标准的制定和实施，以及对标准化原则和方法的运用，以达到服务质量目标化、服务方法规范化、服务过程程序化，从而获得优质服务的过程。为计算机维修客服人员在业务开展过程中有一个方便快捷的、规范的操作方法，同时与其他部门有一个协调的统一规则，提高项目的运作效率，使客户得到更好的一份客户服务规范。本任务首先分析了计算机送修流程和注意事项，阐述了常见的维修服务规范，最后以典型案例探讨了对计算机进行的维修服务，给广大计算机使用者提供一定的理论参考。

任务目标

- 了解计算机送修流程和注意事项。

• 了解计算机客户服务规范。

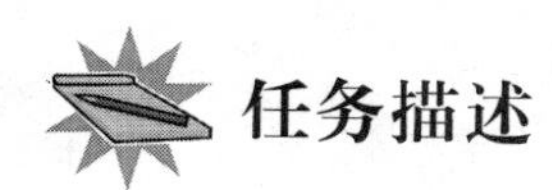

任务描述

IT 技术不但门类众多，如有电话系统、计算机网络系统、软件系统、电子商务系统等，而且发展迅速，技术更新非常快，企业自己招聘人员管理，由于只能利用一个人的技术和力量，会存在很多不足。而专业的 IT 客户服务规范，不仅能提高公司形象，增加产品销售手段，还能提高企业的 IT 系统管理水平，从而达到增强市场竞争力的目的。

相关知识

下面介绍计算机送修流程和注意事项。

1. 计算机送修流程

（1）客户接待和客户等待

① 当有客户到达时，计算机维修工程师应及时把门打开并保持安全距离。

② 当维修网点没有前台引导人员时，接待工程师应主动起立并向客户问好，如图 13-8 所示。

③ 帮助客户在排队机上取号，预约客户优先安排接待。

④ 没有排队取号机的维修网点，需要人工引导。

⑤ 如需维修等待，则引导客户休息。

（2）客户等待

① 客户等待期间，主动告知等待时间。

② 维修网点需安排每 15 分钟巡视一次，给予客户关怀，主动送水、报纸、杂志，介绍服务产品信息等，如图 13-9 所示。

图 13-8 维修工程师现场接待

图 13-9 维修工程师现场交流

（3）初检，关注客户的问题

① 询问计算机故障现象及掌握计算机报修情况，如图 13-10 所示。

② 提醒客户进行数据备份。

③ 征求客户意见后带上防静电手环打开机箱。

图 13-10　维修工程师现场解决问题

(4) 告知初检结果

① 检查计算机外观及非正常损坏和出厂标准配置。

② 如有非损和非标配的情况,在开单信息上标明并告知客户。

③ 客户可自行保管硬盘。

(5) 挖掘客户商机

① 板卡等硬件故障。

② 软件故障及硬盘故障。

③ 数据恢复服务。

(6) 主动送回提示

如果客户在上门服务期内且在网点上门服务的覆盖区域,需优先考虑送回。

2. 提供解决方案

(1) 非损情况处理

① 发现问题马上拍照。

② 与客户取得联系并说明情况,如图 13-11 所示。

③ 引导客户回忆问题的原因。

④ 给客户 2 个以上的解决方案。

⑤ 计算机修复后为客户讲述使用常识。

⑥ 推荐相关服务产品。

图 13-11　客服服务

(2) 延时修复

① 首先与客户致歉并告知客户未能按时修复计算机。

② 争取客户的谅解,阐述解决措施。

③ 再次约定修复时效。

④ 客户取机时再次致歉。

⑤ 重点关注回访客户。

3. 验机与告别

(1) 验机

① 从整机保护袋中取出计算机,轻拿轻放,针对报修故障,请客户操作检验,确认故障已经排除,并解释故障原因。

② 验机过程中,根据客户的情况,推荐服务产品或备选件。

③ 清洁计算机外观的同时介绍计算机的使用常识,如图 13-12 所示。

(2) 告别

① 将名片递给客户并主动送出店面,如图 13-13 所示。

② 关注回访。

图 13-12 帮助客户清洁计算机

图 13-13 客户告别礼仪

4. 注意事项

(1) 客户接待

① 开门与问候。

② 指引客户取号。

(2) 客户等待

① 主动告知等待时间。

② 主动关怀客户。

(3) 初检

① 询问计算机故障并确认信息。

② 提醒数据备份。

(4) 提供解决方案

① 与客户的沟通技巧。

② 关注回访。

(5) 验机与告别

① 清洁计算机外观。

② 介绍计算机使用常识。

③ 服务产品营销。

思考练习

一、思考题

1. 计算机送修流程是什么?

2. 如何在安全方面给客户更多的建议?

二、实践题

请分别扮演客户和工程师,维修场景是客户的笔记本电脑经常蓝屏。

参 考 文 献

[1] 王中生.计算机组装与维护[M].北京：清华大学出版社，2015.
[2] 孙中胜.计算机组装与维护[M].2版.北京：中国铁道出版社，2016.
[3] 段欣.计算机组装与维护[M].3版.北京：电子工业出版社，2016.
[4] 梁启来.计算机组装与维护[M].北京：机械工业出版社，2015.
[5] 杨涛.计算机组装与维护[M].北京：电子工业出版社，2016.

质检5